高校土木工程专业规划教材

建筑混凝土结构设计——概念、构思及方法

周建民　李　杰　周振毅　编著

中国建筑工业出版社

图书在版编目（CIP）数据

建筑混凝土结构设计—概念、构思及方法/周建民等编
著. —北京：中国建筑工业出版社，2018.1
高校土木工程专业规划教材
ISBN 978-7-112-21461-7

Ⅰ.①建⋯ Ⅱ.①周⋯ Ⅲ.①混凝土结构-结构设计-高等
学校-教材 Ⅳ.①TU370.4

中国版本图书馆 CIP 数据核字（2017）第 267819 号

本教材区别于以往传统教材，更加突出结构概念、方案构思在建筑混
凝土结构设计中的重要作用。先阐述建筑的荷载作用、结构整体要求、结
构体系的构思、结构分析模型和基本方法，树立"总体"设计理念，再对
几种典型结构的设计方法、步骤、构造要求等做详细阐述，并以案例形式
具体说明，另外还对常用建筑结构设计软件的应用和装配式混凝土结构设
计相关内容作了介绍。

本教材不仅适合普通高等院校土木工程类专业本科生使用，还可作为
网络教育、继续教育土木工程专业教材，同时还可作为广大工程技术人员
学习和进修的参考书。

责任编辑：王　梅　杨　允
责任校对：张　颖

高校土木工程专业规划教材
建筑混凝土结构设计—概念、构思及方法
周建民　李　杰　周振毅　编著
＊
中国建筑工业出版社出版、发行（北京海淀三里河路9号）
各地新华书店、建筑书店经销
北京红光制版公司制版
北京建筑工业印刷厂印刷
＊
开本：787×1092 毫米　1/16　印张：24¼　字数：586 千字
2018 年 3 月第一版　2018 年 3 月第一次印刷
定价：55.00 元
ISBN 978-7-112-21461-7
（31116）

前　言

所谓设计，就是指设计师有目标、有计划地进行技术性的创作与创意活动。建筑是一种多层次、多专业综合系统，需要由建筑、结构等各类设计师利用专业知识，通过构思、比较来寻找最适宜的总体方案，并拟定好解决各类相应问题的技术和具体做法，使建成的建筑物充分满足业主、使用者和社会所期望的各种要求。无论从建筑学专业，还是从结构工程专业角度上讲，加强学生和从业人员的结构概念、结构总体方案构思能力的教育和培养非常重要，设计应该是一项发挥人类主观能动性创作活动的观点得到了工程界和教育界高度共识。

著名结构大师林同炎教授撰写的《结构概念和体系》（第二版），以及美国教授 Daniel L. Schodek 所著的《建筑结构——分析方法及其设计应用》（第二版）这两本书出版对推动工程结构概念设计教育起了很大作用，作者学习后也深受启发和推崇。我国迄今为止的建筑混凝土结构设计教材基本上还是袭用了苏联的教材架构，即在已知结构形式前提下阐述具体设计方法和步骤。显然，这种模式很容易让读者产生"结构形式是既有的，只需要合理选择"的错觉，以至于缺乏或缺少整体结构概念和构思，设计重点不放在寻找合理的结构方案，而是过多局限于结构计算和具体做法。这种"拣芝麻，丢西瓜"做法对学生设计能力提高和工程创新人才培养十分不利。为填补国内教材在这方面的空白，作者结合多年来在同济大学土木工程专业、建筑学专业相关课程的教学实践，并大量吸取了前述两本名著和其他国外教材的成功经验，编著了这本与现行同类教材明显不同、名为"建筑混凝土结构设计—概念、构思及其方法"的新教材。之所以说该书"与众不同"，其理由主要表现为以下几点：

1. 区别于以往传统教材，突出了结构概念、方案构思在建筑混凝土结构设计中应具有的重要地位；

2. 先阐述建筑的荷载作用、结构整体要求、结构体系的构思、结构分析模型和基本方法，树立"总体"设计理念，再对几种典型结构的设计方法、步骤、构造要求等做详细阐述，以案例形式说明前面"总体"设计方法的具体应用，从而加深对相关理论和概念的认识；

3. 教材忽略了一些复杂公式的理论推导，尽量用通俗易懂的语言来解释其物理含义和公式的具体应用；

4. 教材安排了大量浅显易懂的例子，便于读者对相关概念和理论的进一步认识，并有助于完成相关习题作业；

5. 随着电子科学技术发展和 BIM 技术应用，工程设计人员已普遍采用相关软件进行设计，为了与工程设计实际状况密切结合，教材第 9 章专门介绍了建筑结构设计软件的应用；

6. 我国近年来正在大力发展装配式混凝土建筑，新近出台了不少相关国家行业设计标准和标准图集。为了方便读者及时了解和掌握装配式混凝土结构设计相关内容，教材第 5 章、第 6 章对叠合楼盖、装配式混凝土框架设计等都做了详细阐述。

基于本教材的理念、编写体系和内容，该教材不仅可适合普通高等院校土木类本科生使用，也可作为建筑学专业建筑结构课程参考书，另外也可用作继续教育土木工程专业教材，同时还可作为广大工程技术人员学习和进修的参考书。本书是作者所编著的《混凝土结构基本原理》姐妹篇，两者建议配套使用。另外，作者根据这两本教材主要内容开设的《钢筋混凝土结构》课程也已被列为国家共享资源精品课程，读者也可以在爱课程网上免费收看学习。

本教材仍由周建民主编和统稿，同济大学李杰副教授和周振毅副教授参加相关编写工作。具体编写分工如下：第 1、2、3、4、7、8 章由周建民编写，第 6、9 章由李杰编写，第 5 章由周振毅、周建民编写。本书很多插图和例题计算都由我的研究生彭泽政、杨瑞等协助完成。另外，同济大学也将此教材作为继续与网络教育研究与奖励项目予以支持，对此我们一并对他们表示衷心的感谢！同时也感谢中国建筑标准设计研究院高志强副总工程师提供了叠合楼盖设计的算例！感谢中国建筑工业出版社的支持！本书参考了大量国内外教材和文献，已在书中列出，若有遗漏，敬请见谅！

限于作者的能力和水平，而且又是初次尝试这种新的教材构架编写，书中肯定会存在不少缺点甚至错误，恳请读者提出批评和建议，以便我们及时改正和完善。

周建民

2017 年 12 月于同济大学土木工程学院

目　　录

第1章 概　　论

本章分析了建筑结构的基本组成，重点阐述了建筑结构的作用，介绍了建筑混凝土结构设计基本方法和流程，并对教材内容安排做了说明。

教学目标

1. 理解建筑结构的组成和作用；
2. 熟悉建筑混凝土结构设计基本方法和流程。

重点难点

1. 水平跨越结构体系、竖向承重结构体系、下部基础体系三者之间的联系；
2. 对结构所起的各种作用理解；
3. 对三阶段设计方法的全面、准确理解。

1.1 引　　言

什么样的建筑是一个好的建筑？对此问题最早的回答者是公元前1世纪罗马一位名叫维特鲁威的建筑师，他认为"实用、牢固、美观"是建筑构成的三大要素。后来，从建筑社会应用角度上人们又补充了"经济"要素，即一个好的建筑应该具有"实用、牢固、美观、经济"这四大特征。近年来，随着人们对社会可持续发展重要性认识的不断加深，倡导绿色建筑已成为今后的发展趋势，因而，"经济"要素又被"绿色"这个更为广义的概念予以代替，即作为一个好的建筑应该具备"实用、牢固、美观、绿色"这四大特征。在此，"实用"即建筑要满足相应的功能要求；"牢固"即要保证建筑在各种作用下有足够的安全性和耐久性；"美观"即要求建筑有较好的形象；"绿色"即要求对建筑整个生命周期内，最大限度节约资源、保护环境和减少污染，为人们提供舒适、健康的使用环境。为了实现上述特征，建筑就必须要具备一定的物质技术条件。所谓具备一定的物质技术条件就是指首先要解决好房屋用什么建造和如何建造这些具体技术问题。当然，物质技术条件很多，涉及建筑的材料、结构、施工技术和各种建筑设备等方方面面，本书仅从结构角度来阐述如何满足"实用、牢固、美观、绿色"的要求。

1.2 建筑结构的基本概念

从建筑基本功能上来讲，建筑结构可以简单理解为是建筑的骨架，为建筑提供合理使用的空间，承担建筑物所承担的各种作用并传递到地基。换句话说，建筑物本身的安全和寿命取决于建筑结构牢固与否，满足实用要求的建筑空间需要由建筑结构来创造和实现。

图1.1为一房屋建筑的实际构成，该建筑结构可以看成是由若干结构构件组成的一个

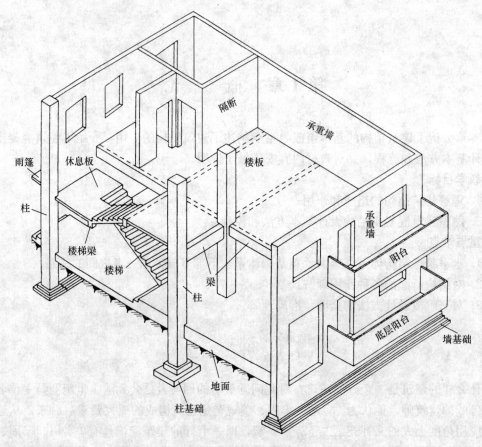

图 1.1　房屋建筑的构成

完整结构体系，它由水平跨越结构、竖直方向承重结构和下部基础结构三个子体系组成（图 1.2）。

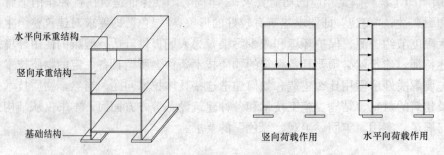

图 1.2　房屋建筑结构体系

（1）水平跨越结构体系。它是指房屋的楼盖与屋盖结构，一般是由板、梁、拉压杆等构件组成的水平结构体系，主要承担楼（屋）盖荷载，并将其传递到竖向承重结构。它在建筑上主要通过跨越和围护，起到形成建筑空间的作用。

（2）竖向承重结构体系。它是沿房屋高度方向的结构体系，主要由柱、墙、筒体等构件组成，承担由水平向承重结构体系传来的竖向作用和由风和地震产生的水平作用并将其传递到下部基础结构。它在建筑结构中是最重要的受力体系。墙、筒体等构件除了受力外，同时在建筑中还可以起到围护作用。

（3）基础结构体系。它是指房屋竖向承重结构与地基相联系的结构，承担由竖向承重结构传来的竖向和水平作用，以及地面竖向荷载作用并将其传递到地基。它主要起"承上启下"的作用。

常见的建筑结构一般都可以按上述例子分解为水平结构体系、竖向结构体系和基础体系三部分，但也必须注意，有的结构比较特殊，其上部结构不能简单分为水平结构体系和竖向结构体系，只能作为整体同时承受竖向和水平作用，这种结构体系称为空间整体结构，如图1.3所示壳体结构和拱结构。

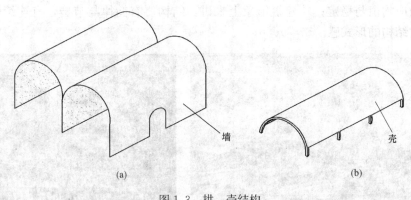

图1.3　拱、壳结构

（a）拱顶结构；（b）短筒壳结构

1.3　建筑结构在建筑中起的作用

1. 建筑合理空间的"创造者"

建筑结构是建筑空间的"创造者"，其形式要与建筑空间设计相适应，满足建筑使用功能和美观要求。在结构的几何图形、体形上要有利于声环境、光环境，以及屋面排水等要求。图1.4为建成于1967年的浙江省人民体育馆，采用悬索屋面将双曲抛物面与体育馆观众席位坡度设置要求巧妙结合。众所周知，当曲面屋盖曲率半径 R 值大于屋顶高度 H 两倍时，反射声线将接近于平行，可以避免声线聚焦现象；平面为圆和椭圆形的室内声场比较均匀。图1.5所示的同济大学大礼堂设计充分利用了上述声学特征。在建筑光环境

图1.4　浙江省人民体育馆

图1.5　同济大学大礼堂

设计时，采用人工照明经常要求统一考虑结构分体系和照明效果，同时还需预留安装照明设备要求的相应空间。在采用天然采光时，常常通过屋面结构形式上设置天窗架或下沉式天窗，引入自然光，极大改善光环境。

2. 建筑美好形象的"表现者"

在建筑设计中，结构是建筑"形象"的表现者，可以用结构来满足视角空间的要求。例如利用结构构成的空间界面来丰富空间轮廓，或者强调空间动势（图1.6）；或者把结构线网与空间调度相结合，在结构线网内分割空间，或者向结构线网外延伸空间（图1.7）。另外，一个好的结构形式一定是满足建筑对空间一般要求，即从符合建筑美学观点上讲，结构应均衡与稳定；从建筑形象上来讲，结构要有韵律与节奏，有连续性和渐变性，要突出结构的形式感。

图1.6　美国杜拉斯国际机场航站楼　　　图1.7　同济大学图书馆

3. 建筑材料的有效"利用者"

结构是由建筑材料组成的，材料具有良好力学性能是结构履行"承担者"使命的一个必要前提。材料重度越小，结构单位体积自重就越低；材料强度越高，结构所需截面尺寸就越小；材料的物理、化学性能直接关系到结构抵抗各种作用的能力。在结构设计中，还应同时考虑材料的经济性，降低建筑物的造价。另外，材料选用还应符合环保和可持续发展等要求。结构设计一个重要目标，就是如何想方设法有效利用"价廉物美"的材料来建造既安全、实用又经济、美观的建筑。

4. 它是建筑上各种作用的可靠"承担者"

建筑物在建造和使用过程中除了本身自重外，还承受人、物产生的各种使用荷载，以及地震、风、雨、雪、温湿度等多种自然环境作用，因而就需要有相应的建筑结构来承担，确保建筑在这些作用下不发生破坏和倒塌，并在绝大多数情况下不影响建筑的正常使用。建筑结构的"承担者"作用是最重要的，也是对建筑结构最根本的要求。如果结构破坏倒塌了，前面的"创造者"、"表现者"、"利用者"都不复存在。我国规范规定，建筑结构作为一个可靠"承担者"需要满足下列具体要求：

（1）在规定的期限内，在正常施工和正常使用情况下，结构能承受可能出现各种作用（指直接施加于结构上的荷载及间接施加于结构的引起结构外加变形或约束变形的原因），即结构的构件和连接要有足够的承载能力。

（2）在正常使用情况下，结构具有良好的工作性能，结构或结构构件不发生过大的变形、裂缝宽度或振动，即结构要有足够的正常使用能力。

（3）在正常维护情况下，材料性能虽然随时间变化，但结构仍能满足设计的预定功能要求。即在正常维护情况下，结构具有足够的耐久性。

（4）在偶然作用（如罕遇地震、撞击、爆炸等）发生时及发生后，结构可以发生局部损坏，但不致出现整体破坏和连续倒塌，仍能保持必需的整体稳定性，即在突发事件下结构要有保障生命财产安全的能力。

显然，上述（1）、（4）涉及建筑的安全性，也是最重要的；（2）是适用性；（3）是关于建筑的耐久性的。"安全、适用、耐久"是结构作为"承担者"所需满足的基本要求，如何在满足经济合理前提下设计出符合此"基本要求"的混凝土结构，也就是本教材所要阐述的主要内容。

【注释】建筑的安全性、适用性、耐久性的总和称为建筑可靠性，因而所谓基本要求也就是结构要满足可靠性要求。

1.4 建筑结构的定义

由上述建筑结构的作用可以得到以下结论：

（1）建筑结构存在的目的——满足人们对空间和美观要求；

（2）建筑结构存在的原因——抵御环境和使用过程中各种作用；

（3）建筑结构存在的条件——具备相应的技术基础，充分利用材料的性能；

因此，现在可以对建筑结构作一个较为准确、科学的定义，即建筑结构是在一个建筑空间中由各种基本构件组合建造成并具有某种特征的机体，它为建筑物使用和美观需求服务，并对人们的生命财产提供安全保障。也就是说，应该把建筑结构理解为是一个较复杂的"系统"，而且这个"系统"本身要有足够的安全性和耐久性，并满足建筑使用功能、造型美观等要求，同时建造这个"系统"的技术是先进的，花费的成本是合理的。

1.5 建筑结构设计方法

1. 分阶段设计方法

众所周知，要设计出好的建筑作品是一件不容易的事情，需要综合考虑方方面面的因素。通常，设计师一般采用分阶段方法进行设计，即把整个设计过程分解为若干个阶段，明确阶段设计目标，规定完成相应的设计任务。

设计过程一般可以分为方案阶段、初步设计阶段和施工图设计阶段等三个阶段。各阶段的主要设计目标是：在方案阶段要确定合理的建筑形式，提出需要的分体系及相互之间关系；在初步设计阶段要对方案阶段提出的分体系可行性进行技术论证，确定其主要尺寸；在施工图设计阶段要给出结构构件、连接及构造的施工详图。在采用分阶段设计时设计者只有完成前一阶段任务，才能进入下一阶段的工作。当然，这并不是说各阶段工作是完全隔离的，实际上在进入后续阶段工作时完全有可能会发现前一阶段对某些问题考虑不够全面、存在不足，甚至错误。这时，就可及时反馈意见，对前期设计方案进行修正和优化。通过各个设计阶段不断交流、融合，逐步提高建筑的整体设计水平，最终实现预定的设计目标。

分阶段设计方法的优点显而易见，它把设计所面临要解决的矛盾或问题按重要性做了区分，先解决涉及建筑总体性能要求的，然后再处理局部或者构件层次方面的，突出由总体到局部的控制思路。从构思考虑的空间上来说，方案阶段是基于建筑形式层次的三维空间的构思，是对结构整体性能思考，也称为概念性设计。初步设计是对平面分结构体系层次上的二维结构分析，其重点是对分结构体系性能的把握；而施工图设计则是在构件层次上的一维细化，以及节点连接方式等细节设计，旨在形成正式的施工文件。由三维空间结构到二维平面结构，再至一维构件的设计方法反映了由总体到局部这种先进的整体设计理念。概念性设计体现了设计人员对设计项目的认识和总体把握，综合反映了其驾驭能力、工程创新和实践经验。

概念设计一般包括几个步骤：

(1) 结构构思：它是想象、孕育和比较选择的过程，也是整个设计中最重要和最具有创造力的部分。

(2) 建模和近似分析：对于构思出来的结构方案要进行抽象，得到计算模型便于计算和分析。

(3) 尺寸确定：通过尺寸假定，并近似计算，给出结构构件初步尺寸。

(4) 造价估算：通过工程量估算和不同材料使用，近似估算相应结构方案的造价。

2. 混凝土结构设计主要内容及基本步骤

前述结构的最主要功能是承担建筑可能受到的各种作用，这就需要结构要有足够能力来抵抗各种作用产生效应。此要求可以写成以下表达式

$$S \leqslant R \tag{1-1}$$

其中，S 既可以为内力，也可为变形、抗裂度和裂缝宽度等；R 是与作用效应一一对应的，即结构的承载能力、变形和裂缝宽度限制值等。注意到，上述公式中的 S、R 都是随机变量，它的数值是不确定的，只有用概率论方法找出其变化的客观规律性，对其进行科学的评定。鉴于工程设计人员习惯于确定性量的比较，规范一般采用如下实用设计表达式

$$\gamma_0 S_d \leqslant R_d \tag{1-2}$$

式中，γ_0 为结构重要性系数；S_d 为结构作用效应的计算值；R_d 为结构抗力效应的计算值。

式 (1-2) 可以这样理解，若荷载作用效应为一个足够合理大值时，结构抗力为一个足够合理小值，上述不等式仍能成立，这个结构应该被认为是足够安全的，同时在经济上也是合理的。在作者所编著的《混凝土结构基本原理》(以下简称为《上册》) 已介绍过此不等式，当时我们主要强调上式左边表示构件的作用效应，上式右边为构件 (或截面) 承载能力 (抗弯、抗剪、抗拉、抗压、抗扭) 和正常使用性能 (裂缝宽度、挠度等) 规定限制值。这里应该注意，混凝土结构是由若干基本构件组成的体系，在体系层次上要满足上述设计表达式 (1-2) 与构件层次是不同的，它们既有联系又有差别。首先，结构一定是一个几何不变体系，且能保证施工及使用期间构件之间的可靠连接；其次，结构体系中构件的组成和布置要合理，有利于荷载有效传递，形成均匀的内力分布和较小变形状态。也

只有在满足这些要求前提下，结构设计才可有可能转化为结构构件的设计。这也就是说，结构承载能力并不等于构件承载能力，它主要取决于结构本身构成合理性和构件连接强度，与结构方案构思好坏密切相关。另外，要注意，当构思方案合理性确定后，结构设计可转入构件层次设计，此阶段关键是要知道结构中各个构件的最不利受力状态，即构件最不利荷载和作用效应。为了求得最不利荷载和作用效应，先要对建筑所处环境的作用和使用荷载情况进行详细、认真分析，确定相应荷载和作用取值。然后，提出与建筑目标相适应的结构方案并确定结构计算模型，再选择合适的结构分析方法计算结构作用效应。最终，根据规范规定的作用组合原则对构件控制截面内力或者与使用状态性能相关的构件作用效应进行组合。有了构件的荷载和作用效应，就可以按《上册》方法进行截面设计。

【提示】在结构方案构思阶段要与建筑、其他专业密切合作，共同确定最终建筑整体概念性方案。构件层次阶段设计工作也有利于对概念性方案做进一步分析、考虑、修改、完善和优化，最终确定结构方案。

建筑混凝土结构设计一般包括以下主要内容：

(1) 结构所受荷载作用分析及计算；
(2) 结构方案的构思；
(3) 结构布置和构件尺寸确定；
(4) 结构计算模型的确定；
(5) 选择合适方法进行结构作用效应的分析和计算；
(6) 构件内力或效应组合；
(7) 构件及其连接的设计；
(8) 地基及基础设计；
(9) 根据上述计算结果并结合相关构造要求，进行结构施工图设计和绘制。

1.6 本教材主要内容及编排

根据上述混凝土结构设计内容和步骤，并考虑到不与《上册》内容有过多重复，本教材分两大部分来较完整地阐述建筑混凝土结构设计具体做法，第一部分为混凝土结构设计基本概念、构思及设计方法，具体安排是，第2章主要介绍建筑物的荷载和作用分析，给出结构上荷载或作用的具体确定方法或取值，第3章阐述建筑混凝土结构竖向承重结构、水平跨越结构和地基基础构思方法，重点是确定合理的结构方案；第4章介绍混凝土结构分析建模应遵守基本规则，采用的主要分析计算方法及适用范围。第二部分则是前面阐述的混凝土结构设计一般理论和方法的具体应用，包括我国《混凝土结构设计规范》GB 50010—2010（以下简称《混凝土结构规范》）相应规定介绍和具体应用、结构构造设计等。第二部分的特点是以案例形式演示各种结构设计手算方法及程序应用的具体流程和步骤，旨在加深对第一部分设计概念、构思和基本方法的进一步理解。第二部分具体安排为第5章以现浇肋梁楼（屋）盖、无梁楼盖、井字梁楼（屋）盖、叠合楼盖为例系统介绍梁板水平跨越结构设计过程和方法；第6章以多层房屋为例系统阐述混凝土框架结构设计过程和方法；第7章以单层工业厂房为例系统介绍混凝土排架结构设计过程和方法；第8章对房屋建筑常用单独基础、条形基础的设计过程和方法进行重点介绍；第9章以PKPM

结构设计程序为例简单介绍计算机方法在混凝土结构分析和设计中的工程应用。

作者希望这样内容安排有助于读者认识到以下两点:

(1) 设计本身是一种创造性活动,采用什么样的结构形式和布置方案是设计所要解决的首要问题。

(2) 设计又是一种实践性活动。对于已知结构形式的设计,其工作重点主要是荷载和作用在结构中传递途径,结构分析计算建模,结构作用效应分析计算方法,构件连接设计,以及构造要求等,而这些工作本身并没有创造性,它主要与工程设计经验密切有关。对于初学者而言,只有掌握了混凝土建筑结构设计基本概念和构思方法,并通过不断学习相关设计案例,积极参与各种工程项目设计任务,即通过"多学多做"积累工程经验,逐渐提高工程设计能力,才能成为一个优秀的结构工程师。

主 要 参 考 文 献

[1] (美)林同炎、S. D. 斯多台斯伯利. 结构概念和体系(第二版). 北京:中国建筑工业出版社,1999.
[2] 田学哲,郭逊. 建筑初步(第三版). 北京:中国建筑工业出版社,2010.
[3] 罗福午,邓雪松. 建筑结构(第2版). 武汉:武汉理工大学出版社,2012.
[4] 王心田. 建筑结构—概念与设计. 天津:天津大学出版社,2004.

思 考 题

1. 以自己熟悉的一栋建筑为例,根据本章基本概念、术语来描述建筑物的基本组成,认识建筑物的结构特点。

2. 建筑结构在建筑中的作用有哪些? 你是如何理解的?

3. 建筑混凝土结构设计分哪几个阶段? 各阶段的主要任务是什么?

第 2 章　结构上的作用及作用效应组合

前述作为一个结构的基本功能要求，就是要承受包括自重在内由使用和环境产生的各种直接和间接作用。在上册已经指出，荷载和作用是具有较强的随机性，为保证结构的可靠性，在设计时因根据不同设计目标取相应的代表值（标准值、准永久值、频遇值和组合值）。结构上的作用种类、作用计算，及作用效应组合等是本章重点阐述内容。需要注意的是，目前大多数作用的确定方法都是近似的，对于间接作用还未达到定量计算的水平。

教学目标

1. 了解恒载、楼（屋面）活荷载概念和设计取值；
2. 掌握吊车荷载、风荷载计算方法；
3. 熟悉地震作用概念、抗震设防目标，掌握底部剪力法；
4. 理解承载能力极限状态设计的基本组合、地震组合。

重点及难点

1. 楼面等效活荷载；
2. 可变作用的标准值、组合值、准永久值和频遇值；
3. 风荷载计算公式；
4. 水平地震作用底部剪力法；
5. 作用效应的组合。

2.1　永久荷载、楼（屋面）活荷载、施工荷载

结构的作用是指在结构上的集中力或分布力和引起结构外加变形或约束变形的原因。结构的作用分为直接和间接两种，直接作用表现为结构上的集中力或分布荷载，如结构构件的自重、楼面或桥面上的人群和物品、风压和雪压等，习惯上称为荷载。间接作用表现为结构的附加变形或约束变形，如不均匀沉降、温度变化、焊接变形、地震等。建筑除了要承受使用过程中产生的人、设备荷载外，更重要的是要能够抵抗由环境产生的各种间接作用，如风、温度、地震等。通常间接作用与结构的特性有关。作用按时间的分类可划分为永久作用、可变作用、偶然作用和地震作用。

1. 永久荷载

永久荷载包括结构构件的自重以及构件上的建筑构造层、地面、顶棚、装饰面层等的自重，也称为自重荷载。在结构使用期间，这种荷载的量值不随时间变化或其变化与平均值相比可以不计，习惯上又可称作恒荷载。永久荷载只需考虑标准值，其取值按工程习惯为设计尺寸乘以材料比重系数。

结构构件的自重，按结构构件的设计尺寸与材料单位体积的自重标准值计算确定。常

用的材料重度和建筑构件自重的标准值可查阅《建筑结构荷载规范》GB 50009—2012
（以下简称《荷载规范》），表 2.1 摘录了一些最常用的材料自重取值，便于读者了解和
选用。

根据计算荷载效应的需要，结构构件的自重可以表示成面荷载、线荷载或集中荷载。

若板的自重（或板的面层）采用面荷载 kN/m^2 表示时，其值可用板厚（或面层厚度）
乘以其材料单位体积的自重得到。

若梁的自重用线荷载 kN/m 表示时，其值可用梁的截面积乘以其材料单位体积的自
重得到。

墙体自重按单位墙体面积计算（即按面荷载 kN/m^2）时，其值可由墙体单位体积的
自重乘以墙体厚度得到。柱自重用集中荷载 kN 表示时，可用柱材料单位体积自重与其体
积相乘得到。

常用材料和构件的自重表

表 2.1

项次	名称		自重	备注
1	材料（kN/m^3）	钢筋混凝土	24～25	
		水泥砂浆	20	
		石灰砂浆、混合砂浆	17	
		木材	4.0	杉木，自重随含水率变动
		钢	78.5	
		纸筋石灰	16	
		膨胀珍珠岩砂浆	7～15	
		普通砖	18～19	
		黏土、砂土	20	很湿，$\varphi=25°$，压实
		蒸压粉煤灰加气混凝土砌块	5.5	
2	隔墙与墙面	C 型轻钢龙骨隔墙	0.43	三层 12mm 纸面石膏板，中填岩棉保温板 50mm
		贴瓷砖墙面	0.50	包括水泥砂浆打底，共厚 20mm
		水泥粉刷墙面	0.36	20mm 厚，水泥粗砂
3	屋面	玻璃屋顶	0.3	9.5mm 夹丝玻璃，包括框架
		油毡防水层	0.30～0.35	六层做法，二毡三油上铺小石子
4	顶棚	钢丝网抹灰吊顶	0.45	
		V 型轻钢龙骨吊顶	0.25	二层 9mm 纸面石膏板，有厚 50mm 的岩棉板保温层
5	地面	地板格栅	0.20	
		硬木地板	0.20	厚 25mm，剪刀撑、钉子等
		小瓷砖地面	0.55	包括水泥粗砂打底
6	建筑墙板	GRC 增强水泥聚苯复合保温板	1.13	
		玻璃幕墙	1.00～1.50	一般按单位面积玻璃自重增大 20%～30% 采用

2. 楼面活荷载

施加在楼面上的人群、家具、设备等重量，形成作用于结构的力，即楼面使用荷载。在结构使用期间，这种荷载的量值随使用时间和空间不同有较大变化，习称活荷载。活荷载取值除了标准值外，还要考虑组合值、准永久值、频遇值。

建筑物的楼面活荷载值，按《荷载规范》取用。但要注意，规范给出的楼面活荷载值是均布面荷载的形式，其值是采用调查统计与经验的方法，按房间面积的平均荷载作为统计对象，根据内力等效原理统计分析确定的。图 2.1 表示住宅楼面活荷载按跨中最大正弯矩相等原则进行等效计算过程。在结构设计时，楼面活荷载按作用在板上，再传递给梁或墙，或由梁传递给墙，再由墙、柱传递给基础考虑。若为无梁楼板，楼面活荷载由板直接传递给柱。作用于结构构件楼面活荷载的形式、数值，由结构的布置方式、传力路线及构造做法确定。作用在楼面上的活荷载不可能以标准值大小同时满布在所有楼面，即使在一个楼层也不会满布，因而梁、柱、墙、基础实际受到的活荷载要比满布的小，构件荷载从属面积越大，满布可能性越小，实际承受的活荷载就越小。同样，所计算构件上面的层数越多，其满布可能性也越小，实际传来的活荷载效应也越小。因而，《荷载规范》规定在设计楼面梁、柱、墙、基础时，需要根据楼面梁荷载从属面积、计算截面以上的层数，对活荷载标准值进行折减。例如，对于住宅、办公楼、医院等建筑，当楼面梁从属面积超过 25m² 时，在设计该楼面梁时活荷载标准值折减系数取 0.9，在设计柱、墙、基础时活荷载要考虑如表 2.2 所示楼层折减系数。根据建筑物类别，《荷载规范》规定了民用建筑楼面均布活荷载标准值、组合值、频遇值和准永久值系数的最小取值，如表 2.3 所示。

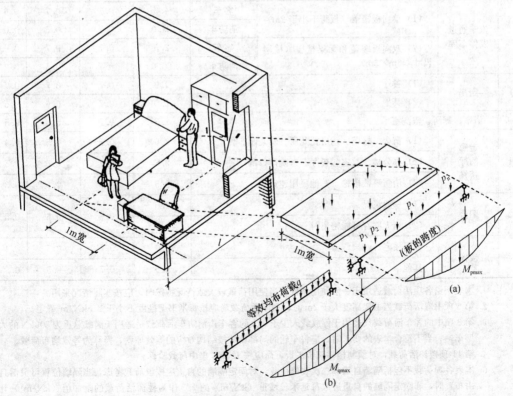

图 2.1 楼面等效活荷载的计算过程

活荷载按楼层的折减系数 表 2.2

墙、柱、基础计算截面以上的层数	1	2～3	4～5	6～8	9～20	＞20
计算截面以上各楼层活荷载总和的折减系数	1.00 (0.90)	0.85	0.70	0.65	0.60	0.55

民用建筑楼面均布荷载标准值及其组合值、频遇值和准永久值系数 表 2.3

项次	类 别			标准值 (kN/m²)	组合值系数 ψ_c	频遇值系数 ψ_f	准永久值系数 ψ_q
1	(1) 住宅、宿舍、旅馆、办公楼、病房、托儿所、幼儿园			2.0	0.7	0.5	0.4
	(2) 教室、试验室、阅览室、会议室、医院门诊室					0.6	0.5
2	食堂、餐厅、一般资料档案室			2.5	0.7	0.6	0.5
3	(1) 礼堂、剧场、影院、有固定座位的看台			3.0	0.7	0.5	0.3
	(2) 公共洗衣房					0.6	0.5
4	(1) 商店、展览厅、车站、港口、机场大厅及旅客等候室			3.5	0.7	0.6	0.5
	(2) 无固定座位的看台					0.5	0.3
5	(1) 健身房、演出舞台			4.0	0.7	0.6	0.5
	(2) 舞厅						0.3
6	(1) 书库、档案库、贮藏室			5.0	0.9	0.9	0.8
	(2) 密集柜书库			12.0			
7	通风机房、电梯机房			7.0	0.9	0.9	0.8
8	汽车通道及停车库	(1) 单向板楼盖（板跨不小于 2m）	客车	4.0	0.7	0.7	0.6
			消防车	35.0	0.7	0.5	0.0
		(2) 双向板楼盖和无梁楼盖（柱网尺寸≥6m×6m）	客车	2.5	0.7	0.7	0.6
			消防车	20.0	0.7	0.5	0.0
9	厨房	(1) 餐厅		4.0	0.7	0.7	0.7
		(2) 其他		2.0	0.7	0.6	0.5
10	浴室、厕所、盥洗室			2.5	0.7	0.6	0.5
11	走廊 门厅 楼梯	(1) 宿舍、旅馆、病房托儿所、幼儿园、住宅		2.0	0.7	0.5	0.4
		(2) 办公楼、教室、餐厅、医院门诊部		2.5	0.7	0.6	0.5
		(3) 消防疏散楼梯，其他民用建筑		3.5	0.7	0.5	0.3
12	阳台	(1) 一般情况		2.5	0.7	0.6	0.5
		(2) 当人群有可能密集时		3.5			
13	楼梯	多层住宅		2.0	0.7	0.5	0.4
		其他		3.5	0.7	0.5	0.3

注：1. 本表所给各项活荷载适用于一般使用条件，当使用荷载较大或情况特殊时，应按实际情况采用。

2. 第 6 项书库活荷载当书架高度大于 2m 时，书库活荷载尚应按每米书架高度不小于 2.5kN/m² 确定。

3. 第 8 项中的客车活荷载只适用于停放载人少于 9 人的客车；消防车活荷载是适用于满载总重为 300kN 的大型车辆；当不符合本表的要求时，应将车轮的局部荷载按结构效应的等效原则，换算为等效均布荷载。

4. 第 11 项楼梯活荷载，对预制楼梯踏步平板，尚应按 1.5kN 集中荷载验算。

5. 本表各项荷载不包括隔墙自重和二次装修荷载。对固定隔墙的自重应按恒荷载考虑，当隔墙位置可灵活自由布置时，非固定隔墙的自重应取每延米长墙重（kN/m）的 1/3 作为楼面活荷载的附加值（kN/m²）计入，附加值不小于 1.0kN/m²。

3. 屋面活荷载

根据屋面上可能出现活载情况，屋面上活荷载分为不上人屋面活荷载、上人屋面活荷载、屋顶花园活荷载和屋顶运动场地四种类别。不上人屋面活荷载考虑的是屋面施工或维修荷载，上人屋面活荷载和屋顶运动场地活荷载是指屋面作为使用空间时的人群荷载，屋顶花园考虑的是花卉重量及人群荷载。表 2.4 中给出了《荷载规范》规定的标准值及相应的组合值、频遇值和准永久值系数等最低取值。

【提示】规范给出的屋面活荷载值是指在屋面水平投影面上的均布值，也称为屋面均布活荷载。

屋面均布荷载标准值及其组合值、频遇值、准永久值系数   表 2.4

项次	类　别	标准值（kN/m^2）	组合值系数 ψ_c	频遇值系数 ψ_f	准永久值系数 ψ_q
1	不上人的屋面	0.5		0.5	0.0
2	上人的屋面	2.0	0.7	0.5	0.4
3	屋顶花园	3.0		0.6	0.5
4	屋顶运动场地	3.0		0.6	0.4

注：1. 不上人的屋面，当施工或维修荷载较大时，应按实际情况采用；对不同结构应按有关设计规范的规定，将标准值作 $0.2kN/m^2$ 的增减。

    2. 上人的屋面，当兼其他用途时，应按相应楼面活荷载采用。

    3. 对于因屋面排水不畅、堵塞等引起的积水荷载，应采取构造措施加以防止；必要时，应按积水的可能深度确定屋面活荷载。

    4. 屋顶花园活荷载不包括花圃土石等材料自重。

4. 屋面积灰荷载

设计有大量排灰厂房及其邻近建筑时，对于具有一定除尘设施和保证清灰制度的机械、冶金、水泥等厂房屋面需要考虑积灰荷载，其取值规定参见《荷载规范》。

5. 屋面雪荷载

在屋面上堆积雪产生的重力荷载称为雪荷载，屋面坡度越大，堆积雪荷载就越小。雪荷载标准值 S_k 定义为作用在单位屋面水平投影面积上的雪荷载值，并可表示为当地基本雪压 S_0 和屋面积雪分布系数 μ_r 的乘积，即

$$S_k = \mu_r S_0 \tag{2-1}$$

式中，μ_r 为屋面积雪分布系数；S_0 为基本雪压（kN/m^2）。

雪压是指单位面积地面上积雪的自重，是积雪重度与深度的乘积。《荷载规范》规定的基本雪压 S_0 值，是根据当地空旷平坦地面上最大雪压或雪深资料，经统计得出 50 年一遇最大积雪的自重确定（表 2.5）。

μ_r 是反映不同形式的屋面所造成的不同积雪分布状态的系数，也是屋面雪压标准值与当地基本雪压的比值。μ_r 值根据不同类别的屋面形式，按《荷载规范》规定的系数采用。《荷载规范》提供的单跨单坡屋面、单跨双坡屋面以及高低屋面的积雪分布系数见表 2.6。

作用于结构的雪荷载的形式、数值，根据结构的布置方式、传力路线及构造做法确定。

【提示】雪荷载是作用在屋面上的荷载。雪荷载、屋面活荷载一般不会同时出现，设

计时仅取两项荷载中的较大值。

部分城市的 50 年一遇风压与雪压　　　表 2.5

城市	风压（kN/m²）	雪压（kN/m²）	城市	风压（kN/m²）	雪压（kN/m²）
北京	0.45	0.40	上海	0.55	0.20
杭州	0.45	0.45	合肥	0.35	0.60
宁波	0.50	0.30	安庆	0.40	0.35
南京	0.40	0.65	济南	0.45	0.30
连云港	0.55	0.40	青岛	0.60	0.20
南昌	0.45	0.45	郑州	0.45	0.40
九江	0.35	0.40	洛阳	0.40	0.35
福州	0.70		广州	0.50	
厦门	0.80		深圳	0.75	

屋面积雪分布系数　　　表 2.6

项次	类别	屋面形式及积雪分布系数 μ_r			
1	单跨单坡屋面	α	$\leqslant 25°$	$30°$	$35°$
		μ_r	1.0	0.8	0.6
		α	$40°$	$45°$	$\leqslant 50°$
		μ_r	0.4	0.2	0
2	单跨双坡屋面	均匀分布的情况： 不均匀分布的情况：$0.75\mu_r$ 　 $1.25\mu_r$ μ_r 按第一项规定采用			

6. 施工和检修荷载及栏杆荷载

在设计屋面板、檩条、挑檐、悬挑雨篷和预制小梁时，需要考虑在最不利位置可能作用施工或检修集中荷载，且其取值不应小于 1.0kN。例如，在计算挑梁、悬挑雨篷承载能力时，应沿板宽在离支座最大距离处每隔 1.0m 取一个集中荷载；在验算挑梁、悬挑雨篷的倾覆时，应沿板宽在离支座最大距离处每隔 2.0~3.0m 取一个集中荷载。

对于楼梯、看台、阳台和上人屋面设置的栏杆，需要考虑在栏杆顶部作用的栏杆活载，其取值规定如下：

（1）住宅、宿舍、办公楼、旅馆、医院、托儿所、幼儿园，只考虑栏杆顶部作用水平荷载，取值应为 1.0kN/m；

（2）学校、食堂、剧场、电影院、车站、礼堂、展览馆或体育场，需分别考虑栏杆顶部作用水平荷载和竖向荷载，而且水平荷载应取 1.0kN/m，竖向荷载应取 1.2kN/m。

2.2　吊　车　荷　载

在工业厂房中由于生产需要通常都要设置吊车，常用吊车有悬挂吊车、手动吊车、电动葫芦以及桥式吊车。其中，悬挂吊车、手动吊车、电动葫芦的起吊量较小，由启动和制动产生水平惯性荷载一般可不考虑。本教材所述的吊车荷载专指桥式吊车产生的吊车荷载。

吊车按利用率和达到额定吊重频繁度分为 8 个工作级别：A1、A2、A3、A4、A5、A6、A7、A8。

对于吊车满载机会少、运行时间少的厂房，如机械检修车间等的工作级别属于 A1～A3；对于吊车运行频度中等的机械加工车间和装配车间等，其工作级别属于 A4、A5；对于经常连续起吊的生产厂房，如冶炼车间的工作级别属于 A6、A7、A8。

作用在吊车梁轨道上的桥式吊车如图 2.2 所示，它由大车（桥架）和小车组成。在吊车梁轨道上的大车完成沿厂房纵向移动功能，而在大车桥架轨道上的小车可以在厂房横向进行行驶。带有吊钩的起重卷扬机安装在小车上。

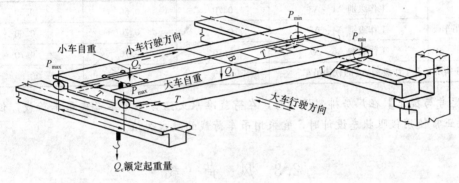

图 2.2　桥式吊车示意

吊车荷载分为竖向荷载、纵向水平荷载和横向水平荷载三种。吊车竖向荷载标准值采用吊车对轨道的最大轮压 $P_{max,k}$ 或最小轮压 $P_{min,k}$ 表示。$P_{max,k}$ 可从吊车制造厂提供的吊车产品说明书中查得，$P_{min,k}$ 可以通过吊车相关参数求得，如四轮吊车为：

$$P_{min,k} = \frac{G_{1,k} + G_{2,k} + G_{3,k}}{2} - P_{max,k} \tag{2-2}$$

式中　　$G_{1,k}, G_{2,k}$ ——分别为大车和小车自重标准值（kN）；

$G_{3,k}$ ——吊车最大额定起重量标准值（kN）。

吊车纵向水平荷载是由大车在厂房纵向启动和制动产生的水平摩擦力，其取值采用作用在一边轨道上所有轮子最大轮压之和的 10%，作用位置是车轮与轨道接触点，方向与轨道方向一致。

吊车横向水平荷载是指小车在厂房横向启动和刹车产生的水平摩擦力，其取值采用小车自重标准值和吊车最大额定起重量标准值之和乘以百分数 α，如表 2.7 所示。吊车横向水平荷载应等分于桥架两端的轨道，作用位置为吊车梁轨道顶面，方向与轨道方向垂直，并应考虑正反两个方向的刹车情况。对四轮吊车而言，每个轮子承受的吊车横向水平荷载 $T_{1,k}$ 计算公式为

$$T_{1,k} = \frac{\alpha(G_{2,k} + G_{3,k})}{4} \tag{2-3}$$

吊车横向水平荷载标准值的百分数 α   表 2.7

吊车类型	额定起重量（t）	百分数（%）
软钩吊车	≤10	12
	16～50	10
	≥75	8
硬钩吊车	—	20

吊车荷载的组合值系数、频遇值系数及准永久值系数取值如表 2.8 所示。

吊车荷载的组合值系数、频遇值系数及准永久值系数   表 2.8

吊车工作级别		组合值系数 ψ_c	频遇值系数 ψ_f	准永久值系数 ψ_q
软钩吊车	工作级别 A1～A3	0.70	0.60	0.50
	工作级别 A4、A5	0.70	0.70	0.60
	工作级别 A6、A7	0.70	0.70	0.70
硬钩吊车及工作级别 A8 的软钩吊车		0.95	0.95	0.95

【思考与提示】在厂房排架设计时，在荷载准永久组合中可不考虑吊车荷载，但在吊车梁按正常使用极限状态设计时，宜采用吊车荷载的准永久值。

2.3 风 荷 载

风是指由于大气压差所引起的大气水平方向的运动，地表增温不同是产生风的主要成因。当风以一定速度经过建筑物时，在建筑物表面就会产生风压，也称为风荷载。风向、风速度是描述风荷载特征的两个要素。为了直观反映一个地方的风向和风速，通常采用图 2.3 的风玫瑰图来描述。最常见的风玫瑰图是在一个圆上引出 8 条放射线在各方向线上按各方向风的出现频率，截取相应的长度，将相邻方向线上的截点用直线联结成的闭合折线图形，如图 2.3(a) 所示。风玫瑰图给出了风向（由外朝中心方向）、频度分布情况，由此可以得到建筑场地的主要风向，显然在不同季节得到的玫瑰图是不一样的。图 2.3(a) 表示该地区最大风频的风向为北风，约为 20%（每一间隔代表风向频率 5%）；中心圆圈内的数字代表静风的频率。在建筑设计时需要利用风向进行夏季的导风、通风降温，并采用各种设计技术措施对不利的主导风向进行阻隔，改善局部微小气候；在规划布局时需要把有污染的建筑空间放在当地全年风向最大频率的下风以减少污染。

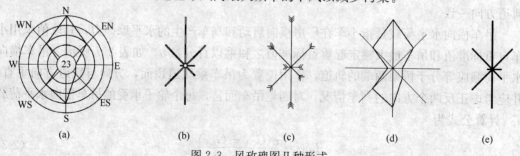

图 2.3 风玫瑰图几种形式

1. 风荷载的特点

图 2.4 为实际测试得到的风速时程曲线，风压与风速直接相关。风荷载作用可以分为静力和动力两部分，静力作用是指长周期（大于 10min 以上）风作用产生，也称为平均风压（稳定风压）。由于结构的自振周期要远小于平均风压的周期，因而平均风压可以看成是一种静力作用。而动力作用则是指由短周期（几秒左右）风产生的，也称为脉动风压（阵风脉动）。多层建筑其自振周期相对较小，不可能与脉动风压产生共振，故一般可忽略风的动力作用。高层建筑相对较柔，其自振周期可能接近脉动风压的周期，对结构产生较大的动力效应。因而对高层建筑除了要计算风静力作用，还要考虑风动力作用的影响。风荷载在建筑表面是不均匀的，有的部位是压力，而有的地方是吸力，如图 2.5 所示。作用在建筑上的风荷载具有以下特点：

（1）风荷载与建筑外形有关，外形越接近圆形的，风荷载越小；

（2）风荷载在建筑表面分布是不均匀的，在迎风面产生压力，在背风面为吸力；

（3）平均风速随高度增加而增大，因而建筑高度越高，所承受的风荷载也越大。

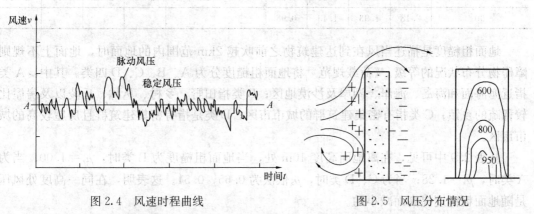

图 2.4　风速时程曲线　　　　　　　图 2.5　风压分布情况

2. 表面风压（风荷载）计算

垂直于建筑物表面上的风荷载标准值 w_k，按下式计算：

$$w_k = \beta_z \mu_z \mu_s w_0 \tag{2-4}$$

式中　β_z——高度 z 处的风振系数；

　　　μ_s——风荷载体型系数；

　　　μ_z——风压高度变化系数；

　　　w_0——基本风压（kN/m^2）。

（1）基本风压 w_0

一般根据空旷平坦地面上离地 10m 高处 10min 平均风速观察数据，经统计得到 50 年一遇的最大值，再通过风速和风压的换算关系计算得到 w_0。《荷载规范》按此方法给出了各地的基本风压值，并规定其值不得小于 $0.3kN/m^2$。

（2）风压高度变化系数 μ_z

μ_z 是 z 高度处的风压与基本风压 w_0 的比值，反映风压随不同场地、地貌和高度变化规律的系数，它主要描述的是建筑物表面在稳定风压作用下静态压力的分布规律。根据地面粗糙度类别及建筑物离地面高度，《荷载规范》μ_z 如表 2.9 确定。

风压高度变化系数 μ_z

表 2.9

离地面或海平面高度	地面粗糙度类别				离地面或海平面高度	地面粗糙度类别			
(m)	A	B	C	D	(m)	A	B	C	D
5	1.09	1.00	0.65	0.51	100	2.23	2.00	1.50	1.04
10	1.28	1.00	0.65	0.51	150	2.46	2.25	1.79	1.33
15	1.42	1.13	0.65	0.51	200	2.64	2.46	2.03	1.58
20	1.52	1.23	0.74	0.51	250	2.78	2.63	2.24	1.81
30	1.67	1.39	088	0.51	300	2.91	2.77	2.43	2.02
40	1.79	1.52	1.00	0.60	350	2.91	2.91	2.60	2.22
50	1.89	1.62	1.10	0.69	400	2.91	2.91	2.76	2.40
60	1.97	1.71	1.20	0.77	450	2.91	2.91	2.91	2.58
70	2.05	1.79	1.28	0.84	500	2.91	2.91	2.91	2.74
80	2.12	1.87	1.36	0.91	≥550	2.91	2.91	2.91	2.91
90	2.18	1.93	1.43	0.98					

地面粗糙度是描述当风在到达建筑物之前吹越 2km 范围内的地面时，地面上不规则障碍物分布状况的等级。《荷载规范》将地面粗糙度分为 A、B、C、D 四类。其中：A 类指近海海面和海岛、海岸、湖岸及沙漠地区；B 类指田野、乡村、丛林、丘陵以及房屋比较稀疏的乡镇；C 类指有密集建筑群的城市市区；D 类是指有密集建筑群且房屋较高的城市市区。

从表 2.9 中可见，在离地面高度 10m 处，当地面粗糙度为 B 类时，$\mu_z=1.00$；当为 A 类时，$\mu_z=1.28$；当为 C、D 类时，μ_z 依次为 0.65，0.51。这表明，在同一高度处风压是随地面粗糙度提高而减小的。

（3）风荷载体型系数 μ_s

μ_s 是风吹到建筑表面引起的实际压力（或吸力）效果与基本风压 w_0 的比值，它主要描述的是建筑物表面在稳定风压作用下静态压力的分布规律，与建筑物的体型和尺寸有关。

房屋体型不同将影响风的方向与流速，改变风压大小。在风作用下，一般对房屋的迎风面形成压力，μ_s 值为正值，表示风荷载的作用方向为指向建筑物表面；对房屋的背风面形成吸力，μ_s 值为负值，表示风荷载的作用方向为离开建筑物表面。

我国《荷载规范》对常见的房屋和构筑物的体型，规定了相应的风荷载体型系数。表 2.10 列出的为其中的三例。对于重要而特殊的建筑物，其体型系数应由专门的试验确定。

风荷载体型系数 μ_s

表 2.10

项次	类别	体型及体型系数 μ_s		
			α	μ_s
1	封闭式落地双坡屋面	μ_s $\rightarrow$ -0.5 α	$0°$	0
			$30°$	$+0.2$
			$\geqslant60°$	$+0.8$
			中间值按插入法计算	

项次	类别	体型及体型系数 μ_s		
2	封闭式双坡屋面	$+0.8$ μ_s α -0.5 -0.5 ; $+0.8$ -0.7 -0.7 -0.5	α $\leqslant 15°$ / $30°$ / $\geqslant 60°$	μ_s -0.6 / 0 / $+0.8$
			中间值按插入法计算	
3	封闭式房屋和构筑物	正多边形（包括矩形）平面 $+0.8$ -0.7 -0.5 -0.7 ; 六边形 0 -0.5 -0.5 ; 八边形 $+0.4$ -0.7 -0.5 $+0.4$ -0.7 -0.5		

(4) 风振系数 β_z

β_z 为 z 高度处风振系数（$\geqslant 1.0$），是考虑到结构物在阵风作用下，由于共振影响而使风荷载值有所加大的系数。对于高度超过 30m 且高宽比大于 1.5 的高柔房屋，由风引起的结构振动比较明显，且随着结构自振周期的增长，风振也随之增强，因此在设计中应考虑风振的影响。《荷载规范》规定了要考虑 β_z 的情况。对于一般多层的低层建筑（高度 $H \leqslant 30m$），$\beta_z = 1$。

(5) 风荷载的其他代表值系数

风荷载的组合值、频遇值和准永久值系数分别为 0.6、0.4 和 0.0。

【例题 2-1】

下面以表 2.10 中第 2 项次的封闭式双坡屋面的建筑物为例说明 μ_s 系数的取用。

当风为从左向右吹时，迎风的墙面受到压力（$\mu_s = +0.8$），背风的墙面受到吸力（$\mu_s = -0.5$）。背风侧的坡屋面的 $\mu_s = -0.5$，表示风荷载作用方向为离开坡屋面。

迎风侧坡屋面的 μ_s 随角度变化：

当 $\alpha = 30°$ 时，$\mu_s = 0$，表示风荷载为 0；

当 $\alpha < 30°$ 时，$\mu_s < 0$，为吸力；

当 $\alpha > 30°$ 时，$\mu_s > 0$，为压力。

其中：当 $\alpha \leqslant 15°$ 时，取定值 $\mu_s = -0.6$，为吸力；

当 α 在 $15° \sim 30°$ 之间变化时，按直线插入法确定对应的 μ_s 值，即 μ_s 取值为 $-0.6 \sim 0$；

同样，当 $\alpha \geqslant 60°$ 时，取定值 $\mu_s = +0.8$，为压力；

当 α 在 $30° \sim 60°$ 之间变化时，按直线插入法确定对应的 μ_s 值，即 μ_s 取值为 $0 \sim +0.8$。变化如图 2.6 所示。

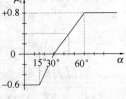

图 2.6 μ_s 与屋面坡度关系

3. 总体风作用计算

在进行结构方案构思或结构初步设计时需要知道结构的总体风作用，所谓总体风作用就是指作用在建筑物上各个方向上的全部风荷载产生的合力和倾覆力矩。一般情况下需要按两个主轴方向分别考虑风作用，对于建筑形式在两个方向上有明显差异的，可以通过判断只计算承受最大风荷载方向的总体风作用。

风荷载一般是水平作用于建筑结构，其标准值沿建筑物高度方向的分布按式 $w_k = \beta_z \mu_z \mu_s w_0$ 确定，实际计算时常简化成阶梯形分布。作用于结构的风荷载的形式、数值，需要根据结构的布置方式、传力路线确定。工程计算时为了简化，对单层或多层的混合结构，一般可选有代表性的单元计算；对框架结构，一般将风荷载简化为作用在各楼层处的集中力，具体见例 2-2。

【例题 2-2】

图 2.7 所示建筑物为六层，地处北京市郊，平面尺寸 $L \times B = 20\text{m} \times 10\text{m}$，层高 5m，总高 30m。试按建筑物整体考虑，求：

（1）建筑物距地面高度为 10m、20m、30m 处风荷载值 q（kN/m）；

（2）建筑物的最大风力值、最大倾覆力矩。

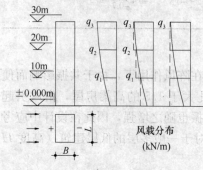

图 2.7 【例题 2-2】的计算图式

【解】

（1）分析

由建筑形式知道，沿建筑横向方向的风荷载作用是最大的，也是最可能发生倾覆的，故只需要计算该方向的总体风作用和倾覆力矩。

（2）计算距地面高度 10m、20m、30m 处风荷载值 q（kN/m）

$w_0 = 0.45\text{kN/m}^2$；B 类场地，高度小于 30m，故 $\beta_z = 1.0$。采用公式（2-4）的计算过程见表 2.11。

【例题 2-2】计算过程 表 2.11

项次	高度（m）	μ_z	μ_s	w_k（kN/m²）	$q = w_k L$（kN/m）
1	10	1.0	0.8+0.5=1.3	0.585	$q_1 = 11.70$
2	20	1.23	1.3	0.720	$q_2 = 14.40$
3	30	1.39	1.3	0.813	$q_3 = 16.26$

（3）总风力值、总倾覆力矩

① 总风力

$$F_W = \sum_{i=1}^{3} q_i h_i$$
$$= 11.70 \times 10 + 14.40 \times 10 + 16.26 \times 10$$
$$= 423.6\text{kN}$$

② 倾覆力矩

$$M_W = \sum_{i=1}^{3} q_i h_i H_i$$
$$= 11.70 \times 10(10/2) + 14.40 \times 10(10 + 10/2) + 16.26 \times 10(20 + 10/2)$$
$$= 585 + 2160 + 4065$$
$$= 6810\text{kN} \cdot \text{m}$$

【注释】 若假定风荷载均布，则风合力为 $F_W = q_3 H = 16.26 \times 30 = 487.80\text{kN}$，$M_W = F_W H/2 = 7317\text{kN} \cdot \text{m}$，计算大大简化，结果偏于安全，故常用于风荷载估算。

2.4 地震作用及抗震设防

地震是一种自然现象，按其成因通常可分为构造地震、火山地震和陷落地震等三类。构造地震的形成与地球构造和运动有关。地壳岩层的最薄弱部位，因地壳运动推挤发生断裂或错动，这种运动以地震波的形式传播开来，传到地面时使地面产生运动，其表现就称为地震。构造地震释放的能量大，影响范围广，发生频率较高，破坏作用较强。因此，一般工程结构抗震设计时，主要考虑构造地震的影响。

1. 地球的构造

众所周知，地球是一个平均半径为 6400km 的椭圆球体，迄今已有 45 亿年的历史，其组成可分为性质不同的三层（图 2.8）：最外面的为地壳，中间厚的为地幔，最里的为地核。地壳的上部除地表覆盖一层沉积岩、风化土及海水外，其主要是花岗岩，下面为玄武岩，厚度为 5～40km；地幔主要由质地坚硬的橄榄岩组成，深度在地壳以下 2900km，地幔顶部一般为熔融状，称为软流层，是岩浆的发源地。地壳与地幔之间的分解面在地质学上称为莫氏面。一般，我们将地壳和地幔上部称为地表。地核是地球的核心部分，其球体的平均半径为 3500km，科学家现推测地核表面可能为液体，内部可能是铁镍组成的固体。

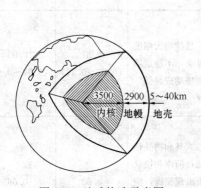

图 2.8 地球构造示意图

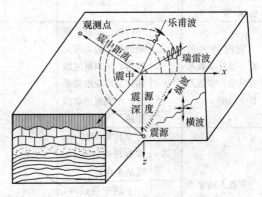

图 2.9 地震术语示意图

2. 震源、震中、震源深度、震中距

震源，是指地层构造运动中，在断层形成处，大量释放能量，产生剧烈振动的地方。震中，是指震源在正上方的地面位置。震源深度，震源至地面的垂直距离。震中距，地面某处至震中的距离。根据震源深度的不同，可分为浅源地震（震源深度＜60km）、中源地震（震源深度 60～300km）和深源地震（震源深度＞300km）。浅源地震造成的危害最大。一般情况下，距离震中越近（即震中距越小的）的地方，受地震影响越大。上述地震术语示意如图 2.9 所示。

3. 地震震级、地震烈度、地震烈度表

地震震级，是指表示地震本身大小的尺度。国际上比较通用的是里氏震级。震级与震源释放的能量大小有关，震级每差一级，地震释放的能量将差 32 倍。

地震烈度，是指某一地区的地面和各类建筑物遭受到一次地震影响的强弱程度。地震

烈度与地震震级、震源深度、震中距、地质条件、建筑物类型等因素有关。一般而论，离震中越近，烈度就越高。一次地震，表示其大小的震级只有一个，有好多个烈度区，这是因为地震对不同地点的影响程度各不相同。

地震烈度表，是指评定地震烈度的标准。目前，烈度的等级是按照地震时人的感觉、地震所造成的自然环境和建筑物的破坏程度划分的。各国制定的地震烈度表各异，绝大多数国家按 12 度划分。我国 2008 年公布的地震烈度表见表 2.12。

中国地震烈度表（GB/T 17742—2008）　　　　　　　　　　表 2.12

地震烈度	人的感觉	房屋震害			其他震害现象	水平向地震动参数	
		类型	震害程度	平均震害指数		峰值加速度 m/s²	峰值速度 m/s
Ⅰ	无感	—	—	—	—	—	—
Ⅱ	室内个别静止中的人有感觉	—	—	—	—	—	—
Ⅲ	室内少数静止中的人有感觉	—	门、窗轻微作响	—	悬挂物微动	—	—
Ⅳ	室内多数人、室外少数人有感觉，少数人梦中惊醒	—	门、窗作响	—	悬挂物明显摆动，器皿作响	—	—
Ⅴ	室内绝大多数、室外多数人有感觉，多数人梦中惊醒	—	门窗、屋顶、屋架颤动作响，灰土掉落，个别房屋墙体抹灰出现细微裂缝，个别屋顶烟囱掉砖	—	悬挂物大幅度晃动，不稳定器物摇动或翻倒	0.31 (0.22～0.44)	0.03 (0.02～0.04)
Ⅵ	多数人站立不稳，少数人惊逃户外	A	少数中等破坏，多数轻微破坏和/或基本完好	0.00～0.11	家具和物品移动；河岸和松软土出现裂缝，饱和砂层出现喷砂冒水；个别独立砖烟囱轻度裂缝	0.63 (0.45～0.89)	0.06 (0.05～0.09)
		B	个别中等破坏，少数轻微破坏，多数基本完好				
		C	个别轻微破坏，大多数基本完好	0.00～0.08			
Ⅶ	大多数人惊逃户外，骑自行车的人有感觉，行驶中的汽车驾乘人员有感觉	A	少数毁坏和/或严重破坏，多数中等和/或轻微破坏	0.09～0.31	物体从架子上掉落；河岸出现塌方，饱和砂层常见喷水冒砂，松软土地上地裂缝较多；大多数独立砖烟囱中等破坏	1.25 (0.90～1.77)	0.13 (0.10～0.18)
		B	少数中等破坏，多数轻微破坏和/或基本完好				
		C	少数中等和/或轻微破坏，多数基本完好	0.07～0.22			

地震烈度	人的感觉	房屋震害			其他震害现象	水平向地震动参数	
		类型	震害程度	平均震害指数		峰值加速度 m/s²	峰值速度 m/s
Ⅷ	多数人摇晃颠簸，行走困难	A	少数毁坏，多数严重和/或中等破坏	0.29～0.51	干硬土上出现裂缝，饱和砂层绝大多数喷砂冒水；大多数独立砖烟囱严重破坏	2.50 (1.78～3.53)	0.25 (0.19～0.35)
		B	个别毁坏，少数严重破坏，多数中等和/或轻微破坏				
		C	少数严重和/或中等破坏，多数轻微破坏	0.20～0.40			
Ⅸ	行动的人摔倒	A	多数严重破坏或/和毁坏	0.49～0.71	干硬土上多处出现裂缝，可见基岩裂缝、错动，滑坡、塌方常见；独立砖烟囱多数倒塌	5.00 (3.54～7.07)	0.50 (0.36～0.71)
		B	少数毁坏，多数严重和/或中等破坏				
		C	少数毁坏和/或严重破坏，多数中等和/或轻微破坏	0.38～0.60			
Ⅹ	骑自行车的人会摔倒，处不稳状态的人会摔离原地，有抛起感	A	绝大多数毁坏	0.69～0.91	山崩和地震断裂出现，基岩上拱桥破坏；大多数独立砖烟囱从根部破坏或倒毁	10.00 (7.08～14.14)	1.00 (0.72～1.41)
		B	大多数毁坏				
		C	多数毁坏和/或严重破坏	0.58～0.80			
Ⅺ	—	A	绝大多数毁坏	0.89～1.00	地震断裂延续很大，大量山崩滑坡	—	—
		B					
		C		0.78～1.00			
Ⅻ	—	A	几乎全部毁坏	1.00	地面剧烈变化，山河改观	—	—
		B					
		C					

注：表中给出的"峰值加速度"和"峰值速度"是参考值，括弧内给出的是变动范围。

4. 基本烈度、设防烈度、烈度区划图、设计地震分组

（1）基本烈度、设防烈度

基本烈度是指该地区今后一定时间内（通常 50 年），在一般场地条件下可能超越烈度为 10% 的烈度值。而烈度区划图则给出了全国各地基本烈度的分布情况，在全国建设规划及中小型工程设计利用。设防烈度是结构抗震设计时采用的烈度，一般等于基本烈度，但有特殊要求时也可在基本烈度基础上进行适当调整后采用。我国《建筑抗震设计规范》GB 50011—2010（以下简称《抗震规范》）规定的部分城市的抗震设防烈度、设计基本地震加速度见表 2.13。

城市名	设防烈度	设计基本地震加速度（g）
北京（除昌平、门头沟外的 11 个市辖区）	8	0.20
上海（除金山外 11 个市辖区）、青浦、奉贤	7	0.10
（上海）崇明、金山	6	0.05
南京（11 个市辖区）	7	0.10
杭州（9 个市辖区）	6	0.05
合肥（4 个市辖区）	7	0.10
福州（4 个市辖区）	7	0.10
南昌（5 个市辖区）	6	0.05
济南（6 个市辖区）	6	0.05
郑州（5 个市辖区）	7	0.15
深圳（5 个市辖区）	7	0.10
西昌	≥9	≥0.40

【注释】设计基本地震加速度定义：50 年设计基准期超越概率 10% 的地震加速度的设计取值。

（2）地震区划

众所周知地震预报是指对地震发生的时间、地点和强度等的预报，而地震区域的划分则是指用地质、地震和历史地震资料等方法对地震发生的地区和强度的预报。其依据通常是地震危险性分析结果。

（3）设计地震分组

震害宏观调查表明，同等烈度的地震，在不同震级和震中距时，对结构破坏具有明显差异。例如在烈度相同时，大震级远震中距下的柔性结构就比中小震级震中距下的柔性结构破坏严重，而大震级远震中距下刚性结构就比中小震级近震中距下的刚性结构破坏轻。地震频谱特征是造成这种现象的主要原因。为了在设计中反映这种情况，可以将同等烈度按震中距划分若干区域，其本质上是要进一步给出有关震源信息。《抗震规范》把设计近震、远震改称为设计地震分组，建筑工程的设计地震共分为三组。

5. 地震的破坏现象

可以归纳为地表的破坏、工程结构的破坏和次生灾害三大类。

1）地表的破坏

（1）断层

断层是指地面的不连续位移，有的断层直接用肉眼就可以看到，而有的像在厚层冲积土下的断层则需根据水准测量结果进行推测。美国加州的圣安德历斯大断层是世界上最著名的地震断层。该断层沿加利福尼亚海岸延伸并进入太平洋，长约 440km，最大水平位移为 6.4m。断层运动通常十分缓慢。断层引起地面上的建筑物破坏的报道比较少，对地下结构影响比较大一些，在圣安德历斯大断层南端附近有一条隧道被水平错断 1.2m。

（2）地壳形变

地震通常会使地壳产生竖向和水平的地面形变。若震源在海底，海底产生的较大的形变将引发海啸的产生。陆地的抬升或沉陷也会促使震害的加重，如1964年南海地震，地面沉陷使一些城市大面积被淹，而有的地方发生数十厘米的抬升使一些沿岸城市暂时失去港口的功能。

（3）山崩

由于地震引起土壤和砂从陡处向下急速流动的现象称为山崩，大范围的山崩又称为"陆啸"。在日本关东大地震时发生过的"陆啸"，将一个山坡冲走1/9，并以20m/s速度向下流动，"冲"走了一个村庄，随后还"冲"倒了一列火车。

（4）地裂缝

地震在地面产生的裂缝是一种普遍的现象。地裂缝产生一般认为是地表受到挤压、伸长等力作用的结果，它对在其上面的线路、构筑物和建筑物等都会造成严重影响，震害调查表明地裂缝引起的损坏是非常惊人的。

（5）喷砂冒水

在地下水位较高、砂层埋深较浅的平原地区，由于地震产生的强烈振动使含水层受到挤压，地下水通常会从地裂缝或土质松软的地方冒出地面，在有砂层的地区则会夹带砂土一起喷出，形成喷砂冒水的现象。

2）工程结构的破坏

（1）主要承重结构强度破坏

由于设计不当或现行抗震规范本身问题，使结构抗震能力不足。在多向地震作用下结构内力可能提高，而且受力方式、破坏模式都会发生改变，导致结构物的承载力不足或变形过大而发生破坏。这种破坏常见的有：墙体斜向严重开裂，钢筋混凝土柱子的"钢花形"破坏，房屋倒塌等（图2.10a）。

    （a）   （b）   （c）

图2.10 工程结构的破坏

（a）都江堰市某框架结构柱子破坏；（b）汶川某框架结构整体倒塌；

（c）日本新潟因地基失效结构倾斜

（2）结构整体性破坏

承重结构虽然没有破坏，但连接件或局部节点强度不足或锚固不足，导致整体建筑物的倒塌（图2.10b）。

（3）非承重构件破坏

这些构件包括附属构件（女儿墙、雨篷）、装饰物（贴面、装饰）和墙体（围护墙、隔墙）三种。抗震规范除了对女儿墙和围护墙有构造要求外，其他并没有明确要求。在强烈地震作用下结构将产生较大的振动变形，使非承重构件破坏。这些构件破坏会造成伤人。现代建筑中装饰造价甚至超过土建，所以非承重构件的抗震应引起高度重视。

（4）地基失效

在地震作用下地基承载力可能降低，甚至丧失。例如饱和砂土层的地基会产生地基液化，导致建筑物倾斜，严重的还会倒塌（图2.10c）。

3）次生灾害

由地震引起的火灾、水灾、海啸、陆啸、污染等间接损失称为次生灾害。国际上把地震损失分为一次灾害、二次灾害和三次灾害。一次灾害、二次灾害是结构直接损失和间接损失。三次灾害是指由地震引起停工、瘟疫和其他社会损失。次生灾害有时比直接损失更严重。1923年日本关东大地震在整个灾区引发了严重的火灾，震后调查结果表明：因地震直接倒塌的房屋为13万栋，而烧毁的房屋却高达45万栋；死亡人数10万余人，其中房屋倒塌压死约几千人，其余均为被火烧死的。1995日本神户7.2级大地震和1999年我国台湾南投县7.6级大地震都引起了不同形式的次生灾害，间接损失十分严重。

6. 抗震设防目标

不同于一般荷载作用，地震作用强度和发生的次数具有很强烈的不确定性，在结构设计中为了安全、经济和合理地抵御这种特殊的作用，就需要确定合适的设防目标和标准，并采用相应的抗震设防方法予以实施。抗震设防是指对结构进行抗震设计和采取抗震构造措施，以达到抗震的效果。抗震设防的依据是抗震设防的烈度。抗震设防的烈度是一个地区作为抗震设防依据的地震烈度，按国家规定权限审批或颁发的文件执行；一般情况下，采用国家地震局批准的地震烈度区划图所规定的基本烈度进行设防。我国的基本烈度是指在50年期限内，一般场地条件下，可能遭遇超越概率为10%的烈度值，《中国地震动区划图》GB 18306—2015给出了基本地震动峰值加速度和反应谱特征周期分区值。众所周知，在强烈地震作用下要保证一般结构不产生一点坏是很难做到的，即使能实现在经济上也是非常不合理的。在强震中允许结构一些部位或构件发生一定程度损伤有利于地震能量的释放，提高结构抗倒塌能力。所以在强震作用下只要保证结构主体不倒，非主要受力构件的破坏应该是允许的。

结构抗震设防目标应由投资-效益准则确定，即目标应定为整个设计生命周期内的总费用最小，也就是说在结构的初始造价和未来的损失期望之间寻找一种优化平衡。上述抗震规划目标，在抗震设计中可以采用多级设防标准来实现。所谓多级设防就是在不同的设计地震作用下结构可具有不同的工作功能要求，在频度高、烈度小的"小震"发生时，结构不应损伤，具有正常工作的功能，而在遭遇罕见的，或发生次数极少的，高烈度的"大震"时，结构可以破坏，但不能倒塌。这种多级设防思想是朴素的，也是非常合理的。基于上述思想，《抗震规范》规定的建筑抗震设防目标为：当遭受低于本地区抗震设防烈度的多遇地震影响时，一般不受损坏或不需修理可继续使用；当遭受相当于本地区抗震设防烈度的地震影响时，可能损坏，经一般修理或不需修理仍可继续使用；当遭受高于本地区抗震设防烈度的罕遇地震影响时，不致倒塌或发生危及生命的严重破坏。上述抗震设计目标简称为"小震不坏，中震可修，大震不倒"。

下面阐述一下关于"小震"、"中震"和"大震"的定义。从概率统计的角度，小震属于多发性的地震，也就是说，小震对应的是烈度概率密度曲线上峰值所对应的烈度，即众值烈度的地震。而大震应该是偶然事件。在这里很重要的问题就是要确定合理的地震烈度概率密度分布函数。根据对我国华北、西南等地区地震危险性分析结果，我国地震烈度概率密度分布符合极值Ⅲ型分布（图2.11）。由图2.11知，地震烈度概率密度分布峰值对应的地震应为小震，其超越概率为63.2%，重现期为50年；中震的超越概率为10%，重现期为475年；大震的超越概率为

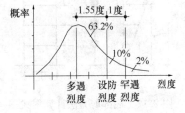

图 2.11　地震烈度的概率分布

2%～3%，重现期为2475～1641年。为了便于实用，规范将上述概率的定义转为用基本烈度修正的方式表达，小震烈度等于基本烈度-1.55度，大震烈度等于基本烈度+1度。

7. 地震作用

1）基本概念

地震作用定义为地震时作用在建筑物上的惯性力。地震作用的大小与地震烈度、建筑物质量、结构的自振周期以及建筑场地类别等因素有关。地震作用有水平地震作用与竖向地震作用之分。水平地震作用是引起建筑物破坏的主要原因。设计中主要考虑水平地震作用对建筑结构的影响。

设 m 为建筑物某一质点的质量，S_a 为该加速度反应的最大绝对值，则作用于该质点上的水平地震作用 F_E 可表述为

$$F_E = mS_a = mg(a_E/g)(S_a/a_E) = Ga_1 \tag{2-5}$$

式中　mg——建筑物某一质点的重力荷载，当 F_E 表示整个建筑物所受的地震作用时，$mg = G$，G 为整个建筑物的重力荷载；

　　　　a_E——地震时地面运动的加速度；

　　　　a_E/g——地面运动加速度与重力加速度之比，此值与地震烈度有对应关系；

　　　　S_a/a_E——建筑物质点最大加速度反应和地面运动加速度之比，此值与建筑物的动力特征有关；

　　　　a_1——地震影响系数，$a_1 = (a_E/g)(S_a/a_E)$。当 F_E 表示整个建筑物所受的地震作用时，a_1 反映地震作用和建筑物总重力荷载 G 之比。

【提示】结构刚度越大，结构实际所受到的加速度反应与地震时地面运动加速度就越接近，地震作用也越大，这表明地震作用区别于静力作用，它与结构本身动力特征有很大关系。

2）水平地震作用标准值计算

地震波经过地层的传播后以应力波在结构传播，如产生的应力在弹性范围，引起弹性振动。应力超过弹性极限引起弹塑性振动。目前地震反应分析方法主要分为静力法、振型叠加法、直接动力法三种。前两者在理论上只能用于弹性地震反应计算，用于非弹性情况时必须进行修正；后者既适用于弹性地震反应，又可直接用于弹塑性地震反应的计算。现在静力法一般已用得很少。设计规范除对特别不规则结构、高度较高的结构抗震计算，以及需要验算大震下弹塑性变形时采用直接动力法外，一般采用振型叠加法计算地震作用。在实际工程中工程师主要关心的是地震的最大反应，因而抗震设计时又提出了利用地震反

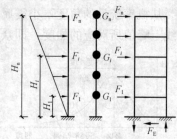

图 2.12 底部剪力法计算图式

应谱的振型叠加法，即振型分解反应谱法。为了方便计算，还提出了只考虑一种振型分解反应谱法，即所谓底部剪力法。《抗震规范》规定，对高度不超过 40m、以剪切变形为主，且质量和刚度沿高度分布比较均匀的结构，以及近似于单质点体系的结构，可采用底部剪力法。本教材仅对该方法做简要介绍。

按底部剪力法计算时，将每层楼面的质量集中为质点，各楼层取一个自由度，计算简图如图 2.12 所示。结构底部的水平地震作用标准值按下列公式计算：

$$F_{Ek} = a_1 G_{eq} \tag{2-6}$$

式中　F_{Ek}——结构总水平地震作用标准值；

　　a_1——相应于结构基本自振周期的水平地震影响系数值；

　　G_{eq}——结构等效总重力荷载，单质点应取总重力荷载代表值，多质点取总重力荷载代表值的 85%，即 $G_{eq} = 0.85 \sum G_i$；建筑的重力荷载代表值应取结构和构配件自重标准值和各可变荷载组合值。

由于质点所受地震作用与质点重力荷载 G_i 和质点所处高度 H_i 呈正比，因而结构质点 i 的地震作用 F_i 可以按 $G_i H_i$ 权重进行分配（图 2.12），即

$$F_i = \frac{G_i H_i}{\sum\limits_{j=1}^{m} G_j H_j} F_{Ek}(1 - \delta_n)\ (i < m, \text{非顶层}) \tag{2-7a}$$

$$F_m = \frac{G_m H_m}{\sum\limits_{j=1}^{m} G_i H_i} F_{Ek}(1 - \delta_m) + \Delta F_m\ (\text{顶层}) \tag{2-7b}$$

$$\Delta F_m = \delta_m F_{Ek} \tag{2-7c}$$

式中　F_i——质点 i 的水平地震作用标准值；

　　G_i，G_j——分别集中于质点 i、j 的重力荷载代表值；

　　H_i，H_j——分别集中于质点 i、j 的计算高度；

　　δ_n——为结构顶部附加地震作用系数，按表 2.14 取值。

顶部附加地震作用系数　　　　表 2.14

T_g (s)	$T_1 > 1.4 T_g$	$T_1 > 1.4 T_g$
$T_g \leqslant 0.35$	$0.08 T_1 + 0.07$	
$0.35 < T_g \leqslant 0.55$	$0.08 T_1 + 0.01$	0
$T_g > 0.55$	$0.08 T_1 - 0.02$	

注：T_1 为结构基本自振周期。

3）重力荷载代表值

计算地震作用时，建筑物的重力荷载代表值应取结构和构配件自重标准值和各可变荷载组合值之和，各可变荷载组合值系数按表 2.15 采用。

可变荷载组合值系数　　　　　　　　　　　　　　　　　　表 2.15

可变荷载种类		组合值系数
雪荷载		0.5
屋面积灰荷载		0.5
屋面活荷载		不计入
按实际情况计算的楼面活荷载		1.0
按等效均布荷载 计算的楼面活荷载	藏书库、档案库	0.8
	其他民用建筑	0.5
吊车悬吊物重力	硬钩吊车	0.3
	软钩吊车	不计入

4）地震影响系数曲线（按《抗震规范》）

建筑结构的地震影响系数 α 应根据烈度、场地类别、设计地震分组和结构自振周期以及阻尼比确定。图 2.13 为《抗震规范》给出的地震影响系数曲线。

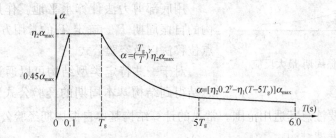

图 2.13　地震影响系数 α 曲线

α—地震影响系数；$\alpha_{\max}$—地震影响系数最大值；η_1—直线下降段的下降斜率调整系数；

γ—衰减指数，取 0.9；T_g—特征周期；η_2—阻尼调整系数，一般取 1.0；

T—结构自振周期

（1）水平地震影响系数最大值 $\alpha_{\max}$

《抗震规范》给出的 $\alpha_{\max}$ 如表 2.16 所示。

水平地震影响系数最大值 $\alpha_{\max}$　　　　　　　　　　　　　　表 2.16

地震影响	6 度	7 度	8 度	9 度
多遇地震	0.04	0.08(0.12)	0.16(0.24)	0.32
罕遇地震	0.28	0.50(0.72)	0.90(1.20)	1.40

注：括号中数值分别用于设计基本地震加速度为 0.15g 和 0.30g 的地区。

（2）特征周期 T_g

特征周期，是考虑了震级和震中距影响的场地卓越周期，应根据设计地震分组和场地类别按表 2.17 确定。

特征周期 T_g 值（s）   表 2.17

设计地震分组	场地类别				
	I_0	I_1	II	III	IV
第一组	0.20	0.25	0.35	0.45	0.65
第二组	0.25	0.30	0.40	0.55	0.75
第三组	0.30	0.35	0.45	0.65	0.90

（3）结构基本自振周期 T_1

结构的自振周期是建筑物固有的特性。当某种原因使建筑物有微小的初始位移或速度时，它就会因具有弹性而发生振荡，完成一周完整的振荡所需要的时间称为自振周期。建筑物的刚性越大，基本自振周期越小；反之，亦反。

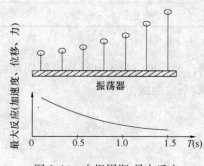

图 2.14 自振周期-最大反应

设想用具有不同自振周期的振荡器作为模型代表不同的建筑物，将其置于模拟地震周期运动的底座上，则可绘出图 2.14 所示曲线（自振周期-最大反应）。由图中可见，基本自振周期越小，反应越大。

用底部剪力法计算水平地震作用时，要确定结构的自振周期 T_1。确定 T_1 的常用方法有能量法、顶点位移法以及经验公式。

对于一些特定类型结构可以通过实测方法归纳总结得到结构基本周期的经验公式。经验公式十分简单，但应用时要注意其适用范围。常见的计算结构基本自振周期经验公式有：

无填充墙的框架结构：

$$T_1 = 0.1N \tag{2-8}$$

有填充墙的框架结构：

$$T_1 = (0.07 \sim 0.08)N \tag{2-9}$$

高层钢筋混凝土框架或框架-剪力墙结构：

$$T_1 = 0.25 + 0.53 \times 10^{-3} \frac{H^2}{\sqrt[3]{B}} \tag{2-10}$$

式中　N——房屋地面以上部分的层数；

H、B——建筑物的总高度、宽度（m）。

（4）地震影响系数 α_1 的近似取值

表 2.18 所列的建筑物自振周期 T_1（s）、地震影响系数 α_1 的近似值，可供结构估算时利用。

建筑物自振周期 T_1（s）、地震影响系数 α_1 的近似取值（7度）   表 2.18

建筑物结构	2～6 层砌体	2～8 层钢筋混凝土框架	8 层以上高层建筑
自振周期 T_1（s）	0.3～0.5	0.6～1.2	1.2～4.0
地震影响系数 α_1	0.05～0.07	0.02～0.08	0.006～0.04

8. 竖向地震作用

按《抗震规范》，一般情况可以不考虑竖向地震作用，只有抗震设防烈度为 8、9 度地区的大跨结构和长悬臂结构及 9 度时的高层建筑，才应考虑竖向地震作用问题。竖向地震作用标准值也可按前面底部剪力公式一样确定：

$$F_{Evk} = \alpha_{vmax} G'_{eq} \qquad (2\text{-}11)$$

$$\alpha_{vmax} = 0.65\alpha_{max} \qquad (2\text{-}12)$$

$$F_{vi} = \frac{G_i H_i}{\sum\limits_{j=1}^{m} G_j H_j} F_{Evk} \qquad (2\text{-}13)$$

式中　F_{Evk}——总竖向地震作用标准值；

　　　F_{vi}——总竖向地震作用标准值 F_{Evk} 分配到质点 i 的竖向地震作用标准值；

　　　α_{vmax}——竖向地震影响系数最大值，取相应的水平地震影响系数最大值 α_{max} 的 65%；

　　　G'_{eq}——计算竖向地震作用时采用的总重力荷载代表值，取各质点重力荷载代表值之和 $\sum G_i$ 的 75%，即 $G'_{eq} = 0.75 \sum G_i$。

【例题 2-3】

试用底部剪力法计算如图 2.15 所示框架在多遇地震时的地震力分布。已知结构的基本周期 $T_1 = 0.467s$，抗震设防烈度为 8 度，Ⅱ类场地，设计地震分组为第二组。

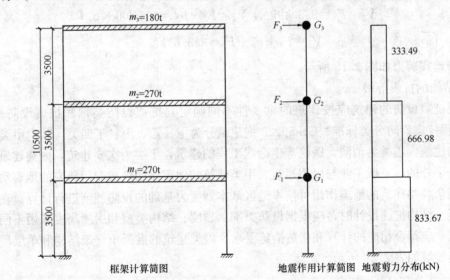

图 2.15　【例题 2-3】计算图式

解：（1）计算结构等效总重力荷载代表值

$$G_{eq} = 0.85 \sum_{i=1}^{n} G_i = 0.85 \times (270 + 270 + 180) \times 9.8$$

$$= 5997.6kN$$

（2）计算水平地震影响系数

$\alpha_{max} = 0.16$　$T_g = 0.4s$　$T_g < T_1 < 5T_g$，故

$$\alpha_1 = \left(\frac{T_g}{T}\right)^{\gamma} \eta_2 \alpha_{\max} = \left(\frac{0.4}{0.467}\right)^{0.9} \times 1 \times 0.16 = 0.139$$

（3）计算结构总的水平地震作用标准值

$$f_{Ek} = \alpha_1 G_{eq} = 0.139 \times 5997.6 = 833.67 \text{kN}$$

（4）顶部附加水平地震作用

$$1.4T_g = 0.56 \quad T_1 < 1.4T_g \quad \delta_n = 0$$

$$\Delta F_n = \delta_n F_{Ek} = 0$$

（5）计算各层的水平地震作用标准值

由公式（2-7a）得：

$$F_1 = \frac{270 \times 9.8 \times 3.5}{270 \times 9.8 \times 3.5 + 270 \times 9.8 \times 7 + 180 \times 9.8 \times 10.5} \times 833.67 = 166.69 \text{kN}$$

$$F_2 = \frac{270 \times 9.8 \times 7.0}{270 \times 9.8 \times 3.5 + 270 \times 9.8 \times 7 + 180 \times 9.8 \times 10.5} \times 833.67 = 333.49 \text{kN}$$

$$F_3 = \frac{180 \times 9.8 \times 10.5}{270 \times 9.8 \times 3.5 + 270 \times 9.8 \times 7 + 180 \times 9.8 \times 10.5} \times 833.67 = 333.49 \text{kN}$$

（6）计算各层的层间剪力

$$V_3 = F_3 = 333.49 \text{kN}, \quad V_2 = F_3 + F_2 = 666.98 \text{kN},$$

$$V_1 = F_3 + F_2 + F_1 = 833.67 \text{kN}$$

框架地震剪力如图 2.15 所示。

9. 结构的抗震等级

需要抗震设防的建筑应按建筑的重要性不同确定其抗震设防类别和抗震设防标准。《建筑工程抗震设防分类标准》GB 50223 把建筑分为甲、乙、丙、丁四类，其中甲类为特殊要求的建筑，乙类为消防、医院等生命线工程的建筑，丁类为次要建筑，丙类建筑为除甲、乙、丁外的，一般工业与民用建筑。甲类建筑的地震作用应按专门研究的地震动参数计算，其余各类建筑的地震作用可按本地区基本烈度为基础的设防烈度进行计算。在房屋建筑混凝土结构抗震设计时，应根据设防类别、烈度、结构类型和房屋高度采用不同的抗震等级，并应符合相应的计算和构造措施要求。丙类建筑的混凝土框架结构和单层厂房结构的抗震等级如表 2.19 所示。

混凝土框架和排架结构的抗震等级　　　　　　　　表 2.19

结构类型		设防烈度						
		6		7		8		9
	高度（m）	≤24	>24	≤24	>24	≤24	>24	≤24
框架结构	普通框架	四	三	三	二	二	一	一
	大跨度框架	三		二		一		一
单层厂房结构	铰接排架	四		三		二		一

注：大跨度框架指跨度大于 18m 的框架，表中框架结构不包括异形柱框架。

2.5 偶然荷载及间接作用

结构设计需要考虑的偶然作用主要有火灾、撞击、爆炸、特大地震等，这些作用定量计算很复杂，需要根据有关标准或由具体条件和设计要求确定。限于目前对偶然荷载的研究和认知水平，《荷载规范》对炸药及燃气爆炸、电梯及汽车撞击等均为常见且有一定研究资料和设计经验做了一些相应规定，对其他偶然荷载只能结合实际情况或参考有关资料确定。影响混凝土结构的非荷载作用称为间接作用，通常主要有温度、沉降、收缩和徐变。间接作用同样在也会在结构中引起内力和变形，轻者影响结构的正常使用，重者还可能产生承载能力问题。间接作用涉及影响因素多，具有很大的不确定性，目前还没有统一的定量计算方法，在设计时其作用只能按照有关标准、工程特点及具体情况确定，采用经验性的构造措施来抵抗。

2.6 荷载效应组合

1. 作用组合种类

在建筑结构设计时应根据使用过程中可能会同时出现的荷载或作用，按承载能力极限状态和正常使用极限状态分别进行荷载效应组合，并取各自的最不利组合进行设计。当结构承受一种以上作用影响时，为验证某一极限状态的结构可靠度而采用的一组作用值称为作用组合，它可理解为保证结构的可靠性而对同时出现的各种作用组合做出的一种规定。我国《工程结构可靠性设计统一标准》GB 50153规定了6种作用组合：永久作用和可变作用的组合称为基本组合；永久作用、可变作用和一个偶然作用的组合称为偶然组合；永久作用、可变作用和一个地震作用的组合称为地震组合；永久作用标准值和可变作用标准值的组合称为标准组合；永久作用标准值、第一大可变作用频遇值和其余可变作用准永久值的组合称为频遇组合；永久作用标准值和可变作用准永久值的组合称为准永久组合。前三种作用组合用于承载能力极限状态设计，后三种作用组合用于正常使用极限状态设计。在具体设计时，可根据下述规定确定相应的作用组合：

(1) 持久设计状况或短暂设计状况的承载能力极限状态设计——基本组合；

(2) 偶然设计状况的承载能力极限状态设计——偶然组合；

(3) 地震设计状况的承载能力极限状态设计——地震组合；

(4) 不可逆正常使用极限状态设计——标准组合；

(5) 可逆正常使用极限状态设计——频遇组合；

(6) 长期效应为决定性因素的正常使用极限状态设计——准永久组合。

【提示】所谓设计状况就是设计时考虑的、代表一定时段结构本身以及所受作用的实际情况。在工程结构设计时，对不同的设计状况，应采用相应的结构体系、可靠度水平、基本变量和作用组合等。

2. 承载能力极限状态实用设计表达式

结构或结构构件（包括基础等）的破坏或过度变形的承载能力极限状态设计，应符合下式要求：

$$\gamma_0 S_d \leqslant R_d \tag{2-14}$$

式中 γ_0——结构重要性系数,对于地震设计状况不考虑,即取 1;

       S_d——与设计状况相对应的各种作用组合效应(如轴力、弯矩、剪力)设计值;

       R_d——结构或构件的抗力设计值,基本组合对应的承载能力设计值 R 可按教材(上册)各种受力情况进行计算,地震组合承载能力可以由 R 除以表 2.20 给出的抗震承载能力调整系数 γ_{RE} 得到,偶然组合承载能力由基本组合承载能力计算公式用材料强度标准值代入计算得到。

【提示】当仅考虑竖向地震作用时,各类构件的承载能力调整系数 γ_{RE} 均为 1.0。

承载能力抗震调整系数   表 2.20

结构构件类别	正截面承载能力计算					斜截面承载能力计算	受冲切承载能力计算	局部受压承载能力计算
	受弯构件	偏心受压构件		偏心受拉构件	剪力墙	各类构件及框架节点		
		轴压比小于 0.15	轴压比不小于 0.15					
γ_{RE}	0.75	0.75	0.8	0.85	0.85	0.85	0.85	1.0

作用组合的效应(如轴力、弯矩、剪力)设计值 S_d 应根据设计状况采用不同的作用组合。《荷载规范》规定,建筑混凝土结构设计需要考虑持久设计状况、短暂设计状况和地震设计状况,其相对应作用组合效应设计值表达式如下所述:

1) 对持久设计状况或短暂设计状况,采用作用效应的基本组合,按下面两种情况取最不利的组合值作为设计值。

(1) 由可变荷载效应控制的组合

$$S_d = \sum_{j=1}^{m} \gamma_{Gj} S_{Gjk} + \gamma_{L1} \gamma_{Q1} S_{Q1k} + \sum_{i=2}^{n} \gamma_{Qj} \gamma_{Li} \psi_{cj} S_{Qjk} \tag{2-15}$$

(2) 由永久荷载效应控制的组合

$$S_d = \sum_{j=1}^{m} \gamma_{Gj} S_{Gjk} + \sum_{i=1}^{n} \gamma_{Qj} \gamma_{Li} \psi_{cj} S_{Qjk} \tag{2-16}$$

式中,永久作用分项系数 γ_{Gj}、可变作用分项系数 γ_{Qj}、预应力作用分项系数 γ_P 和考虑结构设计使用年限的荷载调整系数 γ_L,系数取值请见教材(上册)表 2.6。

【提示与思考】(1) 由上述组合公式知道,所求的是作用效应最不利组合,因为设计控制的指标都是具体的物理量。作用的最不利组合与作用效应的最不利组合既有区别又有联系,读者可以结合第 5、6 章相关内容进行比较和体会。

(2) 为了方便方案设计或手算,可以近似采用相等的活荷载组合系数 γ_{Qj},取 0.9,详见本教材 7.5.4 的内容。

2) 对地震设计状况,应采用作用的地震组合。

地震组合的效应设计值,宜根据重现期为 475 年的地震作用(基本烈度)确定。当作用与作用效应按线性关系考虑时,地震组合的效应设计值可按下式计算:

$$S_{Ed} = \gamma_G S_{GE} + \gamma_{Eh} S_{Ehk} + \gamma_{Ev} S_{Evk} + \psi_w \gamma_w S_{wk} \tag{2-17}$$

式中 S_{Ed}——重现期为 475 年的地震作用（基本烈度）与其他作用组合效应的设计值；

γ_G——重力荷载分项系数，一般情况应采用 1.2；当重力荷载效应对结构承载能力有利时，不应大于 1.0；

γ_{Eh}, γ_{Ev}——分别为水平、竖向地震作用效应的分项系数，应按表 2.21 采用；

γ_w——风荷载分项系数，应采用 1.2；

S_{GE}——重力荷载效应代表值；

S_{Ehk}、S_{Evk}——分别为水平、竖向地震作用标准值产生的效应；

S_{wk}——风荷载标准值产生的效应；

ψ_w——风荷载组合值系数，一般结构为 0，风荷载起控制作用的建筑应采用 0.2。

地震作用分项系数   表 2.21

地震作用	γ_{Eh}	γ_{Ev}
仅计算水平地震作用	1.3	0.0
仅计算竖向地震作用	0.0	1.3
同时计算水平和竖向地震作用（水平地震为主）	1.3	0.5
同时计算水平和竖向地震作用（竖向地震为主）	0.5	1.3

3. 正常使用极限状态实用设计表达式

结构或结构构件按正常使用极限状态设计时，应符合下式要求：

$$S_d \leqslant C \tag{2-18}$$

式中 S_d——作用组合的效应（如变形、应力、裂缝宽度、自振频率等）计算值；

C——设计对变形、应力、裂缝宽度、自振频率等规定的相应限值，应按规范规定采用。

建筑混凝土结构构件按正常使用极限状态设计时，S_d 采用以下作用的标准组合或准永久组合。

1）标准组合（适用于混凝土构件应力控制）

当作用与作用效应按线性关系考虑时，标准组合的效应计算值 S_d 可按下式计算：

$$S_d = \sum_{j=1}^{m} S_{Gjk} + S_{Q1k} + \sum_{j \geqslant 2} \psi_{cj} S_{Qjk} \tag{2-19}$$

2）准永久组合（适用于混凝土构件裂缝宽度、变形控制）

$$S_d = \sum_{j=1}^{m} S_{Gjk} + \sum_{j \geqslant 2} \psi_{qj} S_{Qjk} \tag{2-20}$$

式中 S_{Gik}——第 i 个永久作用标准值的效应；

S_{Q1k}——第 1 个可变作用（主导可变作用）标准值的效应；

S_{Qjk}——第 j 个可变作用标准值的效应；

ψ_{cj}——可变作用组合值系数，按表 2.22 取值；

ψ_{qj}——可变作用准永久值系数，按表 2.22 取值。

组合值系数 ψ_{cj} 和准永久值系数 ψ_{qj}			表 2.22
编号	作用类别	组合值系数 ψ_{cj}	准永久值系数 ψ_{qj}
1	一般住宅和办公楼的楼面活载	0.7	0.4
2	风荷载	0.6	0

【提示】在计算风荷载或地震作用下混凝土框架、排架结构的弹性水平侧移时，S_d 为只有水平风荷载标准值或水平地震作用标准值产生的位移，采用标准组合，即作用效应分项系数为 1。

主 要 参 考 文 献

[1] （美）林同炎、S. D. 斯多台斯伯利. 结构概念和体系（第二版）. 北京：中国建筑工业出版社，1999.

[2] 中华人民共和国国家标准.《建筑结构荷载规范》GB 50009—2012. 北京：中国建筑工业出版社，2012.

[3] 中华人民共和国国家标准.《混凝土结构设计规范》GB 50010—2010. 北京：中国建筑工业出版社，2011.

[4] 中华人民共和国国家标准.《建筑抗震设计规范》GB 50011—2010. 北京：中国建筑工业出版社，2010.

[5] 中华人民共和国国家标准.《工程结构可靠性设计统一标准》GB 50153—2008. 北京：中国建筑工业出版社，2009.

[6] 王祖华. 混凝土结构设计. 广州：华南理工大学出版社，2008.

[7] 周建民，李杰，周振毅. 混凝土结构基本原理. 北京：中国建筑工业出版社，2014.

[8] 贺国京，阎奇武，袁锦根. 工程结构弹塑性地震反应. 北京：中国铁道出版社，2005.

思 考 题

1. 作用按时间分为哪几类？并各举一例说明。

2. 解释楼面均布活荷载的基本概念，并计算简支梁跨中集中荷载的等效均布荷载。

3. 为什么在设计楼面梁、柱、墙、基础时要对楼面活荷载进行折减？如何折减？

4. 为何可变作用除了标准值外，还要引入组合值、频遇值、准永久值？

5. 何谓吊车工作级别？竖向吊车荷载、横向水平吊车荷载、纵向水平吊车荷载如何计算？

6. 风玫瑰图有何用途？风荷载有何特点？

7. 建筑物表面风压与哪些因素相关？如何计算？

8. 试解释以下地震工程名词：

震源、震中、震源深度、震中距、震级、基本烈度、设防烈度、近震、远震、抗震等级。

9. 我国抗震设防目标是什么？何谓"小震"、"中震"、"大震"？

10. 阐述按底部剪力法计算水平地震作用的基本步骤。

11.《建筑结构荷载规范》规定了哪几种作用组合？

12. 建筑混凝土结构承载能力极限状态设计的最不利作用效应组合值如何考虑？

习 题

1. 某四轮桥式软钩吊车技术参数为：最大起重量 100kN、最大轮压 105kN、小车重量 37kN、大车重量 182kN。现要求计算吊车竖向荷载、横向水平荷载、纵向水平荷载。

2. 某十六层办公楼高 50m，平面尺寸 15m×50m，建筑所在地基本风压 $w_0 = 0.45\text{kN/m}^2$，风振系数 1.7，风压沿高度分布假定呈抛物线。现要求计算该楼由风荷载设计值产生的最大剪力和倾覆弯矩。

3. 某建筑物，基顶标高 −0.95，该地区 7 度设防、设计地震分组 2 组、场地 Ⅱ 类。采用结构方案如图 2.16 所示（现浇钢筋混凝土楼盖、框架结构）。建筑物恒载标准值按 10kN/m^2（按每平方米建筑面积）估算；建筑物楼活荷载标准值按 5kN/m^2，屋面活荷载标准值按 2kN/m^2，屋面雪荷载按 0.2kN/m^2 估算。要求：

（1）计算横向总水平地震作用标准值 F_{EK}；

（2）确定横向水平地震作用沿建筑物高度的分布和倾覆力矩。

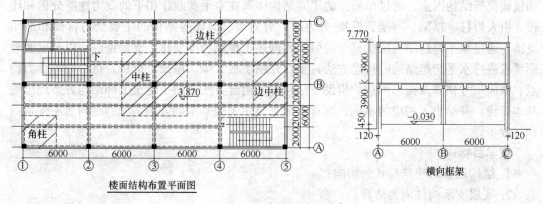

楼面结构布置平面图　　　　　　横向框架

图 2.16　习题 3 图

第3章 建筑结构方案的构思

方案设计阶段建筑形式构思除了要满足建筑功能、外形要求外，还要考虑受力合理性和抗倾覆等结构因素。通过单箱体的不同结构体系在水平荷载作用下的受力性能分析和比较，引入板柱、排架、框架、框架-剪力墙、剪力墙、筒体等结构的主要受力特征和适用范围。通过水平跨越结构层次概念的引入，阐述了根据跨度变化、支承条件，以及屋面外形要求进行水平跨越结构的构思方法，重点介绍了板、梁、屋架、折板、拱、壳等受力特点、截面尺寸估算及构思示例。借助于结构单元组合方法介绍了建筑上部结构方案构思的基本步骤，并给出了相应的示例。本章还简要介绍了地基基础方案、变形缝构思主要特点和一般步骤。

教学目标

1. 结构因素对建筑形式的影响；
2. 底层支承构件内力估算；
3. 结构单元构思及受力性能分析；
4. 整体结构的单元组装及结构布置方案的构思。

重点及难点

1. 箱体模型及箱体受力性能分析；
2. 结构构件内力估算与抗倾覆验算；
3. 支承条件对单区格板受力性能影响；
4. 楼盖、屋盖结构方案的构思；
5. 结构单元组装和结构布置方案的构思。

3.1 概　述

在设计一开始，建筑设计师需要根据所设计建筑的基本功能和空间要求先提出一个抽象的总体空间形式（可以简单理解为建筑的外表面形成的空间），而这个空间形式在受力上是否合理，用何种具体结构体系来实现等都需要由结构工程师做出正确的评价。结构工程师需要结合建筑方案特点和要求，对整体结构方案进行构思，从而提出与建筑方案设计相符合的结构设计概念方案。该阶段结构设计主要任务是在结构总体层面上提出概念和整体构思，对于构件、细节等问题可以暂且不予考虑。在方案构思第一阶段，先把建筑形式看成一个实体结构以便能较快地考虑建筑形式和支承平面布置对结构性能影响，处理一些与结构总体性相关的问题，如：（1）从减小建筑承受总的水平力角度，选择合理的建筑立面形式和支承平面；（2）通过一些主要建筑尺寸相对值（如高宽比）和对称性等控制，来有效防止建筑的整体倾覆；（3）估算结构重力荷载和水平荷载作用值，对竖向承重结构做出合理假设。在建筑结构方案构思的第二阶段，需要把结构形式看成由若干个结构单元组成的空间结构，该阶段的主要任务是：（1）根据建筑单元空间功能要求构建相应的结构单元，并经组合完成建筑结构构思和初步布置方案；（2）根据建筑物的荷载估算值和底层结构布置方案，对地基基础方案进行构思。

3.2　建筑形式的结构因素考虑

建筑形式主要由建筑功能、外形和结构受力合理性决定的。建筑所受的风荷载、地震作用与建筑形式有直接联系，建筑整体抗倾覆能力也与建筑形式相关。从结构设计角度上讲，建筑形式要尽量有利于减小风荷载，降低水平作用合力的作用位置，减少扭转作用，提高建筑整体抗倾覆能力。建筑所受的水平作用随高度增大会不断加大，因而对单层、多层等高度不大的建筑而言，其外形主要由建筑功能和外观等建筑需求确定，结构设计的侧重点可放在如何避免和预防由建筑形式不对称带来的扭矩作用和倾覆破坏。对于高层、大跨度结构等可能承受较大水平作用的建筑来说，建筑形式改变或优化能直接降低水平荷载作用效应、提高结构抗风、抗震和抗倾覆能力，因而建筑形式中的结构因素考虑十分重要，有时甚至起到关键作用。

1. 建筑立面形式与水平荷载的关系

建筑的外部环境水平作用包括风和地震作用，它们都与建筑本身特征相关。在第2章节已知，风产生的水平作用除与结构外形相关外，还主要与高度和受风面积相关。位置越高、受风面积越大，受到的风力就越大。为了减小建筑所受风荷载，要尽量选择风压体型系数小的建筑形式，外表面呈"下大上小"分布。地震对于结构是一种惯性作用，它与风一样，其在结构上产生的水平作用效应都与结构形式有密切关系。地震作用分布主要取决于结构重力荷载分布情况，重力荷载越大、高度越高，所受到的相应地震力也越大。不管水平地震作用，还是水平风作用，最终都可以视为一个水平合力作用在结构上，并对结构产生一个倾覆力矩。在设计建筑外形时要尽可能选择有利于减小水平合力和倾覆力矩的建筑外形。即使在相等水平合力条件下，一个下部具有较大面积和较大重力荷载的建筑所承受的倾覆力矩也肯定要比上部具有较大面积和较大重力荷载的建筑来得小。图3.1给出了4种高度相等条件下的典型建筑形式的风荷载分布、合力、倾覆力矩的比较。实际建筑外形只能近似于某个典型形式或介于某两个典型之间，此时可通过类比或内插将图中典型形式的荷载分布及荷载作用合力作用位置用于实际建筑形式，对总的水平作用力和倾覆力矩做出较为粗略的估算。

2. 高宽比的考虑

图3.2所示为一个重力为 G 的棱柱体建筑承受水平作用 F 的计算简图，在水平荷载作用下结构会产生倾覆力矩，而结构重力荷载一般产生的是抗倾覆力矩，可以平衡结构的倾覆。假设该建筑以四角点支承在地面，显然横向水平作用产生最大倾覆力矩，为使该结构不发生倾覆，就应该满足以下条件：

$$F \times k_1 h \leqslant G \times \frac{a}{2}，或 \frac{h}{a} \leqslant \frac{G}{F} \frac{1}{2k_1}$$

一般 F 与 G 呈正比，设其比例系数为 k_2，故上式为

$$\frac{h}{a} \leqslant \frac{1}{k_2} \frac{1}{2k_1}，或 \frac{h}{a} \leqslant K \tag{3-1}$$

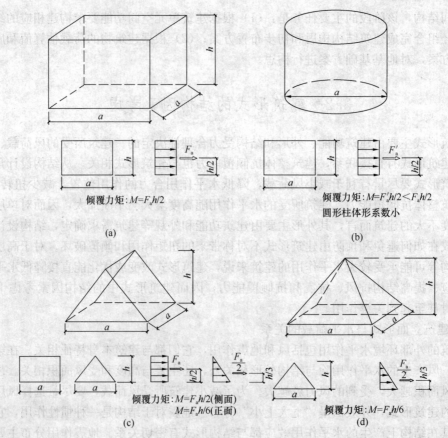

倾覆力矩：$M=F_a h/2$ 倾覆力矩：$M=F_a' h/2<F_a h/2$
                                                          圆形柱体形系数小

(a)   (b)

倾覆力矩：$M=F_a h/2$(侧面)   倾覆力矩：$M=F_a h/6$
            $M=F_a h/6$(正面)

(c)   (d)

图 3.1　建筑形式与荷载关系
（a）立方体形式；（b）圆柱体形式；（c）三棱柱形式；（d）四棱锥形式

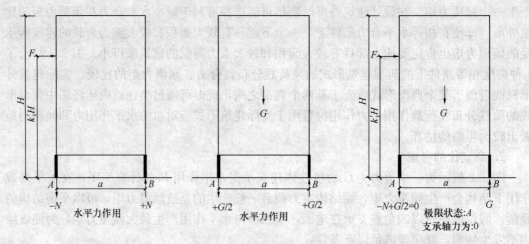

$-N$　水平力作用　$+N$　　　　　$+G/2$　水平力作用　$+G/2$　　　　　$-N+G/2=0$　极限状态：A
　　　　　　　　　　　　　　　　　　　　　　　　　　　　　　　　　　　　　支承轴力为：0

图 3.2　抗倾覆计算简图

　　式中 h/a 为建筑的高度与宽度之比值，简称为高宽比，K 为与水平作用力大小和合力作用点相关的高宽比允许值，主要取决于建筑形式。因而为了保证建筑不发生倾覆破坏，可以通过调整建筑的高宽比、建筑形式等措施来实现。反过来，如果建筑形式已经确定，那么需要把建筑的高宽比控制到规定范围，否则可能发生倾覆破坏。常见的建筑高宽比限制值一般控制在4～5以下。把总体刚度的控制因素与平衡设计最大偏心距的控制因素结合起来，可以对任何类型的支承体系平面做出优化设计。

3. 对称性和不对称性的考虑

若建筑物立面是对称的，且支承体系的由重力形成的合力与重力荷载作用位置是重合的，此时重力产生的抗倾覆力矩是最大的。反之，重力的抗倾覆力矩将减弱，极端情况甚至转变为倾覆力矩。应该指出，这种建筑立面和支承体系之间的不对称除了不利于抗倾覆外，还会引起结构水平扭转的问题。图3.3为建筑形式不对称产生的扭转，图3.4为支承体系不对称产生的扭转。因此，从减少倾覆和扭转作用的角度来讲，在建筑设计时我们应尽可能采取各种措施来避免这种"不对称"。在实际建筑设计中很多复杂的建筑形式往往是具有这种"不对称"特性的，此时可以设想把原来"不对称"建筑划分为若干的对称子结构，下层子结构可以作为上层子结构的支承体系，如图3.5所示。通过这种"拆分"

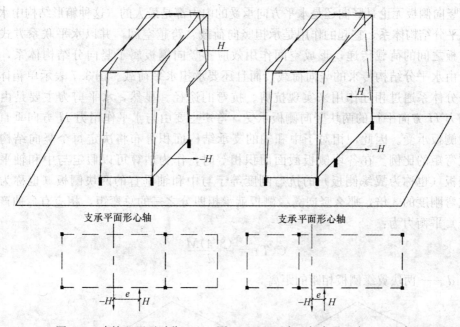

图3.3 建筑立面不对称　　图3.4 立面中心与支承面中心不重合

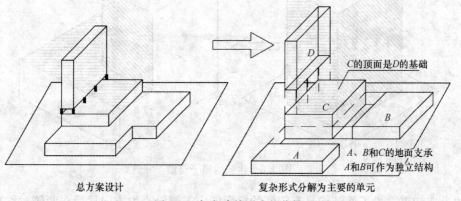

图3.5 复杂建筑形式的分解

就可以把设计注意力引导到对各个子结构整体分析，解决每一楼层的最优平面布置和支承体系，以及考虑如何实现子结构之间可靠连接的技术方法和措施等总体设计问题上来。

3.3 竖向结构的构思

3.3.1 基本概念

结合前面建筑形式确定中的结构因素考虑，现在进一步来阐述竖向结构的构思过程。常规的建筑外形一般为棱柱体，在方案阶段可以把整栋建筑想象成一个由 n 个底面开口空箱子叠加起来的空间结构，如图 3.6 所示。在此每个箱子顶面板都承担竖向荷载（包括面板自重），而竖向侧板不但要承受由顶面板传来的竖向荷载，而且还要受到风、地震等水平作用。显然，在假定相互叠加箱子之间联系在水平和竖向都是刚性连接前提下，最下面箱子的竖向侧板无论是竖向还是水平方向承受的内力都是最大的。这种箱形结构中水平顶板是水平分结构体系，它起的作用是承担竖向荷载、跨越空间，并以水平联系方式完成各竖向板之间的荷载传递，形成空间作用效应。竖向侧板属于竖向分结构体系，它不仅承受由水平分结构传来的竖向荷载，而且还要承担水平荷载。图 3.7 表示单箱体竖向和水平分体系通过相互作用来实现抗剪、抗弯的途径。显然，水平剪力主要是由与水平作用力 H 方向平行的两块竖向侧板承受，弯矩主要由与水平作用力 H 方向垂直的两块竖向侧板承受。因此，相对于中和轴的支承结构面积分布将决定每个竖向结构分体系抵抗弯矩的比例。在各块侧板截面面积相等时，作为估算可以假定与中和轴平行的一块侧板（也称为翼缘侧板）的抗弯刚度等于与中和轴垂直的两块侧板（也称为腹侧板）抗弯刚度的 3 倍，那么竖向翼缘侧板就承担四分之三的总弯矩，相应有弯曲产生的拉（压）平衡力为：

$$C(T) = \frac{(3/4)M}{d} \tag{3-2}$$

式中 d ——两块翼缘侧板相距的距离。

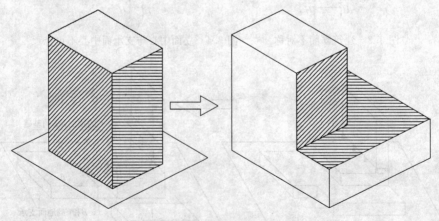

图 3.6 建筑的箱子模型

由上式知道，为了使结构具有较好的抗弯能力需要沿受力方向尽量在两侧对称布置竖

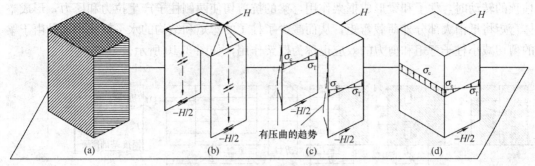

竖向及水平体系相互作用实现抗剪和抗弯

图 3.7 单箱体的抗弯和抗剪

(a) 总体系 4 个竖向平板在 4 角相连，顶部用水平板封闭；
(b) 平行于 H 的平板传递剪力；(c) 抗剪平板中的弯曲应力；
(d) 在总体系中的弯曲应力（由于与抗剪平板相连接，横向平板也起作用）

向分结构。另外要注意，除承受重力荷载产生的压力外，竖向结构还要受到由弯曲产生的压力，两者相加可能导致其发生压屈破坏。为防止破坏，竖向分体系不但要有足够的刚度，还要有有效的侧向支承。

整个结构是一个空间结构，一般情况下可以分解为由若干个在方向上正交的竖向平面结构、筒体和水平楼盖（屋盖）（图 3.8）。竖向平面结构的构件形式主要有：柱子、墙肢、筒体等。基本竖向受力结构为剪力墙、框架-剪力墙、框架、排架和筒体等（图 3.9）。连接竖向结构构件的连系包括：两端铰接横梁、两端刚接横梁、门窗洞口上面的连梁、无梁结构中的部分区域板等。柱子与梁的连接节点刚度对所形成结构的受力性能有很大影响，当柱、梁铰接，或梁刚度比较小无法有效约束柱顶的转动时，柱子以悬臂柱形式受力，会产生较大柱底弯矩和水平侧移。当柱、梁刚接连接，或梁刚度比较大能有效约束

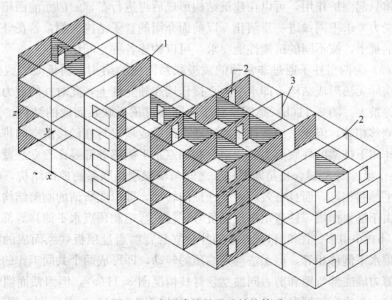

图 3.8 多层建筑的承重结构体系
1—剪力墙；2—梁、连梁；3—柱

43

柱顶的转动时，柱子和梁形成框架作用，梁的抗剪切使两侧柱子产生拉力和压力，形成整体弯矩将抵消大部分外荷载弯矩，从而减少了柱子的弯矩和结构的水平侧移。这种由于梁的剪切减小柱子弯矩和剪力的效应也称为框架作用，如图3.10所示。

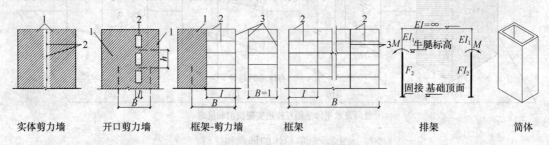

图3.9　基本竖向受力构件形式

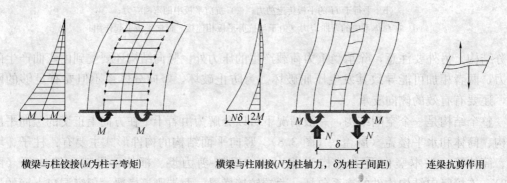

图3.10　框架作用的示意

3.3.2　作为空间结构的受力性能分析

前面介绍了箱子模型，但实际建筑并不是一个箱子，而是一个带有门窗的实体空间，且大部分墙体只起围护作用，可以在建筑结构形成后再进行布置。因而前面箱子模型需要按照其实际受力要求不同做进一步演化。以前面介绍的盒子结构为例，若在竖向结构面积保持不变的前提下，按不同的抗侧性能要求，可以构建各种空间结构。

图3.11（a）为四根柱子通过非常薄的顶板联系而成的结构，顶板太弱致使柱子之间没有联系，实际无法形成结构，即水平力直接作用在独立柱上，此时柱的剪力、弯矩、顶点水平侧移等最大。图3.11（b）是四根柱子之间通过顶板联系而成的结构，顶板只保证各柱顶水平侧移相等，但无法约束柱顶的转动，即形成横梁与柱铰接的空间排架结构。横梁在水平力作用下排架的柱底剪力、弯矩，和顶点水平侧移等都要比独立悬臂柱情况（图3.11（a））小一半。图3.11（c）是四根柱子之间与横梁刚接联系而成的结构，横梁不但保证各柱顶水平侧移相等，而且有效约束了柱顶的转动，即形成所谓的刚架结构。在水平力作用下时，由于框架作用，柱弯矩出现正负号、柱底弯矩和顶点水平侧移等都又要比排架情况图3.11（b）小得多。图3.11（d）是两片独立悬臂墙通过顶板联系而成的结构，顶板只保证各柱顶水平侧移相等，但无法约束墙顶的转动，即形成两个共同工作的独立悬臂剪力墙结构。剪力墙底部弯矩和剪力同独立悬臂柱情况图3.11（a），但因截面惯性矩增大其顶点水平侧移大要比框架情况图3.11（c）大幅减小。图3.11（e）是所谓的框架-剪力墙结构，显然其性能一定介于框架与剪力墙之间，顶点水平侧移小于框架结构，大于剪力墙结

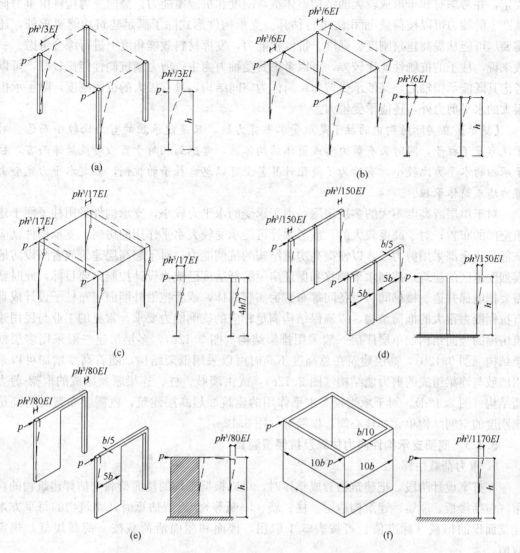

图 3.11　不同竖向结构体系的抗侧性能比较

(a) 悬臂独立柱体系；(b) 排架结构体系；(c) 框架结构体系；(d) 剪力墙结构体系；

(e) 框架-剪力墙结构体系；(f) 筒体结构体系

构。图 3.11(f) 是把四周墙体（可以带孔）做成箱形截面，即形成筒体结构。筒体是空间受力，截面惯性矩大，因而在水平力作用的顶点水平侧移非常小。

　　从上面比较可以知道，由独立悬臂柱演变为排架、框架、剪力墙、框架-剪力墙，再发展为筒体，实际上就是从一维结构到二维平面结构、再到三维空间结构的过程，反映了通过构建不同结构体系来提高结构抗侧力的途径。当然，这仅仅是一个结构单元的结构构建，对于实际房屋建筑结构而言，还需要对房屋高度、跨度、承受的荷载、以及使用功能等因素综合考虑，才能完美地完成竖向结构和水平结构的构思。竖向构件的形式有柱子、墙、筒体等三种，其中柱子以承受轴力、弯矩为主，而墙、筒体，除承受轴力外，还要抗剪、抗弯。底层竖向受力构件数量和平面布置要由根据承担的竖向重力荷载、水平作用值决定，并考虑有利于形成较大的结构整体抗弯刚度和抗倾覆能力。竖向受力构件由重力荷载产生的轴力可以按荷载-面积法进行估算。支承构件形式除了满足建筑功能要求外，还需要尽可能从提高建筑刚度、强度、抗倾覆能力，发挥材料效能角度上进行综合考虑。一般来说，柱子的抗侧性能比较差，可以考虑其受轴力为主；剪力墙抗侧性能比较好，可以考虑其既能承担轴力，又能承受剪力；筒体为空间结构，具有极大的抗侧刚度，除了承担很大的水平剪力外，还能承受轴力。

【提示】在实际结构中的柱子是承受水平剪力的，只是能承担的剪力比较小而已。对于既布置了柱子，同时又有剪力墙或筒体结构体系，考虑到相对于剪力墙或筒体而言，柱子承担的水平力比较小，有时为了简化计算甚至可以忽略柱子的抗侧，假定水平力完全由剪力墙或筒体承担。

对于单层或高度不大的多层房屋，由于承受的水平力较小，支承构件采用柱子便于建筑空间的布置；对于高度较大的，或者预计可能承受较大水平作用的房屋，支承构件就应该部分或全部采用剪力墙，以便提高房屋结构的抗侧能力；对于超高层建筑或者高设防地震烈度地区的建筑，控制水平侧移和保证房屋的舒适度已成为设计控制主要目标，此时就需要把电梯井道、楼梯间、设备间等布置为实腹筒体，或者把沿外墙面密布柱子设计成具有抗侧能力很大的框筒结构，以确保结构满足相应的抗侧能力要求。常见的工业与民用建筑房屋的竖向结构如单层厂房一般采用排架结构（图 3.12a），多层房屋一般采用多层框架结构（图 3.12b），高层建筑在总高度不高时可以采用框架结构，随着高度增加可以采用墙肢与连梁组成的剪力墙结构（图 3.12c），或由墙肢、柱、连梁联系组成的框架-剪力墙结构（图 3.12d）。对于承受较大水平作用的建筑如超高层建筑，就需要布置具有高抗侧刚度的空间结构单元如核心筒、框筒等（图 3.12e）。

3.3.3 底部支承构件内力估算及抗倾覆验算

1. 重力荷载估算

在方案设计阶段，把建筑物看成整体时，可以根据平均的楼面荷载来估算建筑物的自重（包括楼板、屋盖、建筑构造层、柱、墙、隔断等）。近似估算时，建筑物的每平方米建筑面积的恒载（标准值）可按表 3.1 取用，楼面和屋面活荷载按《荷载规范》规定取值。

建筑物恒载（标准值/每平方米建筑面积）　　　　　　　　　表 3.1

建筑物结构类型	木结构	钢结构	钢筋混凝土和砌体结构
恒载（kN/m²）	5～7	6～8	9～11

2. 竖向受力构件轴力估算（荷载-面积法）：

根据结构的支承平面布置方案，利用静力分配原则估算柱和墙等竖向构件所受的力。其分配原则为：柱、墙、筒体承受的竖向荷载按承力面积进行分配，承力面积计算可按柱（或墙）中到中进行划分，即可不考虑梁、板的连续性。

【注释】在计算时承力面积的划分要以柱、墙边起算，详见【例题 3-1】所述。

3. 水平作用下的估算方法

根据建筑可能承受的风荷载和地震情况，可以选取其中最不利的一种作为建筑可能承受的水平荷载作用，并用简化方法进行估算。风荷载估算以建筑当地的规范风压标准值、

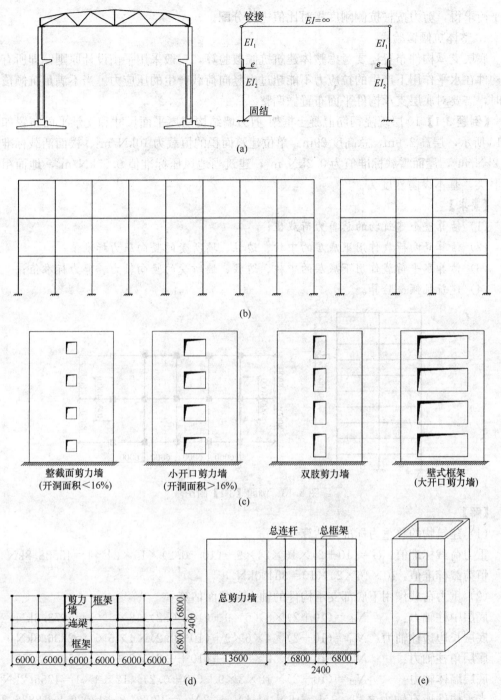

图 3.12　建筑结构基本形式

（a）排架结构；（b）框架结构；（c）剪力墙结构；（d）框架-剪力墙结构；（e）简体结构

建筑体型系数和高度系数为依据，并对风荷载采取均匀或倒三角形分布的简化假定。地震作用估算采用建筑总重量的某一个百分比，通常可取规范给出的建筑当地设防烈度相对应的最大地震影响系数，即总地震作用为建筑总重量乘以最大地震影响系数。地震作用竖向分布按底部剪力法确定，或者倒三角形分布。底部支承构件在水平作用下产生的轴力由弯矩平衡求得，剪力按柱抗侧刚度相对比值进行分配。

4. 整体抗倾覆验算

底层支承构件布置还要考虑整体建筑抗倾覆验算，一般采用平衡设计原则，即所有支承构件在水平作用下产生的拉应力不能超过由竖向荷载产生的压应力。当不满足抗倾覆要求时，需要对底层支承构件平面布置做调整。

【例题 3-1】10 层现浇钢筋混凝土框架-剪力墙结构房屋平面尺寸和支承平面布置如图 3.13 所示，层高 2.9m，总高度 29m。单位建筑面积的恒载为 $10kN/m^2$、楼面活载标准值为 $2kN/m^2$，屋面雪载标准值为 $0.2kN/m^2$，建筑当地风压标准值 $0.55kN/m^2$，地面粗糙度 B 类，基本设防烈度 $7°$。

【要求】

(1) 估算整个建筑物的总重力荷载值；

(2) 估算竖向荷载作用下底层的中柱、边柱、墙所受的竖向压力标准值；

(3) 估算水平荷载作用下底层的中柱、边柱、墙所受的竖向轴力、剪力标准值；

(4) 建筑抗倾覆验算。

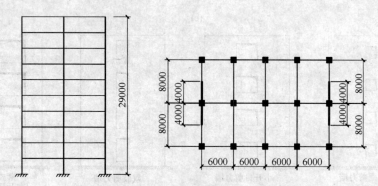

图 3.13　例题【3-1】附图

【解】

(1) 建筑物的总重力标准值估算

重力荷载标准值：$G=(10+2)×16×24×9+(10+0.2)×16×24×1=45388.8kN$

恒荷载标准值：$10×16×24×10=38400kN$

(2) 重力荷载作用下底部支承构件的轴力和截面估算

底层中柱轴力：　　　　$N_中=(10+2)×8×6×9+(10+0.2)×8×6×1=5673.6kN$

底层长边边柱轴力：$N_边=(10+2)×4×6×9+(10+0.2)×4×6×1=2836.8kN$

底层角柱轴力：　　　$N_角=(10+2)×2×3×9+(10+0.2)×2×3×1=709.2kN$

底层墙体轴力：　　　$N_墙=(10+2)×12×3×9+(10+0.2)×12×3×1=4255.2kN$

支承构件所有轴力之和：$3N_中+6N_边+4N_角+2N_墙=17020.8+17020.8+2836.8+8510.4=45388.8kN$。

柱子截面统一按中柱轴压比不大于 0.8 估算，即 $\frac{1.3N}{f_cA}≤0.8$，假定柱子截面 800mm ×800mm，混凝土强度等级 C30，$f_c=14.3N/mm^2$。$\frac{13×5673.6×10^3}{14.3×800×800}=0.8$，可认为满足要求！剪力墙截面 250mm×8000mm。

（3）风荷载作用下底部支承构件的内力估算

根据房屋的形状可以知道横向风荷载起控制作用。我国规范的风荷载计算公式为：

$$w_k = \beta_z \mu_z \mu_s w_0$$

【提示】该公式请参见第 2 章公式（2-4）。

公式中相关系数在本例估算时可取：

对于高度不到 30m 的建筑，$\beta_z = 1.0$；地面粗糙度 B 类别，高度 29m 的风压高度变化系数 $\mu_z = 1.66$；矩形平面的迎风面 $\mu_s = 0.8$，背风面 $\mu_s = -0.5$；假定风压沿高度分布为抛物线。

$$q = w_k B = 1 \times 1.66 \times (0.8 + 0.5) \times 0.55 \times 24 = 28.49 \text{kN/m}$$

风荷载合力 $F_k = \dfrac{2}{3} qH = \dfrac{2}{3} \times 28.49 \times 29 = 550.81 \text{kN}$

风荷载产生的底部总剪力 $V_0 = 550.81 \text{kN}$

风荷载产生底部倾覆弯矩 $M_0 = \dfrac{5}{8} F_k H = \dfrac{5}{8} \times 550.81 \times 29 = 9983.43 \text{kN} \cdot \text{m}$

底层柱和墙的水平剪力估算：每根柱子剪力

$$V_{柱} = \frac{\frac{1}{12} \times 800 \times 800^3}{13 \times \frac{1}{12} \times 800 \times 800^3 + 2 \times \frac{1}{12} \times 250 \times 8000^3} \times 550.81 = 0.88 \text{kN}$$

每片墙体剪力

$$V_{墙} = \frac{\frac{1}{12} \times 250 \times 8000^3}{13 \times \frac{1}{12} \times 800 \times 800^3 + 2 \times \frac{1}{12} \times 250 \times 8000^3} \times 550.81 = 0.49 \times 550.81 = 270 \text{kN}$$

显然，在这种情况下，可以不考虑柱子的抗剪。

底层柱和墙的轴力估算：

由倾覆弯矩在每根边柱产生的平均轴力

$$\bar{N}_{柱} = \pm \frac{M_0}{A} \times \frac{1}{5} = \pm \frac{9983.43}{16} \times \frac{1}{5} = \pm 124.79 \text{kN}$$

底层边角柱在恒载作用下产生的压力为 $10 \times 2 \times 3 \times 10 = 600 \text{kN} > 124.79 \text{kN}$，故不会产生倾覆破坏！

（4）地震作用下底部支承构件的内力估算

在地震作用计算时屋面雪荷载、楼面活荷载的组合系数为 0.5，集中在各楼层位置重力荷载代表值分别为：

$G_1 = G_2 = G_9 = (10 + 0.5 \times 2) \times 16 \times 24 = 4224 \text{kN}$；$G_{10} = (10 + 0.5 \times 0.2) \times 16 \times 24 = 3878.4 \text{kN}$

考虑 7 度设防烈度地区的多遇地震，取地震影响系数最大值 0.08 估算地震作用力。

$$G_{eq} = 0.85 \sum_{j=1}^{10} G_j = 0.85(9 \times 4224 + 3878.4) = 35610.24 \text{kN}$$

$$F_{Ek} = \alpha_1 G_{eq} = 0.08 \times 35610.24 = 2848.82 \text{kN}$$

按底部剪力法进行地震力的分布。

【提示】底部剪力法相关公式请参见第 2 章公式（2-6）、公式（2-7）。

$$F_i = \frac{H_i G_i}{\sum_{j=1}^{10} H_j G_j} F_{Ek}$$

$$F_1 = \frac{H_1 G_1}{\sum_{j=1}^{10} H_j G_j} F_{Ek}$$

$$= \frac{2.9 \times 4224}{2.9 \times 4224 + 2 \times 2.9 \times 4224 + \cdots\cdots + 9 \times 2.9 \times 4224 + 10 \times 3878} \times 2848.82$$

$$F_1 = \frac{12249.6}{665694} \times 2848.82 = 52.42 \text{kN}$$

$$F_2 = \frac{12249.6 \times 2}{665694} \times 2848.82 = 2F_1$$

$$F_3 = 3F_1 ; F_i = iF_1$$

$$F_{10} = \frac{38780}{665694} \times 2848.82 = 165.96 \text{kN}$$

倾覆弯矩

$$M_0 = \sum_{i=1}^{10} F_i H_i = H_1 F_1 (1 + 2^2 + 3^2 + \cdots\cdots + 9^2) + 10 \times H_1 \times F_{10}$$

$$M_0 = 2.9 \times 52.42 \times 285 + 10 \times 2.9 \times 165.96 = 48137.97 \text{kN} \cdot \text{m}$$

由倾覆弯矩产生的轴力为

$$\overline{N}_{柱} = \pm \frac{M_0}{84.16} = \pm \frac{48137.97}{84.16} = \pm 571.98 \text{kN} < 600 \text{kN}（恒荷载在角柱产生的压力）$$

【注释】墙体的面积为 1，有效系数 0.25，柱面积 0.64，有效系数 1，故 1/2 片墙体承担 0.39N，力臂距离 5.33m，剪力墙抵抗的弯矩为 $2 \times 0.39N \times 5.33 = 4.16N$，柱抵抗的弯矩为 $16 \times 5 \times N = 80N$，故总抵抗弯矩为 $84.16N$。

3.4 水平跨越结构构思

3.4.1 水平跨越结构的影响因素

水平跨越结构在建筑物中主要是楼盖和屋盖，由于功能要求其一般设计成平面结构。水平结构体系直接承受楼面或屋面荷载，并将其传递给竖向承重结构。另外，水平结构对竖向构件起侧向支承作用，并保证各竖向结构之间的协同，产生整体受力效应。水平结构的一部分构件与竖向构件结合最终形成竖向承重结构。在水平结构的构思中首要考虑的问题是如何妥善处理好建筑空间和造价之间的关系。一般来说，建筑空间越大，需的水平结构跨度也越大，其相应建筑造价也越高。因此，在满足建筑功能要求前提下，要尽可能选用经济性较好的方案。另外还要注意，水平结构除了要有足够大的刚度满足变形和结构整体工作要求外，还需要在隔声、吸声、防火、抗振动和耐久性能等方面满足相应要求。

水平结构刚度与支承条件、结构高度等相关，在相同支承情况下结构截面高度越大，其刚度越大，变形越小，但结构重量增大，经济性变差，而且还会降低建筑的净高。因此，在水平结构方案构思时其关键就是要创建一种既能满足建筑功能需求，又具有较好经济性的结构优化形式。在大多数情况下，这种优化目标又可近似地被理解为满足建筑功能要求的水平结构最小重量方案。对于中、小跨度房屋建筑，水平结构一般采用板（或者包括梁），板厚（梁高）越小、其重量就越轻。也就是说，把原来最小重量优化目标又转变为对板（梁）高度尺寸的优化。根据多年工程经验分析，满足优化目标的中跨度房屋建筑结构高度与跨度比值处于一定变化范围，在初步设计时可以按参考值进行截面尺寸估算。对于小跨度房屋建筑，水平结构高度一般采用构造上规定最小厚度就可以满足要求。随着结构跨度加大，板、梁尺寸增加使重量明显增大，采用实心截面已不可能成为优化方案，此时需要采用空心板、带孔梁。如果结构跨度再进一步加大，需要采用拱、桁架、壳体等相对复杂结构，或者直接创建新的结构形式来控制结构的变形。需要注意的是，在估算水平结构承受的荷载时除了考虑楼面、屋面荷载外，还应包括安装在楼板或屋面板下悬挂的管道、灯饰、空调等重量。

3.4.2 单区格平板结构的分析

单区格平板结构是一种最简单的水平结构，按荷载传递方向不同它分为单向板和双向板，按板边缘支承构件它又分为墙支承板、梁支承板和柱支承板三种。

1. 单向板和双向板

所谓单向板就是指只在一个方向弯曲的板，即板上荷载只沿一个方向传递给相应方向上的支承构件。而双向板是指在两个方向同时发生弯曲的板，即板上荷载按两个方向同时传递给两个方向的支承构件。因此，只有一个方向支承构件的板必定是单向板，如图3.14(a)所示的悬臂板、图3.14(b)所示的对边支承板等都是单向板例子。而如图3.14(c)、(d)、(e)所示两邻边支承板、三边支承板和四边支承板等都是在两个方向上有支承构件的板，因此属于双向板。四边支承的区格板在两个方向上荷载传递比例与板两个方向边长之比值相关，当板长边大于短边两倍以上$\left(\dfrac{l_{02}}{l_{01}}\geqslant 2\right)$时，短方向上传递的荷载要远大于长边方向，为了简化计算可以按单向板处理。由于双向传力，双向板厚度要比单向板的厚度小一些。

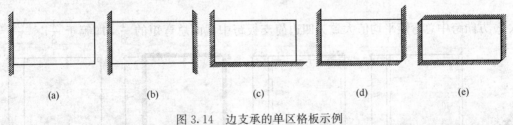

(a)   (b)   (c)   (d)   (e)

图3.14 边支承的单区格板示例

(a) 悬臂板；(b) 对边支承板；(c) 邻边支承板；(d) 三边支承板；(e) 四边支承板

2. 板的支承条件确定

板可以有墙、梁、柱等结构构件来支承。搁置在墙上的板一般作为简支边支座，即认为板边缘在竖向和水平方向上受到完全约束，没有位移。实际上，板边缘上一般都会布置较大尺寸构件（如墙体），板边缘的转动将受到一定约束，会产生一定的负弯矩。当板墙是整体浇筑时，板边缘在各个方向上都被完全约束，此时可认为是固定边支承。假如现在

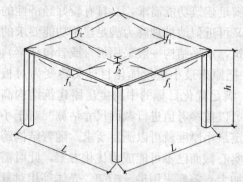

图 3.15　点支承单区格板受力特点

支承板的不是墙，而是梁，那么其支承又应该视为何种支座呢？若梁截面尺寸足够大，它会像墙一样对板的转动产生强烈约束，因而可视为固定边支座。否则，搁置在梁上的板一般作为简支边支座。如图 3.15 所示的板是采用柱子支承的，它可以设想为由跨中板带和柱上板带两部分组成，其中跨中板带可视为"板"，而柱上板带则可理解为"梁"。这样，荷载先通过跨中板带这块"板"，再传递给柱上板带这根"梁"，最后传给柱子。由这种柱上板带"梁"、柱组成的框架又称为"等效框架"。应该指出，在这种结构中柱对板的支承与前面边支座情况是有区别的，它只是一个竖向没有位移的刚性节点，是一个点支承。点支承的板受力分析要比边支承板来得更为复杂，现用一块承受均布荷载为 q 正方形板在不同支承情况下弯矩对比分析做一个简单说明。

图 3.16(a) 所示为跨度为 L 两边简支单向板，板在 x 方向跨中截面正弯矩最大，总弯矩为 $M_0 = \dfrac{1}{8} q \times l \times l^2 = \dfrac{1}{8} q l^3$。若现把支承条件改为四边简支（图 3.16b），板为双向传递荷载，由对称性得到沿 x、y 方向传递荷载相等，为 $\dfrac{q}{2}$。在 x、y 方向上板的跨中截面总弯矩平均值相等，近似地为 $\dfrac{1}{8} \times \dfrac{q}{2} \times l \times l^2 = \dfrac{1}{2} \times \dfrac{1}{8} q l^3 = \dfrac{M_0}{2}$，与前面两对边简支板相比弯矩小一半，也就是说四边简支板承受荷载要比同一厚度两对边简支板承受荷载大一倍，即板可以承担的荷载为 $2q$。

若现再把四边简支板改为图 3.16(c) 所示四边梁（或墙）固定的板，由于边支承对截面转动约束产生支座负弯矩，从而减少了跨中截面正弯矩。计算分析表明，沿 x、y 方向支座负弯矩平均值大致为四边简支板跨中截面总弯矩的 $\dfrac{2}{3}$，即等于 $\dfrac{2}{3} \times \dfrac{M_0}{2} = \dfrac{M_0}{3}$；沿 x、y 方向跨中总弯矩平均值大致为四边简支板跨中截面总弯矩的 $\dfrac{1}{3}$，即等于 $\dfrac{1}{3} \times \dfrac{M_0}{2} =$

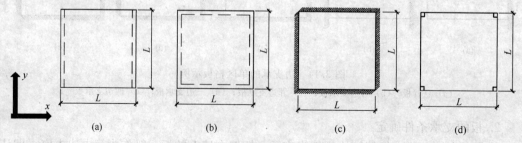

| (a) | (b) | (c) | (d) |

图 3.16　不同支承的方形板

（a）简支单向正方形板；（b）四边简支双向正方形板；（c）四边固定双向正方形板；（d）四柱支承正方形板

$\frac{M_0}{6}$。显然，由于板支座处产生了较大的负弯矩，四边固定板跨中弯矩明显减少，板跨中截面承载能力可以提高3倍，即板承担荷载为$3q$。现在再设想把两对边简支的板改为由4根柱支承的四角支承板（图3.16d），每根柱的压力为$\frac{1}{4}ql^2$，板的弯曲变为双向，板在x、y方向总弯矩相等，平均值为$2\times\frac{1}{4}q^2\times\frac{l}{2}-q\frac{l}{2}l\times\frac{l}{4}=\frac{1}{8}ql^3=M_0$，等于两边简支板的跨中最大弯矩。由于没有了梁（或墙），与柱连接的柱上板带起了"梁"作用，承受跨中板带传来的荷载。一般近似地认为，柱上板带宽度为$\frac{1}{2}l$，承受$\frac{3}{4}$总弯矩，跨中板带宽度为$\frac{1}{2}l$，承受总弯矩的$\frac{1}{4}$。假定柱上板带最大负弯矩为单向简支最大弯矩M_0的2/3，柱上板带最大正弯矩可取单向简支最大弯矩M_0的1/3。根据上述假定可以近似地推导得到任一方向柱上板带最大负弯矩为$\frac{M_0}{2}$，最大正弯矩为$\frac{M_0}{4}$。显然，板带承受的弯矩还是很大的。

【注释】柱上板带最大负弯矩为$\frac{3}{4}\times\frac{2}{3}\times M_0=\frac{M_0}{2}$，柱上板带最大正弯矩$\frac{3}{4}\times\frac{1}{3}\times M_0=\frac{M_0}{4}$。

对于矩形双向板其受力情况更复杂，表3.2为$\frac{l_2}{l_1}=1.5$双向板在四边简支、四边固定、四角支承，以及对边支承简支单向板情况下的受力比较。

不同支承条件方形板受力分析 表3.2

$\frac{l_2}{l_1}$	支承条件	$M_{1跨中}$ $(\times ql_1^2)$	$M_{1自由}$ $(\times ql_1^2)$	$M_{1支座}$ $(\times ql_1^2)$	$M_{2跨中}$ $(\times ql_1^2)$	$M_{2自由}$ $(\times ql_1^2)$	$M_{2支座}$ $(\times ql_1^2)$	R_1 $(\times ql_1^2)$	R_2 $(\times ql_1^2)$	R_{12} $(\times ql_1^2)$	f_{max} $(\times \frac{ql_1^4}{B})$
1.5	对边简支	0.1250	—	—	—	—	—	0.5	—	—	0.0130
	四边固定	0.0338	—	−0.0750	0.0102	—	−0.0566	0.247	0.503	—	0.0022
	四边简支	0.0728	—	0	0.0281	—	0	0.266	0.484	—	0.0077
	四角支承	0.0828	0.2075	—	0.2689	0.3100	0	—	—	0.375	0.0371

【注释】M为每米宽截面的弯矩：$M_{1跨中}$、$M_{2跨中}$分别为平行于l_1和l_2的板中心点弯矩；$M_{1自由}$、$M_{2自由}$分别为平行于l_1和l_2的板自由边中心点弯矩；$M_{1支座}$、$M_{2支座}$分别为平行于l_1和l_2的板固定边中心点弯矩；R_1、R_2、R_{12}分别为l_1和l_2边支座总反力、板角点的集中支座反力；f_{max}为板的最大挠度。

从该表可知：

（1）若以四边简支板为基准，四边固定边板相当于在四边增强了约束，从而明显地减少了板的跨中弯矩、挠度，但支座上会产生负弯矩；

（2）若以四边简支板为基准，四角支承的板相当于在四边虚弱了约束，从而明显增加了板的跨中弯矩、挠度，且支座上会产生负弯矩，最大弯矩发生在自由边的中点；

（3）四角支承板四个支承点受力均匀，而四边支承板四边支承不均匀，支承边中部反力大，并向两端减少，在四角处为拉力；

（4）对于四角支承板而言，设置边支承总是有利受力的，因而在工程实际中可以通过设置具有较大刚度梁来起到此作用；

（5）四角支承板的受力更为不利，柱上板带起了"梁"的作用，承担大部分荷载，主要受力方向为长向。

3.4.3 水平跨越结构层次概念的引进

水平结构可以由不同层次构件组成，层次序号由该层处于结构位置决定，一般荷载由层次高的向层次低的逐级传递，最低层次构件将荷载传给竖向受力构件。单层次水平结构就是面板，其竖向支承构件一般为承重墙或者为柱。由柱、板构成的结构也称为板-柱结构，其抗侧能力比较弱。随着跨度加大，需要采用由短跨度面板和较长跨度的梁、桁架、拱等组成的双层次或三层次结构体系。在双层次结构中作为第二结构层次面板直接承受荷载，然后传递到第一结构层次梁、桁架、拱等，最终传递给竖向受力构件。当第一结构层次构件梁、桁架、拱的间距、跨度都很大时，其收集的荷载一定很大，需要有柱子作为竖向受力构件来承受；当第一结构层次梁、桁架、拱的间距、跨度比较小时，其收集的荷载一般不大，可以采用承重墙作为竖向受力构件。有的时候为了减小面板的跨度，还可以采用三层次结构。在三层次水平结构中，第三层次结构构件为面板，第二层次结构构件为次梁、檩条，第一层次结构构件为梁、桁架、拱等。其荷载传递途径为面板-次梁-主梁-竖向受力构件柱或承重墙。一般情况下，层次构件可按正交方式进行布置。

1）单向水平跨越结构体系的布置示例

单个结构区格的结构体系按单向水平结构体系布置，可以构思出如图 3.17 所示很多不同层次的水平结构方案和相应的竖向支承方式。

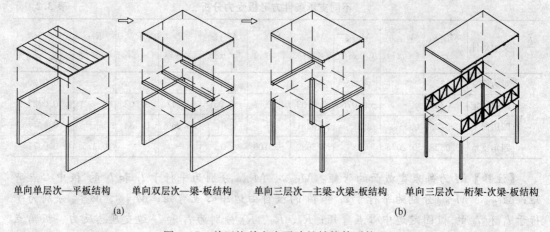

单向单层次—平板结构　　单向双层次—梁-板结构　　单向三层次—主梁-次梁-板结构　　单向三层次—桁架-次梁-板结构

(a)　　　　　　　　　　　　　　　　　　　　　(b)

图 3.17　单区格单向水平跨越结构体系构思

（a）墙支承；（b）柱支承

2）双向水平跨越结构体系的布置示例

双向跨越结构体系主要应用于具有正方形或接近正方形（长边与短边之比小于 2）几何图形的支承条件。双向单层次跨越体系钢筋混凝土平板的跨越能力要比单向板大一些，但也有一定的限制范围。双向板可以支承在承重墙上，也可以支承在柱子上，构成所谓的板-柱结构体系。在板-柱结构体系中，为了防止柱位置附近处板的冲切破坏，通常需要设置柱帽。为了提高结构的跨越能力，可以采用双向双层次跨越结构体系，如沿柱网的四周布置梁，形成梁板结构；采用双向带肋的"井字"楼盖等。对于跨度要求更大的情况，可以采用双向三层次跨越体系，如主梁-次梁-板结构。双向水平跨越结构体系不同层次的构思如图 3.18 所示。

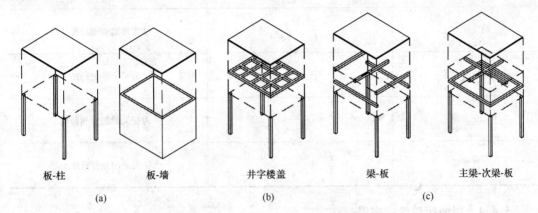

图 3.18　单区格双向水平跨越结构体系构思

(a) 双向单层次跨越体系；(b) 双向双层次跨越体系；(c) 双向三层次跨越体系

钢筋混凝土板、梁体系构件高度截面尺寸估算主要取决于高跨比限制值，高跨比值越小，梁、板挠度越大。表 3.3 给出了钢筋混凝土梁、板高跨比经验值，供设计时估算截面高度之用。梁的截面宽度一般取（1/2~1/3）截面高度。

梁、板高度尺寸估算　　　　　　　　　　　　表 3.3

板（梁）的形式	板厚（梁高）与跨度之比	说明
单跨简支单向板	$\dfrac{h}{l} \geqslant \dfrac{1}{35}$	l 为板的跨度
悬臂板	$\dfrac{h}{l} \geqslant \dfrac{1}{12}$	l 为板的悬臂跨度
连续单向板	$\dfrac{h}{l} \geqslant \dfrac{1}{40}$	
单块双向板	$\dfrac{h}{l} \geqslant \dfrac{1}{45}$	l 为板的短向跨度
连续双向板	$\dfrac{h}{l} \geqslant \dfrac{1}{50}$	
无梁楼板	$\dfrac{h}{l} \geqslant \dfrac{1}{35}$	l 为板的长向跨度
密肋楼板		板跨度为1m左右，板厚度不小于60mm
单跨简支梁	$\dfrac{h}{l} = \dfrac{1}{12} \sim \dfrac{1}{10}$	l 为梁的跨度
连续次梁	$\dfrac{h}{l} = \dfrac{1}{18} \sim \dfrac{1}{12}$	

板（梁）的形式	板厚（梁高）与跨度之比	说明
连续主梁	$\dfrac{h}{l} = \dfrac{1}{14} \sim \dfrac{1}{10}$	
简支密肋梁	$\dfrac{h}{l} \geqslant \dfrac{1}{20}$	l 为密肋梁的跨度
连续密肋梁	$\dfrac{h}{l} \geqslant \dfrac{1}{25}$	l 为密肋梁的跨度
交叉梁	$\dfrac{h}{l} = \dfrac{1}{20} \sim \dfrac{1}{16}$	l 为交叉梁的短向跨度
悬臂梁	$\dfrac{h}{l} = \dfrac{1}{6} \sim \dfrac{1}{5}$	l 为梁的悬臂跨度

3.4.4 屋面跨越结构构思

若建筑屋顶为平屋面时，可以按前述单层次、双层次、三层次水平跨越体系进行屋盖结构构思。当屋面的几何形式不是平面时，屋顶空间形状对结构构思有决定性影响。一般有两种做法，一种是结构不占有屋顶内部空间，即结构与屋顶外轮廓重合；另一种是在屋顶内部空间布置结构。常用的结构形式为折板、斜向多层次结构、拱、壳体等。图 3.19 为不同屋顶形式的结构方案构思的示例。

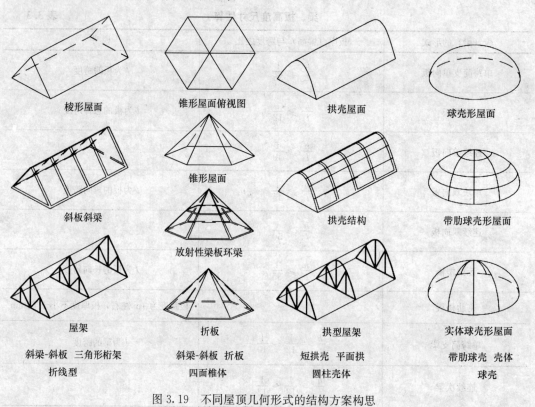

图 3.19　不同屋顶几何形式的结构方案构思

1. 折板结构的受力特点

平板经过折皱由平面结构转为空间结构，其承载能力和刚度都能得到极大提高（图3.20）。折板的受力可以分为横向作用和纵向作用两部分，折板结构可视为纵向一系列等截面深梁和横向单向板。横向板带可以按支承在折点上的连续板设计。折板的结构效果等同于双层次梁板结构，其截面高度的增加，将有效增大内力臂和惯性矩，可使承载能力和刚度大幅度增加。

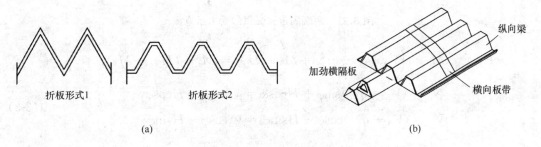

图 3.20　折板结构的受力特点

（a）折板结构示意；（b）折板的纵横向共同工作

2. 桁架结构的受力特点

为了减轻重量可以设想把梁截面中应力较小的中间部分挖除，形成以稳定三角形为基本单元的桁架结构。桁架结构中的上弦、下弦杆主要承受桁架因弯曲作用产生的内力，相当于工字型截面梁中翼缘的作用。桁架的腹杆主要承受桁架因剪切作用产生的内力，相当于工字型截面梁中腹板的作用。在桁架中所有构件都只受轴力作用，上弦杆为压力，下弦杆为拉力。在房屋建筑中桁架主要用于屋架，由屋架、屋面板、檩条和支撑共同组成房屋的屋盖水平结构体系。桁架在均布荷载作用下的弯矩图呈抛物线，桁架外形与抛物线形状越接近，其受力就越合理。桁架高度按以下经验估算，对于承受较小荷载和间距比较小的桁架高度大致取其跨度的1/20，承受荷载很大的桁架高度大致取其跨度的1/5。常用的钢筋混凝土屋架结构按外形分为三角形屋架、拱形屋架、折线形屋架、梯形屋架，如图3.21所示。

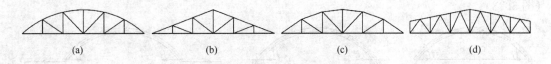

图 3.21　桁架结构的不同形式

（a）三角形屋架；（b）拱形屋架；（c）折线形屋架；（d）梯形屋架

3. 拱结构

拱结构在几何图形上呈曲线状（图3.22），但与曲梁不同，其受力特征是主要承受压力，兼有弯矩和剪力。拱结构由拱身、支承件组成，支承件承受来自拱身的强大推力，当在拱底设置拉杆形成带拉杆的拱时，可以不要支承件。拱的形状一般为抛物线，也可按使用和建筑外观要求做成圆弧线、椭圆线和折线。

图3.22所示刚性拱在均布荷载作用下拱截面 C—C 的内力为

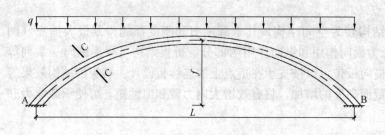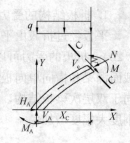

图 3.22　两端固定圆弧拱的受力示意图

$$M_c = \left(V_A x_c - \frac{1}{2} q x_c^2\right) + M_A - H y_c = M_c^0 - (H y_c - M_A)$$

$$N_c = (V_A - q x_c)\sin\varphi + H\cos\varphi = V_c^0 \sin\varphi + H\cos\varphi$$

$$V_c = (V_A - q x_c)\cos\varphi - H\sin\varphi = V_c^0 \cos\varphi - H\sin\varphi \qquad (3\text{-}3)$$

$$V_c^0 = V_A^0 - q x_c,\ M_c^0 = V_A^0 x_c - \frac{1}{2} q x_c^2$$

式中　M_c、V_c、N_c——与拱轴线垂直截面的弯矩、剪力、轴力；

　　　　x_c、y_c——C 截面的位置坐标；

　　　　　H——拱的支座水平推力；

　　　　　φ——C 截面法线与水平轴的夹角；

　　　M_c^0、V_c^0——简支梁的相应截面弯矩、剪力；

　　　　　V_A——简支梁 A 支座截面剪力；

　　　　　M_A——A 支座截面的弯矩。

　　由上面公式知道，拱截面存在轴压力，拱截面的弯矩、剪力要比简支梁弯矩、剪力小，在拱顶处弯矩、剪力降低的最多。当所设计拱曲线与弯矩图形抛物线相同时，拱内只有压力。当然，拱只有压力的情况只是在满跨荷载作用下才能产生的，对于局部荷载或者集中荷载作用，拱会产生一定的局部弯曲，这在拱设计时要予以注意的。另外一个重要问题是，如何来平衡拱结构所需要较大的水平推力。实际工程的拱结构又有以下几种做法（图 3.23）。

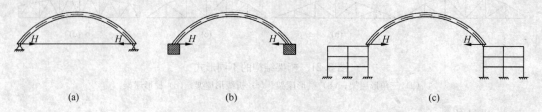

图 3.23　拱结构的不同形式

(a) 拉杆拱；(b) 基础承担推力的拱；(c) 由侧面水平结构（或构件）承担推力的拱

（1）由拉杆承受推力的拱

　　设置拉杆的拱是一种自平衡结构，由于拉杆平衡了原先传递到支座的水平推力，因而支座只承受竖向压力。这种拱可以代替大跨度的桁架，自重明显减轻。为了避免因为自由长度过长水平拉杆可能在自重作用下产生过大的挠度，一般还需在拱中设置竖向吊杆。

（2）由基础承担推力的拱

当由拱身传到拱脚水平推力不是很大，而且当地地基条件较好时，可以直接设置基础来承担此水平推力。

（3）由侧面水平结构（或构件）承担推力的拱

当周围空间存在具有承受较大水平推力能力的侧面水平结构或构件时，可以将拱脚处的水平推力传到这些结构。由侧面水平构件承担推力的拱，需要把此水平力再传递到两端拉杆或竖向抗侧力结构。这种拱结构由于没有拉杆可以取得较好的使用效果。

拱结构的主要尺寸为跨度 L、矢高 f 和截面尺寸 h，用于公共建筑的拱结构跨度 L 大致在 $30\sim40\mathrm{m}$，更大的甚至可达到 $95\sim200\mathrm{m}$。拱结构矢高 f 与建筑外形、使用要求和结构受力要求有关，矢跨比 $\frac{f}{L}$ 越大，拱脚的水平推力 H 越小。对于三铰拱，水平推力 $H=\frac{qL^2}{8\times f}$；对于二铰、无铰拱，可近似地取 $H=\frac{0.9\times qL^2}{8\times f}$。用于屋盖结构时，$\frac{f}{L}$ 一般取 $0.1\sim0.2$；用于公共建筑主体结构时，$\frac{f}{L}$ 一般取 $0.2\sim0.5$。钢筋混凝土拱截面形式为矩形、工字形，截面高度 h 一般取 $\left(\frac{1}{30}\sim\frac{1}{40}\right)L$。

（4）拱结构方案构思示例

【例题3-2】图3.24 所示某双铰圆弧形拱跨度 $L=30\mathrm{m}$，最大高度 $f=6\mathrm{m}$，均布荷载 q 为 $50\mathrm{kN/m}$。如果采用支墩作为基础，试估算拱脚、拱顶截面的内力。

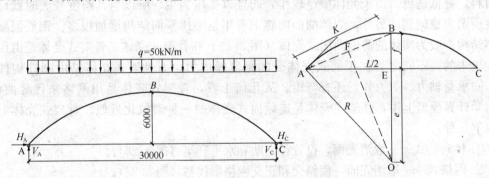

图 3.24　双铰圆弧拱计算简图

由图示几何关系可以求得拱脚截面法线与水平轴线夹角 φ_A。有 $\triangle OAF$ 与 $\triangle ABE$ 两个三角形相似得到，

$$\frac{R}{K}=\frac{\frac{K}{2}}{f}, R=\frac{f^2+\frac{L^2}{4}}{2f}=\frac{4f^2+L^2}{8f}=\frac{4\times6^2+30^2}{8\times6}=21.75\mathrm{m}$$

$$e=R-f=21.75-6=15.75\mathrm{m}$$

$$\tan\varphi_A=\frac{\frac{L}{2}}{e}=\frac{15}{15.75}=0.952, \varphi_A=43.6°$$

拱脚水平推力近似地按三铰拱估算，即 $H = \dfrac{0.9 \times qL^2}{8 \times f} = \dfrac{0.9 \times 50 \times 30^2}{6 \times 6} = 1125\text{kN}$

由公式（3-3）计算拱截面内力如下：

① 拱脚截面 A 内力

$$x_A = 0, \varphi_A = 43.6 \quad V_A^0 = \frac{1}{2}qL = \frac{1}{2} \times 50 \times 30 = 750\text{kN},$$

$N_c = V_c^0 \sin\varphi + H\cos\varphi = 750\sin43.6° + 1125\cos43.6° = 517.21 + 814.69 = 1331.90\text{kN}$

$V_c = V_A^0 \cos\varphi - H\sin\varphi = 750\cos43.6° - 1125\sin43.6° = 543.13 - 775.82 = 232.69\text{kN}$

② 拱顶截面 D 内力

$$x_D = 15, \varphi_D = 0$$

$$V_D^0 = 0$$

$$N_D = H\cos\varphi = H = 1250\text{kN}$$

$$V_D = 0$$

$$M_D = 0$$

4. 壳体结构

壳体结构的几何形状为曲面，是一种空间薄壁结构，其受力特征为在荷载作用下产生的内力为轴向力和剪力（也称为薄膜内力），具有较大的强度和刚度，可以更充分利用材料，降低造价。由于壳体壁厚较小，而且以受压为主，所以当其跨度较大时就可能产生所谓失稳问题。另外，壳体的曲面施工费用也要比平面结构增加很多。钢筋混凝土壳体结构一般为实体的薄壁曲面式壳体（图 3.25）和骨架式壳体。骨架式壳体是由面式派生出来的，不同之处在于面式壳体受的是薄膜内力，而骨架式壳体是由刚性构件组成，除承受轴力、剪力外，还有弯矩。从几何上看，骨架式壳体是用网格来代替曲面；从力学计算模型上讲，骨架式壳体是连续面式壳体的一种离散化近似。骨架式壳体形式有以下几种：

① 径向肋式——取消壳面，设置径向肋和水平环梁（图 3.26）；

② 网络式——取消壳面，用斜交和正交网格梁代替（图 3.27）；

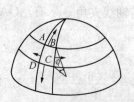

图 3.25　实体薄壳图

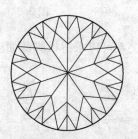

图 3.26　径向肋式

③ 同心环梁式——同径向肋式，但在径向肋和水平环梁之间加设斜杆或交叉斜杆（图 3.28）。

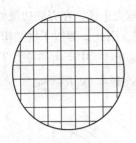
图 3.27　网络式

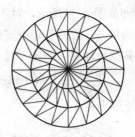
图 3.28　同心环梁式

1）球壳的内力计算

在均布荷载作用下，球壳沿径向产生向底部逐渐增大的轴向压力 N_φ，沿环向产生纵向力 N_θ，如图 3.29、图 3.30 所示。

图 3.29　球壳的内力类型

图 3.30　球壳的内力分布

（1）径向压力 N_φ

假设施加于球壳均布重力荷载的总重力为 W，由图 3.31 隔离体径向平衡可以得到沿壳面单位长度径向压力 N_φ 计算公式为

$$N_\varphi = \frac{W}{2\pi R \sin^2 \varphi} \qquad (3\text{-}4)$$

式中　R——球壳半径；

$\quad\varphi$——为计算点微曲面法线与旋转轴线的夹角。

上述公式若用球壳均布面荷载 w 表示，则变为

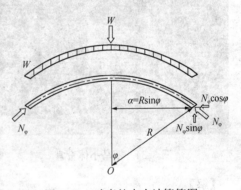
图 3.31　球壳的内力计算简图

$$N_\varphi = \frac{Rw}{1 + \cos\varphi} \qquad (3\text{-}5)$$

【注释】若球壳在壳顶有集中荷载作用，即 $\varphi=0$，由公式知道，此时径向压力 N_φ 将趋于无穷大。因此，壳体要尽量避免承受局部集中力。

（2）环向轴力 N_θ

由横向平衡得到沿壳面单位长度环向力 N_θ 计算公式为

$$N_\theta = Rw \left(\cos\varphi - \frac{1}{1 + \cos\varphi} \right) \qquad (3\text{-}6)$$

由上式可知，在与垂直轴线相交 $51°59'$ 角度处，上述环向力为零，小于这个角度的为压力，大于这个角度的为拉力。

2）支承体系的考虑

壳体的内力分布如图 3.32 所示，对于 $\varphi < 90°$ 的球壳来说，在壳底边缘处的径向力总是斜向的，其水平分力为推力，需要有相应支承体系承受。因此，类似于拱结构中需要设置拉杆，在球壳中也需要设置受拉环梁（图 3.33）。由推力在球壳环梁中产生的拉力 T 按以下公式：

$$T = \frac{1}{2} \int_0^\pi N_\varphi \cos\varphi \times \sin\varphi \times R_1 \mathrm{d}\theta = N_\varphi R_1 \cos\varphi$$

式中，R_1 为支承环梁半径。

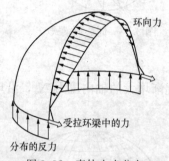

图 3.32　壳体内力分布

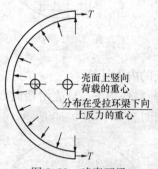

图 3.33　球壳环梁

3）球壳结构方案构思示例

【例题 3-3】图 3.34 照片为著名的罗马小体育宫，参考文献【2】对其结构构思介绍如下：球形屋面采用骨架式网格型混凝土球壳结构，为了提高建筑室内有效空间，屋面支承在一系列 Y 形护壁构件上（图 3.35a），球壳的水平推力则传递给埋置在地基内的巨型环梁，计算简图如图 3.35（b）所示。假设作用在球壳屋面的均布重力荷载 $w = 4\mathrm{kN/m}^2$，球壳半径 48.46m，跨度为 60m。现要求对此结构进行初步设计。

图 3.34　罗马小体育宫

【解】

（1）壳体应力计算

支座处切相方位角 φ_2 为 38°，对应的最大径向压力 N_φ 由公式（3-5）得

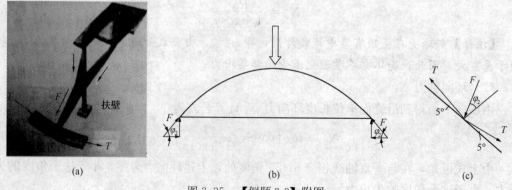

(a)　　　　　　　　　　　(b)　　　　　　　　　　(c)

图 3.35　【例题 3-3】附图

（a）Y 形护壁构件受力示意；（b）壳体计算简图；（c）环梁拉力计算

$$N_\varphi = \frac{Rw}{1+\cos\varphi_2} = \frac{48.46 \times 4}{1+\cos 38°} = \frac{48.46 \times 4}{1.788} = 108.41\text{kN/m}$$

环向力（压力）N_θ 由公式（3-6）得

$$N_\theta = Rw\left(\cos\varphi_2 - \frac{1}{1+\cos\varphi_2}\right) = 48.46 \times 4 \times \left(0.788 - \frac{1}{1.788}\right)$$

$$= 44.33\text{kN/m}$$

壳体的厚跨比大致为 1/550，壳体平均厚度假定为 120mm。此时最大径向压应力为 0.9MPa，环向压应力为 0.37MPa，说明球壳内的应力是非常低的，这也是壳体结构受力的主要特征。

（2）Y 形护壁构件受力计算

① 整个壳体重量计算

壳体表面积 $S_A = 2\pi R^2(\cos\varphi_1 - \cos\varphi_2) = 2 \times 3.14 \times 48.46^2 \times (1-0.782) = 3215.01\text{m}^2$

壳体重量 $G = wS_A = 4 \times 3215.01 = 12860.04\text{kN}$

② 护壁的斜向计算

支承壳体的竖向力为 12860.04kN，沿环向等间距设置 36 个 Y 形护壁构件，其效果等同于环向均匀分布的支承。每个护壁构件受到竖向压力为 12860.04/36＝357.22kN，故作用于护壁的斜向力 F

$$F = \frac{357.22}{\sin 38°} = 580.22\text{kN}$$

（3）环梁的拉力计算

设置在地基内部水平环梁的拉力由如图 3.35（c）所示 36 边形的一个节点平衡求得

$$T = \frac{F\cos 38°}{2\sin 5°} = \frac{580.22 \times 0.788}{2 \times 0.087} = 2627.66\text{kN}$$

3.4.5 跨越结构类型与跨度之间关系

众所周知，简支梁在均布荷载作用下的跨中弯矩与跨度呈平方关系，跨中挠度与跨度呈四次方关系，跨度增加一倍，弯矩增大 4 倍，挠度增大 16 倍。因此，为了满足承载能力和使用性能要求，跨越结构需要根据跨度的情况对截面形式和尺寸进行调整，旨在增大内力臂，从而减少材料应力和结构变形。图 3.36 为板、梁、桁架、拱、壳体等抗弯机制

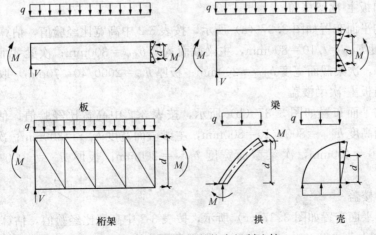

图 3.36 跨越结构的抗弯机制比较

和相应内力臂 d。跨越结构构思的基本思路是在满足内力臂要求前提下使结构自重最轻、施工方便。

1. 大跨度结构情况

大跨度结构主要特征是要求提供较大的建筑空间，为了提高材料效能、降低结构自重，桁架、拱、壳体等结构与板、梁相比有较大优势，因而以壳体为主要受力构件的双向跨越结构，和以桁架、拱等为主要受力构件的单向多层跨越结构在超过 30m 以上的大跨度屋盖中得到了广泛应用。对于大跨度楼盖结构而言，根据楼面平整功能要求，一般采用单向，或者双向多层次梁板体系为宜。个别情况下，也可以采用单向多层次桁架板体系。

2. 中、小跨度结构情况

对于中、小跨度结构而言，很多结构体系都能符合受力要求，此时主要从施工简便和造价节省上来考虑结构方案。例如，对于平整楼（屋）面而言，就没有必要去考虑桁架结构，此时可把跨越结构方案构思的重点放在单向体系和双向体系，单层次和多层次等的合理选择。例如，在跨度较小时（在 10m 以内），采用单向或者双向跨越结构体系都是比较合理的；在跨度较大时（在 10~24m 范围），采用单向跨越结构体系可能更为合理；在跨度更大时（在 24~30m 范围），主要采用单向跨越结构体系。从结构要求的考虑，对于常用的 5~10m 跨度跨越结构，既可以设计成多层次梁板结构，如三层次主-次梁-板结构、二层次梁-板结构等。也可以采用单层次板结构，如单向板、双向板等。对于小于 5m 跨度的跨越结构，一般采用单层次板结构，如单向板、双向板等，或者二层次梁-板结构。在实际工程设计时，可以考虑几种结构方案，通过技术经济指标对比分析，以经济性最优来确定最终的设计方案。

3. 楼盖结构方案对比分析示例

【例题 3-4】某建筑单元楼盖平面尺寸为 8m×8m。层高 4.5m，四周支承为承重墙，楼面均布活荷载等于 2kN/mm²。现要求对楼盖结构方案设计，并作相应技术指标初步分析。

【解】对于 8m×8m 平面尺寸，其楼盖可以采用三层次主-次梁-板结构、二层次梁-板结构、单层次板结构等，从而形成单向板主-次梁楼盖、双向板主-次梁楼盖、密肋楼盖、井字梁楼盖、平板楼盖等 5 种结构方案。

（1）单向板主-次梁楼盖

楼盖结构平面布置如图 3.37（a）所示，按表 3-2 中高宽比经验值，估算各构件尺寸：主梁-截面高度 $h_{主梁}=l/10=800$mm，主梁截面宽度 $b_{主梁}=300$mm；次梁-截面高度 $h_{主梁}=l/10=400$mm，次梁截面宽度 $b_{次梁}=200$mm；板厚 $h_{板}=2000/40<70$mm，取 70mm。

（2）双向板主-次梁楼盖

楼盖结构平面布置如图 3.37（b）所示，按表 3.2 中高宽比经验值，估算各构件尺寸：主梁截面高度 $h_{主梁}=8000/10=800$mm，主梁截面宽度 $b_{主梁}=300$mm；次梁截面高度 $h_{次梁}=4000/10=400$mm，次梁截面宽度 $b_{次梁}=200$mm；板厚 $h_{板}=4000/50<80$mm，取 80mm。

（3）密肋楼盖

楼盖结构平面布置如图 3.37（c）所示，按表 3-2 中高宽比经验值，估算各构件尺寸：肋梁-截面高度 $h_{肋梁}=8000/20=400$mm，肋梁截面宽度 $b_{肋梁}=200$mm，板厚 $h_{板}=1600/45$

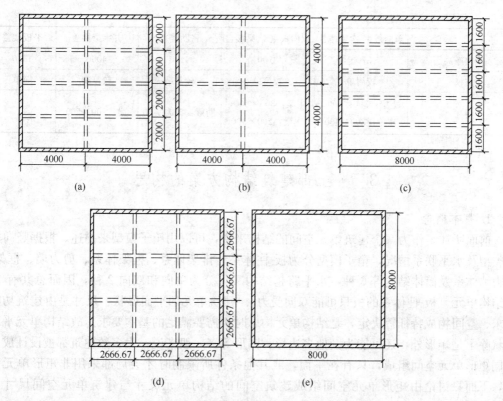

图 3.37　建筑单元楼盖方案构思

（a）单向板主-次梁楼盖；（b）双向板主-次梁楼盖；（c）密肋楼盖；（d）井字梁楼盖；（e）平板楼盖

＜70mm，取 70mm。

（4）井字梁楼盖

楼盖结构平面布置如图 3.37（d）所示，按表 3-2 中高宽比经验值，估算各构件尺寸：梁截面高度 $h_梁$＝8000（1/16－1/20）＝500－400mm，取 500mm，梁截面宽度 $b_梁$＝200mm，板厚 $h_板$＝2700/50＜70mm，取 70mm。

（5）平楼盖

楼盖结构平面布置如图 3.37（e）所示，按表 3.2 中高宽比经验值，估算各构件尺寸：板厚 $h_板$＝8000/45＝178mm，取 180mm。

上述不同楼盖结构形式的经济性、施工便利性等比较见表 3.4，从综合性能上，采用双向板主-次梁楼盖的方案相对合理。

不同楼盖构思方案性能比较　　　　表 3.4

		单向板主-次梁楼盖	双向板主-次梁楼盖	密肋楼盖	井字梁楼盖	平板楼盖
楼盖平均厚度（mm）	板	70	80	70	70	180
	梁	主梁 1 根：27 次梁 3 根：33	主梁 1 根：27 次梁 1 根：11	肋梁 4 根：23	纵向梁 2 根：14 横向梁 2 根：14	
	总计	130	118	93	98	180

	单向板主-次梁楼盖	双向板主-次梁楼盖	密肋楼盖	井字梁楼盖	平板楼盖
室内净高	3700	3700	4100	4000	4320
支模	较简单	较简单	较复杂	较复杂	简单
附注	主梁：300×800， 次梁：200×400	主梁：300×800， 次梁：200×400	肋梁：200×400	梁：200×500	

3.5 上部建筑结构方案的构思

1. 基本概念

前面所述，作为一个建筑单元空间的结构来说，可以用箱子模型来描述。根据竖向构件类型及水平联系情况，箱子模型分为板-柱体系、排架体系、框架体系、剪力墙、框架-剪力墙体系及筒体结构等 6 种，水平跨越结构又可分为单向和双向 2 种，因而总共有 11 种结构单元（板-柱体系的板只可能双向受力）。建筑单元的平面形状、尺寸是由建筑功能要求、空间构成特征等决定，是结构单元构思时所需要满足的基本要求。故结构单元平面形状除了是矩形外，还可能为其他多边形、圆形等。一般来说，大多数建筑都被设计成由不同矩形单元空间组成，只有在平面，或其他条件所限制时才会局部采用非矩形单元空间，下面只讨论由矩形单元空间组成建筑空间的结构单元尺寸与建筑单元空间尺寸的关系。

当建筑单元空间尺寸比较大时，结构单元可以采用建筑单元空间尺寸（例如图 3.38 所示单层厂房直接采用一个由单向跨越体系与排架体系组成的结构单元）。反之，建筑单元空间尺寸比较小，可以考虑较大尺寸的结构单元，有利于发挥水平跨越结构的效能，并用围护结构空间分割满足建筑功能要求（例如图 3.39 所示为框架结构单元，卫生间与走廊采用隔墙分隔空间）。

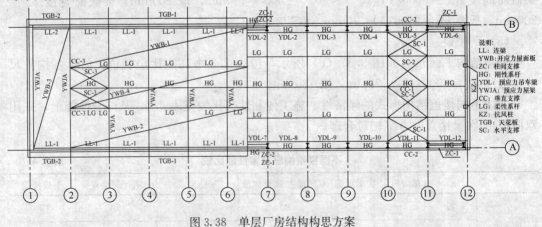

图 3.38 单层厂房结构构思方案

2. 结构单元的组装

若图 3.40 所示一个多层建筑平面按建筑空间设计要求划分为 n 个矩形建筑单元，a_i 为建筑单元开间尺寸，b_i 为建筑单元进深尺寸。由前面竖向结构的构思已经知道了建筑的总体

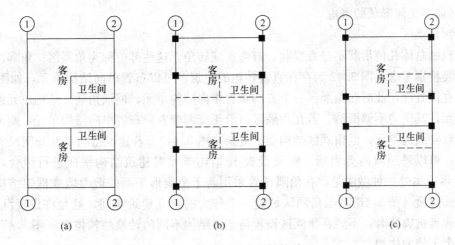

图 3.39 旅馆标准房的结构单元

(a) 建筑空间划分；(b) 结构单元构思方案 1；(c) 结构单元构思方案 2

结构形式，因此也确定了结构单元类型。如框架结构一定由框架体系结构单元组成，剪力墙结构一定由剪力墙体系结构单元，而框架-剪力墙结构则由框架、剪力墙等不同结构单元组成。结构单元的水平跨越结构体系可以设计成同类型的，也可各不相同，但板面标高要相等，形成连续水平结构。在单元跨度相差不多时，应尽量采用同类型的跨越

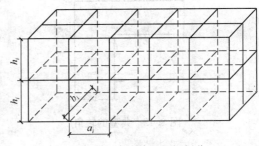

图 3.40 建筑单元空间划分

结构；单元跨度相差悬殊时，大跨度单元宜考虑桁架、拱、壳体等具有大跨越能力的结构，而小跨度单元则可以采用梁-板结构。单元平面接近正方形的宜采用双向跨越体系，若单元矩形长边与短边比值大于 2 时，宜采用单向跨越体系。每个单元的竖向受力构件布置位置、尺寸、数量可按以下基本原则进行构思：1）要满足能承受该结构单元所传递的重力荷载要求；2）要满足建筑空间的功能要求；3）单元竖向受力构件的布置要有利于提高总体结构的抗弯性能和抗倾覆能力；4）尽量保证建筑的质量中心、几何中心、刚度中心这"三心"能比较接近。在竖向构件分别采用柱或剪力墙时，通过结构不同单元平面组装，可以得到框架、剪力墙、框架-剪力墙、筒体等各种结构构思方案。图 3.41 为同一建筑空间采用框架、框架-剪力墙、剪力墙、筒体结构构思方案的平面布置示例。

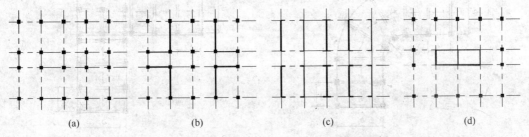

图 3.41 不同上部结构构思方案的平面布置示例

(a) 框架；(b) 框架-剪力墙；(c) 剪力墙；(d) 框架-筒体

1) 局部几何形状的考虑

（1）角隅区

建筑的总体几何形状不是直线状，有弯折或转角，这些部位称为角隅区。角隅区单元布置需要特别考虑。图3.42为存在直角转角的建筑，可以布置单向结构单元，如图3.43所示的直接处理，此时在角隅区一个方向布置单向结构单元，但该角隅区结构单元区别于一般单元，其受力不够简洁。若在角隅区可沿正交两个方向布置单向结构单元，则可形成复合的双向结构单元，但角隅区结构受力复杂（图3.44）。若建筑空间单元开间尺寸不受影响时，可以采用双向剪力墙、框架或板-柱结构单元对建筑结构平面进行组合，如图3.45所示。另外一种做法是，在角隅位置采用若干个扇形平面的剪力墙或框架结构单元进行圆弧过渡（图3.46）。当角隅区域是一个较大的独立建筑空间，且允许设置沉降缝、收缩缝或者抗震缝时，不妨在角隅区设置与主体结构不同的转换结构体系（图3.47），这也是一个不错的构想。

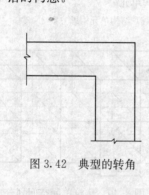

图3.42 典型的转角

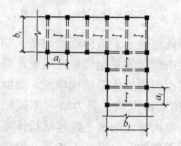

图3.43 直接处理

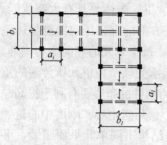

图3.44 双向受力体系

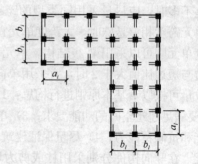

图3.45 双向受力体系

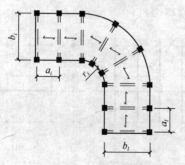

图3.46 圆弧过渡

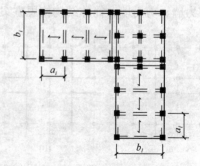

图3.47 转换结构

（2）单元有错移的情况

对于建筑平面单元相互错移（图 3.48），一般采用单向结构体系比较合适。剪力墙结构单元很容易实现这种错移（图 3.49）。框架结构单元宜通过调整柱网尺寸解决错移，形成整体横向框架（图 3.50）。当然，当错移尺寸比较小时，自由设置柱子也是可以的。

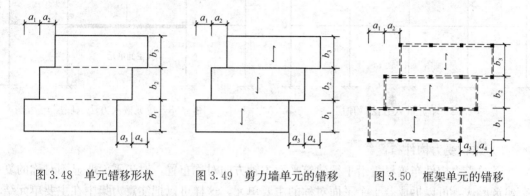

图 3.48　单元错移形状　　图 3.49　剪力墙单元的错移　　图 3.50　框架单元的错移

2）结构单元的竖向组装

通过结构单元竖向组装可以形成各种符合建筑功能要求的空间。在建筑设计中经常会碰到需要一些较大尺寸的建筑单元来满足大空间建筑要求，此时可以考虑几种做法。其一，把大空间结构单元与通用结构单元组合分离，形成主体结构与附属结构（图 3.51）；其二，把大空间结构单元嵌入通用结构单元组合，形成整体结构。在建筑和结构方案构思时对大空间结构单元嵌入位置需要认真分析，若在不影响建筑功能前提下，尽量将大空间单元置于顶层（图 3.52），这样结构受力比较合理，处理也比较简单，如直接采用拱、桁架、壳体等大跨度结构，或者井字梁结构。对于大空间单元安排在下面或中部位置的情况（图 3.53），需要设置强大的水平转换结构把上面竖向荷载传递到两侧结构单元，受力不是很合理。

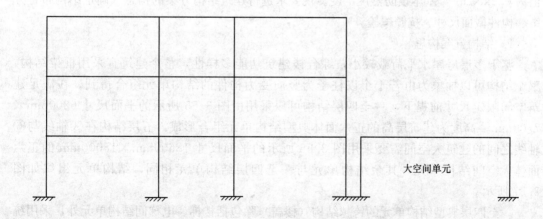

图 3.51　单元分离方法

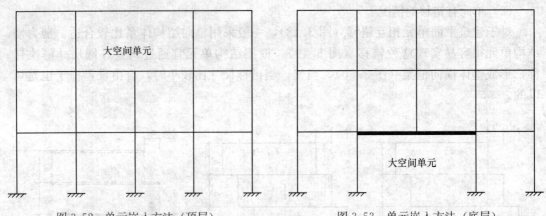

图 3.52　单元嵌入方法（顶层）　　　　　　　图 3.53　单元嵌入方法（底层）

3）结构受力构件布置

竖向受力构件布置尽量沿平行建筑平面主轴方向对称布置，对于平面明显不对称的复杂建筑形式，可以拆成若干个平面对称的主要单元，这样可以把注意力集中在主要单元结构方案和各单元之间的接合面连接方案。在竖向结构布置时一方面要考虑能充分发挥材料的效能，形成较大抗弯刚度，另一方面还要满足结构整体抗倾覆要求。水平结构尽量采用同一形式，板要连续，梁宜拉通。

【提示】本教材只介绍了采用单元组装方式的建筑结构方案构思方法，并不涉及结构单元本身的创新。创立新的建筑结构单元方法可以借助于 TRIZ 理论，具体见本章参考文献［6、7］。

3. 上部建筑结构方案构思示例

【例题 3-5】某厂房五层综合楼，一至四层为仓库，中间最多能设置一列柱子，五层由办公室、会议室组成。底层建筑平面、二～四层建筑平面、五层建筑平面如图 3.54 所示。单位建筑面积的恒载标准值为 $10kN/m^2$、楼面活载标准值为 $2kN/m^2$，屋面雪载标准值为 $0.2kN/m^2$，基本设防烈度 7 度。现要求进行建筑结构方案的构思（确定结构布置方案、构件截面尺寸、抗倾覆验算）。

1）结构方案构思

鉴于多层房屋水平荷载较小，综合楼建筑功能多样性，整个建筑宜采用框架结构。整个结构可以抽象为由若干个以柱子为竖向受力构件的结构单元组合得到。在满足建筑空间限定尺寸前提下，一至四层结构可以采用由图 3.55 所示的平面尺寸 6200mm×7500mm，高度为建筑层高的正六面体典型结构单元组合形成，五层结构在③轴线与⑥轴线之间的建筑大空间需要采用图 3.56 所示的平面尺寸 18600mm×15000mm 的正六面体大空间结构单元，其余结构单元与一至四层结构单元相同，结构单元组织如图 3.57 所示。

一至四层典型结构单元的跨越结构（楼盖）除包括楼梯、电梯间结构单元外，采用统一的多层次梁板布置。例如，方案一：双层次梁-双向板楼盖；方案二：三层次主梁-次梁-单向板楼盖。五层典型结构单元的跨越结构形式同一至四层，大空间结构单元可以双向的井字梁屋盖，也可用单向的主梁-次梁-板屋盖。将这些结构单元组合后，基于对竖向受力

70

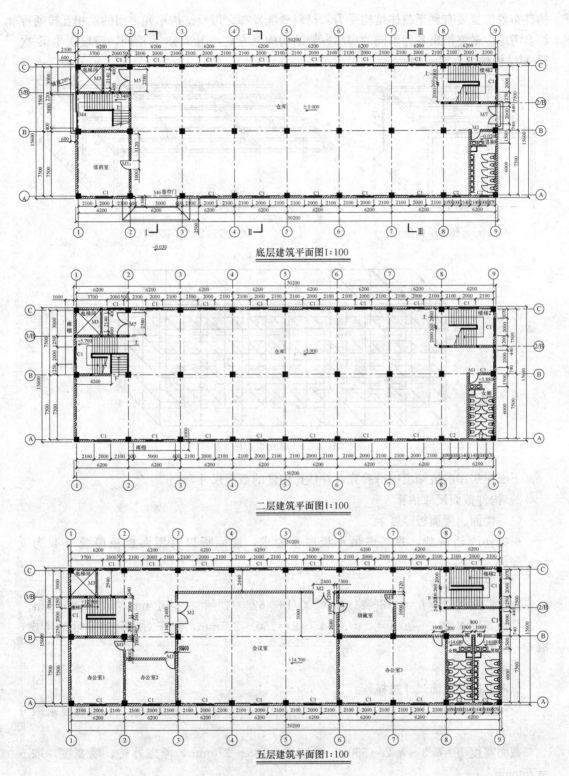

图 3.54 【例题 3-5】建筑平面布置

构件布置位置要有利于整体结构受力和材料效能发挥、以及结构单元之间的梁相互拉通等综合考虑，最终给出各种不同的房屋框架结构构思方案，图 3.58 为单向、三层次主梁-次梁-板结构构思方案示例。

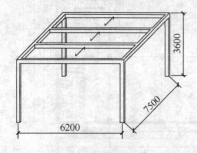

图 3.55 典型结构单元

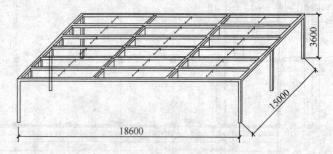

图 3.56 大空间结构单元

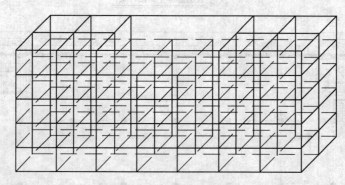

图 3.57 单元组合图

下面对房屋的抗倾覆进行验算，并估算构件的截面尺寸。

2）构件截面尺寸估算

（1）楼面、屋面板厚度

根据仓库活荷载，并考虑最小板厚度要求，楼面板以及屋面板板厚统一取为 h =120mm。

（2）梁截面尺寸

次梁：截面高度 $h=l/18\sim l/12=6200/18\sim 6200/12=344\sim 517$mm，取 h =450mm。

截面宽度 $b=h/3\sim h/2=450/3\sim 450/2=150\sim 225$mm，出于对内砖墙厚度的考虑，取 b =250mm。

主梁：

纵向框架梁截面尺寸选择

$h=l/12\sim l/8=6200/12\sim 6200/8=517\sim 775$mm，考虑外墙设置窗户和抗震要求取 h =550mm。

截面宽度 $b=h/3\sim h/2=550/3\sim 550/2=183\sim 275$mm，考虑外砖、墙宽度，取 b =250mm。

横向框架梁截面尺寸选择

对非五层抽柱处大梁：

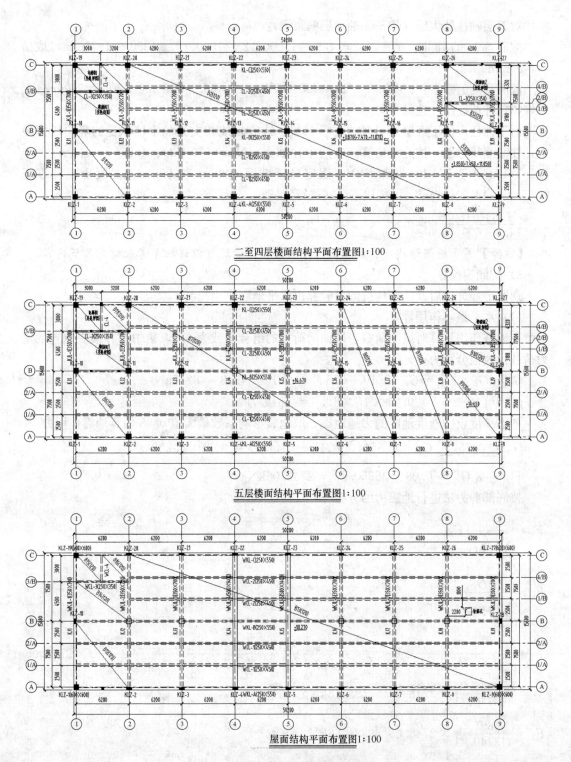

二至四层楼面结构平面布置图1:100

五层楼面结构平面布置图1:100

屋面结构平面布置图1:100

图 3.58 单向、三层次主梁-次梁-板结构构思方案

截面高度的确定：$h=l/12\sim l/8=7500/12\sim7500/8=625\sim937.5$mm，取 $h=700$mm。

截面宽度的确定：$b=h/3\sim h/2=700/3\sim700/2=233.3\sim350$mm，取 $b=350$mm。

73

对五层轴柱处大梁（④～⑤轴顶层框架梁）：

截面高度的确定：$h = l/12 \sim l/8 = 15000/12 \sim 15000/8 = 1250 \sim 1875\text{mm}$，取 $h = 1400\text{mm}$。

截面宽度的确定：$b = h/3 \sim h/2 = 14003 \sim 1400/2 = 466.7 \sim 700\text{mm}$，取 $b = 500\text{mm}$。

（3）柱截面尺寸选择

由于抽柱，位于底层的 B 轴线与③轴线，或⑥轴线相交处的中柱承受的竖向压力最大，柱截面尺寸统一按此柱估算。底层中柱轴力：$N_{中} = (10+2) \times 6.2 \times 7.5 \times 4 + (10 + 0.2) \times 12.4 \times 7.5 \times 1 = 3180.6\text{kN}$。假定柱子截面 $600\text{mm} \times 600\text{mm}$，混凝土强度等级 C30，$f_c = 14.3\text{N/mm}^2$，可按以下公式进行复核：

$$\frac{1.3 \times 3180.6}{14.3 \times 600 \times 600} = 0.8 \leqslant 0.8，满足要求！$$

【注释】关于框架结构梁、柱截面尺寸确定，读者还可以详细参考教材 6.3 节内容。

3）抗倾覆验算

现假定经分析后确认结构抗倾覆验算由水平地震作用控制。

（1）水平地震作用计算

在地震作用计算时屋面荷载、楼面活荷载的组合系数为 0.5，集中在各楼层位置的重力荷载代表值分别为

$$G_1 = G_2 = G_3 = G_4 = (10 + 0.5 \times 2) \times 15 \times 49.8 = 8217\text{kN}$$

$$G_5 = (10 + 0.5 \times 0.2) \times 15 \times 49.8 = 7544.7\text{kN}$$

考虑 7 度设防烈度地区的多遇地震，取地震影响系数最大值 0.08 估算地震作用力。

$$G_{eq} = 0.85 \sum_{j=1\sim5} G_j = 0.85(4 \times 8217 + 7544.7) = 35350.80\text{kN}$$

$$F_{EK} = \alpha_1 G_{eq} = 0.08 \times 35350.80 = 2748.06\text{kN}$$

按底部剪力法进行地震力的分布

$$F_i = \frac{H_i G_i}{\sum\limits_{j=1}^{5} H_j G_j} F_{EK}$$

$$F_1 = \frac{H_1 G_1}{\sum\limits_{j=1}^{5} H_j G_j} F_{EK}$$

$$= \frac{3.9 \times 8217}{3.9 \times 8217 + 7.5 \times 8217 + 11.1 \times 8217 + 14.7 \times 8217 + 18.3 \times 7544.7} \times 2748.06$$

$$= \frac{32046.3}{443740.41} \times 2748.06 = 198.46\text{kN}$$

$$F_2 = \frac{61627.5}{443740.41} \times 2748.06 = 381.66\text{kN}$$

$$F_3 = \frac{91208.7}{443740.41} \times 2748.06 = 564.85\text{kN}$$

$$F_4 = \frac{120789.9}{443740.41} \times 2748.06 = 748.05\text{kN}$$

$$F_5 = \frac{138068.01}{443740.41} \times 2748.06 = 855.05\text{kN}$$

(2) 倾覆弯矩计算

$$
\begin{aligned}
M_0 &= \sum_{i=1}^{5} F_i H_i = 198.46 \times 3.9 + 381.66 \times 7.5 + 564.85 \times 11.1 \\
&\quad + 748.05 \times 14.7 + 855.05 \times 18.3 \\
&= 36550.03\text{kN} \cdot \text{m}
\end{aligned}
$$

(3) 由倾覆弯矩在每根边柱产生的平均轴力

$$\overline{N_{柱}} = \pm \frac{M_0}{A} \times \frac{1}{9} = \pm \frac{36550.03 \cdot 3.43}{15} \times \frac{1}{9} = \pm 270.74\text{kN}$$

底层边角柱由恒荷载产生轴力：

$N_{边柱} = 10 \times 3.1 \times 3.75 \times 5 = 581.25\text{kN} > 270.74\text{kN}$，不会发生倾覆破坏！

3.6　地基基础方案的构思

1. 基本概念

整个建筑的全部竖向荷载和水平荷载最终都要传递到下面的地层，承受荷载作用的那部分地层称为地基，上部建筑结构与地基间连接体称为基础。地基通常是由土层组成的，也称为土基。组成土基的土可分为以下几种：岩石指颗粒间具有牢固联结、形成整体的岩石体；碎石土指土中所含粒径大于 2mm 颗粒重量超过总重 50% 的土；砂土指土中所含粒径大于 2mm 颗粒重量不超过全重 50%，同时粒径大于 0.075mm 颗粒重量超过全重 50% 的土；粉土指粒径大于 0.075mm 颗粒重量不超过全重 50% 的土；黏性土指粒径比粉土更细，并具有明显黏性的土；人工填土指由人工回填土组成的素填土，或由人工压实的素填土，或垃圾、工业废料等杂填土。建筑物地基的土层分布一般是不均匀的，有时甚至还会缺少某一层土，即所谓"缺失"。评价地基土性能指标是地基承载力，它定义为在保证地基稳定条件下，使地基变形控制在建筑物所允许的范围时，单位面积上地基土能承受的最大荷载。

地基土的承载能力可以通过两条途径得到：(1) 现场勘探取得土样，经土工试验得到土的相关特性，再根据相应规范确定承载能力；(2) 直接由现场载荷试验或静力触探试验得到。不同土层的承载能力有很大差异，大致在 $100 \sim 400\text{kN/m}^2$ 变化范围。坚实的岩石承载能力可以达到 4000kN/m^2，而淤泥则只有 50kN/m^2。土是矿物颗粒、液体和气体的三相体，在受力后会产生明显的压缩变形，因而上面建筑物在荷载作用下就会产生沉降。当建筑物各部分重量分布有差异、受到较大的水平力作用，或者地基土承载能力分布不均匀，这些都有可能导致地基变形不等，使建筑物产生不均匀的沉降。地基基础设计最基本要求就是要把建筑物最终的沉降量控制在一个允许的范围内，并尽可能消除结构各部分的不均匀沉降。在地基基础设计方案构思时主要考虑两方面问题，其一是尽可能把基础置于具有足够承载能力的土层上，也即合理选择持力层和基础埋深；其二是通过合理地选择基础形式尽可能把上部竖向结构传来的荷载进行扩散，减少对地基土的压应力，以便满足地基的承载能力和变形要求。

2. 基础的埋深估算

基础的埋深主要根据建筑物下面地基土分布情况来定。通常要尽可能选择较上层土作持力层，以便减少开挖工作量，降低基础造价。但埋深至少要在土的冰冻线以下，另外也要保证室外管道的顺利铺设。当基础埋深不大于 3~6m 时，可以用开挖基槽方法施工，这种基础称为浅埋基础。如果在浅层内土质较差，或上部结构传来的荷载很大，或由于地下水位太高不便于开挖基槽，此时需要把持力层选择在较深的土层，采用桩基础、沉井等所谓深埋基础。

3. 基础形式的构思

基础的作用是把底层竖向受力构件的荷载扩散到地基土，扩散形状可以是"点"式、"线"式、"面"式，具体采用形式要根据竖向受力结构形式和地基土承载能力等确定。如果持力层的地基承载能力足够，基础形式可以由竖向受力结构形式直接扩展得到，也称为扩展基础。例如，柱子形状是"点"式的，扩展后形成矩形独立基础；墙体形状是"线"式的，扩展后形成条形基础。如果上部荷载过大、持力层的地基承载能力又无法提高时，就不能采用扩展基础，需要采用与竖向结构不同形式的基础，扩大与地基的接触面积，满足荷载扩散要求。例如，对于高层建筑而言，竖向和水平荷载都很大，为了满足地基承载能力要求，一般采用片筏式基础。所谓片筏式基础就是在整个建筑物下面铺设一块带梁或不带梁的钢筋混凝土平板，它承受着柱子传来的集中力和下面地基的反向压应力，提供了建筑物底部可能达到的最大承压面积，同时又能有效减小整个建筑物的不均匀沉降。需要指出的是，随着荷载增加，相邻扩展基础的平面轮廓会逐渐接近，甚至相互重叠，此时为了有利于施工和整体受力，不妨把它们连成一体。例如，在地基承载能力不足时，可以把各柱下独立基础连接成条形基础（单方向、交叉），把各条形基础连接成片筏式基础。由于建筑红线的限制，边柱的基础不允许超过外墙面，此时边柱基础也不能为扩展型的，而是需要与内柱基础相联合形成联合基础或条形基础。图 3.59 表示一个多层框架房屋基础由独立基础转为条形基础，再改为片筏式基础的整个演变过程，旨在说明基础形式并不是

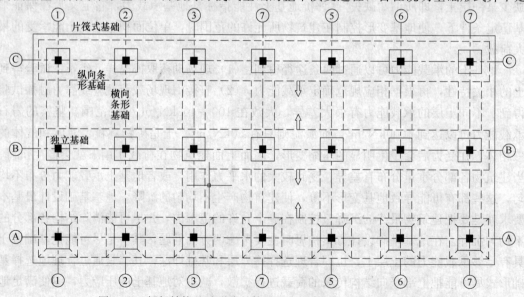

图 3.59 框架结构基础形式的构思（由"点"→"线"→"面"）

一成不变的，而是需要根据房屋荷载、地基承载能力分布、施工简便以及周围环境限制条件等情况综合确定的。

作为起"承上启下"作用的基础其承受荷载主要是地基净反力，柱下独立基础以悬臂梁（板）方式受力，而梁式和片筏式基础主要以连续梁（板）方式受力，它们都需要有足够的刚度和强度。对于高层建筑来说，除了有较大竖向荷载外，还会产生很大的水平荷载作用，因而需要有较大的基础埋深以满足结构下端嵌固、整体抗倾覆等要求，此时采用既有极大空间刚度，又能充分利用地下建筑空间的箱形基础是一种较合理的做法。

如果采用浅埋基础来扩散上部结构荷载的方式不能满足基础承载能力的话，就需要采用非开挖基槽方法把基础埋置到较深土层的深基础，诸如桩基础和沉井基础。在基础方案构思阶段可以先把整个底层建筑平面作为筏板，然后按其产生的地基应力对基础形式做一个简单的估计。具体步骤如下：

1）按本章前述方法估算建筑物的恒、活荷载标准值，对于低矮建筑在上述计算时可以不考虑水平荷载，当对于高层建筑还要考虑风荷载、地震水平作用。

2）计算总荷载在每平方米面积地基产生的压应力标准值 p_w。

3）估计基础形式

$p_w \leqslant \dfrac{f}{4}$，可考虑采用独立基础；

$\dfrac{f}{4} < p_w \leqslant \dfrac{f}{2}$，可考虑采用条形基础；

$\dfrac{f}{2} < p_w \leqslant f$，可考虑采用片筏式基础；

$p_w > f$，可考虑采用桩基础。

式中，f 为地基承载力特征值，没有数据时可假定为 80MPa。

3.7　结构变形缝的构思

结构变形缝依据作用不同可分为伸缩缝、沉降缝、防震缝。

1. 伸缩缝

当建筑较长，保温隔热措施不完善时，为了减小温度变化和混凝土收缩使结构产生开裂，必须按规范规定设置伸缩缝，详见附表1。伸缩缝设置考虑了温度变化和施工期及使用早期的混凝土收缩。当设置伸缩缝时，框架结构的双柱基础可不断开，因为地下部分受温度变化和混凝土收缩影响很小。由于装配整体式结构中预制混凝土构件的收缩已基本完成，因此其伸缩缝间距比现浇结构可适当放大。由于伸缩缝会给建筑设计和构造处理带来不便，双柱双墙费料费工，因此当结构超长时可考虑采取设伸缩后浇带。如图3.60所示，每隔 30～40m，留出 70～100cm 宽区域暂时不浇混凝土，但两侧钢筋要预留并相互搭接，等整体结构浇捣至少一个月以后，此时先浇混凝土收缩已大部分完成，再用无收缩混凝土浇捣带内混凝土将结构连成整体。后浇带应通过建筑物的整个横截面，分开全部梁和楼板，使得两边都可自由收缩。

2. 沉降缝

当房屋层数相差较多、上部荷载相差较大、地基承载力或土层分布区别明显、相邻结构基础形式不同时，就需要将结构从基础至顶部结构完全分开，形成所谓的沉降缝。沉降缝通常采用挑梁、两端简支板、两端简支梁来实现，见图 3.61～图 3.63。伸缩缝和沉降缝的宽度至少为 50mm。

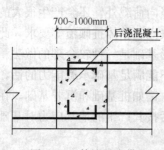

图 3.60　伸缩后浇带

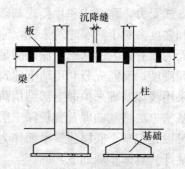

图 3.61　沉降缝构造

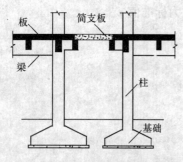

图 3.62　沉降缝构造

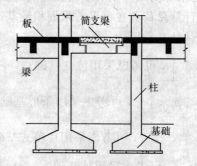

图 3.63　沉降缝构造

3. 抗震缝

抗震设计的建筑在下列情况下宜设防震缝：

（1）建筑平面形状曲折；（2）立面高差相差很大或各部分有较大错层；（3）各部分刚度相差悬殊；（4）各部分质量相差很大时；（5）采取不同结构体系和不同材料时。

防震缝宽度不得小于 70mm，当框架高度超过 15m 时，防震缝宽度宜加宽。当抗震缝呈折线状布置时，抗震缝宽度宜比规范适当加大。设计中也可按下列公式 $\Delta = 0.8(3\Delta_1 + 3\Delta_2) + 20$ (mm) 计算，其中 Δ_1、Δ_2 分别为两侧建筑物在多遇地震作用下在较低建筑屋面高度处的弹性侧移计算值。

设计中应尽可能调整建筑平面尺寸和结构布置，采取必要的构造和施工措施，尽量避免设缝；当必须设缝时，则要保证缝宽，以免两侧建筑发生碰撞破坏。当防震缝不作为沉降缝时，防震缝仅在地面以上沿全高设置，基础可不分开。

主　要　参　考　文　献

[1]　（美）林同炎，S.D. 斯多台斯伯利. 结构概念和体系(第二版). 北京：中国建筑工业出版社，1999.
[2]　（美）DanielL. Schodek. 建筑结构—分析方法及其设计应用(第 4 版). 北京：清华大学出版社，2005.
[3]　罗福午，邓雪松. 建筑结构(第 2 版). 武汉：武汉理工大学出版社，2012.

[4] 徐有邻.混凝土结构设计原理及修订规范的应用.北京：清华大学出版社，2012.

[5] П. Ф. Дроздов. Проектирование и расчет многоэтажных гражданских зданий и их элементов. Москва: Стройиздат，1986.

[6] 周建民.工程创新教育物-场分析模型方法探索-教学方法.教育发展研究，2017，2，pp81-84.

[7] 周建民，朱军，工程创新教育物-场分析模型方法探索—理论基础.教育发展研究，2016，1，pp67-71.

思 考 题

1. 建筑形式设计时要考虑哪些结构方面的影响因素？

2. 简述框架结构抵抗水平作用的主要机理。

3. 从建筑空间功能、抗侧能力两方面比较板柱、框架、框架-剪力墙、剪力墙、筒体五种结构单元的特点。

4. 如何对结构竖向构件在重力荷载、水平荷载作用下的内力进行估算？

5. 水平跨越结构可以分成哪几个层次？举例说明。

6. 如何根据结构跨度设计合适的跨越结构？屋面跨越结构有何特点？

7. 结构单元分为哪几类？在结构单元组装时要考虑哪些因素？

8. 建筑物基础的主要形式有哪几类？各适用于哪些场合？

9. 变形缝分为哪几种？有什么区别？如何设置？

10. 从水平跨越结构、竖向结构和地基基础三方面，叙述结构体系构思的基本思路和主要步骤。

习 题

1. 浏览文献并至少考察你所在区域的三个钢筋混凝土房屋建筑，高度范围为 5 层以下，10～20 层，30 层以上。识别出每个案例采用的结构体系，并画出相应的结构单元组合草图。

2. 某 3 层阅览室平面轴线尺寸 12m×24m，层高 3.9m，平面如图 3.64 所示，要求进行结构方案的构思，内容包括：结构单元、结构单元组合图、结构平面布置图。

3. 某单层画廊平面布置如图 3.65 所示，层高 4.5m，采用钢筋混凝土结构，现要求对结构方案进行构思，内容包括：结构单元、结构单元组合图、结构平面布置图、水平跨越结构构件尺寸。

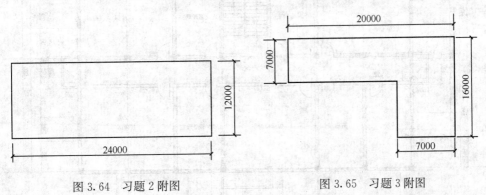

图 3.64 习题 2 附图   图 3.65 习题 3 附图

4. 某 2 层钢筋混凝土结构办公楼层高为 3.9m，1～2 层建筑空间平面布置如图 3.66 所示。单位建筑面积的恒载为 $10kN/m^2$、楼面活载标准值为 $2kN/m^2$，屋面雪载标准值为 $0.2kN/m^2$，建筑地点标准风压为 $0.55kN/m^2$。现要求进行建筑结构方案的构思（确定结构布置方案、构件截面尺寸、抗倾覆验算）。

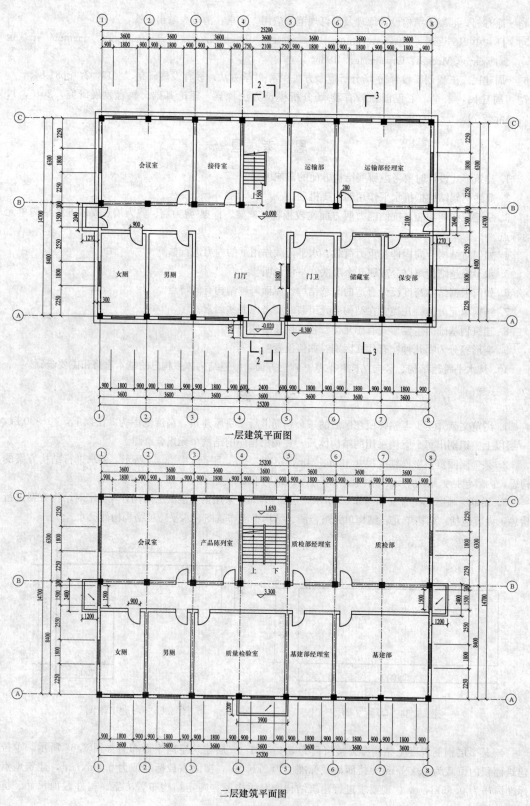

一层建筑平面图

二层建筑平面图

图 3.66 习题 4 附图

第4章 建筑混凝土结构分析的方法

建筑混凝土结构的作用效应计算是结构设计的重要内容。本章阐述了混凝土结构分析建模的主要原则，介绍了线弹性分析方法、弹塑性分析方法、塑性内力重分布方法、塑性极限分析方法的基本概念，并用浅显明了的示例说明了各种分析方法的计算过程和特点。另外，结合我国《混凝土结构规范》内容，对混凝土结构防连续倒塌设计的概念和方法，及结构设计软件的应用等也做了相应的介绍和说明。

教学目标

1. 混凝土结构分析建模的基本原则；
2. 混凝土结构分析计算方法；
3. 混凝土结构防连续倒塌设计的基本概念。

重点及难点

1. 结构分析模型区别和实际选取；
2. 结构弹塑性分析概念和计算过程；
3. 机动分析方法和静力平衡分析方法区别；
4. 混凝土结构防连续倒塌设计的拉结模型。

4.1 引　　言

在结构方案构思完成后，需要对在可能承受的各种荷载与作用组合下（包括可能遭遇的极端灾害与意外事故）所设计结构各个构件控制截面和关键部位节点的内力、变形等效应进行分析计算，这样才能实现下阶段构件的截面和节点设计。即结构分析是结构设计的必要基础，结构分析正确与否直接影响结构的安全。由教材《上册》已知建筑结构安全与否可以理解为在满足各种预定功能要求前提下要尽可能保证结构的作用效应不大于结构抗力。在设计时需要考虑不同的设计状况，对规定的极限状态进行设计。借助荷载作用代表值、材料强度代表值，基于概率极限状态设计方法转化为下述的采用分项系数表达的实用设计一般表达式。

$$S_c \leqslant R_c \tag{4-1}$$

式中　S_c——结构或构件中作用效应（如轴力、弯矩、剪力、变形、裂缝宽度）的计算值；

　　　R_c——结构或构件抗力（如抗弯、抗剪、抗压、抗扭承载能力）的计算值或对结构性能（如变形、裂缝宽度、频率等）的规定值。

上式中的抗力计算已经在本教材《上册》阐述，作用效应计算要比抗力计算更为复杂、更为重要。一者，实际结构都是高次超静定结构，即使在局部构件作用荷载也会引起其他构件的作用效应，需要对结构进行整体计算分析；二者，实际结构为复杂的空间结构体系，即使采用电子计算机其计算工作量也是巨大的，不进行适当的简化，实际上是无法完成结构整体计算的；再者，静定钢筋混凝土结构或构件的内力计算同其截面的几何特征无关，而超静定混凝土结构受力开裂、钢筋屈服等非线性和非连续性会导致结构应力、内力重分布，使计算分析变得极为繁琐。如何采用简捷方法对混凝土结构实际受力变形状态做出满足相应精度要求的预估是结构分析的主要任务。结构分析的结果正确与否主要与下面几个因素有关：1）在设计使用基准期内结构上可能出现的各种荷载和作用的形式、量值和组合；2）结构分析模型的假定；3）结构的计算简图（结构分析模型建立）；4）结构分析计算方法的选取。荷载和作用的确定对于结构分析来说是一个输入，其重要性不言而喻，对恒载、楼面活载、风作用、地震作用已有相应确定方法，并在第2章已予以介绍。但对沉降、徐变、收缩、温度等间接作用还缺乏公认合理的计算方法。本章主要阐述与结构作用效应分析相关的主要内容。

4.2 结构分析模型

实际结构需要抽象为一定的数学力学模型后才能进行计算。所谓计算简图就是为了研究和分析结构某种性能，基于一定近似度的基本假定，而提出的能反映结构实际状态的结构简化图形。对于同一结构，因研究目的或精度要求不同，其采用的计算简图和假定也可以不一样。根据一些基本假定，并适当做出一些简化来突出结构分析中的主要影响因素的过程也称为建模。在建模中有经常会碰到模拟和简化这一对矛盾。所谓模拟原则即采用的结构模型要与实际结构尽量接近，而简化原则是指结构模型要传力简单、便于计算。尽量通过简单的模型来反映结构的主要受力特点是建模要遵守主要原则。

1. 计算模型中构件分布特征考虑

实际结构中竖向、水平构件都是离散分布的，因而一般用离散化计算模式模拟，即认为结构是由离散单元组成的，也称为离散型结构分析模式。作为杆系结构线弹性分析，单元采用结构构件，如结构力学中的矩阵位移法，而杆系结构非线性分析以及平面结构分析则需要采用更小单元划分，如有限元方法。对于竖向呈连续分布特征结构（如筒体结构），可以作为一个整体连续结构进行分析，给出相应的解析计算公式，这种模型称为连续化结构分析模式。基于离散化结构分析模式的结构整体计算优点是适用范围广、计算精度高，不利之处是需要求解高阶复杂的方程组，计算工作量大，且一般情况下无法给出结构效应与影响因素之间的显式关系。连续化结构分析模式计算相对简单，便于结构效应规律的分析，但其适用范围有限。为此，在实际结构分析中可以采用离散-连续化结构分析模式，在该模式中保留了竖向结构构件实际离散化分布特征，但假定水平构件为连续化分布，也即认为沿结构高度方向梁、板是均匀连续的。

图4.1分别表示一个六层平面框架的离散化模型、离散-连续模型（铰接、刚接），在忽略构件竖向变形影响时，采用离散化模型时所求未知量有18个，而采用铰接离散-连续模型时为1个，采用刚接离散-连续模型时为2个，显然离散-连续模型的计算工作量可以得到大幅度减少。结构在水平作用下悬臂柱分析模型是最简单的离散-连续化结构分析模式，此模型假定水平构件与竖向构件为铰连接或刚度无穷大，因而每个竖向构件承担的水平荷载与竖向构件抗弯刚度呈正比。目前我国规范关于水平地震作用、风荷载在竖向构件的分配就是采用了此模型。

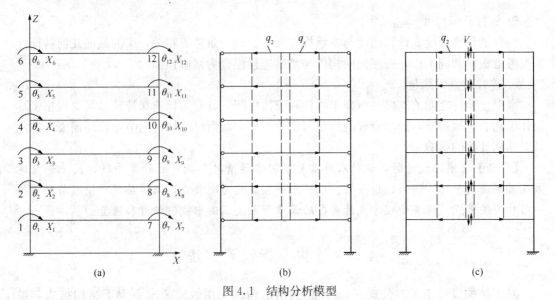

图 4.1　结构分析模型

（a）离散结构模型；（b）铰接离散-连续化结构；（c）刚接离散-连续化结构

离散-连续化结构分析模式兼顾了其他两种模型的优点，尤其适用于复杂结构计算分析，是最有发展前景的一种结构分析模式。离散-连续化结构分析模式在国外已得到广泛应用，国内应用不广，主要用于联肢剪力墙、框架-剪力墙结构的受力分析。我国建筑结构计算主要采用离散化结构分析模式，对复杂结构利用有限元方法计算，对简单杆系结构利用力法、位移法等结构力学方法。为了便于手算，还可以采用适用于竖向作用效应近似计算的分层法、二次弯矩分配法，以及适用于水平作用效应近似计算的反弯点法、D 值法等。

【提示】竖向结构通常在高度方向上是不变的，因而水平构件长度、刚度等在各层也是相等的，故可假定水平构件沿高度方向上是均匀连续分布。经研究表明，对于不低于五层建筑结构这种假定是可以成立的。

2. 空间结构的平面简化计算

实际结构的形式都是空间的，为真实模拟结构的实际状况结构分析按空间体系进行整体计算当然是最理想的。基于建模的主要原则，对于规则的空间结构一般把结构简化为平行于两个主轴方向的平面结构，分别进行计算，这样可大幅减少计算工作量。例如，在规则框架、剪力墙等结构分析时，通常可以分别按纵向和横向两个平面结构计算作用效应；单层厂房排架结构也分解为横向排架和纵向排架，一般只需要对横向排架计算。

【提示】在简化成平面结构计算时要考虑通过梁、柱等平面外传力引起的空间协同工作影响。

3. 构件次要变形的忽略

钢筋混凝土构件截面尺寸一般较大，由轴力、剪力、扭矩等产生的变形一般较小，因而在内力分析时一般可以不予考虑，但对梁、柱变形计算时要考虑相关影响。

4. 构件的表示方式

对梁、柱等一维构件用截面的中心线表示，对板、墙、壳等二维构件一般采用中心面予以表示。

5. 构件几何尺寸

构件的计算跨度、计算高度与支承构件尺寸、约束条件等相关，梁的截面几何特征计算要考虑板的共同工作，底层竖向构件与基础连接位置为基础顶面。

6. 连接节点的简化

混凝土构件之间的连接一般介于刚接和铰接之间，具有柔性连接特征，需要根据实际制作工艺、连接构造，做出合理的简化假定。对于大截面尺寸构件的节点，还需要考虑刚域对结构计算的影响。

【注释】在实际设计时，设计人员需要根据实际情况和拥有的计算手段，因地制宜地来妥善解决此矛盾。例如，框架梁、柱节点一般假定为刚节点，而单层厂房横梁与柱连接一般作为铰节点。许多处理方式读者在后面章节相关示例中能够学习和借鉴。

4.3 结构分析计算方法

对于结构设计来说，公式（4-1）是表示结构的作用效应要求不大于结构抗力，虽然结构是由若干基本构件通过连接形成的，但这并不代表结构中所有截面、构件和连接都一定要满足此要求不发生破坏，而是要视设计者制定的结构工作状态目标而定的。如果设计目标设定为结构中所有应力状态都处于弹性范围，任何一个截面、构件或连接都不能破坏，则设计归结为单一结构体系的作用效应弹性分析和在已知作用效应下构件或连接的设计。反之，如果目标设定为允许结构部分截面上某些应力可以超过弹性应力极限，或者开裂，甚至出现塑性铰产生内力重分布，此时就需要考虑采用弹塑性分析方法。有的时候只要建筑结构不发生破坏，或者连续倒塌，可以允许结构中部分截面、构件或连接发生局部破坏，则设计要归结为考虑结构体系转换的作用效应弹塑性分析或塑性极限分析和在已知作用效应下构件或连接的设计。显然，后者要比前者复杂得多。

1. 线弹性分析方法

材料的应力-应变关系为线弹性，即满足应变与应力为线性的胡克定律，并假定基于小变形和位移条件下其变形协调方程也为线性的，再加上线性的平衡方程，由这三个基本方程可以对结构的力和变形状态进行严密的理论分析。线弹性分析方法优点是简单、实用，对于简单结构分析甚至用手算就可完成。其不足之处是考虑的弹性工作状态仅适用于荷载较小情况，与结构正常使用时已进入弹塑性和非线性实际受力状态明显不符，另外无法预测结构的实际破坏承载能力。线弹性分析方法是被研究得最为充分的、成熟的计算理论，而且按结构分析下限定理，由此计算得到的结构极限荷载是对结构实际承载能力最小估计，按下限定理设计一定是偏于安全的，因而线弹性分析方法至今仍然是最主要的用于各种结构设计的分析方法。但是应该指出，在绝大多数情况下由此方法分析得到的受力状态与实际情况并不相符，虽然作为整体来说其承受极限荷载是偏于安全的，但这并不代表其分析得到受力状态是真实的，实际上它是一种虚拟状态，按此虚拟状态设计可能会带来结构局部损坏，对此设计者要采取适当措施予以预防。另者，在使用状态情况下结构一般都处于弹塑性工作范围，有的截面甚至开裂，因而结构刚度变小，变形将明显比按线弹性分析计算值大。为此，可以先对构件刚度降低采用适当定值修正予以折减，然后再用弹性方法进行分析计算。

混凝土杆系结构弹性分析，一般把空间杆系混凝土结构分解为若干个与两个相互正交主轴方向平行的平面杆系混凝土结构，分别按结构力学方法进行计算。在混凝土平面杆系结构计算分析时，构件轴线取截面中心线的连线；计算跨度和计算高度一般以两端支承中心之间的距离或者两端支承边缘的净距为基础，并适当考虑连接的刚性和支承力位置的影响；构件截面刚度按毛截面计算，现浇和装配整体式混凝土楼（屋）盖中梁需要考虑楼板对截面刚度增大作用，对于不同设计要求还要用定值修正系数考虑因混凝土开裂、徐变、收缩等对截面刚度降低的折减。对于现浇和装配整体式混凝土结构，构件连接节点按刚节点考虑；对于装配式混凝土结构，构件连接可以是铰节点或者柔性节点，具体按实际连接状况确定；对于梁、板和支承构件非整浇连接时，应该按铰支座考虑。

对于混凝土的二维或三维结构，一般用弹性有限元方法或试验方法进行分析计算，在弹性应力分布基础上通过主拉应力集成相应拉力，求得相应的配筋量，并对混凝土在多轴应力状态下的强度进行验算。

2. 弹塑性分析方法

由前述混凝土结构大多数情况下是处于弹塑性工作状态，不考虑材料本构关系呈非线性弹塑性特点，以及混凝土截面开裂等的弹性分析方法求得的受力和变形状态与实际相差过大。利用弹塑性方法可以对混凝土结构进行全过程的非线性分析，较准确地模拟结构的工作状态，当然其计算复杂，需要采用非线性有限元分析方法，故一般只用于特别重要的复杂混凝土结构在偶然作用下的分析，或者作为计算机模拟试验的研究手段。

3. 塑性内力重分布方法

超静定混凝土结构实际承载能力要比按弹性理论分析结果来得大，承载能力存在一定的储备，对于不是很重要的结构或构件，完全可以部分利用这种潜力，节约材料用量。所谓塑性内力重分布方法就是先用线弹性分析方法求得内力分布，然后根据塑性内力分布规律，对内力分布再进行调整的方法。连续梁（板）和框架梁的支座负弯矩一般都要比梁跨内的最大正弯矩大，当支座截面达到承载能力时，按理想弹塑性材料本构关系假定将产生塑性铰，结构还能继续增加荷载，直至梁跨中截面也达到承载能力为止。按塑性内力重分布方法，可以先将按线弹性分析得到的支座弯矩向下调幅（一般不超过25％），然后按平衡条件计算跨中弯矩和支座剪力，并最终以此弯矩和剪力作为配筋重分布设计的计算弯矩和计算剪力。在具体设计时可以按照梁板不同支承、荷载情况直接查表得到考虑塑性内力重分布的弯矩和剪力，使用十分简便。塑性内力重分布方法的本质是通过降低弹性弯矩，使钢筋用量减少，实现塑性铰充分转动，从而完成结构的内力重分布，发挥结构承载能力的潜能。塑性内力重分布方法提高了承载能力，但同时也会使结构在使用状态下变形、裂缝宽度等加大，对材料延性也提出了较高的要求。因此，对于直接承受动力作用的结构、不允许出现裂缝的结构、配置了延性较差钢筋的结构，以及处于严重侵蚀工作环境的结构不得使用塑性内力重分布方法。

4. 塑性极限分析方法

塑性极限分析方法是指假定材料具有理想弹塑性或刚塑性本构关系时求解超静定结构极限荷载和内力的一种分析方法。在加载初期，具有理想弹塑性或刚塑性本构关系超静定结构的工作状态与弹性结构相同。进一步加载，承受最大应力的构件屈服，结构的超静定次数降低一次，再继续加载，已屈服构件的内力始终等于极限值，而另外的一些构件内力会继续增大，在其中产生新的屈服构件。当构件一个跟着一个达到屈服状态时，结构超静定次数也在逐渐减少，结构在经历不断的体系转化，直至变为机动体系为止。可以预计，结构最终的超静定次数可以降低为零，即变为静定结构。此时结构的内力与外面荷载仍处于平衡，但结构状态已经不可能再发生变化，表明结构承载能力已被完全耗尽，处于极限平衡状态。故塑性极限分析方法也称为极限平衡方法。求解极限荷载有机动法和静力法两种方法，在混凝土梁板结构设计中把基于机动法的塑性设计方法称为塑性铰线法，而基于静力的塑性设计方法称为条带法。下面简单介绍机动法和静力法的基本概念和计算步骤。

（1）机动法

机动法以结构分析的上限定理为依据，从平衡条件和机构条件出发，寻求一个能够满足屈服条件的内力状态，并通过借助虚功原理来确定极限荷载。其具体步骤如下：

① 确定可能屈服的构件或部位；

② 选择所有可能的可动机构；

③ 利用虚功原理逐一计算可动机构的破坏荷载，其中最小的为真实极限荷载。

（2）静力法

静力法是以结构分析的下限定理为依据，从平衡条件和屈服条件出发，寻求一个能够满足机构条件的内力分布，并通过平衡方程来计算相应的极限荷载。具体步骤如下：

① 选择赘余力，以一个合适的静定结构为基本结构；

② 分别计算基本结构在荷载与赘余力作用下的内力；

③ 叠加上述两个内力，并使足够多的构件或部位屈服，形成可动机构；

④ 利用静力平衡方程计算可动机构的破坏荷载，其中最大的为极限荷载。

4.4 不同计算分析方法的示例

为了对上述各种计算理论有比较清晰认识，下面以一个简单结构为对象分别用线弹性分析方法、弹塑性全过程分析方法、机动法和静力法来计算其承载能力，便于读者加深对这些方法之间的区别和联系的认识。

【例题 4-1】现有一根无限刚性横梁被四根拉杆吊住，如图 4.2、图 4.3 所示。试用线弹性方法、弹塑性方法、机动法和静力法分析该结构的破坏荷载及内力变化。

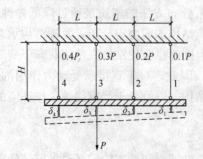

图 4.2　结构弹性分析图式及变形关系

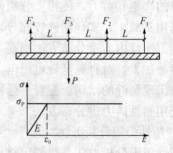

图 4.3　隔离体力的平衡及材料本构关系

【解】

1）弹性分析方法

该结构为二次超静定结构，设 1、2、3、4 杆的拉力为 F_1、F_2、F_3、F_4，则用力法求解的方程为

$$\begin{cases} F_1+F_2+F_3+F_4=P \\ F_4L=F_2L+F_1\cdot 2L \\ \delta_3=\delta_1+\dfrac{\delta_2-\delta_1}{L}\cdot 2L \\ \delta_4=\delta_1+\dfrac{\delta_2-\delta_1}{L}\cdot 3L \end{cases} \Rightarrow \begin{cases} F_1+F_2+F_3+F_4=P \\ F_4=F_2+2F_1 \\ F_3=2F_2-F_1 \\ F_4=3F_2-2F_1 \\ \text{其中 } \delta_i=\dfrac{F_2}{EA}\cdot H \end{cases} \tag{4-2}$$

由上述方程求解得到：

$$\begin{cases} F_4=0.4P \\ F_3=0.3P \\ F_2=0.2P \\ F_1=0.1P \end{cases} \tag{4-3}$$

设拉杆屈服拉力为 N^{T}，故按弹性分析方法，当 $F_4=N^{\mathrm{T}}=0.4P$ 时结构达到破坏，此时相应破坏荷载为 $\Delta P_1=\dfrac{N^{\mathrm{T}}}{0.4}=2.5N^{\mathrm{T}}$。

2）弹塑性分析方法

按结构弹塑性分析方法，在荷载为 ΔP_1 时，结构尚未破坏，但由原来二次超静定转为一次超静定结构，如图 4.4 所示。

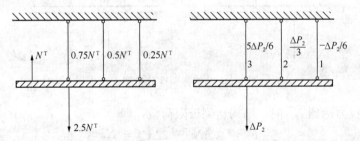

图 4.4 结构弹塑性分析图式一

此时可以增加荷载 ΔP_2，由一次超静定结构分析得到的方程为

$$\begin{cases} \Delta F_1+\Delta F_2+\Delta F_3=\Delta P_2 \\ 0=\Delta F_2L+\Delta F_1\cdot 2L \\ \delta_3=\delta_1+\dfrac{\delta_2-\delta_1}{L}\cdot 2L \end{cases} \Rightarrow \begin{cases} \Delta F_1+\Delta F_2+\Delta F_3=\Delta P_2 \\ 0=\Delta F_2+2\Delta F_1 \\ \Delta F_3=2\Delta F_2-\Delta F_1 \end{cases} \tag{4-4}$$

按上述方程求解得到：

$$\Delta F_1=\dfrac{-1}{6}\Delta P_2 \qquad \Delta F_2=\dfrac{1}{3}\Delta P_2 \qquad \Delta F_3=\dfrac{5}{6}\Delta P_2$$

$$F_1=0.25N^{\mathrm{T}}-\dfrac{1}{6}\Delta P_2 \qquad F_2=0.5N^{\mathrm{T}}+\dfrac{1}{3}\Delta P_2$$

$$F_3 = 0.75N^T + \frac{5}{6}\Delta P_2$$

显然，第三根的内力最大，当其等于 N^T 时达到破坏荷载

$$N^T = 0.75N^T + \frac{5}{6}\Delta P_2 \quad \Delta P_2 = 0.25N^T \cdot \frac{6}{5} = 0.3N^T$$

此时，相应第一和第二根的内力为

$$F_1 = 0.25N^T - \frac{1}{6} \times 0.3N^T = 0.2N^T$$

$$F_2 = 0.5N^T + \frac{1}{3} \times \Delta P_2 = 0.5N^T + 0.1N^T = 0.6N^T$$

此时结构转变为静定结构，如图 4.5 所示。此时还可以增加荷载 ΔP_3，由静定结构分析，得到以下方程：

$$\begin{cases} \Delta F_1 + \Delta F_2 = \Delta P_3 \\ 0 = \Delta F_2 \cdot L + \Delta F_1 \cdot 2L \end{cases} \tag{4-5}$$

$$故，\Delta F_1 = -\Delta P_3，\Delta F_2 = 2\Delta P_3$$

杆 1、2 中的内力为

$$\begin{cases} F_1 = 0.2N^T - \Delta P_3 \\ F_2 = 0.6N^T + 2\Delta P_3 \end{cases} \tag{4-6}$$

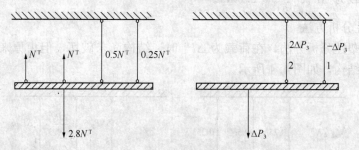

图 4.5 结构弹塑性分析图式二

显然杆 2 拉力达到 N^T 时，结构达到极限荷载，即

$$F_2 = 0.6N^T + 2\Delta P_3 = N^T$$

$$\Delta P_3 = 0.2N^T \quad F_1 = 0$$

故最终极限平衡破坏时荷载为：

$$P = \Delta P_1 + \Delta P_2 + \Delta P_3 = 3N^T$$

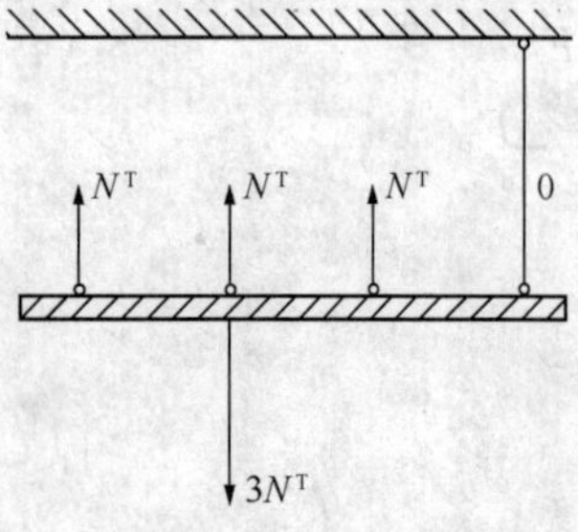

相应杆件的内力如图 4.6 所示。

现在来计算结构在每一阶段终点的荷载作用点的位移。

第四根屈服时，即对应的线弹性分析破坏荷载 ΔP_1 位移为 $f_1 = \frac{F_3}{EA} \cdot H = \frac{0.75N^T}{EA} \cdot H = 0.75\frac{N^T H}{EA}$。

当第三根屈服时，即弹塑性分析破坏荷载作用下的位移为 $f_2 = \frac{N^T}{EA}H$。

图 4.6 结构弹塑性分析图式三

当第二根屈服时，即塑性极限分析破坏荷载的位移为 $f_3 = 2\dfrac{N^T H}{EA}$，若忽略前面的弹性变形，则由图 4.7 变形协调关系得，$f_3 = 2\dfrac{N^T H}{EA}$。

显然，这种方法比较复杂，但它不仅可以求得极限荷载，而且可以分析整个过程的力变形关系（图 4.8）。

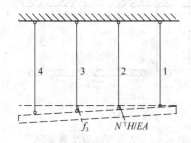 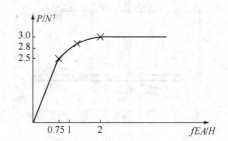

图 4.7　结构弹塑性分析变形协调图式　　图 4.8　结构弹塑性分析力和变形全过程关系

3）机动分析方法

按结构可能破坏形态，可以确定有四种可能的机动形式。设拉、压屈服承载能力相同，等于 N^T。

（1）绕"A"点转动

由图 4.9，对"A"力矩平衡方程为

$$P \cdot L = N^T L + N^T \cdot 2L + N^T \cdot 3L$$

$$P = 6N^T$$

(4-7)

（2）绕"B"点转动

由图 4.10 知，此时对旋转点"B"力臂等于零，故 $P = \infty$。

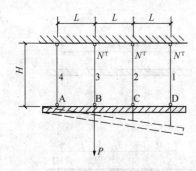 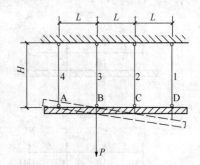

图 4.9　结构可能破坏形态一　　　　　图 4.10　结构可能破坏形态二

（3）绕"C"点转动

由图 4.11，对"C"力矩平衡方程为

$$P \cdot L = N^T \cdot 2L + N^T L + N^T L$$

$$P = 4N^T$$

(4-8)

（4）绕"D"点转动

由图 4.12，对"D"力矩平衡方程为

$$P \cdot 2L = N^T \cdot 3L + N^T \cdot 2L + N^T L = N^T \cdot 6L$$

$$\therefore P = 3N^T$$

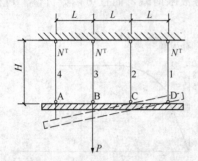 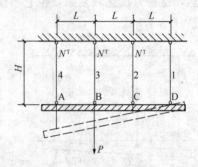

图 4.11　结构可能破坏形态三　　　　　图 4.12　结构可能破坏形态四

由上述计算结果知，破坏形态四对应的破坏荷载最小，因而该机构是真实破坏机构，极限破坏荷载与前面弹塑性结果相同，$P = 3N^T$。

4）静力法分析

因为结构是两次超静定结构，故在破坏时受力状态为：三个构件屈服，一个构件内力应小于屈服值，这样就有如图 4.13 所示的四种内力组合。

（a）$N_1 = N_2 = N_3 = N^T$　　$N_A \cdot L = N^T \cdot L + N^T \cdot 2L$　　$N_A = 3N^T$

（b）$N_1 = N_2 = N_4 = N^T$　　$N_3 = \infty$

（c）$N_1 = N_3 = N_4 = N^T$　　$N_C \cdot L + N^T \cdot 2L = N^T \cdot L$　　$N_C = -N^T$

（d）$N_2 = N_3 = N_4 = N^T$　　$N_D = 0$

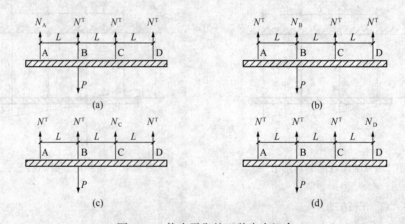

图 4.13　静力平衡的四种内力组合

在（a）、（b）情况下内力大于 N^T，是不可能发生的情况，故可以只考虑（c）、（d）情况。

情况（c）$P = 3N^{\mathrm{T}} - N^{\mathrm{T}} = 2N^{\mathrm{T}}$

情况（d）$P = 3N^{\mathrm{T}}$

由上述计算结果知，情况（d）对应的破坏荷载最大，因而该机构是真实破坏机构，极限破坏荷载、相应的内力分布与前面机动法分析结果相同，$P = 3N^{\mathrm{T}}$。

【提示】机动法是从平衡条件和机构条件出发，寻求一个能够满足屈服条件的内力状态。事先对破坏机构预估有若干种可能，但最终破坏机构是唯一的，对应的极限荷载一定是最小的。而静力平衡方法是从平衡条件和屈服条件出发，寻求一个能够满足机构条件的内力分布。但要注意，满足变形协调条件的内力分布是多种多样的，例如在弹性阶段内力对应的变形状态本身就是协调的，但对应的荷载比较小，显然不是极限破坏荷载。只有对应的最大荷载内力分布才是真实破坏状态。

5）各种分析方法的比较

根据示例分析结果比较可以得到以下结论：

（1）不考虑材料塑性的线弹性方法求得的结构破坏荷载和变形最小，说明按此分析方法对结构实际承载能力是低估的；

（2）弹塑性分析方法能对结构力-变形状态全过程进行模拟，但计算工作量比较大；

（3）无论是机动分析方法，还是静力平衡方法，都可求得结构极限破坏荷载，而且计算要比线弹性方法、弹塑性分析方法来得简单。

（4）现有混凝土结构计算分析通常采用线弹性分析方法，其结果是偏于安全的，且便于结构计算分析，但对一些需要明确控制实际受力性能状态的重要结构来说是不适用的，需要采用全过程弹塑性分析方法。

【提示】本教材后面章节主要对线弹性近似计算方法、塑性分析方法等内容进行介绍。

4.5　防连续倒塌设计分析方法

2001 年 9 月 11 日在美国纽约发生了世界贸易中心双塔因恐怖分子飞机撞击南楼、北楼相继连续倒塌造成的重大灾难，该事件直接推动了工程界对重要结构的防连续倒塌设计研究。目前，世界上很多发达国家都颁布了结构防连续倒塌设计方法，我国在部分规范里也列入了相关条款，但总体上这方面设计还不是很成熟，正处于不断摸索和完善中。下面对混凝土结构防连续倒塌设计基本概念和我国《混凝土结构设计规范》建议的方法作简要介绍，旨在让读者对这方面的设计有个初步了解和认识。

1. 结构连续倒塌的定义

由于意外事件（如撞击、火灾、爆炸、恐怖袭击等产生的偶然作用）导致的结构初始局部破坏，从构件到构件扩展，最终导致整个结构倒塌或与起因不相称的一部分结构倒塌。有的时候也可以把结构连续倒塌简单理解为结构的最终破坏程度要远高于初始破坏时的状况。结构发生连续倒塌的整个过程一般可描述如下：

1）在偶然作用下结构局部产生初始破坏，机构体系发生变化形成新的剩余结构，并产生结构内力重分布；

2）剩余结构构件因无法承担由内力重分布产生的新内力，或者偶然作用，产生破坏；

3）剩余结构中构件发生连续破坏，形成可变结构体系，结构最终发生整体倒塌。

从防止结构连续倒塌角度上讲，只要控制上述过程中任意一个阶段不发生破坏就可达到目的，但要注意，意外事件产生的偶然作用非常难以预测，设计难度很大，如果不允许结构产生初始局部破坏势必要花费大量资金，在经济性和安全性上匹配并不合理。对于重要结构的设计应该放在第三阶段，即防止结构不发生连续整体倒塌的设计。基于目前的研究水平，防连续倒塌设计主要在概念设计和定量设计两个层次上考虑，对于一般混凝土结构通过概念设计控制，对于特别重要的，且可能遭受意外事件结构则除了概念设计外，还需要附加一些防连续倒塌的定量设计。

2. 防连续倒塌的概念设计

我国《混凝土结构设计规范》基于结构在偶然作用下倒塌和未倒塌规律的实际调查结果，提出以下防倒塌的概念设计基本原则：

1）对可能产生的偶然作用形式、大小等进行预分析，并采取减少偶然作用的相应措施；

2）尽量避免重要构件、关键传力的部位直接承受偶然作用；

3）在结构容易遭受偶然作用区域增加结构的冗余度，使结构有足够的备用传力途径；

4）设置结构缝，使结构倒塌控制在局部范围；

5）增强疏散通道、避难空间等重要结构构件及关键传力部位的承载能力和变形能力；

6）加强结构连接和延性的构造措施，保证结构整体性和有足够变形能力。

3. 防连续倒塌的定量设计

我国《混凝土结构设计规范》给出了局部加强法、拉结构件法、拆除构件法等三种方法。

1）局部加强法

先对结构荷载传递路径进行分析，找出对结构倒塌重要影响的关键受力部位或构件（如底层柱、墙等），然后对这些关键受力部位或构件进行加强设计，提高其承载能力和变形能力，有必要时还可以考虑其直接承受偶然作用的设计。

2）拉结构件法

在假设结构局部竖向构件失效条件下，结构体系发生变化，一般通过纵向受力钢筋的有效连接、锚固和拉接，形成梁-拉接模型、悬索-拉接模型和悬臂-拉接模型（图 4.14）。所谓拉结构件法就是事先确定结构可能发生的拉接模型，然后对其进行承载能力验算，其特点主要是对构件连接强度的验算，在结构已发生局部较大破坏条件下，保证整体结构不发生进一步的连续倒塌。

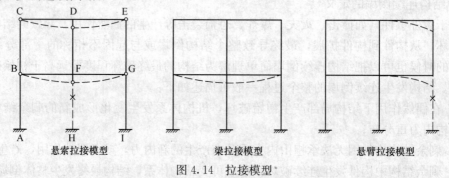

图 4.14　拉接模型

【注释】图 4.14 所示两层两跨框架的底层中柱 FH 若突然破坏，为了防止结构整体倒塌，一种考虑是认为梁柱节点未形成塑性铰，采用梁-拉接模型进行结构分析和设计（也可理解为"抽柱"）。另外也可考虑梁柱节点形成塑性铰，把梁看成索，采用悬索-拉接模型进行结构分析和设计。若底层边柱 GI 突然破坏，此时上部结构处于悬臂受力状态，需悬臂-拉接模型进行结构分析和设计。

3）拆除构件法

按一定规则拆除结构的主要受力构件，以此模拟结构局部破坏，并通过验算剩余结构体系的极限承载能力来判断结构是否会发生连续倒塌的分析方法称为拆除构件法。如果验算结果表明剩余结构体系会发生破坏，则可通过加强剩余结构承载能力或延性等措施予以避免。拆除构件法的实质也就是要设置预备荷载传递途径，因而又称为"替代路径设计方法"。对于框架结构拆除构件法通常是从顶层到底层逐个依次拆除结构的边柱、角柱，以及底层内柱，然后逐个分析相应剩余结构的作用效应，验算其是否发生连续倒塌破坏。显然，其设计工作量是非常大的。

4. 防连续倒塌定量设计的特点

防连续倒塌定量设计主要是针对撞击、火灾、爆炸、恐怖袭击等意外事件产生的偶然作用，与一般混凝土结构设计有明显差别，其主要反映在以下几方面：

1）作用效应的计算

在结构防连续倒塌设计中偶然作用主要是由粉末、煤气爆炸、撞击、强烈地震、核武器及炸弹攻击，其特点是一次性作用，持续时间短（通常不超过几十秒），但荷载或压力的强度远比静力作用大。偶然作用的效应计算属于结构动力学范畴，需要考虑惯性力，一般采用弹性动力学或塑性动力学进行求解，计算要比一般混凝土结构采用的静力计算方法复杂得多。在弹性工作范围内结构动力反应要比相同荷载静力反应来得大，动力最大位移值与相应静力位移值之比值称为动力系数。在工程上为了简便，经常把静力荷载乘以动力系数，以便间接地考虑作用动力性对结构作用效应的影响，然后用熟悉的静力计算方法来求解结构的动力反应。如果在偶然作用下结构进入塑性工作范围，结构倒塌时最大变形值一定要比达到弹性工作极限时最大变形值大很多。但要注意，此时塑性铰位置处极限弯矩会随塑性变形增大明显降低。

2）防连续倒塌的极限状态

一般作用情况下的混凝土结构需要分别按承载能力极限状态和正常使用极限状态设计或验算，结构防连续倒塌设计只要考虑承载能力极限状态，而且与一般作用情况下的要求有较大差别。对于一般作用情况，如果结构变为机动机构，则达到承载能力破坏极限状态。在偶然作用下可以允许结构产生较大的塑性变形和局部破坏，甚至导致结构以后无法继续使用，只要保证结构不发生整体倒塌。例如对于简支钢筋混凝土梁，如果只考虑一般作用情况，那么当跨中截面最大弯矩到达截面抗弯承载能力时，该钢筋混凝土梁即认为破坏。如果现在考虑是偶然作用的情况，梁的破坏极限状态标志就需要改变。鉴于惯性力存在使弹性范围变形和内力都会放大，导致结构产生塑性变形，形成塑性铰，原来简支梁结构体系转换为机动体系的剩余结构。注意到，只要梁下部的受拉钢筋不断，即使梁挠度和转角很大，梁也不会发生倒塌。因此，结构防连续倒塌的极限状态标志通常表现为对剩余结构塑性铰转角或挠度的限制。另外还需注意，结构过大的塑性变形将影响剩余结构的几何形状，使结构构件原来受力状态发生改变，例如原先只受弯曲的构件可能在连续倒塌破坏极限状态时还要承受很大的拉力，因而在设计时需要对此类构件进行抗拉承载能力验算，并对节点连接和锚固性能进行相应验算。具体可见下面示例分析。

3）材料强度取值

在高速加荷作用下，材料强度通常会得到一定程度的提高，并考虑到偶然作用是小概率事件，因此，为了尽量多地利用材料强度和延性，在防连续倒塌极限状态计算时的混凝土强度取标准值，钢筋抗拉强度取极限强度标准值。

5. 倒塌分析示例

【例题 4-2】现以一跨简支梁（图 4.15）为例，分析结构在静荷载和突然加载时的结构破坏形式。假定结构为单筋混凝土梁，钢筋应力应变为理想弹塑性加强化，截面极限抗弯承载力为 M_u。

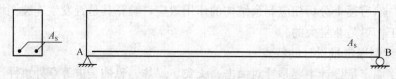

图 4.15　简支梁倒塌分析示例

1）静载作用

最大弯矩为 $M_{静0} = \dfrac{1}{8}ql^2$，最大挠度为 $f_{静0} = \dfrac{5ql^4}{384EI}$。

当 $M_{静0} = M_u$ 时，梁跨中位置出现塑性铰，发生破坏（图 4.16）。

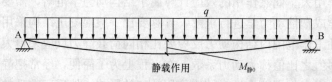

图 4.16　静载作用分析图式

2）动载作用

（1）在弹性工作范围

因惯性力作用梁的挠度和内力都将加大。假设动力系数为 k，则最大弯矩 $M_弹$ 以及挠度 $f_弹$ 变为 $kM_{弹1}$，$kf_{弹1}$（图 4.17），显然结构在弯矩达到 $M_{静0}$ 时形成塑性铰，即在加荷 t_0 时刻，结构进入塑性工作范围。

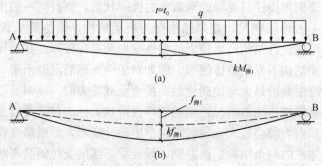

图 4.17　动载作用分析图式一

（a）内力分布；（b）弹性极限时内力及挠度

94

（2）在塑性工作范围

当梁中间形成塑性铰后，随着梁挠度的进一步加大，梁 AB 转变成 AC 和 BC 段，形成拉杆结构（图 4.18）。在 A、B 两处受斜向拉力 T，实际上帮助承担部分竖向荷载，因而塑性铰处弯矩较弹性极限弯矩要低。假设挠度塑性动力系数为 k_1，弯矩塑性动力系数为 k_2，则

$$f_弹 = k_1 f_弹$$
$$M_塑 = k_2 M_静$$

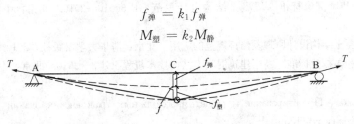

图 4.18　动载作用分析图式二

因为 C 处弯矩要比弹性极限弯矩低，故截面设计较静载作用时弹性设计可弱一些，但要考虑 AC 和 BC 段是受拉杆，C 点要有足够转动能力，以及 A、B 点的钢筋不发生锚固破坏等问题。

4.6　结构设计软件的应用

混凝土结构设计计算内容包括结构分析和构件设计，前者是后者的基础，结构分析难度和工作量要远大于构件设计。前面已经阐述的无论是线弹性分析方法，还是非线性弹塑性分析方法，其计算都是很复杂的。近年来结构体量越来越大，形状愈趋复杂，对结构性能要求和抗灾害能力也提出了更高要求，因而实际工程设计的手工计算是不可能完成的。另外，近年来电子计算机普及也为设计人员采用编程软件进行结构设计提供了基础。计算机设计软件的应用不但提高了工作效率，把设计人员从以往繁重的计算、绘图工作中解脱出来，可以有更多精力对结构方案进行构思、解决好结构（构件）与结构（构件）之间可靠连接、以及细部构造措施设计。另外，也使一些过去由于计算工具限制无法计算的复杂结构高难度分析得以实现。采用设计软件分析时需要注意以下几点：

1. 选用软件要符合设计规范要求

软件编制必须要符合国家相关标准、规范等规定，因而需要通过严格的考核和审查后才能正式投入市场应用，而且要根据标准、规范修订情况进行及时升级。目前中国建筑科学研究院编制的 PKPM 系列设计软件，在我国建筑结构一般性要求的设计中得到了较广泛的使用，在本教材第 9 章将予以介绍。对于复杂结构的非线性有限元分析，一般采用 MIDAS、ABAQUS 等国外大型著名分析软件。

2. 对程序结果合理性的判断

虽然设计软件都经过大量考题的验证，具有较高的可靠性，但这并不代表程序结果是百分之百正确的，设计人员有责任对计算结果的合理性进行认真判断和改正，况且很多情况是因为建模的错误而导致的。

主 要 参 考 文 献

[1] （美）林同炎，S. D. 斯多台斯伯利. 结构概念和体系（第二版）. 北京：中国建筑工业出版社，1999.

[2] （加）A. 格哈利. 结构分析. 北京：人民铁道出版社，1978.

[3] 中华人民共和国国家标准. 混凝土结构设计规范 GB 50010—2010. 北京：中国建筑工业出版社，2011.

[4] 徐有邻. 混凝土结构设计原理及修订规范的应用. 北京：清华大学出版社，2012.

[5] 中华人民共和国行业标准. 高层建筑混凝土结构技术规程 JGJ 3—2010. 北京：中国建筑工业出版社，2011.

[6] П. Ф. Дроздов. Проектирование и расчет многозтажных гражданских зданий и их элементов. Москва：Стройиздат，1986.

[7] А. Р. Ражаницын. Строительная механика. Москва：Стройиздат，1986.

[8] Н. Н. Попов. Проектирование и расчет железобетонных конструкций. Москва：Вышаяшкола，1986.

思 考 题

1. 何谓结构计算模型的离散模式、离散-连续模式、连续模式？各有什么特点和区别？

2. 结构建模需要考虑什么基本问题？

3. 结构线弹性分析方法有什么特点？

4. 比较线弹性分析方法、弹塑性分析方法、塑性分析方法的特点及适用范围。

5. 防连续倒塌设计的基本思路是什么？阐述我国规范采用的防连续倒塌设计方法的特点。

第5章 梁板结构设计

楼盖（屋盖）是建筑物楼层的结构组成部分，由各种板或板-梁结构单元构成，主要承受楼面使用荷载、楼盖构件与构造层的自重等重力荷载。作为解决建筑竖向连系的楼梯一般也是梁板结构。本章较为系统地阐述了我国《混凝土结构设计规范》肋梁楼盖弹性设计和塑性设计方法，并对无梁楼盖、井字梁楼盖、钢筋桁架叠合板、楼梯、雨篷等设计主要内容作了介绍，为了便于读者理解还给出了相应的设计示例。

教学目标

1. 掌握梁板结构的弹性设计方法；

2. 熟悉梁板结构的塑性设计概念，掌握连续梁、板塑性设计的调幅法；

3. 理解无梁楼盖、井字梁楼盖设计特点及方法；

4. 熟悉钢筋桁架叠合板构造及受力特点，理解按标准图集进行叠合板设计的一般流程和方法；

5. 掌握板式楼梯、梁式楼梯设计方法及构造。

重点及难点

1. 活荷载的最不利布置原则；

2. 板、次梁配筋要求和构造；

3. 多区格双向板弹性设计方法的内力计算；

4. 钢筋混凝土塑性铰、塑性铰线概念；

5. 无梁楼盖的经验系数法；

6. 钢筋桁架叠合板的施工阶段验算；

7. 板式楼梯的内力计算。

5.1 混凝土楼盖主要形式

钢筋混凝土平面楼盖的结构形式，可分为单向板肋梁楼盖、双向板肋梁楼盖、井式楼盖、密肋楼盖与无梁楼盖等（图 5.1）。楼盖可采用现浇、装配式或装配整体式施工。设计时应合理选择楼屋盖结构体系、构件形式与布置方式。《高层建筑混凝土结构技术规程》规定：在高层建筑中，宜采用现浇楼盖；对抗震设防的建筑，当高度大于 50m 时，应采用现浇楼盖；当高度小于等于 50m 时，8、9 度抗震设计时宜采用现浇楼盖；6、7 度抗震设计时可采用装配整体式，且应符合相关要求。

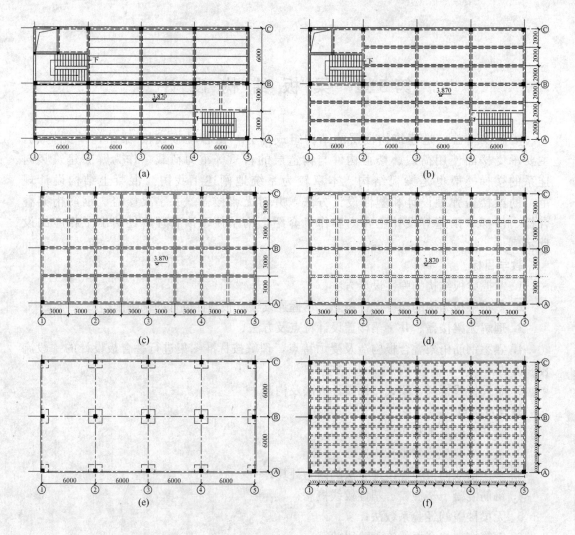

图 5.1　钢筋混凝土平面楼盖结构形式

（a）装配式楼盖；（b）单向板肋梁楼盖；（c）井式楼盖；（d）双向板肋梁楼盖；（e）无梁楼盖；（f）密肋楼盖

5.2　现浇单向板楼盖结构按弹性理论设计

1.计算简图

计算简图是指结构分析时用以替代实际结构的计算模型。结构与荷载的相关描述，是计算简图必须表示的内容。反映结构、构件的实际受力情况且便于分析与计算，是确定计算简图时应满足的基本要求。板、次梁与主梁的计算简图按连续梁板结构形成。

1）结构形式：连续梁（板）

（1）支座

一般可简化为理想铰支座；实际工程中的支座形式的合理选择，须依据工程具体情况作出判断。

（2）跨度

多跨连续梁、板按弹性理论计算时，理论上计算跨度应取该跨两端支座处转动点之间的距离。中间各跨取支承中心线之间的距离；边跨按下列规定取值：

边跨梁 $\quad l_0 = \min(l_n + 0.025l_n + b/2, l_n + a/2 + b/2)$ (5-1a)

边跨板 $\quad l_0 = \min(l_n + 0.025l_n + b/2, l_n + h/2 + b/2)$ (5-1b)

此处，l_n 为边跨梁板的净跨长，a 为边支座的支承宽度，b 为边跨内侧支座的支承宽度，h 为板厚。

当边跨梁板在边支座处与支承构件整浇时，其计算跨度取值同中间跨。

【注释】若对计算跨度的取值差异及可能带来的误差有所认识与评价的话，边跨梁板的计算跨度视同中间跨取值，会给受力分析计算带来方便。

（3）跨数

跨数小于或等于五跨的连续梁，取实际跨数计算；跨数多于五跨的连续梁，取五跨计算。

2）荷载

（1）荷载标准值

恒载标准值根据建筑构造做法及结构构件的材料种类查《荷载规范》确定；活载标准值根据建筑物使用功能要求查《荷载规范》确定，具体参见第2章。

（2）荷载形式与取值

荷载形式与取值须根据楼面结构布置的情况做具体分析，按计算单元的受荷宽度或从属面积经计算确定。有关计算单元的划分及受荷宽度或从属面积见图5.2。

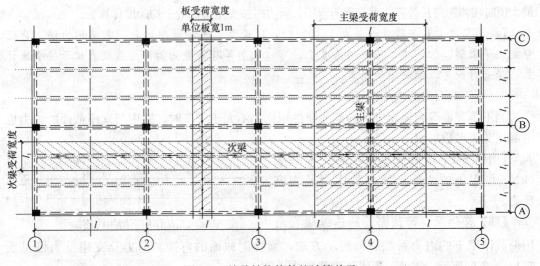

图5.2 楼盖结构构件的计算单元

一般而言：

① 板的计算简图，取为以次梁为铰支座的连续梁，计算单元取单位板带，$b = 1m$，承受图示板受荷宽度范围内的楼板荷载，按均布荷载计算；

② 次梁的计算简图，取为以主梁为铰支座的连续梁，承受图5.2示次梁受荷宽度范围内楼板传来的荷载与次梁自重，均按均布荷载计算；

③ 主梁的计算简图，取为以柱或墙为铰支座的连续梁，承受图 5.2 所示主梁受荷宽度范围内的次梁传来的荷载、直接作用在主梁上的荷载与主梁自重。次梁传来的荷载按集中荷载计算；实用上为简化，可将主梁自重等效为集中荷载。

荷载的形式简化与荷载值计算是确定结构计算简图的基本内容，应根据结构的布置方式、传力路线及构造做法确定。

2. 按弹性理论方法计算单向板楼盖梁板内力

1）等跨等截面连续梁板

等跨等截面连续梁板的跨内与支座截面的内力求值，可利用"等截面等跨连续梁在常用荷载作用下的内力系数表"（附表 2）确定内力系数，代入相应公式求解。下面介绍此表的使用方法。截面（支座、跨中）的内力值计算公式：

均布及三角形荷载

$$M = k_{\mathrm{m}} \times ql^2 \quad V = k_{\mathrm{v}} \times ql \tag{5-2a}$$

集中荷载

$$M = k_{\mathrm{m}} \times Pl \quad V = k_{\mathrm{v}} \times P \tag{5-2b}$$

式中，q 为均布线荷载（kN/m）；P 为集中荷载（kN）；k_{m}、k_{v} 分别为弯矩系数与剪力系数，由梁的跨数、荷载形式及截面位置查附表 2 确定。

2）不等跨等截面连续梁板

当等截面连续梁板的跨长不一，但若跨度相差不大于 10% 时，为简化计算，其跨内与支座截面的内力也可利用此表系数求解。其做法：内力系数按等截面等跨连续梁取用；求跨中弯矩最大值时按当跨跨长计算，求支座的弯矩、剪力时按支座两侧的平均跨度计算。

【提示与思考】若跨度相差大于 10% 时，理论上已无法采用此表，需要用力法、弯矩分配法等求解。但是从工程应用角度上，可以采用等跨等截面的内力系数表偏于安全地计算，读者对此可以做进一步思考。

3）不等截面等跨连续梁板

当不等截面等跨连续梁板的截面惯性矩之比不大于 1.5 时，跨中与支座截面的内力也可利用此表系数求解。

【例题 5-1】求图 5.3 所示集中荷载 P（kN）作用下的两跨连续梁的内力及支座反力。

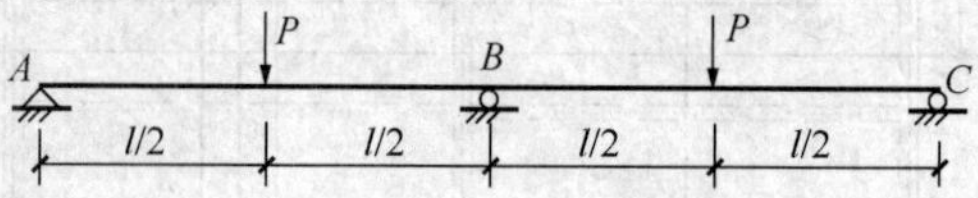

图 5.3 P 作用下的两跨连续梁

【解】按附录《等截面等跨连续梁在常用荷载作用下的内力系数表》所示方法，梁控制截面的弯矩、剪力及支座反力值见表5.1～5.3 列所示。据此，不难绘出梁的内力图。

梁控制截面的弯矩计算　　　　　　　　　　表 5.1

控制截面	截面 1	截面 B	截面 2	备　注
k_{m}	0.156	−0.188	0.156	按表列弯矩符号规定，以截面下部受拉、上部受压者为正
$M = k_{\mathrm{m}}Pl$	0.156Pl	−0.188Pl	0.156Pl	

梁控制截面的剪力计算

表 5.2

控制截面	截面 A	截面 B$_左$	截面 B$_右$	截面 C	备　注
k_v	0.312	-0.688	0.688	-0.312	按表列剪力符号规定，使邻近截
$V=k_vP$	0.312P	$-0.688P$	0.688P	$-0.312P$	面产生顺时针力矩者为正

梁支座反力计算

表 5.3

支座	A	B	C	备　注
反力值 R	0.312P	0.688P+0.688P	0.312P	$V_A=0.312P$，相对支座 A 向下，按力的平衡，R_A 向上；$V_{B左}$ 与 $V_{B右}$，相对支座 B 均向下，按力的平衡，R_B 向上
反力方向	↑	↑	↑	

【提示】按附录《等截面等跨连续梁在常用荷载作用下的内力系数表》规定，连续梁板的跨序，从左至右按数字顺序命名；截面 1、2、3，分别指左起第一、二、三跨的跨中截面；连续梁板的支座，从左

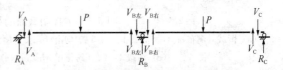

图 5.4　连续梁的剪力与支座反力

至右按字母顺序命名；截面 A、B、C，分别指左起第一、二、三个支座截面。表列的跨中截面，是指该跨中的截面弯矩取最大值的截面，而不是指几何位置上理解的跨中截面。

3. 活载的最不利布置与控制截面的最大内力取值

1）活荷载的最不利布置原则

连续梁板控制截面的最大内力取值与活载的最不利布置有关。在构件上作用的荷载一般有恒载与活载。对于单跨梁板，当恒载与活载同时作用时，可求得截面的最大内力。而对于多跨连续梁板，并不是将恒载与活载同时作用在各跨上就能求得截面的最大内力。当活载以一整跨为单位变动时，梁板的某一控制截面产生的最大内力，一定对应某一种活载的分布方式，即活载的最不利布置。而活载的作用必以恒载的存在为前提，梁板的某一控制截面产生的最大内力，一定对应某一种恒载与活载的最不利组合。

如前所述，混凝土梁板结构截面设计方法，以梁板的跨中、支座为控制截面，取其最不利内力值为配筋设计依据。为求得连续梁板控制截面的最不利内力，受力分析时必须考虑活载的最不利布置，确定恒载与活载的最不利组合。活荷载的最不利布置基本原则如下：

① 某跨跨中最大弯矩：该跨布置活载，其余跨隔跨布置；

② 某跨跨中最小弯矩：该跨不布置活载，其余跨隔跨布置；

③ 某支座截面最大负弯矩：该支座相邻两跨布置活载，其余跨隔跨布置；

④ 某支座截面最大剪力：与求某支座截面最大负弯矩的活载布置方式相同。

图 5.5 列出了五跨连续梁各控制截面出现最大内力时对应的活荷载布置位置。

2）内力包络图

对连续梁板的控制截面作配筋计算时，在意的是控制截面最大内力的取值。连续梁板基于抵抗弯矩图的配筋构造设计（钢筋截断、弯起），需要知道其在各种可能的荷载组合作用下的内力分布图，这可以通过绘制内力包络图来实现。

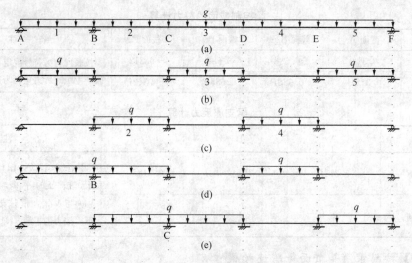

图 5.5　梁控制截面的最不利荷载组合

(a) 恒载（满布）；(b) 活载 1、3、5 跨作用 M_{1max}、M_{3max}、M_{5max}；(c) 活载 2、4 跨作用 M_{2max}、M_{4max}；

(d) 活载 1、2、4 跨作用 M_{Bmax}；(e) 活载 2、3、5 跨作用 M_{Cmax}

下面介绍内力包络图的做法。前已介绍，任一控制截面的最大内力取值一定对应某一种恒载与最不利活载作用的组合。首先，分别得出按各控制截面考虑的不利荷载组合下的内力图；然后，将所得内力图（弯矩图或剪力图）叠画在同一坐标图上。由此重叠图形的外包线所围成的图形即为内力包络图（弯矩包络图或剪力包络图）。不难理解，内力包络图上的任一纵坐标，代表构件相应截面在荷载最不利组合下可能产生的最大内力；同一截面出现正负内力时，则表示在各种可能的最大荷载组合下该截面内力的变化范围。连续梁板的内力包络图是其配筋设计的依据。

一般地，承受均布荷载的五跨连续梁，各控制截面在最不利荷载组合下的内力分布见图 5.6，相应的弯矩包络图与剪力包络图见图 5.7。

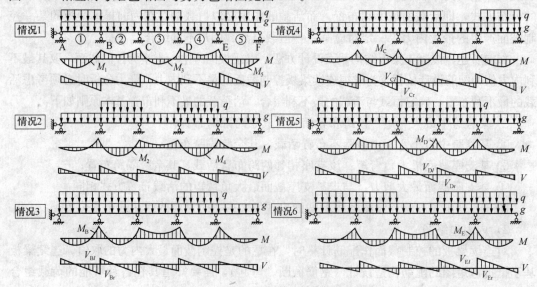

图 5.6　五跨连续梁各控制截面最不利荷载组合下的弯矩、剪力分布图

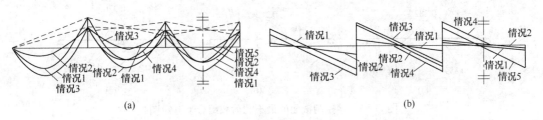

图 5.7 五跨连续梁弯矩包络图与剪力包络图

(a) 弯矩包络图；(b) 剪力包络图

【例题 5-2】考虑荷载的最不利组合，按弹性理论方法计算如图 5.8 所示集中荷载作用下两跨连续梁控制截面的弯矩最大值，绘弯矩图。G 为恒载，P 为活载。本例为方便讨论，取 $G=P$。

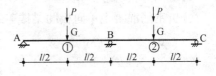

图 5.8 集中荷载作用下两跨连续梁

【解】

恒载只有一种布置方式，活载有三种（图 5.9）。梁控制截面的最大弯矩值计算及其对应的活荷载最不利分布方式见表 5.4、表 5.5。表中，①、②表示梁跨序号。

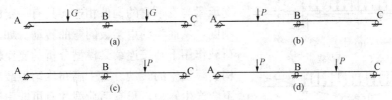

图 5.9 梁荷载分布方式

(a) 荷载情况 1；(b) 荷载情况 2；(c) 荷载情况 3；(d) 荷载情况 4

梁控制截面的弯矩计算　　　　　　　　　　表 5.4

	荷载情况	截面 1	截面 B	截面 2	备　　注
1	恒载 G：①、②	$0.156Gl$	$-0.188Gl$	$0.156Gl$	对应荷载情况 2 时，查附表所示跨中截面 2 的弯矩系数值为"—"，仅表示弯矩不为最大值，并非弯矩为零； 表列 $-0.094Pl/2$，系根据分析所得。
2	活载 P：①	$0.203Pl$	$-0.094Pl$	$-0.094Pl/2$	
3	活载 P：②	$-0.094Pl/2$	$-0.094Pl$	$0.203Pl$	
4	活载 P：①、②	$0.156Pl$	$-0.188Pl$	$0.156Pl$	

梁控制截面的最大弯矩计算　　　　　　　　　　表 5.5

控制截面	截面 1	截面 B	截面 2
荷载情况	1+2	1+4	1+3
最大弯矩值（G，P）	$0.156Gl+0.203Pl$	$-(0.188Gl+0.188Pl)$	$0.156Gl+0.203Pl$
最大弯矩值（$G=P$）	$0.359Gl$	$-0.376Gl$	$0.359Gl$

本例列举此梁上可能有的活荷载分布方式，得出其在恒、活荷载共同作用下控制截面的最大弯矩值，实际上只需要根据前面所示活荷载最不利布置原则就可直接得到这些组合。对应不利荷载组合下的弯矩图如图 5.10 所示。

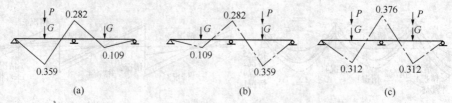

图 5.10　梁控制截面的最不利荷载组合下弯矩图

(a) M_{1max}：荷载组合 1+2；(b) M_{2max}：荷载组合 1+3；(c) M_{Bmax}：荷载组合 1+4

4. 按弹性理论方法计算单向板楼盖梁板内力的几个问题

1) 折算荷载概念与取值

分析钢筋混凝土单向板肋梁楼盖结构的构成可知，板的支座是次梁，次梁的支座是主梁，主梁的支座是柱或墙。当计算简图采用铰支座的形式表达时，其实是忽略了因支承构件的抗扭刚度形成的转动约束，据此所得内力计算结果不能反映梁、板的实际受力。

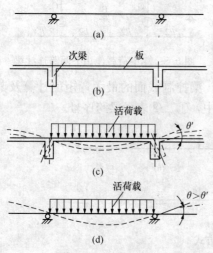

图 5.11　楼盖梁支座形式简化

(a) 计算简图；(b) 实际结构；(c) 实际转动；(d) 计算模型中的转动

图 5.11（a）为铰支座连续梁的计算简图，图 5.11（b）表示楼盖梁板的实际构造，作为支座的支承梁与支承它的构件相连，具有一定的抗扭转动刚度，从而将约束梁板的弯曲转动。如此，当图示荷载作用下，按连续梁模型分析的支座转动大于结构实际发生的转动。对于满布均匀恒载来说，支座不会产生转角，只有活荷载才有可能引起转角，因而把一部分活荷载归到恒载，其效果等同于减小了支座转角，较为接近实际情况。这种处理后的荷载称为折算荷载，也就是说设计时须通过引入折算荷载对所取连续梁计算简图修正，以使内力计算结果反映梁、板的实际受力。

折算荷载按式（5-3）计算，其取值思路是，增恒载、减活载，总荷载值不变：

连续板　　　　　　　　$g' = g' + q/2$，$q' = q/2$　　　　　（5-3a）

连续次梁　　　　　　　$g' = g' + q/4$，$q' = 3q/4$　　　　（5-3b）

式中，系数的取值反映了支承构件与被支承构件间相对约束的程度。

取用折算荷载后，连续梁板的内力计算分析方法如前所述。

【注释】若主梁与柱刚接时，此时柱对主梁的转动约束更大，已不能用折算荷载方法，应按框架进行受力分析。

2) 连续梁、板的支座截面内力的设计取值

按弹性方法，连续梁板的支座截面内力 M、V 按支座中心线截面（中间跨）计算。如图 5.12 所示。截面配筋计算时，可取用按式（5-4）计算的支座边缘截面的内力设计值：

弯矩：

跨间有均布荷载

$$M_{cal} = M - V_0 b/2 + (g+q)(b/2)^2/2$$

$$\approx M - V_0 b/2$$

（5-4a）

跨间有集中荷载

$$M_{cal} = M - V_0 b/2 \qquad (5\text{-}4b)$$

剪力：

跨间有均布荷载

$$V_{cal} = V - (g+q)b/2 \qquad (5\text{-}4c)$$

跨间有集中荷载

$$V_{cal} = V \qquad (5\text{-}4d)$$

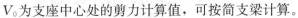

图 5.12　梁、板支座截面弯矩取值

V_0 为支座中心处的剪力计算值，可按简支梁计算。

5. 板截面计算与构造要求

板截面设计的主要内容是，选择板的截面尺寸并符合最小板厚要求；确定控制截面（支座、跨中），求控制截面的最不利内力；按受弯构件正截面承载力设计要求确定控制截面的纵筋；按要求配置构造钢筋。

1）计算要点

正截面受弯承载力计算：$M \leqslant M_u$（一般不需计算斜截面受剪承载力）。

连续板的拱作用现象与截面设计弯矩的调整。根据连续板在竖向荷载的弯矩分布图，结合钢筋混凝土受弯构件带裂缝工作的性能，不难理解，支座处截面的上方与跨中处截面的下方的混凝土会开裂，由此其传力按图 5.13 所示拱形曲线状结构传力，在支承构件提供水平推力时形成拱作用，降低了板在竖向荷载作用下的弯矩。

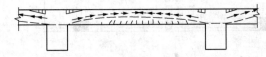

图 5.13　连续板的拱作用现象

设计时可根据不同的支承情况，对截面的控制弯矩作折减。为考虑周边与梁整体连接的中间区格单向板拱作用的有利因素，其中间跨的跨中截面与支座截面可减少 20%。但边跨的跨中截面与第一支座截面的弯矩一般不予折减。

2）配筋方式

钢筋混凝土连续单向板的受力钢筋配置方式有两种，即弯起式与分离式。弯起式是将跨中部分钢筋弯起伸入支座上部以承受负弯矩，支座钢筋不足部分另加直钢筋；分离式则将跨中与支座各自单独配置直钢筋。钢筋的弯起与截断配置，可参照图 5.14 示做法要求。

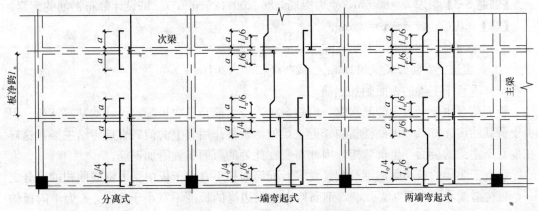

图 5.14　连续单向板受力钢筋配置方式

图示负筋的配置长度 a 视活载 q 与恒载 g 的比值而定：$q/g \leqslant 3$，$a = l_n/4$；$q/g > 3$，$a = l_n/3$。

3）构造配筋

与支承梁或墙整体浇筑的板，以及嵌固于砌体墙内的现浇混凝土板，往往在其非主要受力方向的侧边上由于边界约束产生一定的负弯矩，从而导致板面裂缝。为此，需要在板边和板角部位配置防裂的板面构造钢筋（图5.15）。

需要设置的构造配筋有：分布钢筋，垂直于主梁的板面附加钢筋，嵌固于梁、墙的板端上部构造钢筋。

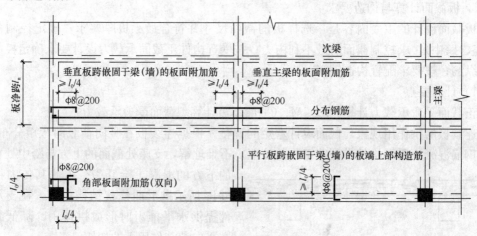

图 5.15　连续单向板构造配筋方式

（1）分布钢筋

分布钢筋在垂直与受力钢筋的长跨方向放置。配置分布钢筋有如下的作用：抵抗混凝土收缩和温度变化所引起的内力；固定受力钢筋的位置；分散局部荷载在较大的宽度上；承受计算中没有考虑的长跨方向上实际存在的弯矩。

分布钢筋配置要求：单位长度上分布钢筋的截面积不宜小于单位宽度上受力钢筋截面积的0.15%，且不宜小于该方向板截面积0.15%；间距不宜大于250mm，直径不宜小于6mm。

【例题5-3】板厚 $h = 80$mm，受力纵筋 Φ 8@200（251mm^2）。试设计分布钢筋的配置。

【解】 $0.15\% \times 251$mm $= 38$mm^2

$\qquad$ $0.15\% \times 80$mm $\times 1000$mm $= 120$mm^2

$\qquad$ 实选：Φ 6@200（141mm^2）或 Φ 8@250（201mm^2）

（2）垂直于主梁的板面附加钢筋

板上荷载主要沿短向传给次梁，沿短向配置受力筋是单向板配筋设计的基本特征。但由于荷载的传递特点，现浇楼盖中邻近主梁处的板将作用其上的荷载直接传给主梁，这样在垂直于主梁的板面产生负弯矩，因此需要在此处的板面布置附加钢筋。

垂直于主梁的板面附加钢筋配置要求：配筋面积不宜小于板中受力钢筋面积的三分之一，且构造配置不小于 Φ 8@200，钢筋伸出主梁边缘的长度不宜小于 $l_0/4$，l_0 为单向板的计算跨度。

（3）嵌固于梁、墙的板端上部构造钢筋

单向板边支座嵌固于梁、墙时，由于梁、墙的约束，会产生一定的负弯矩，沿支承方向产生裂缝。在垂直于板跨的嵌固边，因部分荷载会就近传至梁、墙，也会出现相同的情况。对两边嵌固于梁、墙的板，除因荷载引起的负弯矩作用外还由于温度、收缩的影响产生角拉应力，引起板面出现 $45°$ 的斜裂缝。为此，需要配置板端上部构造钢筋。

板端上部构造钢筋的配置要求如下：配筋面积不宜小于板中受力钢筋面积的三分之一，且构造配置不小于 $\Phi 8@200$。钢筋混凝土板嵌固于砌体墙时，伸入板边的长度不宜小于 $l_0/7$；与钢筋混凝土梁（墙整体浇筑）时，不宜小于 $l_0/4$。

（4）有关板构造要求参见《混凝土结构设计规范》第 9.1.3、9.1.4、9.1.6、9.1.7、9.1.8 条。

6. 梁截面计算与构造要求

梁截面设计的主要内容是，选择梁的截面尺寸并符合构造要求；确定控制截面（支座、跨中），求控制截面的最不利内力；按受弯构件正截面承载力设计要求确定控制截面的纵筋；按受弯构件斜截面承载力设计要求确定控制截面的箍筋；配筋构造设计。

1）计算要点

正截面受弯承载力与斜截面受剪承载力计算：$M \leqslant M_u$，$V \leqslant V_u$。

现浇肋梁楼盖中，梁在其跨内正弯矩区段，有楼板作为梁的上翼缘受压，可按 T 形截面设计；此时，受压翼缘有效计算宽度 b_f' 按《混凝土结构设计规范》规定取用（参见教材《上册》第 4 章）。梁在其跨内负弯矩区段，因楼板位于梁的受拉区，应按矩形截面计算。

主梁支座处的上部因纵筋相互重叠，如图 5.16 所示，导致此处主梁纵筋位置下移，有效高度减小。故计算图示截面的主梁纵筋时，其有效高度取值可按下式：

一层钢筋时，$h_0 = h - (50 \sim 60)\text{mm}$

两层钢筋时，$h_0 = h - (70 \sim 80)\text{mm}$

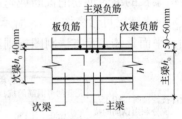

图 5.16　主梁支座处有效高度

主梁与次梁相交处，应按计算确定附加横向配筋设置（图 5.17）。当次梁的集中荷载在主梁的截面高度范围内传入时，为防止此集中荷载引起主梁下部混凝土的撕裂及裂缝，并弥补加载导致的主梁斜截面受剪承载力降低，应在集中荷载影响区 s 范围内配置附加横向钢筋，以期将此集中荷载传递到主梁顶部的受压区。

附加横向配筋的截面积按式（5-5）计算：

$$F \leqslant F_u = mn f_{yv} A_{sv1} + 2 f_y A_{sb} \sin \alpha \tag{5-5}$$

F 为作用在主梁截面高度范围内的集中荷载设计值；

由附加箍筋的提供的承载力为 $mn f_{yv} A_{sv1}$，m 为图示次梁两侧箍筋的总个数，n 与 A_{sv1} 分别为单个箍筋的肢数与单肢箍筋截面积，f_{yv} 为箍筋抗拉强度设计值；

由附加吊筋提供的承载力为 $2 f_{yv} A_{sb} \sin \alpha$，$2A_{sb}$ 为图 5.17 示次梁两侧吊筋截面积之和，f_y 为吊筋抗拉强度设计值，α 为吊筋与梁轴线间的夹角。

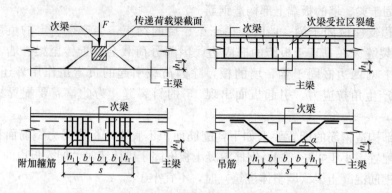

图 5.17 主梁在与次梁相交处的附加横向配筋

附加横向配筋应布置在图示 $2h_1+3b$ 之和的范围内。位于主梁截面高度范围内或梁下部的集中荷载，应全部由附加横向钢筋承担；附加横向钢筋宜采用箍筋。当采用吊筋时，弯起段应伸至主梁的上边缘；且末端水平段锚固长度，在受拉区不应小于 $20d$，在受压区不应小于 $10d$，d 为吊筋直径。

设计可选择采用的配置方式：①仅配附加箍筋；②仅配附加吊筋；③同时配附加箍筋与吊筋。在设计中，不允许用布置在集中荷载影响区内的受剪箍筋代替附加横向钢筋。

2）配筋构造

次梁、主梁的配筋方式，原则上应按基于绘制抵抗弯矩图的图解设计过程，合理地确定沿梁长的纵向钢筋的截断或弯起。对于相邻跨度相差不超过 20%、活载与恒载的比值 $\leqslant 3$ 的连续梁可参考图 5.18 所示配筋。具体工程设计可参考标准图集《混凝土结构施工图：平面整体表示方法制图规则和构造详图》16G101。

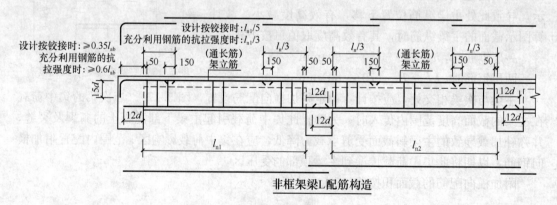

图 5.18 非框架梁的配筋构造示意

3）构造要求

次梁与主梁构造要求，应符合一般的受弯构件配筋构造要求。

当梁端按简支计算但实际受到部分约束时，应在支座区上部设置纵向构造钢筋。其截面面积不应小于梁跨中下部纵向受力钢筋的计算所需截面面积的 $1/4$，且不应少于两根。

该纵向钢筋自支座边缘向跨内伸出的长度不应小于 $l_0/5$，l_0 为梁的计算跨度。在梁的侧面设置纵向构造钢筋，为用以增加梁内钢筋骨架的刚性，或用以增强梁的抗扭能力，并承受侧向因混凝土收缩或因温度变化可能产生的内应力。当梁的腹板高度 h_w 不小于 450mm 时，在梁的两个侧面应沿高度布置纵向构造钢筋。每侧纵向构造钢筋（不包括梁上、下部的受力钢筋及架立钢筋）的截面积不应小于腹板截面面积 bh_w 的 0.1%，且其间距不宜大于 200mm。腹板高度 h_w 取法：当为 T 形截面时，取有效高度减去翼缘高度。具体构造要求可参见《上册》相关章节。

4)《规范》有关梁设计的相关条文

钢筋混凝土楼盖中，由于相邻构件的弯曲转动受到支承梁的约束，在支承梁内引起的扭转，例如现浇框架的边梁处，楼板次梁的支座负弯矩即为边梁的外扭矩，属于协调扭转。考虑到其扭矩会因支承梁的开裂产生的内力重分布而减小，《规范》提出了宜要求设计时宜考虑内力重分布影响的原则要求。考虑内力重分布后的支承梁，应按弯剪扭构件进行承载力计算。

【提示】关于协调扭转的钢筋混凝土构件设计，国外规范有零刚度设计法，即为简化计算，取扭转刚度为零，忽略扭矩的作用，但应按构造要求配置受扭纵向钢筋与箍筋，以保证构件有足够的延性和满足正常使用时裂缝宽度的要求。

7. 单向板楼盖结构按弹性理论设计示例

【例题 5-4】某楼盖采用现浇钢筋混凝土单向板主次梁结构，楼层结构布置平面见图 5.19。已知设计条件：

(1) 楼面：30mm 厚水泥砂浆面层，现浇钢筋混凝土梁板，板底梁面 20mm 厚砂浆粉底；

(2) 材料：混凝土强度等级 C30，梁纵筋 HRB400，梁箍筋与板钢筋均为 HPB300；

(3) 楼面使用荷载：6.0kN/m²，环境类别为一类。

【要求】按弹性方法，设计板、次梁与主梁的配筋（主梁的受力分析符合按连续梁计算）。

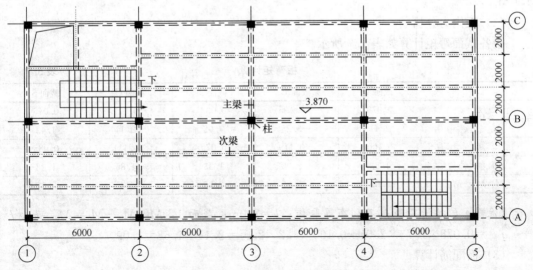

图 5.19 楼层结构平面布置图

1）楼层结构平面布置及梁板截面尺寸假定

楼层结构平面布置见图5.19，梁板截面尺寸按第3章取值，具体见表5.6。

构件截面尺寸假定 表5.6

构件	截面高度h假定（mm）		截面尺寸$b×h$（mm）
板	$h=l/40$	$2000/40=50$	80
次梁	$h=l/(12\sim18)$	$6000/(12\sim18)=500\sim300$	$200×400$
主梁	$h=l/(10\sim14)$	$6000/(10\sim14)=600\sim430$	$250×600$
柱	$h=H/(15\sim25)$	$4820/(15\sim25)=190\sim320$	$350×350$

2）板配筋设计（取1m板带）

（1）板计算简图（图5.20）

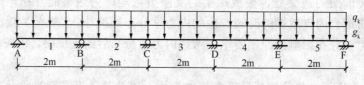

图5.20 板计算简图

楼层结构平面布置图恒载计算： 面层 $20×0.03×1=0.6\text{kN/m}$

钢筋混凝土楼面板 $25×0.08×1=2.0\text{kN/m}$

板底粉刷 $17×0.02×1=0.34\text{kN/m}$

标准值：恒载 $g_k=0.6+2.0+0.34=2.94\text{kN/m}$

活载 $q_k=6.0×1=6.0\text{kN/m}$

折算荷载（设计值）：恒载 $g'=\gamma_g g_k+\gamma_q q_k/2=1.2×2.94+1.4×6.0/2$
$=7.73\text{kN/m}$

活载 $q'=\gamma_q q_k/2=1.4q_k/2=1.4×6.0/2$
$=4.2\text{kN/m}$

【注释】因楼面可变荷载标准值 $q_k=6\text{kN/m}^2>4\text{kN/m}^2$，可取 $\gamma_q=1.3$。本例按 $\gamma_q=1.4$ 计。

（2）板内力分析

板各截面弯矩计算如表5.7所示。

板弯矩计算 表5.7

	截面1	截面B	截面2	截面C	截面3
k_g	0.078	-0.105	0.033	-0.079	0.046
$M_g=k_g g'l^2$	2.41	-3.25	1.02	-2.44	1.42
k_q	0.100	-0.119	0.079	-0.111	0.085
$M_q=k_q q'l^2$	1.68	-2.00	1.33	-1.86	1.43
$M=M_g+M_q$	4.09	-5.25	2.35	-4.30	2.85

【注释】k_q 按活荷载最不利布置取值；$l=2.0\text{m}$；截面1：$M=M_g+M_q=M_g=k_g g'l^2+k_q q'l^2=0.078×7.73×2.0^2+0.100×4.2×2.0^2=2.41+1.68=4.09$。

（3）板配筋计算

由上述弯矩值计算得到的配筋如表5.8所示。

	截面1	截面B	截面2	截面C	截面3
M（kN·m）	4.09	−5.25	2.35	−4.30	2.85
$\alpha_s = M/(\alpha_1 f_c b h_0^2)$	0.079	0.102	0.046	0.084	0.055
$\gamma_s = (1+\sqrt{1-2\alpha_s})/2$	0.959	0.946	0.976	0.912	0.943
$A_s = M/(f_y \gamma_s h_0)$	263	343	148	291	186
选用	$\Phi 8@180$	$\Phi 8@140$	$\Phi 8@200$	$\Phi 8@170$	$\Phi 8@200$
实配（mm²）	279	359	251	296	251

【提示】C30：$f_c=14.3\text{N/mm}^2$，$f_t=1.43\text{N/mm}^2$，$\alpha_1=1.0$；HPB300：$f_y=270\text{N/mm}^2$；$\alpha_{sb}=0.41$；

$b=1000\text{mm}$，$h_0=h-a_s=80-20=60\text{mm}$；$\alpha_1 f_c b h_0^2=1.0\times14.3\times1000\times60^2=51.4\times10^6$；

$\rho_{min}=\max(0.2\%，0.45f_t/f_y=0.45\times1.43/270=0.24\%)=0.24\%$，$A_{s,min}=\rho_{min}bh=0.24\%\times80\times$

$1000=192\text{mm}^2$。

（4）板配筋图

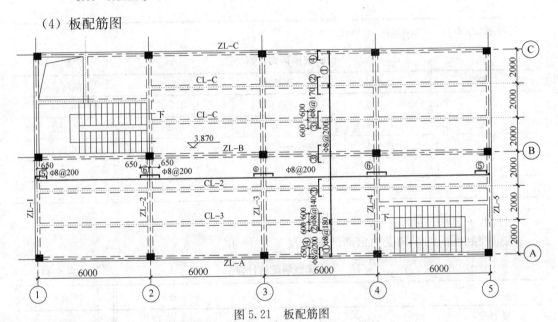

图5.21 板配筋图

3）次梁（CL-2）配筋设计

（1）次梁计算简图

次梁（CL-2）计算简图如图5.22所示。

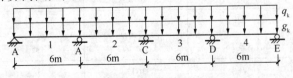

图5.22 次梁计算简图

荷载标准值：

恒载 板传来 $2.94\times2/1=5.88\text{kN/m}$

次梁自重 $25\times0.2\times(0.4-0.08)+17\times0.02\times(0.4-0.08)\times2=1.82\text{kN/m}$

$$g_k=5.88+1.82=7.70\text{kN/m}$$

活载 板传来 $q_k=6.0\times2/1=12kN/m$

折算荷载(设计值)：$g'=\gamma_g g_k+\gamma_q q_k/4=1.2\times7.70+1.4\times12/4=13.44kN/m$

$q'=\gamma_q\times3q_k/4=1.4\times3\times12/4=12.6kN/m$

（2）次梁内力分析

次梁弯矩、剪力计算分别如表5.9、表5.10所示。

次梁弯矩计算 表5.9

	截面1	截面B	截面2	截面C
k_g	0.077	-0.107	0.036	-0.071
$M_g=k_g g'l^2$	37.26	-51.77	17.42	-34.35
k_q	0.100	-0.121	0.081	-0.107
$M_q=k_q q'l^2$	45.36	-54.89	36.74	-48.54
$M=M_g+M_q$	82.62	-106.66	54.16	-82.89

注：k_q 按活荷载最不利布置取值，$l=6m$。

次梁剪力计算 表5.10

	截面A	截面B$_左$	截面B$_右$	截面C
k_g	0.393	-0.607	0.536	-0.464
$V_g=k_g g'l$	31.69	-48.95	43.22	-37.42
k_q	0.446	-0.620	0.603	-0.571
$V_q=k_q q'l$	33.72	-46.87	45.59	-43.17
$V=V_g+V_q$	65.41	-95.82	88.81	-80.59

（3）次梁配筋计算

次梁控制截面的纵向受力钢筋计算如表5.11所示。

次梁纵筋配筋计算 表5.11

	截面1	截面B	截面2	截面C
M（kN·m）	82.62	-106.66	54.16	-82.89
$\alpha_s=M/(\alpha_1 f_c bh_0^2)$ ($\alpha_s=M/(\alpha_1 f_c b'_f h_0^2)$)	0.022	0.288	0.015	0.224
$\gamma_s=(1+\sqrt{1-2\alpha_s})/2$	0.989	0.826	0.993	0.871
$A_s=M/(f_y\gamma_s h_0)$	644	996	421	733
选用	3Φ18	4Φ18	2Φ18	3Φ18
实配（mm²）	763	1017	509	763

【提示】C30：$f_c=14.3N/mm^2$，$f_t=1.43N/mm^2$，$\alpha_1=1.0$；HRB400：$f_y=360N/mm^2$；$\alpha_{sb}=0.384$；$h_0=h-a_s=400-40=360mm$；跨中按第一类T形截面：$b'_f=\min$ （$l/3=6000/3=2000$，$b+s_n=200+1800=2000$）$=2000mm$，$\alpha_1 f_c b'_f h_0^2=1.0\times14.3\times2000\times360^2=3706.56\times10^6$；支座按矩形截面：$\alpha_1 f_c bh_0^2=1.0\times14.3\times200\times360^2=370.656\times10^6$，$\rho_{min}=\max$ （0.2%，$0.45f_t/f_y=0.45\times1.43/360=0.18\%$）$=0.20\%$，$A_{s,min}=\rho_{min}bh=0.20\%\times200\times400=160mm^2$。

	截面 A	截面 B_左	截面 B_右	截面 C_左
V（kN）	65.41	-95.82	88.81	-80.59
$V/(\beta_c f_c b h_0)$	0.264<0.25	0.093<0.25	0.086<0.25	0.078<0.25
$V_c(=0.7 f_t b h_0)$	72.07	72.07	72.07	72.07
$V_{sv}=V-V_c$	<0	23.75	16.74	8.52
$nA_{sv1}/s=[V_{sv}/(f_{yv}h_0)]$ （mm²/mm）	—	0.244	0.172	0.088
$n=2$, $A_{sv1}=28.3\text{mm}^2$, s （mm）=	—	232	329	646
实配	Φ6@200	Φ6@200	Φ6@200	Φ6@200

构造要求：$d \geqslant d_{min}$（$d_{min}=6\text{mm}$，$h \leqslant 800\text{mm}$）；$s \leqslant s_{max}$（$s_{max}=200\text{mm}$，$300\text{mm}<h \leqslant 500\text{mm}$）；

$\rho_{sv}=nA_{sv1}/(bs)=(2\times28.3)/(200\times200)=0.142\% > \rho_{sv.min}(=0.24f_t/f_{yv}=0.24\times1.43/270)$

$=0.129\%$

【提示】HPB300：$f_{yv}=270\text{N/mm}^2$；C30：$f_c=14.3\text{N/mm}^2$，$f_t=1.43\text{N/mm}^2$；C30：$\beta_c=1.0$，$\beta_c f_c b h_0=1.0\times$

14.3×200×360=1029.6×10³，$0.7f_t b h_0=0.7\times1.43\times200\times360=72.07\times10^3$；$h_w/b=h_0/b=360/200$

$=1.8<4$，$V \leqslant 0.25\beta_c f_c b h_0$。

（4）次梁配筋图

由上述纵向受力钢筋和箍筋计算结果，绘制次梁配筋图如图 5.23 所示。

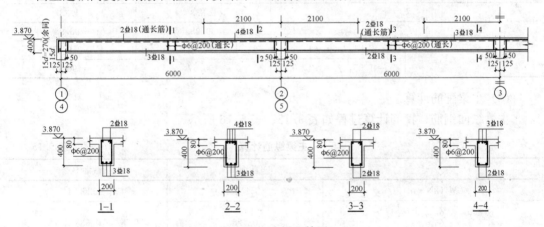

图 5.23　次梁配筋图

4）主梁配筋设计

（1）计算简图

主梁计算简图如图 5.24 所示。

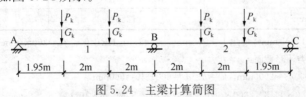

图 5.24　主梁计算简图

荷载标准值：（主梁自重按次梁间距长（2m）分段折算简化为集中荷载）

恒载　主梁自重　25×0.25×（0.6-0.08）×2.0=6.5kN

　　　粉刷　17×0.02×（0.6-0.08）×2×2.0=0.71kN

　　　次梁传来　7.70×6.0=46.20kN

113

$$G_k = 6.5 + 0.71 + 46.20 = 53.41 \text{kN}$$

活载　次梁传来　$P_k = 12 \times 6.0 = 72 \text{kN}$

（2）主梁内力分析

主梁控制截面弯矩剪力计算过程如表 5.13、表 5.14 所示。

主梁弯矩计算　　　　　　　　　　　　　　　　表 5.13

		截面 1	截面 B
k_g		0.222	−0.333
$M_{gk} = k_g G_k l$		70.55	−105.82
k_q		0.278	−0.333
$M_{qk} = k_q P_k l$		119.10	−142.66
$M = \gamma_g M_{gk} + \gamma_q M_{qk}$	$\gamma_g = 1.2$，$\gamma_q = 1.4$	251.40	−326.71
	$\gamma_g = 1.35$，$\gamma_q = 1.4 \times 0.7$	211.96	−282.66

注：k_q 按活荷载最不利布置取值。$l = 5.95 \text{m}$。

主梁剪力计算　　　　　　　　　　　　　　　　表 5.14

		截面 A	截面 $B_{左}$
k_g		0.667	−1.333
$V_{gk} = k_g G_k$		35.62	−71.20
k_q		0.833	−1.333
$V_{qk} = k_q P_k$		59.98	−95.98
$V = \gamma_g V_{gk} + \gamma_q V_{qk}$	$\gamma_g = 1.2$，$\gamma_q = 1.4$	126.72	−219.81
	$\gamma_g = 1.35$，$\gamma_q = 1.4 \times 0.7$	106.87	−190.18

（3）主梁配筋计算

主梁纵向钢筋、箍筋计算过程如表 5.15、表 5.16 所示。

主梁纵筋计算　　　　　　　　　　　　　　　　表 5.15

	截面 1	截面 B
M（kN·m）	251.40	−326.71
$\alpha_s = M/(\alpha_1 f_c b h_0^2)$ （$\alpha_s = M/(\alpha_1 f_c b'_f h_0^2)$）	0.028	0.338
$\gamma_s = (1 + \sqrt{1 - 2\alpha_s})/2$	0.986	0.785
$A_s = M/(f_y \gamma_s h_0)$	1265	2223
选用	4 Φ 20	7 Φ 20
实配（mm²）	1256	2198

【提示】C30：$f_c = 14.3 \text{N/mm}^2$，$f_t = 1.43 \text{N/mm}^2$，$\alpha_1 = 1.0$；HRB400：$f_y = 360 \text{N/mm}^2$；$\alpha_{sb} = 0.384$；

跨中按第一类 T 形截面：

$b'_f = l/3 = 6000/3 = 2000 \text{mm}$，$h_0 = h - a_s = 600 - 40 = 560 \text{mm}$，

$\alpha_1 f_c b'_f h_0^2 = 1.0 \times 14.3 \times 2000 \times 560^2 = 8.97 \times 10^9 = 8968.96 \times 10^6$；

支座按矩形截面：

$h_0 = h - a_s = 600 - 80 = 520 \text{mm}$（假设按二排筋布置），$\alpha_1 f_c b h_0^2 = 1.0 \times 14.3 \times 250 \times 520^2 = 966.68 \times 10^9$
$= 1120 \times 10^6$；

$\rho_{min} = \max \, (0.2\%, \, 0.45 f_t/f_y = 0.45 \times 1.43/360 = 0.18\%) = 0.20\%$，$A_{s,min} = \rho_{min} b h = 0.20\% \times 250 \times$
$600 = 300 \text{mm}^2$。

114

	截面 A	截面 B左
V（kN）	126.72	−219.81
$V/\beta_c f_c b h_0$	0.066＜0.25	0.114＜0.25
$V_c(=0.7 f_t b h_0)$	135.14	130.13
$V_{sv}=V-V_c$	—	89.68
$n A_{sv1}/s=(V_{sv}/f_{yv} h_0)$（mm²/mm）		0.639
$n=2$，$A_{sv1}=50.3$mm²，s（mm）=	—	157
实配	Φ8@200	Φ8@150

【提示】HPB300：$f_{yv}=270$N/mm²；C30：$0.7 f_t b h_0=0.7×1.43×250×520=135.14×10^3$；$0.7 f_t b h_0=0.7×$
$1.43×250×520=130.13×10^3$；$\beta_c=1.0$，$\beta_c f_c b h_0=1.0×14.3×250×540=1930.5×10^3$；$h_w/b=h_0/b$
$=560/250=2.24＜4$，$V\leqslant 0.25\beta_c f_c b h_0$。

（4）主梁附加箍筋设计

次梁传来集中力：

$F=\min(1.2×46.2+1.4×72=156.24，1.35×46.2+1.4×0.7×72=132.93)$
$=156.24$kN

集中力两侧附加箍筋面积：$A_{sv}=F/f_{yv}=156.24×10^3/270=570$mm²

在次梁两侧配置，每侧各 3 道Φ8 双肢箍（实际 $A_{sv}=mn A_{sv1}=(2×3)×2×50.3=$
604mm²＞570mm²）

（5）主梁配筋图

根据上述配筋计算结果，绘制主梁配筋图如图 5.25 所示。

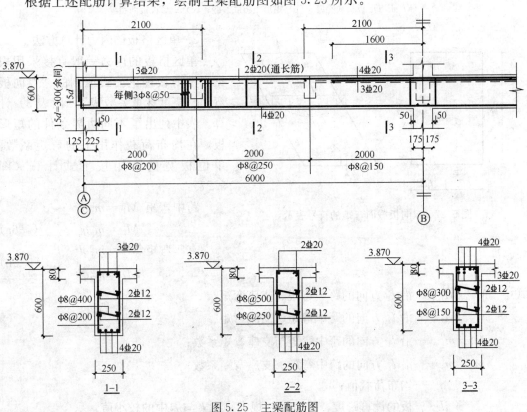

图 5.25 主梁配筋图

5.3 现浇双向板肋形楼盖结构按弹性理论设计

1. 双向板的破坏特征

四边简支的钢筋混凝土双向板在荷载作用下的试验结果表明，当荷载逐渐增加时，先在板底中央出现裂缝，矩形板的第一批裂缝出现在板底中央平行长边方向。当荷载继续增加时，这些裂缝沿45°方向延伸扩展至四角。接近破坏时，板的顶面四角出现圆弧形裂缝，促使板底对角线方向的裂缝进一步扩展。最终，由于跨中钢筋屈服导致板破坏（图5.26）。

双向板在荷载作用下的四周有翘起的趋势，板传给四边支座的压力，沿边长并非均匀分布。

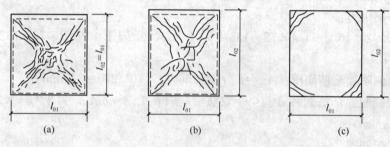

图 5.26 均布荷载作用下双向板的裂缝分布

（a）正方形板板底裂缝；（b）矩形板板底裂缝；（c）矩形板板面裂缝

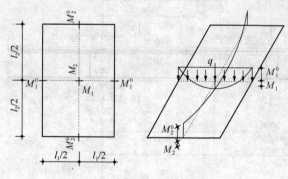

图 5.27 双向板截面弯矩的符号表示

2. 单区格板的内力计算方法

单区格板的内力一般直接采用根据弹性薄板理论公式编制的"双向板弯矩、挠度计算系数表"（附表3）计算。表中列出了不同边界条件的矩形板，在均布荷载作用下的弯矩系数，单位板宽的弯矩按下式计算（图5.27）：

跨中弯矩 $M_1 = m_1 q l^2$

$$M_2 = m_2 q l^2 \qquad (5\text{-}6\mathrm{a})$$

支座弯矩 $M_1^0 = m_1^0 q l^2$

$$M_2^0 = m_2^0 q l^2 \qquad (5\text{-}6\mathrm{b})$$

式中　M_1、M_1^0——沿 l_1 方向的跨中弯矩、支座弯矩；

　　　M_2、M_2^0——沿 l_2 方向的跨中弯矩、支座弯矩；

　　　m_1、m_1^0——沿 l_1 方向的跨中弯矩与支座弯矩系数；

　　　m_2、m_2^2——沿 l_2 方向的跨中弯矩、支座弯矩系数；

　　　q——均布荷载值；

　　　l——板的计算跨度，按表编制规定，取 l_1 与 l_2 中的较小值。

116

考虑钢筋混凝土板的泊松效应，跨中弯矩应按下式换算：

$$M_1^\mu = M_1 + \mu M_2 \quad M_2^\mu = M_1 + \mu M_1 \tag{5-7}$$

式中，μ 为泊松效应系数，对钢筋混凝土结构，一般取 $\mu=0.2$；M_1^μ、M_2^μ 分别为换算后的沿 l_1 方向、l_2 方向的跨中弯矩。由附表 3 可知，弯矩系数 m 的取值与下列因素有关：支承形式，截面位置（跨中、支座），边长比值（l_2/l_1）。

查表时，应注意：常用的 6 种表格，各自对应一种支承形式；在同一种支承形式下，当边长比值（l_2/l_1）一定时，弯矩系数 m 根据对应的跨长方向（l_2 或 l_1）、截面位置（跨中或支座）查表确定。

3. 多区格双向板的内力实用设计方法

多区格双向板，精确计算其内力不易。因为是连续双向板，工程设计时还应该考虑活荷载的不利布置。实用上，多区格双向板的内力计算可借助单区格板的内力系数做近似计算。其基本做法是，设法使多区格连续双向板中的每一个区格，都有可能采取忽略和相邻区格连续的假设，按一个独立的单区格板近似计算。下面，介绍连续双向板内力的实用计算方法，主要就跨中与支座截面的最大弯矩求法分别说明。

1）跨中最大弯矩

多区格连续双向板的各区格跨中最大弯矩的计算，需要考虑活荷载的最不利布置。与连续单向板的荷载布置方式同理，即求跨中最大弯矩时，应当在本跨布置活载，其余跨隔跨布置。由此，将活载以区格为单元布置，图 5.28 所示为 15 区格楼盖的布置方式。在有活载作用的区格内，即有（$g+q$）共同作用下的区格内将产生跨中最大弯矩。因其对应的荷载布置方式与棋盘形式相似，故而得名棋盘式布置。

为将棋盘式布置下的多区格连续双向板的跨中最大弯矩求值问题，转化为不计连续性，按单区格板的计算问题，基于分析可作如下简化处理：

（1）对图示多区格连续双向板而言，当其所有区格内都布有大小相等的均布荷载时，

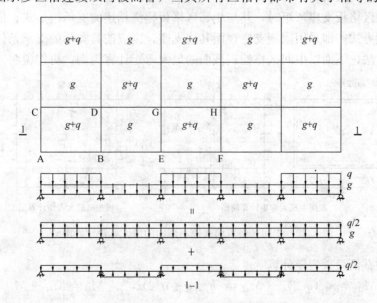

图 5.28　连续双向板跨中最大弯矩计算图式

117

所有中间支座的转角假设都等于或接近于零。此时，可将所有中间区格的支座视同固定支座，按四边固定的单区格板计算跨中弯矩。

（2）若均布荷载值相同，在相邻区格上正负交替作用时，所有中间区格的中间支座可视为铰支承，按四边铰支的单区格板计算跨中弯矩。

在图 5.28 所示棋盘式布置下，任意区格的板支座既不是完全固定，也不是理想铰支。但为利用单区格板内力表格计算，以图示 1-1 板带为例，将荷载作图示两种方式区分，一种为所有区格满布（$g+q/2$），另一种为向下的 $q/2$ 与向上的 $q/2$ 相间布置。显然，这两种荷载的分布方式的叠加作用，与棋盘式布置的下的总荷载分布是等效的。对荷载做如此分解后，对（$g+q$）作用下的中间区格板，分别按（$g+q/2$）作用下的四边固定板与按 $q/2$ 作用下的四边铰支板算得跨中弯矩，再将二者叠加后即可得到该中间区格板在活载最不利布置下的跨中弯矩最大值。由此可见，将活载分解的方式只是为简化计算的措施，且以上简化仅对中间区格板支座而言。这里所谓的中间区格板支座，是指该区格板的周边均与相邻区格板整浇相连。

边、角区格板跨中最大弯矩，也采用上述的活载分解求值后叠加，但相应的支座处理方式有所不同。分别对应（$g+q/2$）或 $q/2$ 的荷载状态，边、角区格板的与相邻区格板整浇相连的支承边形式，依同中间区格板的支座处理方式。而边、角区格板的边支座，例如图 5.28 所示边区格板的 EF 支承边，和角区格板的 AB 与 AC 支承边，则不论何种荷载状态下都应按其实际的支承条件采用。边、角区格板的边支座，支承情况不一，应根据其墙、梁支座的实际情况，按可能形成的约束程度，作适当简化处理。

2）支座弯矩

为简化计算，按活载满布所有区格计算支座截面弯矩。

中间区格板的支座弯矩按四边固定板，不计其周边的连续性而按单区格板计算。对中间区格板的支座截面而言，若相邻两个区格求出的支座弯矩不等时，可按相邻两区格求出的支座弯矩的平均值取用。

求边、角区格板支座弯矩时，其与相邻区格板整浇相连的支承边形式，依同中间区格板的支座处理方式，即采用固定支座；而其边支座，则应按其实际的支承条件采用。

按上述方法，下面以中间区格控制截面的最大弯矩计算为例，再作说明（图 5.29）。

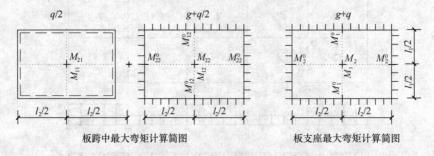

图 5.29　中间区格双向板控制截面的最大弯矩计算图式

（1）跨中截面最大弯矩计算

$$M_{11} = m_{11}(q/2)l^2 \quad M_{12} = m_{12}(g+q/2)l^2 \quad M_1 = M_{11} + M_{12}$$
$$M_{21} = m_{21}(q/2)l^2 \quad M_{22} = m_{22}(g+q/2)l^2 \quad M_2 = M_{21} + M_{22} \tag{5-8}$$

$$M_1^\mu = M_1 + \mu M_2 \qquad M_2^\mu = M_1 + \mu M_1$$

（2）支座截面最大弯矩计算

$$M_1^0 = m'_1(g+q)l^2 \qquad M_2^0 = m'_2(g+q)l^2 \qquad (5\text{-}9)$$

式中，符号及参数的意义已如图 5.29 所示说明。需要注意的是，计算跨中截面最大弯矩时，把荷载分解成两部分作用，即 $q/2$ 与 $(g+q/2)$。以弯矩 M_{12} 为例，脚标中的 1，表示弯矩沿 l_1 方向；脚标中的 2，表示第二部分的荷载。

若是多区格连续双向板的边区格或角区格，其跨中与支座的最大弯矩求值方法与上述中间区格相同。只是要注意，边区格或角区格的边支承条件，有别于中间区格两侧板连续的梁支承，故应按实际结构的支承情况判断假定。

从这个意义上说，边区格或角区格的最大弯矩求法与中间区格的不同，仅在于边界条件的划分认定。边界条件确定后，计算的步骤与方法是相同的。

4. 截面设计要求

设计双向板时，一般按允许厚跨比选择确定板厚 h。四边简支时，$h \geqslant l/45$；四边连续时，$h \geqslant l/50$；l 为矩形双向板的较小跨长，所选板厚也应满足相关最小板厚的构造要求。

按受力分析结果，取单位板宽 1m，分别计算跨中与支座的截面配筋。截面有效高度 h_0 取值原则同单向板相关规定。计算跨中截面配筋时，因沿两个跨长方向的钢筋重叠放置，受力较大的短向钢筋放截面外层，长向的截面有效高度较短向少一个钢筋直径 d 长，即短向 $h_0 = h-c-d/2$，长向 $h_0 = h-c-1.5d$，c 为保护层厚度。当混凝土等级不小于 C30 时，可取短向 $h_0 = h-20\text{mm}$，长向 $h_0 = h-30\text{mm}$。为简化计算，考虑到板配筋率不大，截面设计时可按力矩臂系数为常数，按 $\gamma_s = 0.90 \sim 0.95$ 取值后，直接计算钢筋截面积，即 $A_s = M/f_y\gamma_s h_0$。

5. 配筋构造要求

按弹性方法算得的跨中弯矩，是板中间部分两个互相垂直方向的最大弯矩，若将板分成若干条板带，则越向两边的跨中弯矩越小。因此在布置钢筋时，可将两个方向各自分成三个板带（图 5.30）。中间板带内，按计算弯矩所得配筋；边缘板带内，按跨中板带的一半钢筋配置，但不应低于按构造要求的配筋量。由支座弯矩算得的配筋应沿支座宽度均匀配置，不作折减。

双向板的配筋方式也有两种，即弯起式与分离式。多区格连续双向板采用弯起式配筋时，为施工方便，在确定跨中与支座的配筋时，可选择两者的钢筋间距相同，用直径调节配筋量；采用分离式配筋时，因跨中与支座的配筋不相关，钢筋的间距不必相同。多区格连续双向板若周边嵌固于墙时，则沿周边墙应配置构造负筋与角部筋，相关构造要求同单向板楼盖。

6. 双向板支承梁的内力计算方法

1）支承梁荷载计算的近似方法

双向板支承梁上的荷载分布不同于单向板支承梁，由于双向传力，板上的荷载沿两

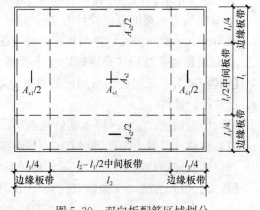

图 5.30 双向板配筋区域划分

个方向传给四边的支承梁。每根支承梁的荷载不是均匀分布，一般是梁跨中的荷载最大，越向两端越小。双向板支承梁上的荷载分布较为复杂，为简化计算，通常采用如下的近似方法确定：从每一区格的四角作 45°线与平行于长边的中线相交，将整个板块分成四个板块，每个板块的荷载传至相邻的支承梁上。形成的荷载分布如图 5.31 所示，有如下特点：长边支承梁上的荷载呈梯形分布，短边支承梁上的荷载呈三角形分布。

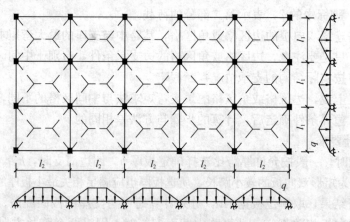

图 5.31　双向板支承梁的计算图式

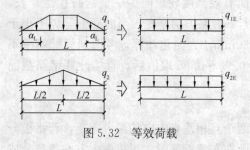

图 5.32　等效荷载

2）支承梁内力计算

梁的内力按结构力学方法计算。按弹性理论计算时，规则荷载作用下等跨等截面梁的内力系数可利用计算表格。不规则荷载作用下等跨等截面梁的内力，可根据支座弯矩等效原理，将不规则荷载等效为规则荷载后利用计算表格求得支座弯矩，再根据实际荷载计算全梁弯矩。

对于梯形、三角形分布荷载的梁，可按图 5.32 等效成均布荷载：

$q_{1E} = (1 - 2\alpha^2 + \alpha^3)q_1$，$q_{2E} = 5q_2/8$，再利用附表 2 求解支座弯矩。

计算跨中最大弯矩时，须取该跨为脱离体，由其实际的梯形、三角形荷载分布，按简支梁分析求得。支座剪力求法也同此理。有的计算手册可直接查得三角形荷载下的内力系数。

双向板支承梁的内力计算，也应考虑活载的最不利布置，其布置原则同前所述。

7. 双向板支承梁的截面设计方法

双向板支承梁的截面计算与构造设计方法与单向板支承梁相同。

8. 双向板楼盖结构按弹性理论设计示例

【例题 5-5】某二层楼面采用钢筋混凝土双向板楼盖结构，楼面结构布置见图 5.33。已知设计条件：

（1）楼面做法：30mm 厚水泥砂浆面层，钢筋混凝土楼面板，20mm 厚纸筋灰粉底；

（2）材料：混凝土强度等级 C30，板纵筋 HPB300；

（3）楼面使用荷载：5.0kN/m²，环境类别为一类。

【要求】（1）方案一（预制双向板）：设计单块板 3m×3m 的配筋；

（2）方案二（现浇连续双向板）：设计中间区格、角部区格板配筋，绘配筋示意图；

（3）按方案二，示意绘出图示③轴线楼面主梁 ZL-3 的计算简图。

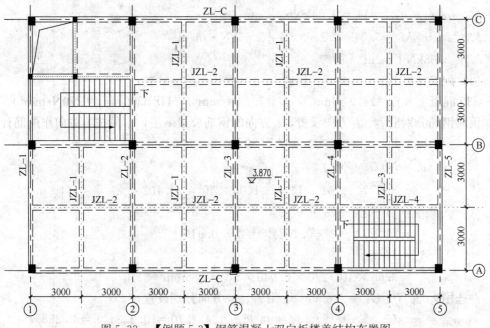

图 5.33　【例题 5-3】钢筋混凝土双向板楼盖结构布置图

【解】

1）方案一：预制双向板 3m×3m

（1）截面尺寸（板厚按四边简支双向板假定）

板厚（mm）：$h=l/45=3\text{m}/45=66\text{mm}$，取 $h=80\text{mm}$

次梁 JZL：250mm×500mm；主梁 ZL：250mm×600mm

（2）荷载计算

水泥砂浆面层　　$20×0.03=0.60\text{kN/m}^2$

钢筋混凝土板　　$25×0.08=2.0\text{kN/m}^2$

　砂浆粉底　　　$16×0.02=0.32\text{kN/m}^2$

荷载标准值：恒载　$g_k=0.40+2.5+0.32=2.92\text{kN/m}^2$

　　　　　　活载　$q_k=5(\text{kN/m}^2)$

可变荷载效应控制的组合

$$g+q=\gamma_g g_k+\gamma_q q_k=1.2×2.92+1.3×5=10.0\text{kN/m}^2$$

永久荷载效应控制的组合

$$g+q=\gamma_g g_k+\gamma_q q_k=1.35×2.92+0.7×1.3×5=8.49\text{kN/m}^2$$

荷载设计值　$g+q=\max(10.0，8.49)=10.0\text{kN/m}^2$

（3）内力计算

板长 $l=3\text{m}$，梁宽250mm。预制双向板，按四边简支双向板计算内力，$\mu=0.2$。取1m板带计算配筋。C30混凝土（$f_c=14.3\text{N/mm}^2$，$f_t=1.43\text{N/mm}^2$），HPB300（$f_y=270\text{N/mm}^2$）。

计算跨度 $l_1=l_2=l=3-2×0.125/2=2.875\text{m}$

$l_1/l_2=1$，由附表3得到 $m_1=m_2=0.0368$

$$M_1 = m_1(g+q)l_1^2 = 0.0368 \times 10.0 \times 2.875^2 = 3.04 \text{kN} \cdot \text{m/m}$$

$$M_2 = m_2(g+q)l_1^2 = M_x = 3.04 \text{kN} \cdot \text{m/m}$$

$$M_1^t = M_1 + \mu M_2 = 3.04 + 0.2 \times 3.04 = 3.65 \text{kN} \cdot \text{m/m}$$

$$M_2^t = 3.65 \text{kN} \cdot \text{m/m}$$

（4）配筋计算

C30 混凝土（$f_c = 14.3 \text{N/mm}^2$，$f_t = 1.43 \text{N/mm}^2$），HPB300（$f_y = 270 \text{N/mm}^2$）。

板底钢筋分别沿 l_1、l_2 方向设置，l_1 方向的钢筋放最下层，本例按 l_2 方向作配筋计算。

$$h_0 = h - a_s = h - 20 - d = 80 - 30 = 50 \text{mm}$$

$$\begin{aligned} \alpha_s &= M/(\alpha_1 f_c b h_0^2) \\ &= 3.65 \times 10^6/1 \times 14.3 \times 1000 \times 50^2 = 0.102 < \alpha_{sb} = 0.41 \end{aligned}$$

$$\begin{aligned} \gamma &= [1 + (1 - 2\alpha_s)^{1/2}]/2 \\ &= [1 + (1 - 2 \times 0.102)^{1/2}]/2 = 0.946 \end{aligned}$$

$$\begin{aligned} A_s &= M/f_y \gamma h_0 \\ &= 3.65 \times 10^6/270 \times 0.946 \times 50 = 286 \text{mm}^2 \end{aligned}$$

选用 $\Phi 8@170$（$A_s = 296 \text{mm}^2$），沿 l_1、l_2 方向分别设置。

$$\rho_{min} = \max(0.2\%, 0.45 f_t/f_y = 0.45 \times 1.43/270 = 0.238\%) = 0.238\%$$

$$A_s = 296 \text{mm}^2 > A_{s,min} = \rho_{min} bh = 0.238\% \times 1000 \times 80 = 190 \text{mm}^2$$

2）方案二：现浇连续双向板

按实用设计方法。取 1m 板带计算配筋。

C30 混凝土（$f_c = 14.3 \text{N/mm}^2$，$f_t = 1.43 \text{N/mm}^2$），HPB300（$f_y = 270 \text{N/mm}^2$）。

图 5.34 所示中间区格的周边均与相邻区格板整浇相连。图示角区格位于楼面平面图中的左下角；方式 1 对应图示角区格板的左支承边、下支承边与钢筋混凝土墙相连（嵌固约束强），方式 2 对应图示角区格板的左支承边、下支承边为砖墙支承（嵌固约束弱）。当实际工程中左支承边、下支承边为钢筋混凝土梁时，其嵌固约束程度可认为介于方式 1、2 之间。本例按方式 1 计算。

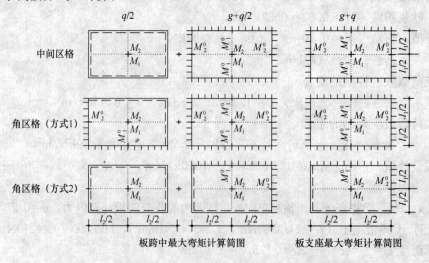

图 5.34 连续双向板实用计算方法：区格板计算简图

(1) 截面尺寸（板厚按四边连续双向板允许厚跨比假定）

板厚（mm）$h = l/50 = 3m/50 = 60mm$，取 $h = 80mm$；

次梁 JZL：$250mm \times 500mm$；主梁 ZL：$250mm \times 600mm$。

(2) 荷载计算

$$g = \gamma_g g_k = 1.2 \times 2.92 = 3.50 kN/m^2 \quad q = \gamma_q q_k = 1.3 \times 5 = 6.5 kN/m^2$$

荷载设计值 $g + q = 10.0 kN/m^2$

(3) 中间区格板（$l_x = l_y = 3m$）

① 内力系数

由附表3查得内力系数如表5.17所示。

中间区格板内力计算系数　　　　　　　　　　　　　　　　　表 5.17

l_1/l_2	支承条件	m_1	m_2	m_1'	m_2'
1	四边嵌固	0.0176	0.0176	−0.0513	−0.0513
	四边铰支	0.0368	0.0368	—	—

② 跨中截面最大弯矩计算

$$g + q/2 = 3.50 + 6.5/2 = 6.75 kN/m^2$$

$$q/2 = 6.5/2 = 3.25 kN/m^2$$

$$M_{11} = m_{11}(q/2)l^2 = 0.0368 \times 3.25 \times 3^2 = 1.08 kN \cdot m/m$$

$$M_{12} = m_{12}(g+q/2)l^2 = 0.0176 \times 6.75 \times 3^2 = 1.07 kN \cdot m/m$$

$$M_1 = M_{11} + M_{12} = 1.08 + 1.07 = 2.15 kN \cdot m/m$$

$$M_{21} = m_{21}(q/2)l^2 = 1.08 kN \cdot m/m$$

$$M_{22} = m_{22}(g+q/2)l^2 = 1.07 kN \cdot m/m$$

$$M_2 = M_{21} + M_{22} = 2.15 kN \cdot m/m$$

$$M_1^\mu = M_1 + \mu M_2 = 2.15 + 0.2 \times 2.15 = 2.58 kN \cdot m/m$$

$$M_2^\mu = 2.58 kN \cdot m/m$$

③ 支座截面最大弯矩计算

$$g + q = 10.0 kN/m^2$$

$$M_1^0 = m_1'(g+q)l^2 = -0.0513 \times 10.0 \times 3^2 = -4.62 kN \cdot m/m$$

$$M_2^0 = m_2'(g+q)l^2 = -4.62 kN \cdot m/m$$

④ 板配筋计算（取 1m 板带）

l_1 方向的钢筋放最下层。计算跨中下层、支座处钢筋时，$h_{01} = h - a_s = 80 - 20 = 60mm$

计算跨中上层处钢筋时，$h_{02} = h_{01} - d = 60 - 10 = 50mm$

板配筋计算过程见表5.18。

	跨中截面		支座截面	
	l_1向	l_2向	l_1向	l_2向
M（kN·m）	2.58	2.58	−4.62	−4.62
h_0	60	50	60	60
$\alpha_s = M/(\alpha_1 f_c b h_0^2)$	0.050	0.072	0.090	0.090
$\gamma_s = (1+\sqrt{1-2\alpha_s})/2$	0.949	0.953	0.953	0.953
$A_s = M/(f_y \gamma_s h_0)$	168	201	299	299
选用	Φ8@200	Φ8@200	Φ8@160	Φ8@160
实配（mm²）	251	251	314	314

【提示】$\rho_{min}=\max$（0.2%，$0.45f_t/f_y=0.45\times1.43/270=0.238\%$）$=0.238\%$，$A_s>A_{s,min}=\rho_{min}bh=0.238\%\times1000\times80=190\text{mm}^2$。

（4）角部区格板（$l_x=l_y=3\text{m}$）

① 内力系数

由附表 3 查得内力系数见表 5.19。

l_1/l_2	支承条件	m_1	m_2	m_1'	m_2'
1	四边嵌固	0.0176	0.0176	−0.0513	−0.0513
	两相邻边嵌固、铰支	0.0234	0.0234	−0.0677	−0.0677

【注释】本例角区格板的外相邻支承边为钢筋混凝土梁，内力计算时按固定边。

② 跨中截面最大弯矩计算

$$g+q/2 = 3.50+6.5/2 = 6.75\text{kN/m}^2$$

$$q/2 = 6.5/2 = 3.25\text{kN/m}^2$$

$$M_{11} = m_{11}(q/2)l^2 = 0.0234\times3.25\times3^2 = 0.68\text{kN·m/m}$$

$$M_{12} = m_{12}(g+q/2)l^2 = 0.0176\times6.75\times3^2 = 1.07\text{kN·m/m}$$

$$M_1 = M_{11}+M_{12} = 0.68+1.07 = 1.75\text{kN·m/m}$$

$$M_{21} = m_{21}(q/2)l^2 = 0.68\text{kN·m/m}$$

$$M_{22} = m_{22}(g+q/2)l^2 = 1.07\text{kN·m/m}$$

$$M_2 = M_{21}+M_{22} = 1.75\text{kN·m/m}$$

$$M_1^\mu = M_1+\mu M_2 = 1.75+0.2\times1.75 = 2.10\text{kN·m/m}$$

$$M_2^t = 2.10\text{kN·m/m}$$

③ 支座截面最大弯矩计算

$$g+q = 10.0\text{kN/m}^2$$

$$M_1^0 = m_1'(g+q)l^2 = -0.0513\times10.0\times3^2 = -4.62\text{kN·m/m}$$

$$M_2^0 = m_2'(g+q)l^2 = -4.62\text{kN·m/m}$$

④ 板配筋计算

板配筋计算过程见表 5.20。

角区格板配筋计算 表 5.20

	跨中截面		支座截面	
	l_1向	l_2向	l_1向	l_2向
M（kN·m）	2.10	2.10	-4.62	-4.62
h_0	60	50	60	60
$\alpha_s = M/(\alpha_1 f_c b h_0^2)$	0.041	0.059	0.090	0.090
$\gamma_s = (1+\sqrt{1-2\alpha_s})/2$	0.979	0.970	0.953	0.953
$A_s = M/(f_y \gamma_s h_0)$	132	160	299	299
选用	$\Phi 8@200$	$\Phi 8@200$	$\Phi 8@160$	$\Phi 8@160$
实配（mm²）	251	251	314	314

（5）楼面板（现浇连续双向板）配筋示意图（图 5.35）

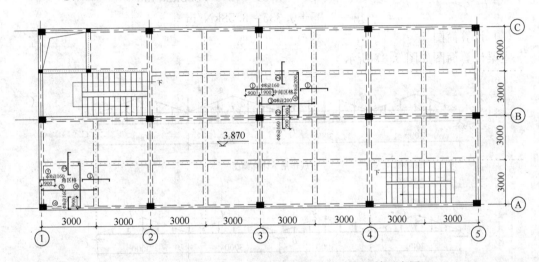

图 5.35 【例题 5-5】钢筋混凝土双向板楼盖配筋示意图

3）按方案二，示意绘出图示③轴线楼面主梁 ZL-3 的计算简图

图 5.36 所示 ZL-3 的受荷范围及传力路线。

（1）荷载

板荷载标准值

水泥砂浆面层

    $20\times0.02=0.40\text{kN/m}^2$

钢筋混凝土板

    $25\times0.08=2.0\text{kN/m}^2$

纸筋灰粉底

    $16\times0.02=0.32\text{kN/m}^2$

板荷载标准值

恒载

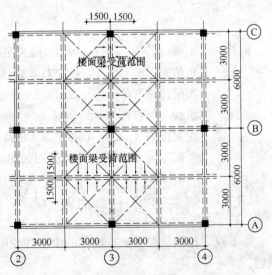

图 5.36 楼面主梁 ZL-3 的受荷范围及传力路线

$$g_k = 0.40 + 2.5 + 0.32 = 2.72\text{kN/m}^2$$

活载 $$q_k = 5\text{kN/m}^2$$

次梁 JZL 自重标准值

自重

$$25 \times 0.25 \times (0.5 - 0.08) = 2.625\text{kN/m}$$

粉刷

$$16 \times 0.02 \times (0.5 - 0.08) \times 2 = 0.269\text{kN/m}$$

$$g_2 = 2.625 + 0.269 = 2.89\text{kN/m}$$

主梁 ZL 自重标准值

自重 $$25 \times 0.25 \times (0.6 - 0.08) = 3.25\text{kN/m}$$

粉刷 $$16 \times 0.02 \times (0.6 - 0.08) \times 2 = 0.333\text{kN/m}$$

$$g_1 = 3.25 + 0.333 = 3.58\text{kN/m}$$

(2) 计算简图

主梁计算简图如图 5.37 所示。

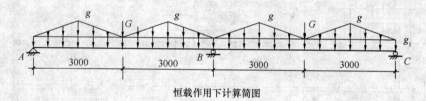

恒载作用下计算简图

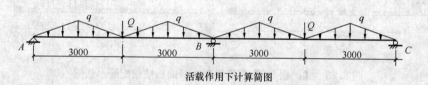

活载作用下计算简图

图 5.37　楼面主梁 ZL-3 的计算简图

恒载　　主梁　　　　　$g_1 = 3.58\text{kN/m}$

　　　　板传来　　　$g = 2.72 \times 3 = 8.16\text{kN/m}$

　　　　次梁传来　$G = (2.72 \times 1.5 \times 3/2) \times 2 \times 2 + 2.89 \times 3 \times 2 = 41.82\text{kN}$

　　　　活载　　板传来　　$q = 5.0 \times 3 = 15\text{kN/m}$

　　　　次梁传来　$Q = (5 \times 1.5 \times 3/2) \times 2 \times 2 = 45\text{kN}$

楼面主梁 $zL-3$ 的计算简图如图 5.37 所示。

5.4　钢筋混凝土单向板（梁）按塑性理论设计——调幅法

本节仅讨论钢筋混凝土连续梁的由塑性铰引起的内力重分布及其与承载力设计的相关问题。

1. 钢筋混凝土连续梁塑性铰引起的内力重分布

以前述图示两跨连续梁为例，再讨论按弹性理论设计方法的问题，以期从比较中认识与了解按塑性理论设计的基本概念。表5.21所列为由弹性理论方法确定的梁控制截面的弯矩设计值与按钢筋混凝土构件受弯截面承载力设计的配筋计算结果，设梁符合适筋梁的条件并有足够的延性。图5.38所示为其配筋示意图。

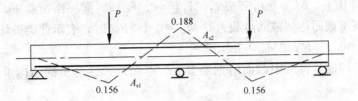

图 5-38　两跨连续梁的弹性分析弯矩与配筋示意图

两跨连续梁的配筋计算结果　　　　　　　　　　　　　　　　　　　　**表 5.21**

控制截面	跨中	支座	备注
弯矩设计值	$0.156Pl$	$-0.188Pl$	$M_{u1}<M_{u2}$
截面承载力	$M_u=0.156Pl=M_{u1}$	$M_u'=\mid -0.188Pl\mid =M_{u2}$	$A_{s1}<A_{s2}$
纵筋截面积	A_{s1}	A_{s2}	

与截面设计配筋相对应，梁的跨中与支座的截面抗弯承载力分别为 M_{u1}、M_{u2}，加载至破坏时，跨中与支座截面可同时达到其截面承载力，此梁能承受的荷载 P，即其结构承载力，$P=M_{u1}/0.156l=M_{u2}/0.188l$。

下面，讨论若此梁的跨中与支座均按 A_{s2} 配筋，即截面抗弯承载力同为 M_{u2}，问此梁的结构承载力 $P=$?

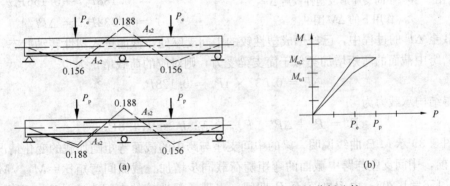

(a)　　　　　　　　　　　　　　　　　　(b)

图 5.39　两跨连续梁承载力按弹性与塑性分析比较

（a）弯矩；（b）M-P 图

分别按弹性方法、塑性方法考虑，得出的结构承载力以 P_e、P_p 表示，则 $P_p=1.13P$ $>P_e=P$。

两跨连续梁的结构承载力比较　　　　　　　　　　　　　　　　　　**表 5.22**

截面	跨中	中间支座	结构承载力	
承载力	M_{u2}	M_{u2}	弹性分析： $P_e=P$	塑性分析： $P_p=1.128P>P_e$
配筋	A_{s2}	A_{s2}		

两种结果，对应两种不同方法的判断结构破坏的标准。

（1）P_e

按弹性分析：梁上只要有一个截面的弯矩达到截面承载力时，即认为结构破坏。

在荷载 P 作用下，$M_{跨中}=0.156Pl$，$M_{支座}=0.188Pl$。同一级荷载下，$M_{支座}>M_{跨中}$。当加载至中间支座截面达到截面承载力时 $M_{u2}=0.188P_el$ 时，表示此梁破坏，虽然此时的跨中截面 $M_{跨中}=0.156P_el<M_{u2}$，并未破坏。

这就是说，即便是将跨中截面的钢筋多配，本例按弹性分析的结构承载力也没有变化，$P_e=P$。

（2）P_P

按塑性分析：梁上要形成足够数量的塑性铰，结构达到几何可变体系，才认为结构破坏。

【提示】截面具有的能承受一定的弯矩，可以转动的性能，称为塑性铰；有关钢筋混凝土梁的塑性铰问题见教材《上册》相关章节或本教材后面阐述。

若加载至 P_e 后，中间支座截面能维持其截面承载力 M_{u2} 不变，并能继续变形，这表示形成塑性铰后，梁并未破坏。可继续加载至 ΔP，以使跨中截面达到截面承载力 M_{u2}，也形成塑性铰。这样，先后形成的中间支座和跨中的塑性铰，加之梁端的边铰支座，在同一跨梁上三铰连一线，梁因达到几何可变体系而认为破坏。

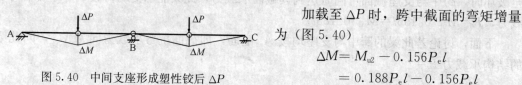

图 5.40　中间支座形成塑性铰后 ΔP
作用下的 ΔM 图

加载至 ΔP 时，跨中截面的弯矩增量为（图 5.40）

$$\Delta M = M_{u2}-0.156P_el$$
$$= 0.188P_el-0.156P_el$$
$$= 0.032P_el = \Delta Pl/4$$

加载至 ΔP 的过程中，已经形成塑性铰的中间支座处，截面进入塑性转动状态，弯矩不增加。跨中截面的弯矩增加类似于简支梁受力，则对应的荷载增量为

$$\Delta P = 0.032 \times 4P_e = 0.128P_e$$

可得结构承载力为

$$P_p = P_e + \Delta P = P_e + 0.128P_e = 1.128P_e$$

以图 5.39 示 $M\text{-}P$ 曲线说明，梁的中间支座与跨中的截面弯矩随加载的变化情况。加载至 P_e 前，中间支座与跨中截面的弯矩随荷载同步增加。截面间弯矩比 $=M_{支座}/M_{跨中}=0.188/0.156=1.205$；由 P_e 加载至 P_p 期间，出现了塑性铰的中间支座处弯矩不再增加，而跨中截面的弯矩可继续增加，形成了截面间的弯矩重新分布。施加 ΔP 的过程中，支座与跨中截面的内力变化方式，已不同于施加 P_e 过程中的弹性分布，即出现了内力变化与按不变刚度的弹性体系分析的不一致的结果，即产生了重分布。其实，这种内力重分布在裂缝出现前已经产生，但不明显；而在裂缝出现后，受拉钢筋屈服后即形成塑性铰后大大加剧了这一现象。本例按塑性分析的结构承载力提高，是由于塑性铰引起的内力重分布的结果。

由以上讨论可见，钢筋混凝土连续梁在出现塑性铰的情况下，会发生内力重分布。梁上某一截面的屈服并不是结构的破坏，还有承载力储备可以利用。破坏时能承受的弯矩取决于配筋量而不取决于弹性分析的结果。连续梁基于内力重分布的分析得出的承载能力大于弹性分析值，亦可由试验观察证实。采用考虑塑性铰引起的内力重分布的设计方法，可合理评价结构的承载能力，设计时可达到节约钢筋的效果。

为此，有必要认识钢筋混凝土梁的塑性铰形成及其引起的内力重分布特性。

2. 钢筋混凝土受弯构件的塑性铰

1）塑性铰的形成与特点

钢筋混凝土适筋梁在荷载作用下具有开裂-屈服-压坏的三阶段受力破坏特征，开裂后截面受拉区纵筋首先屈服，受压区边缘混凝土达到极限压应变面压碎破坏。设梁截面屈服弯矩为 M_y，极限弯矩即截面受弯承载力为 M_u。从图 5.41 示梁截面的 M-φ 曲线可知，当达到 M_y 时，相应的屈服曲率为 φ_y；当达到 M_u 时，相应的极限曲率为 φ_u。从 M_y 到 M_u 的曲线变化来看，弯矩增加不大，而截面曲率急剧增大，表明由于

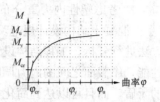

图 5.41　适筋梁截面 M-φ 曲线

受拉钢筋屈服后产生了较大的塑性变形的集中发展，使截面两侧发生较大的相对转动，形如一个能转动的铰。这种截面具有的可以转动，且保持相应的截面承载能力的情况，相当于该截面形成了一个塑性铰。

塑性铰有如下特点：

（1）能承受弯矩，有截面抗弯承载力；

（2）有限铰，转动有限；

（3）单向铰，转动有向，只能在弯矩作用方向转动；

（4）不是一点，是构件上一段塑性变形集中区域。

与 M_y 到 M_u 的变化对应的曲率之差（φ_u-φ_y），其大小反映了截面从屈服到破坏的转动能力，称为截面的延性指标。值得注意的是，构件的截面受弯承载力 M_u 的设计取值是基于第三阶段末的截面受力状态，即对应极限曲率 φ_u 时的极限弯矩。由此可以认为，钢筋混凝土受弯构件截面配筋计算方法，已反映了截面受力的塑性性能，和按弹性理论的结构内力计算方法并不协调。

3. 塑性铰的转动能力与完全的内力重分布

若形成的塑性铰具有足够的转动能力，在其后的截面转动过程中不会引起受压混凝土过早压坏，保证结构中能出现足够数目的塑性铰、最终形成机动体系而破坏，这种情况称之为完全的内力重分布。完全的内力重分布只有在一定条件下才能实现。

实用上对塑性铰的转动能力予以控制是必要的。若最初形成的塑性铰转动能力不足，在结构尚未形成机动体系前，结构已因截面破坏而丧失承载能力；或是最初形成的塑性铰，在其后的受力过程中转动过大，导致塑性铰处的裂缝开展过宽和因刚度的过分降低而造成挠度过大，表明结构已不满足使用要求。

塑性铰的转动能力与截面配筋率成反比，配筋率越大，转动能力越小。配筋率不大时，内力重分布取决于钢筋的流幅，此时的内力重分布是充分的；配筋率较高时，内力重分布取决于混凝土的受压极限变形，截面受弯延性将急剧降低，此时的内力重分布是不充分的。截面配筋率与截面相对受压区高度 ξ 之间存在着对应关系，ξ 的大小反映了截面配筋率的大小。

为实现完全的内力重分布，必须保证构件有足够的转动能力，可通过规定 ξ 的限值以

控制截面配筋率。此外，必须保证构件有足够的受剪承载力，避免在机构形成前出现因受剪承载力不足而不能实现预期的塑性内力重分布。

不难理解，前节例题中钢筋混凝土连续梁按塑性分析的结构承载力 $P_p = 1.128P_e = 1.128P$，正是基于塑性铰形成后实现的完全内力重分布后得出的，因此只有当此梁的 ξ 或配筋率取值符合相关规定，且有足够的受剪承载力时才能成立。

4. 考虑塑性内力重分布的设计方法——调幅法

《混凝土结构设计规范》规定，混凝土连续梁和连续单向板，可采用塑性内力重分布方法进行分析。工程结构设计时，利用钢筋混凝土连续梁板在塑性铰出现后的内力重分布性能，作截面之间的内力调幅，可以消除钢筋混凝土连续梁板的内力计算与其截面计算间的矛盾，而且可以达到简化构造、节约配筋的技术经济效果。常用的钢筋混凝土连续梁板的调幅法，是指在按弹性理论方法计算的连续梁板的弯矩包络图的基础上，将某些支座截面较大的弯矩值，按内力重分布的原则予以调整后进行配筋设计的方法。

1）截面受弯承载力按弹性理论方法的设计取值与调幅

按前述两跨连续梁的【例题5-2】讨论。由其按弹性分析所得弯矩包络图所示，支座截面承载力设计取 $M_{支座} = 0.376Gl$，跨中截面承载力设计取 $M_{跨中} = 0.359Gl$。即按弹性理论方法设计时，支座与跨中各自按自身截面的最不利荷载组合下的弯矩值计算截面配筋，显然，两者对应的不是同一种荷载组合方式。当支座截面承载力设计取 $M_{支座} = 0.376Gl$ 时，其对应的荷载组合下的跨中截面弯矩为 $0.312Gl$；当跨中截面承载力设计取 $M_{跨中} = 0.359Gl$，其对应的荷载组合下的支座截面弯矩为 $0.282Gl$。

当截面具有足够的转动能力时，在按弹性理论方法计算的弯矩包络图的基础上，如何将支座截面较大的弯矩值，按内力重分布的原则予以调整后进行配筋设计？

如若支座截面承载力设计改取 $M_{支座} = 0.282Gl$，跨中截面承载力设计取 $M_{跨中} = 0.359Gl$，不难理解，梁的设计承载力并不改变，仍能承受荷载 $P+G$。此时，支座截面的设计弯矩调整的幅度为 $(0.376-0.282)/0.376 = 0.25$，截面设计弯矩值的降低，意味着相应截面受弯承载力的配筋量的减少。

2）调幅法

由于钢筋混凝土梁的塑性铰存在一定的转动极限，则内力重分布有一定限度，确定调幅时当以试验研究为依据，照顾结构的破坏与使用要求，即调整后保证结构的实际承载力不小于计算值，同时兼顾刚度裂缝满足相关使用要求。

定义 M_e 为按弹性分析所得弯矩，M_a 为按塑性内力重分布调幅所得弯矩，则反映调幅幅度的调幅系数 β 为

$$\beta = (M_e - M_a)/M_e \tag{5-10}$$

《混凝土结构设计规范》规定，为保证构件出现塑性铰的位置处有足够的转动能力并限制裂缝宽度，钢筋混凝土梁支座或节点边缘截面的负弯矩调幅幅度不宜大于25%；弯矩调整后的梁端截面相对受压区高度 ξ 不应超过 0.35，且不宜小于 0.10。钢筋混凝土板的负弯矩调幅幅度不宜大于20%。考虑到由于塑性铰的出现，构件的变形和抗弯能力调小部位的裂缝宽度均较大，混凝土规范明确了允许采用考虑塑性内力重分布分析方法的结构或构件的使用环境，强调应进行构件变形和裂缝宽度验算，且采取有效的构造措施，以满足正常使用极限状态的要求。此外，当采用调幅法设计构件时，规定所采用的钢筋应符

合最大力下的总伸长率小于限值 δ_{gt} 的规定。

对于直接承受动力荷载的构件。以及要求不出现裂缝或处于三 a、三 b 类环境情况下的结构，不应采用考虑塑性内力重分布的分析方法。

以钢筋混凝土连续梁按调幅法设计为例，一般计算控制原则与步骤如下：

（1）按荷载不利布置，用弹性方法分析，求得控制截面弯矩值，绘弯矩包络图；

（2）按设计要求选定的调幅系数 β，计算调整后的支座截面弯矩 M_a：

$$M_a = (1 - \beta)M_e \tag{5-11}$$

（3）调幅后的跨中弯矩 M_Z 按下式计算，M_L、M_R 分别为调幅后的左、右两端支座弯矩，M_0 为按简支梁计算的跨中弯矩，参见图 5.42：

$$M_Z = 1.02M_0 - (M_L + M_R)/2 \tag{5-12}$$

调幅后的支座截面与跨中截面弯矩值不宜小于 $M_0/3$；

（4）为保证构件出现塑性铰的位置处的转动能力并限制裂缝宽度，按相关要求作验算并采取有效的构造措施。

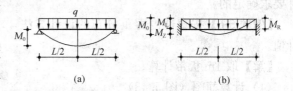

图 5.42 调幅后的跨中弯矩与支座弯矩

(a) 简支梁；(b) 两端连续梁

3）均布荷载作用下等跨连续梁板的内力计算

为方便应用，根据调幅法原则，对均布荷载作用下等跨连续梁板的考虑塑性内力重分布后的内力取值，作如下规定：

（1）弯矩

$$M = \alpha_m(g + q)l_0^2 \tag{5-13}$$

式中，g、q 分别为单位长度上恒载、活载的设计值；α_m 为连续梁考虑塑性内力重分布的弯矩计算系数，按表 5.23 采用；l_0 为计算跨度，当板、梁的两端与支承其的梁（柱）整体连接时取净跨，当端支座简支在砖墙时，板的端跨等于净跨加板厚之半，梁的端跨等于净跨加支座宽度之半或加 0.025 净跨（取较小值）。考虑到梁支座边缘是其塑性铰的形成位置，采用梁弯矩按其净跨计算取值表达。

连续梁和连续单向板考虑塑性内力重分布的弯矩计算系数 α_m　　　　表 5.23

梁端支承情况		截面位置					
		端支座	边跨跨中	离端第二支座	第二跨跨中	中间支座	中间跨跨中
		A	I	B	Ⅱ	C	Ⅲ
梁、板搁支在墙上		0	1/11	二跨连续： $-1/10$ 三跨以上连续： $-1/11$	1/16	$-1/14$	1/16
板	与梁整浇连接	$-1/16$	1/14				
梁		$-1/24$	1/14				
梁与柱整浇连接		$-1/16$	1/14				

（2）剪力

$$V = \alpha_v(g + q)l_n \tag{5-14}$$

式中，α_v 为连续梁考虑塑性内力重分布的剪力计算系数，按表 5.24 采用；l_n 为净跨。

梁端支承情况	截面位置				
	端支座 A	离端第二支座 B		中间支座 C	
	内侧 $A_内$	外侧 $B_外$	内侧 $B_内$	外侧 $C_内$	内侧 $C_外$
搁支在墙上	0.45	0.60	0.55	0.55	0.55
与梁或柱整体连接	0.50	0.55			

均布荷载作用下等跨连续梁板的考虑塑性内力重分布后的弯矩与剪力取值，采用荷载设计值表达。但这并不表明，塑性分析方法不采用折算荷载。可以理解为，式中的弯矩与剪力计算系数 α_m 与 α_v 的取值，是在按折算荷载作弹性分析得出的弯矩包络图上经调幅设计要求确定的。

【例题 5-6】 按塑性内力重分布的设计方法，求【例题 5-2】楼板控制截面的弯矩设计值。

【解】 取 1m 板带计算。

（1）计算简图（图 5.43）

$$l_{n1} = 2.0 - 0.25/2 - 0.2/2 = 1.775\text{m}, \quad l_n = 2.0 - 0.2 = 1.8\text{m}$$

图 5.43 按塑性方法分析的计算简图

（2）荷载计算

标准值按【例题 5-5】：恒载 $g_k = 0.6 + 2.0 + 0.34 = 2.94\text{kN/m}$

                  活载 $q_k = 6.0 \times 1 = 6.0\text{kN/m}$

设计值： $g + q = \gamma_g g_k + \gamma_q q_k = \max(1.2 g_k + 1.4 q_k, \ 1.35 g_k + 1.4 \times 0.7 q_k)$

            $= \max(1.2 \times 2.94 + 1.4 \times 6.0 = 11.93, \ 1.35 \times 2.94 + 1.4 \times 0.7 \times 6.0 = 9.85)$

            $= 11.93\text{kN/m}$

（3）控制截面内力设计值

板内力计算过程见表 5.25。

板控制截面内力设计值计算 $[M = \alpha_m \ (g+q) \ l_n^2]$ 表 5.25

	截面 1	截面 B	截面 2	截面 C	截面 3
弯矩系数	1/14	−1/11	1/16	−1/14	−1/16
弯矩值(kN·m)	2.68	−3.47	2.42	−2.76	−2.42

注：α_m 按表取值；求 M_B 时，$l_n = (1.775+1.8)/2 = 1.788\text{m}$。

5. 截面的配筋与构造

从设计内容来看，钢筋混凝土连续梁考虑内力重分布的设计，主要是解决截面承载力设计时的荷载效应取值问题以及满足保证实现充分内力重分布的相关条件，而截面配筋的计算方法及相关构造要求与前述弹性设计方法类同。

5.5 钢筋混凝土双向板按塑性理论设计

双向板的破坏试验表明，钢筋混凝土板明显具有塑性受力的特点，破坏时受拉钢筋屈服，受压区混凝土压坏。一般而言，板的配筋率通常不大，比界限配筋率小很多，有较大的转动能力，延性较好。因此，钢筋混凝土板按塑性理论分析有现实的合理性。

《混凝土结构设计规范》规定，承受均布荷载的周边支承的双向矩形板，可采用塑性铰线法或条带法等塑性极限分析方法进行承载能力极限状态的分析与设计，同时应满足正常使用极限状态的要求。本节介绍钢筋混凝土双向板按塑性铰线法的配筋设计方法。

1. 塑性铰线概念

如同前述，钢筋混凝土梁受荷后因其所配受拉钢筋屈服而形成的塑性铰截面，能保持截面的抵抗弯矩能力基本不变，但可以有较大的塑性转动。同样的情形也发生在钢筋混凝土板中，受荷后板因受拉钢筋屈服而出现的塑性铰截面，因截面较宽而连成一线，称之为塑性铰线。一般，与板承受的正、负弯矩对应，将裂缝位于板底的称为正塑性铰线，裂缝位于板面的称为负塑性铰线。图 5.44 (a) 所示四边简支正方形板的正塑性铰线分布，反映了前述四边简支正方形板破坏试验的裂缝分布特征；图 5.44 (b) 所示四边固定正方形板，除了与图 (a) 相似的正塑性铰线分布，沿四条支承边可形成负塑性铰线分布。塑性铰线的基本性能与塑性铰相同。根据板的典型破坏特征，可以认为板的塑性变形转动集中发生在塑性铰线上。与板截面的配筋对应，沿塑性铰

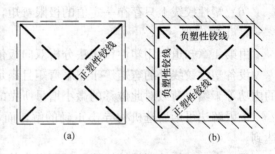

图 5.44 四边支承板塑性铰线分布
(a) 四边简支；(b) 四边固定

线单位长度上的截面抵抗弯矩或称为截面极限弯矩，由钢筋混凝土板的截面抗弯承载力表达。

2. 塑性铰线位置确定方法

钢筋混凝土板中塑性铰线分布形式与很多因素有关，诸如板的平面形状、荷载方式、边界条件、配筋情况等多种因素。图 5.45 所示为矩形板可能的塑性铰线分布形式。

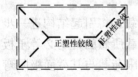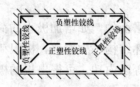

图 5.45 矩形板可能的塑性铰线分布形式

简支板的塑性铰线位置与方向是明显的，连续板单向板的塑性铰线也容易确定。对其他情况的塑性铰线分布方式，可基于塑性铰线的分布规律而确定。一般而言，当板因足够数量的塑性铰出现，形成机构而将破坏时，由塑性铰线划分而成的各板块可看作绕塑性铰线转动的刚体；塑性铰线是直线，其位置沿着支座线或位于点支座上，塑性铰线（或其延

长线）必须通过两相邻板块转动轴的交点。通常，负塑性铰线发生在固定边界处，正塑性铰线通过相邻板块转动轴的交点，且出现在弯矩最大处。

3. 塑性铰线法

塑性铰线法，又称极限平衡法，是在塑性铰线位置大致确定的前提下，利用虚功原理确定塑性铰线的具体位置、方向，得出求解破坏荷载与作用在塑性铰线上弯矩的两者关系式，可用以结构的极限分析与极限设计。

钢筋混凝土双向板按塑性铰线法计算时，做如下基本假定：

（1）板即将破坏时塑性铰线发生在弯矩最大处；

（2）形成塑性铰线的板是几何可变体系（破坏机构）；

（3）分布荷载下塑性铰线是直线；

（4）板由塑性铰线划分成若干板块，可将各板块视为刚性，整个板的变形都集中在塑性铰线上，破坏时各板块都绕塑性铰线转动；

（5）板在理论上存在多种可能的塑性铰线形式，但只有相应与极限荷载为最小的塑性铰线形式才是真实的；

（6）塑性铰线上只存在一定值的极限弯矩，没有扭矩和剪力。

4. 上限定理

由第4章知道，用塑性铰线法分析双向板依据的上限定理。上限定理可表述如下：

设各塑性铰线处的弯矩等于屈服弯矩且满足边界条件，若板对于位移的微小增量所做的内功等于给定荷载对此位移的微小增量所做的外功，则此荷载为实际承载能力的上限。

上限解法可为所选机构导出正确的解，而真实的破坏荷载仅当所选机构正确时方可达到。

理论上，结构按塑性铰线法分析所得为其上限解，即偏于不安全方面。若结构满足上限条件，则当作用荷载大于其上限值时，则结构必然破坏。对于已知截面受弯承载力的双向板，按塑性铰线法计算所得的破坏荷载可能高于实际破坏荷载值；但试验结果表明，由于穹顶作用等的有利影响，双向板的实际破坏荷载值并不低于计算所得的破坏荷载上限值。

5. 虚功定理

确定了板可能的屈服铰线形式之后，可用虚功原理方法确定其转动轴的具体位置、方向和破坏荷载。此法的原理是，给板预先确定的破坏机构一个虚位移，塑性铰处的转动所做的内功等于外力所做的外功。

当塑性铰线形成后，因弯矩与荷载是平衡的，如增加极小的荷载，将引起结构进一步挠曲。根据虚位移原理，若给板预定的破坏结构一虚位移，极限荷载所做的外功必等于板塑性铰线处极限弯矩所做的内功。由外功等于内功，可得出板的极限荷载与其截面极限弯矩即其截面受弯承载力之间的关系。

（1）荷载所做外功

板上荷载所做外功，等于外荷载值和荷载作用点移动距离之乘积，若荷载不是集中而是沿长度或面积分布，则按荷载与其合力作用点处位移的乘积计算。

（2）抵抗弯矩所做内功

抵抗弯矩所做内功，等于整个体系的总内功，即所有塑性铰线的内功之和。在设定的虚位移下，由单位铰线长的屈服弯矩 m_i 和虚位移相应的各塑性铰线的塑性转角 θ_i 乘积之和得出。若板的各塑性铰线内功为 $W_i = m_i l_i \theta_i$，则其总内功按式 $\sum W_i = \sum m_i l_i \theta_i$ 计算。

外功有正负，取决于外力合力与其作用点位移的相对方向，而内功总为正值，因为转动与弯矩同方向。

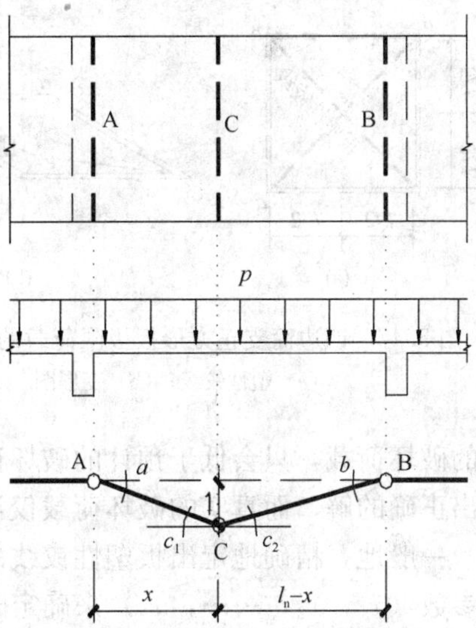

图 5.46　板极限荷载的求解图式
（两端支座的单位极限弯矩不等）

【例题 5-7】已知图 5.46 所示楼板 A、C 处单位塑性铰线的极限弯矩分别为 $m_a = m_c = 5 \mathrm{kN \cdot m/m}$，B 处单位塑性铰线的极限弯矩为 $m_b = 7.5 \mathrm{kN \cdot m/m}$。$l_n = 1.8 \mathrm{m}$。求板的极限荷载值 p。

【解】

如图 5.46 所示，设破坏机构沿 C 铰线处有单位竖向位移＝1，外功为荷载乘以位移。

有　　$W_{外功} = px/2 + p(l_n - x)/2$

A、B 塑性铰线处的转角为

$$\varphi_a = 1/x, \varphi_b = 1/(l_n - x)$$

C 塑性铰线处的转角为

$$\varphi_{c1} = \varphi_a = 1/x, \varphi_{c2} = \varphi_b = 1/(l_n - x)$$

内功为极限弯矩乘以转角之和，有

$$W_{内功} = m_a(1/x) + m_b/(l_n - x) + m_c[1/x + 1/(l_n - x)]$$

按虚功原理：$W_{外功} = W_{内功}$

$$px/2 + p(l_n - x)/2 = m_a(1/x) + m_b/(l_n - x) + m_c[1/x + 1/(l_n - x)]$$

$$p1.8/2 = 5 \times (1/x) + 7.5/(1.8 - x) + 5 \times [1/x + 1/(1.8 - x)]$$

$$= 10/x + 12.5/(1.8 - x)$$

$$p = (2/1.8)[10/x + 12.5/(1.8 - x)]$$

$$p' = (2/1.8) \times [-10/x^2 + 12.5/(1.8 - x)^2] = 0$$

整理可得　　　$x^2 + 14.4x - 12.96 = 0, x = 0.85 \mathrm{m}$

单位板宽的极限荷载为

$$p = (2/1.8)[10/x + 12.5/(1.8 - x)]$$

$$= (2/1.8)[10/0.85 + 12.5/(1.8 - 0.85)] = 27.69 \mathrm{kN/m}$$

【例题 5-8】图 5.47 示四边简支正方形板（$l_x = l_y$），各向同性配筋（$m_x = m_y$），承受均布荷载 $p \mathrm{kN/m^2}$。求所需的截面受弯承载力（单位塑性铰线的极限弯矩 $m \mathrm{kN \cdot m/m}$）。

【解】

因结构对称，塑性铰线如图示，分成 4 个相同的三角形板块，$l_x = l_y = l$，$m_x = m_y = m$。设板中心点 e 处有单位位移 1，转角为 $1/(l_x/2) = 2/l_x$。取单个板块 aec 受力分析。

135

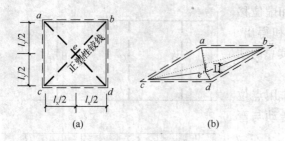

图 5.47 四边简支正方形板极限荷载的求解图式

(a) 塑性铰线；(b) 变形图

$$W_{单板块外功} = pl_x(l_x/2)(1/2)(1/3)$$
$$= p(l_xl_y/12)$$
$$= p(l^2/12)$$

$$W_{单板块内功} = m_xl_y(2/l_x) = 2m_xl_y/l_x$$
$$= 2m$$

$$W_{单板块外功} = W_{单板块内功}，有$$
$$p(l^2/12) = 2m$$

所需的截面受弯承载力，$m = pl^2/24$

从实际的破坏荷载永远不会高于预计的破坏荷载，只会低于预计的破坏荷载而言，这就是上限方法。上限解法可为所选机构导出正确的解，而真实的破坏荷载仅当所选机构正确时方可达到。

一般地，精确地定出板塑性铰线的位置并不容易。当塑性铰线的分布方式需用若干未知参数（x_1，x_2，……，x_n）来确定时，按虚功原理可得出 p（x_1，x_2，……，x_n）表达式，确定极限荷载值 p 的过程将含有若干偏导数，需要求解一组联立方程，计算不易。实用上，为使计算方便，可用试选法确定极限荷载，即选择一系列可能的塑性铰线位置形成的破坏机构，在分别求出各自对应的极限荷载值的基础上，经比较确定最小极限荷载值 p。

以下对承受均布荷载的四边固定的矩形板，按设定的塑性铰线位置作极限分析近似解。以此为基础，形成双向板按塑性铰线法基本计算公式。

6. 均布荷载下单块双向板按塑性铰线法分析——双向板按塑性铰线法基本计算公式

如图 5.48 所示为一四边固定矩形板极限荷载的求解图式。为使问题讨论简单，假定正塑性铰线与板边夹角 45°。下面按此假设作近似解。设塑性铰线的位置如图 5-48（b）所示，破坏时形成图示倒锥形机构，其中，在四周固定边产生负塑性铰线，跨内产生正塑性铰线。设板内配筋沿两个方向均为等间距布置，单位板宽沿短跨、长跨方向的跨中极限弯矩分别为 m_x、m_y，单位板宽支座处的极限弯矩分别为 m_x'、m_x'' 与 m_y'、m_y''。

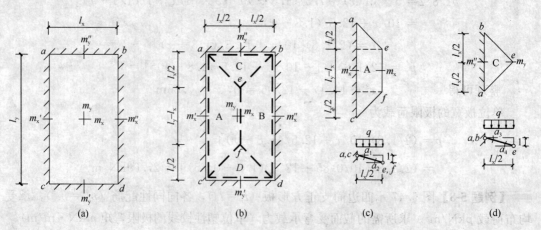

图 5.48 四边固定矩形板极限荷载的求解图式

(a) 极限弯矩；(b) 塑性铰线；(c) 板块 A；(d) 板块 C

(1) 外功

设破坏机构在跨中发生向下的单位竖向位移，即沿 e、f 铰线有单位位移 1，外功为荷载乘以位移。

板块 A 的外功，参见图 5.43（c），有

$$W_{外功A} = p(l_y - l_x)(l_x/2)(1/2) + p(l_x/2)(l_x/2)(1/2)(1/3) \times 2$$

$$= p(l_y - l_x)(l_x/4) + p(l_x^2/12)$$

上式中，（1/2）与（1/3）分别为板块 A 的中间矩形部分、两侧三角形部分的荷载合力作用点处的位移。

板块 C 的外功，参见图 5.48（d），有

$$W_{外功C} = pl_x(l_x/2)(1/2)(1/3) = p(l_x^2/12)$$

按同理，可得板块 B、板块 D 的外功如下：

$$W_{外功B} = W_{外功A}$$

$$W_{外功D} = W_{外功C}$$

板块总外功，$W_{外功总} = W_{外功A} + W_{外功B} + W_{外功C} + W_{外功D}$

$$= 2(W_{外功A} + W_{外功C})$$

$$= 2[p(l_y - l_x)(l_x/4) + p(l_x^2/12) + p(l_x^2/12)]$$

$$= 2pl_x(3l_y - l_x)/12$$

(2) 内功

沿塑性铰线长 l_i 的抵抗弯矩为常值，内功按式 $W_i = m_i l_i \theta_i$ 计算。

根据图示几何关系，负塑性铰线产生的转角为 $2/l_x$；正塑性铰线 ef 上，板块 A 与 B 的相对转角为 $4/l_x$；斜向正塑性铰线沿长跨、短跨方向的转角均为 $2/l_x$。

各塑性铰线上的极限弯矩，等于其单位塑性铰线的极限弯矩与塑性铰线长的度乘积：

$$M_x = m_x l_y \qquad M'_x = m'_x l_y \qquad M''_x = m''_x l_y$$

$$M_y = m_y l_x \qquad M'_y = m'_y l_x \qquad M''_y = m''_y l_x$$

据此，计算塑性铰线上极限弯矩所做的内功。

板块 A 的内功，$W_{内功A} = m'_x l_y \alpha_1 + m_x l_y \alpha_2 = (m'_x l_y + m_x l_y)(2/l_x) = (M'_x + M_x)(2/l_x)$

转角 $\alpha_1 = \alpha_2 = 1/(l_x/2) = (2/l_x)$

板块 C 的内功，$W_{内功C} = m''_y l_x \alpha_3 + m_y l_x \alpha_4 = (m''_y l_x + m_y l_x)(2/l_x) = (M''_y + M_y)(2/l_x)$

转角 $\alpha_3 = \alpha_4 = 1/(l_x/2) = (2/l_x)$

按同理，可得板块 B、板块 D 的内功如下：

$$W_{内功B} = (M'_x + M_x)(2/l_x)$$

$$W_{内功D} = (M'_y + M_y)(2/l_x)$$

板块总内功，$W_{内功总} = W_{内功A} + W_{内功B} + W_{内功C} + W_{内功D}$

$$= (M'_x + M_x)(2/l_x) + (M'_x + M_x)(2/l_x) + (M'_y + M_y)(2/l_x) + (M'_y + M_y)(2/l_x)$$

$$= (2M_x + M'_x + M'_x + 2M_y + M'_y + M'_y)(2/l_x)$$

（3）按虚功原理，$W_{内功总} = W_{外功总}$

$$(2M_x + M'_x + M'_x + 2M_y + M'_y + M'_y)(2/l_x) = 2pl_x(3l_y - l_x)/12$$

$$2M_x + M'_x + M'_x + 2M_y + M'_y + M'_y = pl_x^2(3l_y - l_x)/12 \tag{5-15}$$

式（5-15）为双向板按塑性铰线法计算的基本公式，表示双向板按塑性铰线上正截面受弯承载力的总值与极限荷载之间的关系。

7. 结构的极限分析与极限设计

塑性铰线法的应用，既可用作双向板的极限分析，也可用作双向板的极限设计。

1）极限分析

当构件的截面尺寸、材料强度等已定，则截面所能承受的内力已知，经过分析，求出结构所能承受的极限弯矩值，这称之为结构的极限分析。对于极限分析问题，若板截面配筋已知，则截面的受弯承载力可确定，即式（5-15）的全部弯矩已知，由上式可求得极限荷载 p。

2）极限设计

当结构上作用的荷载已知，根据荷载作用下的结构内力值，即可求出各塑性铰线上弯矩值，并依此对各截面做配筋计算，确定结构构件的截面尺寸及材料强度等，则称之为结构的极限设计。

当为极限设计问题，已知荷载 p，但式中的 6 个弯矩值待定，因一个方程只能确定一个变量的取值。为此，补充下列条件：

$$n = l_y/l_x, \quad \alpha = m_y/m_x$$

$$\beta'_x = m'_x/m_x \qquad \beta'_x = m''_x/m_x \qquad \beta'_y = m'_y/m_y \qquad \beta''_y = m''_y/m_y \tag{5-16}$$

式（5-16）中除 M_x 外的其他 5 个弯矩可由 M_x 表出如下：

$$M_x = m_x l_y \qquad M'_x = m'_x l_y = \beta'_x m_x l_y = \beta'_x M_x \qquad M'_x = m''_x l_y = \beta'_x m_x l_y = \beta'_x M_x$$

$$M_y = m_y l_x = \alpha m_x l_x = \alpha m_x l_x l_y/l_y = \alpha M_x l_x/l_y$$

$$M'_y = m'_y l_x = \beta'_y m_y l_x = \beta'_y \alpha m_x l_x l_y/l_y = \beta'_y \alpha M_x l_x/l_y$$

$$M'_y = m''_x l_y = \beta'_y \alpha M_x l_x/l_y \tag{5-17}$$

选取 α 与 β 值，其实是设定板的弯矩重分布。考虑到使用阶段的裂缝宽度及变形值的控制要求，为使两个方向的跨中弯矩的比值与弹性分布时相近，通常选用 $\alpha = m_y/m_x = 1/(l_y/l_x)^2 = \dfrac{1}{n^2}$，其中，$l_x$ 为板的短边长度。以及考虑节约钢筋、方便施工的要求，根据工程经验，各种 β 取值宜在 $1 \sim 2.5$ 之间选取，常取 2。这样，若已知板几何尺寸、荷载值与支承条件，按实际情况确定相关系数值后，可求出 M_x，再利用式（5-17）求出其他弯矩值。

【例题 5-9】四边简支 $3m \times 3m$ 正方形板，计算跨度 $l_1 = l_2 = 2.875m$，板厚 80mm。采用 C30 混凝土（$f_c = 14.3 N/mm^2$，$f_t = 1.43 N/mm^2$），HPB300（$f_y = 270 N/mm^2$），承受均布荷载 pkN/m^2，一类环境。

【要求】

(1) 按式 (5-15) 写出，板单位塑性铰线的极限弯矩与极限荷载的关系式；

(2) 按板承受均布荷载设计值 $10kN/m^2$，求单位塑性铰线的极限弯矩 m；

(3) 按板底双向均匀设置 $\Phi 8@170$，求极限荷载设计值。

【解】

(1) 按双向板按塑性铰线法计算的基本公式 (5-15) 求解

$$M'_x = M'_x = M'_y = M'_y = 0$$

$$2M_x + 2M_y = 2m_x l_y + 2m_y l_x = 4ml$$

$$pl_x^2(3l_y - l_x)/12 = pl^2(3l - l)/12 = pl^3/6$$

$$m = pl^2/24 = 0.0417pl^2$$

(2) 单位塑性铰线的极限弯矩

$$m = pl^2/24 = 10 \times 2.875^2/24 = 3.44kN \cdot m/m$$

(3) 极限荷载设计值

按双层配筋，取两向有效高度平均值，$h_0 = 55mm$；$\Phi 8@170$，$A_s = 296mm^2$。

$$x = f_y A_s/(\alpha_1 f_c b) = 270 \times 296/(1 \times 14.3 \times 1000) = 5.59mm$$

$$m = f_y A_s(h_0 - x/2) = 270 \times 296 \times (55 - 5.59/2) = 4.17kN \cdot m/m$$

$$p = 24m/l^2$$

$$= 24 \times 4.17/2.875^2 = 12.11kN/m^2$$

8. 连续双向板按塑性铰线设计计算方法

掌握了单块双向板的计算方法，就可将其应用于多跨连续双向板楼盖板的计算。作双向板楼盖板的受力分析时，活荷载按满跨布置，预先选定 α、β 等系数取值。首先，从中央区格开始，按四边固定的单区格板计算，求出该区格板的跨中弯矩以及支座弯矩；然后，计算与中央区格相邻的区格，此时可将已算得的中央区格板的支座弯矩值作为相邻区格板同一边界处的支座弯矩值，如此依次向外计算各区格板，直至楼盖的边、角区格板。需要注意的是，边、角区格板的外边界的支承条件应按实际情况确定。与弹性理论计算方法相比，用塑性铰线方法计算双向板一般可省钢筋 $20\% \sim 30\%$。

9. 按塑性理论设计的双向板楼盖配筋

当双向板楼盖按塑性理论计算时，其配筋应符合内力计算的假定，跨内正弯矩钢筋应沿全板均匀配置。支座上的负弯矩钢筋按计算值沿支座均匀配置。受力钢筋的直径、间距切断点的位置，以及沿墙边、墙角处的构造钢筋与单向板肋梁楼盖的有关规定相同。

5.6 无梁楼盖

1. 钢筋混凝土无梁楼盖板的加载试验

钢筋混凝土无梁楼盖板的加载试验表明，楼板在开裂前，处于弹性工作阶段；随着荷载

增加，在柱帽顶部楼板首先出现裂缝，随后不断发展，在跨中中部的 1/3 跨度内，相继出现

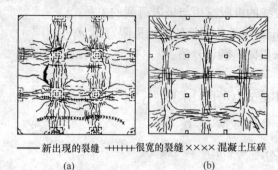

——新出现的裂缝 +++++++很宽的裂缝 ××××混凝土压碎

(a)   (b)

图 5.49   无梁楼盖板的加载试验

(a) 板顶裂缝；(b) 板底裂缝

成批的板底裂缝，这些裂缝相互正交，且平行于柱列轴线。即将破坏时，在柱帽顶部和柱列轴线上的板顶裂缝以及跨中的板底裂缝中出现一些特别大的裂缝。在这些裂缝截面处，钢筋受拉屈服，最终因截面受压区混凝土的压应变达到极限压应变值，导致楼板破坏。破坏时的板顶裂缝、板底裂缝的分布情况分别见图 5.49 (a)、(b)。

从试验裂缝的走向上可以判断：使无梁楼盖板产生破坏的弯矩是两个方向都与柱列线平行的正交弯矩；每个方向的弯矩都是在跨中为正弯矩，在柱列线（支座）上为负弯矩。在柱列线上取截一条板带来看，其弯矩分布与多跨框架梁（或连续梁）的弯矩分布相似。

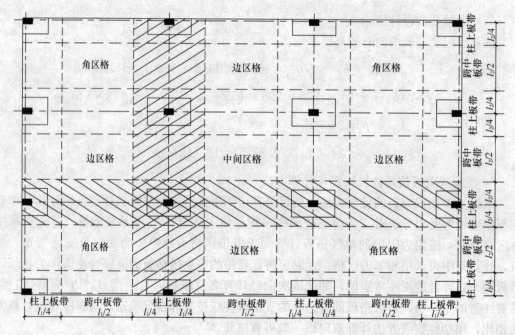

图 5.50   无梁楼盖板的板带与区格划分

2. 受力分析方法

无梁楼盖在竖向均布荷载作用下的受力分析，工程设计中常用经验系数法和等代框架法。

为简化分析，采用将区格板划分成柱上板带与跨中板带，并假定在柱上板带与跨中板带的各自宽度范围内，可以认为其弯矩是均匀分布的。柱上板带由柱列轴线两侧各 1/4 区格宽的板形成，跨中板带由两个柱上板带之间的宽为 1/2 区格宽的板形成，对整个无梁楼盖而言，形成图 5.50 所示的宽度相等的柱上板带与跨中板带。另外，由于无梁楼盖的各区格的结构构成与构件布置方式的不同，计算时应注意区格的区分。以图 5.50 所示九区

格无梁楼盖为例，可作中间区格、边区格、角区格的区分。

由此，经验系数法近似将无梁楼盖板结构在两个方向上按连续梁的计算单元做分析计算，而等代框架法则将无梁楼盖板结构的每列柱与其所支承的板带作为平面框架的计算单元做分析计算，以确定各区格板带的跨中、支座截面的弯矩值。

3. 经验系数法

经验系数法的基本思路是，先按所在区格分别两个方向各自计算楼板的截面总弯矩，再按两个方向分别将截面总弯矩按既定的比例分配系数确定该区格的各板带控制截面的弯矩值。换言之，所在区格的各板带的跨中和支座截面的弯矩值，按所在区格的弯矩计算系数乘以截面总弯矩表达。实际上，按区格计算的是板的计算单元宽度（l_1 或 l_2）内的总弯矩，由于柱对板的支承是局部支承，故跨中弯矩、支座弯矩在计算单元宽度（l_1 或 l_2）内的实际分布并不均匀，弯矩沿横向的分布情况与楼盖板的挠度沿横向的不等有关，呈现出沿柱列线最大而向两侧逐渐减小，且支座弯矩横向分布的不均匀性较跨中弯矩更为显著。

1）适用条件

经验系数法是一种简化的近似计算方法，其截面弯矩计算系数是基于结构力学与工程经验确定的。应用经验系数法时，必须满足的条件：

（1）每个方向上至少有三个连续跨；

（2）同一个方向上最大与最小跨度比值不应大于 1.3，且两端跨不应大于相邻内跨；

（3）任一区格的长短跨比不大于 2.0；

（4）活载与恒载之比不大于 3；

（5）为了使无梁楼盖不承受水平力，该楼盖的结构体系中应具有抗侧力的结构构件（例如剪力墙）。

2）计算步骤

（1）计算每个区格的两个方向的总弯矩值

有柱帽时，

$$M_{0-1} = ql_{01}^2 l_2/8 = ql_2(l_1 - 2c/3)^2 \tag{5-18a}$$

$$M_{0-2} = ql_{02}^2 l_1/8 = ql_1(l_2 - 2c/3)^2 \tag{5-18b}$$

式中，l_1、l_2 为两个方向的柱距；l_{01}、l_{02} 为对应方向的板计算跨度；c 为对应方向的柱帽计算宽度（图 5.51）。

（2）按区格计算柱上板带、跨中板带的控制截面弯矩值

经验系数法提供了柱上板带、跨中板带的控制截面的弯矩计算系数（表 5.26）。柱上板带、跨中板带的控制截面弯矩值，

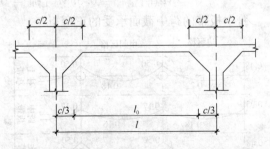

图 5.51　区格板的计算跨度

可由相应的计算系数乘区格总弯矩值得出。在区格总弯矩值不变的条件下，必要时允许将柱上板带负弯矩的 10% 分给跨中板带承担。

区格		边区格			中间区格	
截面		边支座	跨中	内支座	支座	跨中
板带	柱上板带	−0.48	0.22	−0.50	−0.50	0.18
	跨中板带	−0.05	0.18	−0.17	−0.17	0.15

3）弯矩计算系数

按经验系数法规定，板带的控制截面弯矩用相应的计算系数乘区格总弯矩表达。下面以中间区格为例，说明 l_1 方向上的柱上板带与跨中板带的跨中及支座的截面弯矩计算系数的取值方法。首先，将区格板的总弯矩在区格的支座与跨中截面间进行分配。假设中间区格板的支座处转角为零，视楼板为两端固定梁，则其跨中弯矩为简支梁跨中弯矩的 $1/3$，两端的支座弯矩为简支梁跨中弯矩 $2/3$。若以该区格 l_1 方向上的总弯矩表达，跨中与支座截面各自负担弯矩 $M_{0\text{-}1}/3$、$2M_{0\text{-}1}/3$。

其后，再将由此确定的跨中弯矩与支座弯矩在柱上板带的与跨中板带间进行分配。由此，得出各板带的跨中与支座截面的弯矩值。按前述分析，由于柱上板带的刚度较跨中板带的刚度大得多，所以柱上板带的承受的弯矩较跨中板带大，柱帽的设置可使柱上板带的刚度增强；由于中间跨的柱端对板的弯曲约束大，所以板带的负弯矩值比正弯矩值大；在单个方向上，柱上板带的正、负弯矩值和跨中板带的正、负弯矩值的总和等于该方向的区格总弯矩值。

各区格板都有两个方向的弯矩值，故应按两个方向分别考虑。

区格板支座截面处的负弯矩，由柱上板带与跨中板带分别按 0.75、0.25 比例分担，即有：
柱上板带的支座截面承受的负弯矩

$$M_{1\text{-柱上、支座}} = 0.75M_{0\text{-}1\text{支座}} = 0.75(2M_{0\text{-}1}/3) = 0.5M_{0\text{-}1} \tag{5-19a}$$

跨中板带的支座截面承受的负弯矩

$$M_{1\text{-跨中、支座}} = 0.25M_{0\text{-}1\text{支座}} = 0.25(2M_{0\text{-}1}/3) = 0.17M_{0\text{-}1} \tag{5-19b}$$

区格板跨中截面处的正弯矩，由柱上板带与跨中板带分别按 0.55、0.45 比例分担，即有

柱上板带的跨中截面承受的正弯矩

$$M_{1\text{-柱上、跨中}} = 0.55M_{0\text{-}1\text{跨中}} = 0.55(M_{0\text{-}1}/3) = 0.18M_{0\text{-}1} \tag{5-19c}$$

跨中板带的跨中截面承受的正弯矩

$$M_{1\text{-跨中、跨中}} = 0.45M_{0\text{-}1\text{跨中}}$$
$$= 0.45(M_{0\text{-}1}/3)$$
$$= 0.15M_{0\text{-}1} \tag{5-19d}$$

上述截面弯矩所处位置对应如图 5.52 所示，l_2 方向上的弯矩也依同此理。

边区格与角区格因受到边柱、角柱、圈梁或边梁的影响，上述弯矩系数的取值有所变化。但各板带的弯矩总和应等于总

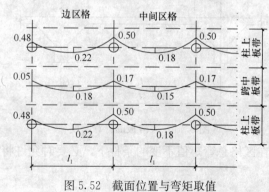

图 5.52 截面位置与弯矩取值

弯矩。制表时将边区格各板带的弯矩系数单独列出，沿外边缘（靠墙）平行于边梁（圈梁）的跨中和半柱上板带的截面弯矩可较之中间、边区格的相应弯矩值有所降低。

因沿外边缘设置的边梁（圈梁）承受部分板面荷载之故。跨中板带截面每米宽正负弯矩为中边区格的 0.8 倍，柱上板带截面每米宽正负弯矩为中边区格相应值的 0.5 倍。

4. 等代框架法

当无梁楼盖结构不符合经验系数法的适用条件时，可采用等代框架法。基于前述的板带划分方法，将每列柱与其所支承的板带形成的框架做分析计算。图 5.50 所示阴影线的部分表示为一个计算单元，其宽度为垂直于计算方向的柱距，为 l_1 或 l_2，计算单元的轴线为柱列线，将此单元视为板带与柱形成的框架，即为等代框架。整个结构分别沿纵、横柱列两个方向划分，将其视为纵向、横向的两个等代框架，分别作受力分析。每层的楼板等代成框架梁。

1）竖向荷载作用

（1）等代框架的梁、柱的几何特征描述。梁宽取为板跨中心线 l_1 或 l_2，梁高即为板厚，有柱帽时梁跨取为（$l_1-2c/3$）或（$l_2-2c/3$）；等代框架柱为原柱，柱高为（层高－柱帽高度）。

（2）按平面框架求解内力。当按竖向荷载作用作近似分析时，可利用分层法。

（3）计算得到的等代框架梁控制截面的总弯矩后，按照划分的柱上板带与跨中板带由表 5.27、表 5.28 列弯矩分配比值分别确定支座与跨中弯矩设计值。

方形板的柱上板带和跨中板带的弯矩分配比值 表 5.27

区格	边区格			内区格	
截面	边支座	跨中	内支座	跨中	内支座
柱上板带	0.90	0.55	0.75	0.55	0.75
跨中板带	0.10	0.45	0.25	0.45	0.25

矩形板的柱上板带和跨中板带的弯矩分配比值 表 5.28

l_1/l_2	0.5～0.6		0.6～0.75		0.75～1.33		1.33～1.67		1.67～2.0	
弯矩	$-M$	M	$-M$	M	$-M$	M	$-M$	M	$-M$	M
柱上板带	0.55	0.50	0.65	0.55	0.70	0.60	0.80	0.75	0.85	0.85
跨中板带	0.45	0.50	0.35	0.45	0.30	0.40	0.20	0.25	0.15	0.15

2）水平荷载作用

值得注意的是，水平荷载作用下的板柱结构也可以近似按等代框架法计算，但此时等代框架梁的截面计算宽度取值较分析竖向荷载作用时为小，这是因为当竖向荷载作用时是楼板的变形带动柱变形，而水平荷载作用下，则是柱的变形带动一定范围宽度的板与之一起变形。我国抗震规范规定，等代梁宽宜采用垂直于等代框架柱距的 50%。

5. 截面设计与构造要求

1）截面设计要求

无梁楼盖的配筋设计方法类似于前述的连续双向板做法。按实用设计方法，求得板带控制截面的弯矩设计值后，可按正截面受弯承载力设计要求 $M \leqslant M_u$，分别计算板带的跨中与支座截面的配筋，并满足相关的配筋构造要求。

（1）板厚

无梁楼盖的板厚，除满足承载力要求外，还须满足刚度要求。当板厚与柱网长边尺寸之比符合下列要求，可不作挠度验算：有柱帽顶板时，$h/l \geqslant 1/35$；无柱帽顶板时，$h/l \geqslant 1/30$；无柱帽顶板时，柱上板带可适当加厚，加厚部分的厚度可取相应跨度的 0.3 倍。

此外，当板按计算需配置受冲切钢筋时，其厚度不应小于 150mm，板厚还应符合规定的最小板厚规定。

（2）板截面弯矩设计值

截面设计时，对垂直荷载作用下有柱帽的内跨，考虑到板的穹顶作用，截面的弯矩设计值可适当折减，除边跨及边支座外，所有截面的弯矩设计值均可按内力分析得到的弯矩值乘以 0.8 折减。

（3）板截面有效高度

无梁楼盖的有效高度取值，如同双向板，同一区域在两个方向同号弯矩作用下，由于两个方向的钢筋叠放在一起。计算时，应分别取各自的截面有效高度。当为正方形区格时，为简化，可取两个方向的有效高度平均值。

【提示】跨中板带的跨中底部钢筋，应把长跨方向的钢筋放在下方；柱上板带的在柱上的负筋，跨中的底部钢筋，应把长跨方向的钢筋放在外层。

2）配筋构造要求

由于无梁楼盖的钢筋是按柱上板带与跨中板带分别计算确定的，故实际配筋也要按柱上板带与跨中板带分别配置。一般情况，柱上板带由于支座负弯矩钢筋较跨中板带为多，通常采用分离式配筋。为保证施工时柱帽上部的负弯矩钢筋不致弯曲变形，以及便于柱帽混凝土的浇注，其直径不宜小于 12mm。柱上板带与跨中板带的负弯矩钢筋与正弯矩钢筋的数量基本相同，故可采用分离式或弯起式。

在同一区格内，两个方向弯矩同号时，应把较大弯矩方向的受力钢筋放在外层。受力钢筋的弯起和截断位置可按图 5.53 所示的统一模式确定。按照板带划分方式，板配筋划分以下三个区：

（1）两个方向的柱上板带的相交部位，受载后均承受负弯矩，两个方向的受力钢筋均在板顶部；

（2）两个方向的跨中板带的相交部位，受载后均承受正弯矩，两个方向的受力钢筋均在板底部；

（3）一个方向的柱上板带与另一方向的跨中板带的相交部位，两个方向的受力钢筋不在同一水平处。一个方向的柱上板带在该处为跨中，受载后承受正弯矩，该方向的受力钢筋放在板底部；而另一方向的跨中板带在该处为支座，受载后承受负弯矩，该方向的受力钢筋放在顶部。

由此可见，在（1）、（2）所示的两个相交部位，同一层面的两个方向的受力钢筋都可以由两个方向的受力钢筋形成网片而不需设置分布钢筋。而在（3）所示的相交部位，上下两个层面均需加设置专门的分布钢筋。

【例题 5-10】无梁楼盖的板带配筋设计

144

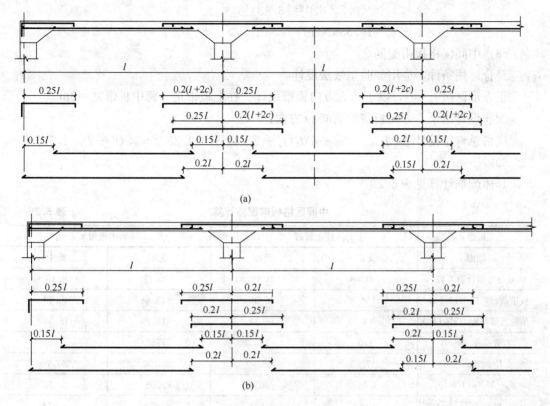

图 5.53　无梁楼板配筋构造

（a）柱上板带；（b）跨中板带

　　某钢筋混凝土无梁楼盖，楼层结构平面布置见图 5.54，柱网尺寸 6m×6m （$l_1 \times l_2$），中柱截面尺寸 500mm×500mm。板面使用荷载标准值 $q=6.0\mathrm{kN/m^2}$。楼面做法：30mm 厚水泥砂浆面层，现浇钢筋混凝土板柱，板底 20mm 厚砂浆粉底。混凝土强度等级 C25，采用 HRB400 钢筋。二类环境类别，安全等级为二级。

【要求】设计中间区格板带配筋，绘配筋图。

【解】

（1）截面尺寸选择

板厚：$h \geqslant l/35 = 6000/35 = 171\mathrm{mm}$，且 $\geqslant 150\mathrm{mm}$，取 $h=180\mathrm{mm}$

柱帽宽度：$c = (0.2 \sim 0.3)l = (0.2 \sim 0.3) \times 6000 = 1200 \sim 1800\mathrm{mm}$，取 $c=1500\mathrm{mm}$

（2）荷载

恒载计算：　面层　　　　　　$20 \times 0.03 = 0.6\mathrm{kN/m^2}$

　　　　钢混凝土楼面板　　$25 \times 0.18 = 4.5\mathrm{kN/m^2}$

　　　　　　板底粉刷　　　$17 \times 0.02 = 0.34\mathrm{kN/m^2}$

　　　　恒载标准值　　$g_k = 0.6 + 4.5 + 0.34 = 5.44\mathrm{kN/m^2}$

　　　　活载标准值　　$q_k = 6.0\mathrm{kN/m^2}$

　　　　荷载设计值　　$g + q = \gamma_g g_k + \gamma_q q_k$

　　　　　　　　　　$= \max\ (1.2 \times 5.44 + 1.3 \times 6.0 = 14.33,\ 1.35 \times 5.44 + 1.3$

$$\times 0.7 \times 6.0 = 13.48)$$
$$= 14.33 \text{kN/m}^2$$

（3）中间区格板带配筋

符合适用条件，应用经验系数法设计。

正方形区格 $l_1 = l_2$，以下按 l_1 方向板带设计。柱上板带宽＝跨中板带宽＝3m。

配筋设计结果 l_2 方向板带配筋同 l_1 方向。

区格总弯矩设计值 $M_{0-1} = (g+q)l_2(l_1 - 2c/3)^2 = 14.33 \times 6 \times (6 - 2 \times 1.5/3)^2 = 268.69 \text{kN} \cdot \text{m}$

具体配筋计算见表 5.29。

中间区格板带配筋计算   表 5.29

板带	柱上板带		跨中板带	
截面	支座	跨中	支座	跨中
截面弯矩计算系数	-0.50	0.18	-0.17	0.15
板带截面弯矩（kN·m）	-134.35	48.36	-45.68	40.30
单位板带弯矩（kN·m）	-44.78	16.12	-15.23	13.43
有效高度（mm）	150	155	155	150
$\alpha_1 f_c bh_0^2$（kN·m）	267.75	285.90	285.90	267.75
$\alpha_s = M/(\alpha_1 f_c bh_0^2)$	0.167	0.056	0.053	0.050
$\gamma_s = (1 + \sqrt{1-2\alpha_s})/2$	0.908	0.971	0.973	0.974
$A_s = M/(f_y \gamma_s h_0)$	913	298	281	249
选用	Φ12@120	Φ10@200	Φ10@200	Φ10@200
实配（mm²）	942	393	393	393

【注释】C25：$f_c = 11.9 \text{N/mm}^2$，$f_t = 1.27 \text{N/mm}^2$，$\alpha_1 = 1.0$；HRB400：$f_y = 360\text{N/mm}^2$；$\alpha_{s,max} = 0.384$；

板带截面弯矩＝截面弯矩计算系数×区格总弯矩设计值，单位板带弯矩＝板带截面弯矩/板带宽；单位板带宽 $b = 1000\text{mm}$；有效高度：外层 $h_{01} = h - a_s = 180 - 25 = 155\text{mm}$，内层 $h_{01} = 180 - 35 = 145\text{mm}$，平均 $h_0 = 150\text{mm}$；$\alpha_1 f_c bh_{01}^2 = 1.0 \times 11.9 \times 1000 \times 150^2 = 267.75 \times 10^6$，$\rho_{min} = \max\ (0.15\%,\ 0.45 f_t/f_y = 0.45 \times 1.27/360 = 0.16\%) = 0.16\%$，$A_{s,min} = \rho_{min} bh = 0.16\% \times 180 \times 1000 = 288\text{mm}^2$。

（4）中间区格板带配筋示意图（图 5.54）

本例为正方形区格，故两个方向的板带对应部位处的截面配筋相同。中间区格板带配筋分为 A、B、C 三部分表示，采用分离式配置。其中，A 对应两个方向的柱上板带的相交部位，C 对应两个方向的跨中板带的相交部位，B 对应一个方向的柱上板带与另一个方向的跨中板带的相交部位。从图示 B 部分可见，布置在其截面下方的钢筋中，沿柱上板带方向的钢筋①是受力钢筋，沿跨中板带方向的钢筋②是分布钢筋；同理，布置在其截面上方的钢筋中，沿柱上板带方向的钢筋②是分布钢筋，沿跨中板带方向的钢筋①是受力钢筋。本例，分布钢筋按 Φ10@200 布置。

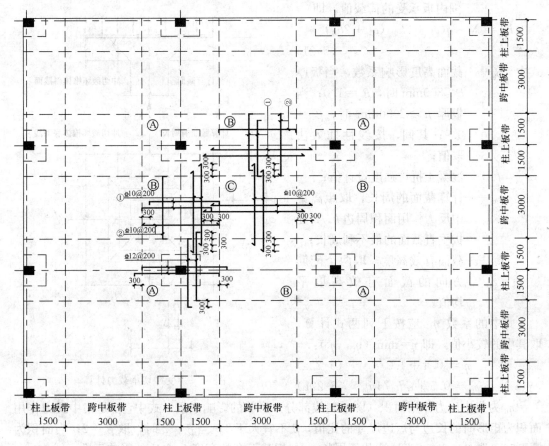

图 5.54　无梁楼盖中间区格配筋图

6. 板柱节点处板受冲切承载力

为防止柱周边处的板发生冲切破坏，须对柱周边处的板做抗冲切承载力的验算。板的截面尺寸与配筋，应满足受冲切承载力要求。

当板上布满荷载时，内柱周边处的平板，处于承受中心冲切，属于集中反力作用下的冲切情况，试验表明：

（1）冲切破坏时，冲切破坏锥体与平板大致呈 45°倾角；

（2）受抗冲切承载力与混凝土抗拉强度、局部荷载的周边长度及板纵横两个方向的配筋率（仅对不太高的配筋率而言），均大体呈线性关系；与板厚大体呈抛物线关系；

（3）配有弯起钢筋和箍筋的平板，可以大大提高冲切承载力。

1）受冲切承载力

对于不配置箍筋或弯起钢筋的板，其在集中反力作用下的受冲切承载力应符合下式要求：

$$F_l \leqslant 0.7\beta_{\text{h}}f_{\text{t}}\eta u_{\text{m}}h_0 \tag{5-20}$$

式中　F_l——冲切荷载（集中反力）设计值。按图 5.55 所示板柱节点取计算截面为冲切最不利的破坏锥体顶面线与底面线之间平均周长 u_{m} 处板的垂直截面，F_l 由该层楼面荷载产生的柱最大轴向力设计值 N 减去冲切破坏角锥体底面线范

围内板承受的荷载值，即

$$F_l = N - q(c_1 + 2h_0)(c_2 + 2h_0)$$
$$(5-21)$$

式中 β_h ——截面高度影响系数，当板厚 $h \leqslant 800mm$ 时，$\beta_h = 1.0$；当板厚 $h \geqslant 2000mm$ 时，$\beta_h = 0.9$；其间，按线性插入法取值；

f_t ——混凝土抗拉强度设计值；

u_m ——计算截面的周长，取距离集中反力作用面积周边 $h_0/2$ 处板垂直截面的最不利周长；

h_0 ——截面有效高度，取两个配筋方向的截面有效高度平均值。

式中的系数 η，应按下列两式计算，取其中的较小值，即 $\eta = \min(\eta_1, \eta_2)$：

$$\eta_1 = 0.4 + 1.2/\beta_s \qquad (5-22a)$$
$$\eta_2 = 0.5 + \alpha_s h_0/4u_m \qquad (5-22b)$$

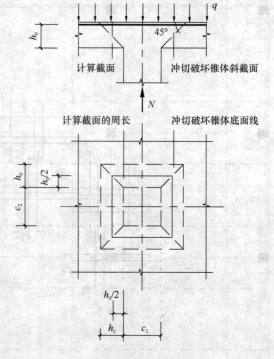

图 5.55 受冲切承载力计算

η_1 为集中反力作用面积（图示斜线部分）形状的影响系数，式中，β_s 是集中反力作用面积为矩形时的长边与短边尺寸的比值，β_s 不宜大于 4；当 $\beta_s < 2$ 时，取 $\beta_s = 2$；当面积为圆形时，取 $\beta_s = 2$。η_2 为计算截面周长 u_m 与板截面有效高度 h_0 之比的影响系数，式中，α_s 是柱类型的影响系数：对中柱，取 $= 40$；对边柱，取 $\alpha_s = 30$；对角柱，取 $\alpha_s = 20$。

2）配置抗冲切钢筋的受冲切承载力

当混凝土板的厚度不足以提供受冲切承载力时，可配置抗冲切钢筋。

设计时可同时配置箍筋和弯起钢筋，也可以分别配置箍筋或弯起钢筋作为抗冲切钢筋。为了使配置的抗冲切钢筋能够充分发挥作用，板的受冲切截面应满足下列条件，当冲切承载力不满足式要求时，且板厚受到限制时，可配置箍筋或弯起钢筋，并应符合相应的构造规定。此时，受冲切截面应满足下式：

$$F_l \leqslant 1.2 f_t \eta u_m h_0 \qquad (5-23)$$

（1）当配置箍筋时，受冲切承载力按下式计算；

$$F_l \leqslant 0.5 f_t \eta u_m h_0 + 0.8 f_{yv} A_{svu} \qquad (5-24)$$

（2）当配置箍筋、弯起钢筋时的受冲切承载力按下式计算；

$$F_l \leqslant 0.5 f_t \eta u_m h_0 + 0.8 f_{yv} A_{svu} + 0.8 f_y A_{sbu} \sin\alpha \qquad (5-25)$$

式中 A_{svu} ——与呈 45°冲切破坏锥体斜截面相交的全部箍筋截面面积；

A_{sbu} ——与呈 45°冲切破坏锥体斜截面相交的全部弯起钢筋截面面积；

α ——弯起钢筋与板底面的夹角。

对配置抗冲切钢筋的冲切破坏锥体以外的截面，尚应按式（5-23）进行冲切承载力计算，此时，式中的 u_m 应取配置抗冲切钢筋的冲切破坏锥体以外的 $h_0/2$ 处的最不利周长。

3）配筋构造

混凝土规范规定，混凝土板中的抗冲切箍筋或弯起钢筋配置，应符合下列要求：

（1）板的厚度不应小于 150mm。

（2）按计算所需的箍筋及相应的架立筋应配置在与 45°冲切破坏锥面相交的范围内，且从集中荷载作用面或柱截面边缘向外的分布长度不应小于 $1.5h_0$，箍筋直径不应小于 6mm，且做成封闭式，间距不应大于 $h_0/3$，且不应大于 100mm。

（3）按计算所需的弯起钢筋的弯起角度可根据板的厚度在 30°～45°之间选取，弯起钢筋的倾斜段应与冲切破坏锥面相交，其交点应在集中荷载作用面或柱截面边缘以外 $(1/2～2/3)h$ 的范围内。弯起钢筋直径不应小于 12mm，且每一方向不宜少于 3 根。

板中抗冲切钢筋配置可见图 5.56。

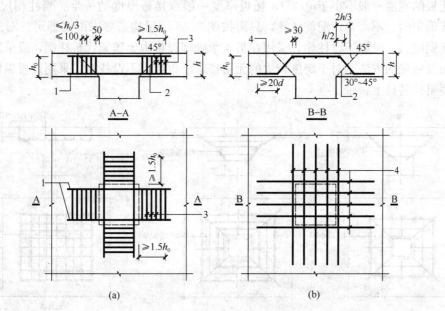

图 5.56　板中抗冲切钢筋配置

（a）箍筋配置；（b）弯起钢筋配置

1—架立钢筋；2—冲切破坏锥面；3—箍筋；4—弯起钢筋

7. 柱帽

无梁楼板下的板柱节点处可采用带柱帽或托板的结构形式，用以扩大板在柱上的支承面积，提高板的冲切承载力，减少楼板的计算跨度和柱的计算长度。此外，由于柱帽的刚结作用，使楼板与柱的联系牢固，增加了房屋的刚度，但柱帽的设置会减少室内有效空间，施工时也有所不便。

为防止柱帽周边处的板发生冲切破坏，须对柱帽周边处的板做抗冲切承载力的验算。柱帽的尺寸与配筋，也应按抗冲切承载力要求设计。

《混凝土结构设计规范》规定，柱帽的高度不应小于板的厚度 h；托板的厚度不应小于板的厚度 $h/4$；柱帽或托板在平面两个方向上的尺寸均不宜小于同方向上柱截面宽度 b 与 $4h$ 之和（图 5.57）。

板柱节点的形状、尺寸应包容 45°冲切破坏锥体，并应满足受冲切承载力要求。柱帽

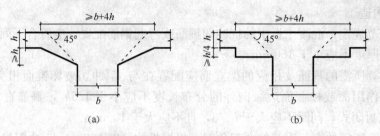

图 5.57　带柱帽或托板的板柱节点结构
（a）柱帽；（b）托板

的计算宽度 c 按 45°压力线确定，一般取 $c=（0.2\sim0.3）l$，l 为楼盖区格相应方向的边长；托板的宽度一般不小于 $0.35l$，托板厚度一般取楼板厚度的一半。当柱帽尺寸按 45°压力线确定时，不需要作配筋计算，只需按图 5.58 所示构造要求配置即可。对于跨度较小的无梁梁盖，可以不设柱帽，采用在板支承处埋设板内金属梁代替柱帽，或采用在板支承处加设箍筋的方法。对于跨度较大的无梁楼盖，也可以不设柱帽，采用设置纵横钢筋混凝土扁梁代替柱上板带。

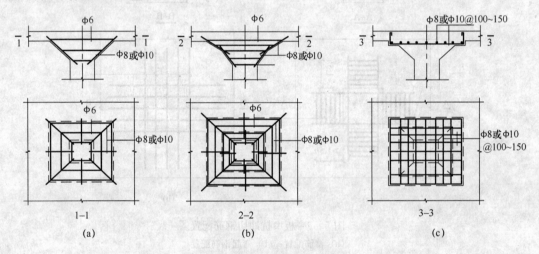

图 5.58　柱帽的配筋构造
（a）无帽顶板矩形柱帽的配筋；（b）有折线顶板矩形柱帽的配筋；（c）有矩形顶板柱帽的配筋

【例题 5-11】一钢筋混凝土无梁楼盖中柱处有柱帽板柱节点见图 5.59。柱网尺寸 6m ×6m，中柱截面尺寸 500mm×500mm，板厚 $h=180$mm，柱帽宽度 $c=1500$mm，柱帽高度为 500mm，柱帽中心与柱中心的竖向投影重合。板面均布荷载设计值为 $g+q=14.33$kN/m² （含楼板自重）。混凝土强度等级 C25，$a_s=a_s'=30$mm，板中未配置抗冲切钢筋。忽略柱帽自重和板柱节点不平衡弯矩的影响。构件安全等级为二级。

【要求】试作板柱截面冲切承载力验算。

【解】

$$h_0 = h - a_s = 180 - 30 = 150\text{mm}$$
$$u_m = 4\times(1500+2\times150/2) = 6600\text{mm}$$

集中反力作用面积长边与短边之比为 1，<2，故取 $\beta_s=2.0$；中柱，故取 $\alpha_s=4$。

$$\eta_1 = 0.4 + 1.2/\beta_s = 0.4 + 1.2/2 = 1.0$$

$$\eta_2 = 0.5 + \alpha_s h_0/(4u_m)$$

$$= 0.5 + 40 \times 150/(4 \times 6600)$$

$$= 0.73$$

$$\eta = \min(\eta_1, \eta_2) = \min(1.0, 0.73) = 0.73$$

$$0.7\beta_h f_t \eta u_m h_0 = 0.7 \times 1.0 \times 1.27$$

$$\times 0.73 \times 6600 \times 150$$

$$= 642.48 \times 10^3$$

$$= 642.48 \text{kN}$$

柱轴向压力设计值

$$N = (g + q)l_1 \times l_2 = 14.33 \times 6^2$$

$$= 515.88 \text{kN}$$

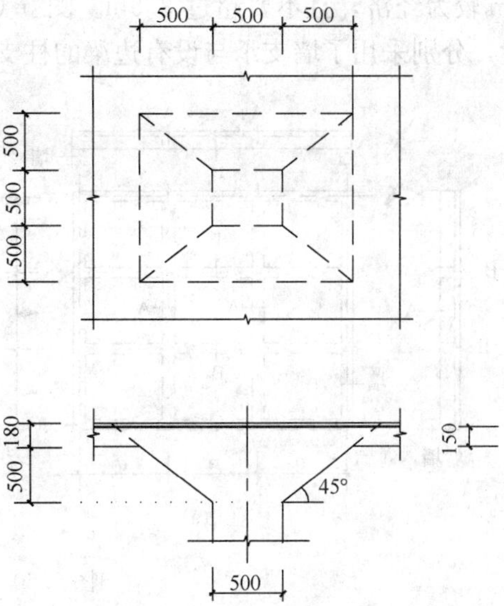

图 5.59 有柱帽板柱截面冲切承载力

按式（5-21）

$$F_l = N - q(c_1 + 2h_0)(c_2 + 2h_0)$$

$$= 515.88 - 14.33 \times (1.5 + 2 \times 0.15)^2$$

$$= 515.88 - 46.43 = 469.45 \text{kN} < 0.7\beta_h f_t \eta u_m h_0$$

$$= 642.48 \text{kN}$$

板柱截面冲切承载力验算满足。柱帽内的拉压应力均很小，钢筋按构造要求配置即可。

5.7 井 式 楼 盖

1. 结构布置

井式楼盖是一种常用的钢筋混凝土平面楼盖的结构形式，由呈井字形布置交叉梁即井格梁，与所支承的双向板组成。井式楼盖的主要特点是，其两个方向梁的截面高度通常相等，且同位相交，不分主次，共同承受板传来的荷载，整个梁格形成四边支承的受弯结构体系；由梁格支承的板为双向板。

井式楼盖的梁系布置，通常采用与楼盖平面的边线平行或斜交的方式。井式楼盖梁可由周边的墙或柱直接支承，也可由设置在柱顶的具有较大刚度的梁支承。在楼板平面内，当两个方向的梁按 90° 相交时，称为正交；当梁与支承边垂直设置时称为正放，当梁与支承边成 45° 角放置时称为斜放。工程上，常用正交正放、正交斜放的方式，三向交叉梁及外伸悬挑的井式梁也有应用。如图 5.63 所示 3×3 格与 12 格的井式楼盖，分别为正交正放与正交斜放。

井式楼盖宜用于正方形平面，如必须用于长方形平面时，则其长短边的边长之比不宜大于 1.5。梁格的选择，应考虑板的合理跨度。两个方向井格梁的间距可以相等，也可以不相等。如果不相等，一般要求两个方向的梁间距之比 b/a(或 a/b) 为 1.0～2.0。综合考虑建筑和结构受力的要求，实际设计时可按1.0～1.5之间采用为宜；梁格间距一般在 2～

3m 较为经济，且不要超过 3.5m。图 5.60 所示 3×3 格井式楼盖，梁系均按正交正放设置，分别采用了墙支承与设有边梁的柱支承。

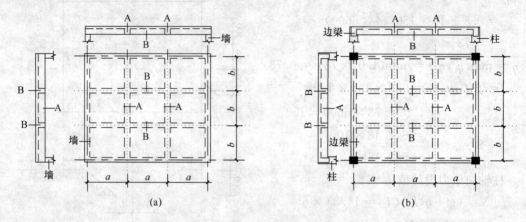

图 5.60 3×3 格井式楼盖
(a) 周边墙支承 (b) 周边柱支承

2. 受力特点

钢筋混凝土现浇井式楼盖是从钢筋混凝土双向板演变而来的一种结构形式，楼盖的梁、板都具有双向受力的性能。如以图 5.61 所示 2×2 格井式楼盖为例，所示梁格支承的板，其双向受力的特点及相关分析方法，前已有述。下面仅讨论有关井格梁的受力特点。

按井格梁的结构构成，可假设两个方向梁在交叉点处用一根链杆联系。均布的楼面荷载 q（kN/m²）可简化成作用交叉点上的集中荷载 P，由 $P=qab$ 表达。在同一交叉点处，两梁的挠度是相同的。分析时，根据静力平衡条件及引入变形协调条件，建立联立方程，可求得每根梁分担的荷载与相应的内力。

【例题 5-12】 图 5.61 (a) 所示 2×2 格井式楼盖，区格尺寸 $a×b$。A 梁与 B 梁在跨中处相交，其上作用集中荷载 $P=qab$，q 为均布楼面荷载值（kN/m²）。

【要求】 试分别求解 A 梁、B 梁的最大弯矩值：(1) $b/a=1$；(1) $b/a=0.8$。

【解】 按图 5.61 (b) 所示计算简图，采用类似前述双向板的受力分析方法。设 A 梁、B 梁各自承受的荷载为 P_A、P_B，交叉点处各自对应的挠度为 f_A、f_B。

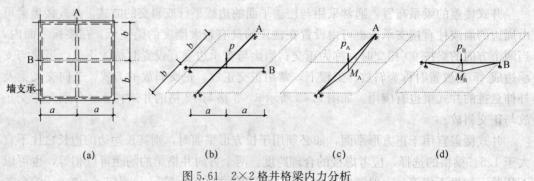

图 5.61 2×2 格井格梁内力分析
(a) 平面布置；(b) 计算图式；(c) A 梁弯矩；(d) B 梁弯矩

【解】

按静力平衡条件：$P=P_A+P_B$；引入变形协调条件：$f_A=f_B$；求解。

利用集中荷载作用下简支梁的跨中挠度计算式，有

$$f_A=P_A l_A^3/(48EI_A), \quad f_B=P_B l_B^3/(48EI_B)。$$

$$l_A=2b, \quad l_B=2a, \quad 且\ EI_A=EI_B。$$

$$由\ f_A=f_B, \quad P_A l_A^3=P_B l_B^3, \quad 有$$

$$P_B=(l_A/l_B)^3 P_A=[(2b)/(2a)]^3 P_A=(b/a)^3 P_A$$

$$由\ P=P_A+P_B, \quad P=P_A+(b/a)^3 P_A, \quad 有$$

$$P_A=P/[1+(b/a)^3]$$

$$P_B=1-P_B$$

(1) $b/a=1$

$$P_A=P/2, \quad P_B=P/2$$

$$M_A=P_A(2b)/4=(P/2)(2b)/4=Pb/2=0.25qab^2$$

$$M_B=P_B(2a)/4=(P/2)(2a)/4=Pa/2=0.25qa^2 b$$

(2) $b/a=0.8$

$$P_A=P/[1+(0.8)^3]=0.661P$$

$$P_B=1-0.661P=0.339P$$

$$M_A=P_A(2b)/4=(0.339P)(2b)/4=0.170Pb=0.170qab^2$$

$$M_B=P_B(2a)/4=(0.661P)(2a)/4=0.330Pa=0.330qa^2 b$$

A 梁、B 梁的弯矩图分别见图 5.61 (c)、(d)，也可绘出两梁的剪力图。

由例题分析可见，楼面荷载由相互交叉的 A 梁与 B 梁共同分担。当两梁截面相同时，题示的区格边长比 b/a 反映的是 A 梁与 B 梁的相对刚度比值，两梁各自分担的荷载份额根据两梁的相对刚度之比而定。一般而言，因等截面梁具有相等的截面抗弯刚度，若一个方向的梁跨较长，则其线刚度较小。由两梁相交处的挠度相同可知，线刚度大的梁承担更多的荷载。值得指出的是，若井式楼盖平面的长短边比值过大时，即两个方向的梁线刚度相差过大时，大部分的荷载将由较短的梁承受，此时双向传力的井格梁特征便不明显，形成了类似于主次梁的支承关系。

3. 井格梁受力分析方法

在一个跨度范围内，当格数多于 5×5 格时，可近似按拟板法作计算分析。所谓拟板法，是指按截面抗弯刚度等价的原则，将井格梁与其板面比拟成等厚板计算的方法。

在一个跨度范围内，当格数不多于 5×5 格时，可忽略井格梁交叉点处的扭矩，按交叉梁系计算。3×3 格井式楼盖梁的计算图式见图 5.62。如前述双向板楼盖的传力方式，在楼面均布荷载作用下，当板的区格为正方形时，井格梁在两个方向的荷载都是三角形荷载；当板的区格为矩形时，井格梁在一个方向的荷载是三角形荷载，而另一个方向的荷载是梯形荷载。当按图 5.62 (b) 所示交叉梁系计算图式分析时，取交叉点处的集中力 $P=qab$。据此分析计算，正交正放多区格的井格梁内力系数如附表 4 所示，可供工程设计时采用。

有关内力系数表的使用方法，可以图 5.57 所示的井格梁为例说明。计算过程见【例题 5-13】说明，表 5.30 为相应的内力系数表。

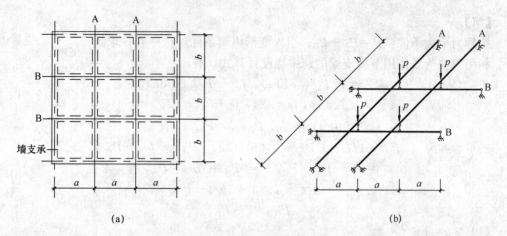

(a) (b)

图 5.62　井式楼盖梁的计算图式

(a) 楼盖平面；(b) 计算图式

井格梁的内力系数　　　　　　　　　　　　　　表 5.30

b/a	3×3 格（正交正放）				12 格（正交斜放）			
	A 梁		B 梁		A-A 梁		B-B 梁	
	M	V	M	V	M	V	M	V
	k_m	k_v	k_m	k_v	k_m	k_v	k_m	k_v
0.8	0.66	0.91	0.34	0.59				
1.0	0.50	0.75	0.50	0.75	0.0382	0.306	0.0746	0.847
1.2	0.37	0.62	0.63	0.88				
内力	$k_m qab^2$	$k_v qab$	$k_m qa^2 b$	$k_v qab$	$k_m qal^2$	$k_v qa^2$	$k_m qal^2$	$k_v qa^2$

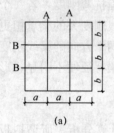

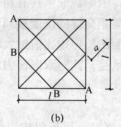

图 5.63　井格梁内力系数示例

(a) 9 格（正交正放）；(b) 12 格（正交斜放）

【例题 5-13】井式楼盖见图 5.62，其上作用均布荷载 $q = 10\text{kN/m}^2$。试利用表 5.30，求解井格梁的内力。

【要求】

(1) 3×3 格正交正放，见图 5.63 (a)，$a = b = 3.3\text{m}$，求 A 梁的最大弯矩与最大剪力；

(2) 12 格正交斜放，见图 5.63 (b)，$a = 3.5\text{m}$，$l = 9.9\text{m}$，求 A-A 梁与 B-B 梁的最大弯矩与最大剪力。

【解】(1) 9 格（正交正放）：A 梁的最大弯矩与最大剪力

$$b/a = 3.3/3.3 = 1, \quad k_m = 0.5, \quad k_v = 0.75$$

$$M_A = k_m qab^2 = 0.50 \times 10 \times 3.3 \times 3.3^2 = 179.685\text{kN} \cdot \text{m}$$

$$V_A = k_v qab = 0.75 \times 10 \times 3.3 \times 3.3 = 81.675\text{kN}$$

(2) 12 格（正交斜放）：A-A 梁与 B-B 的最大弯矩与最大剪力

$$l = 4a\sin 45° = 4 \times 3.5 \times 0.707 = 9.9\text{m}$$

154

$$M_{A-A} = k_m qal^2 = 0.0382 \times 10 \times 3.5 \times 9.9^2 = 131.039 \text{kN} \cdot \text{m}$$

$$V_{A-A} = k_v qab = 0.306 \times 10 \times 3.5^2 = 37.485 \text{kN}$$

$$M_{B-B} = k_m qal^2 = 0.0746 \times 10 \times 3.5 \times 9.9^2 = 255.904 \text{kN} \cdot \text{m}$$

$$V_{B-B} = k_v qab = 0.847 \times 10 \times 3.5^2 = 103.758 \text{kN}$$

由（1）9 格（正交正放）求解可见，作用在 4 个交叉点上的荷载总值为 4（10×3.3^2）= $4 \times 108.9 = 435.6 \text{kN}$，由此推算 A 梁的支座反力为 $435.6/8 = 54.45 \text{kN}$，相比算得的最大剪力值 $V_A = 81.675 \text{kN}$，多算值为 27.225kN，此值相当于交叉点上的单个集中荷载 qab 的 $1/4$，即（10×3.3^2）/4。这是考虑表格编制时，采用的计算图式对荷载形式做了简化，而对梁端剪力取值的调整。

由（2）12 格（正交斜放）求解可见，A-A 梁的跨长，但 M_{A-A} 不大，这是因为 B-B 梁给 A-A 梁提供了支承。B-B 梁的跨短，但 M_{B-B} 大，这是因为 B-B 梁给 A-A 梁提供了支承。基于上述的对梁剪力系数取值的调整，$M_{B-B} = (V_{B-B} - qa^2/4) a = (103.758 - 10 \times 3.5^2/4) \times 3.5 = 255.966 \text{kN} \cdot \text{m}$。

值得注意的是，与表 5.25 对应的是四边简支的井格梁，当实际结构的支承条件与此不符时，计算时须作相应的调整。另外，以上计算时荷载按满布考虑，实际工程中的连续跨井式楼盖，通常还要考虑可变荷载的不利布置。

井格梁的内力分析计算除了可以利用计算手册外，还可使用专门的设计分析软件。

4. 截面设计与构造要求

1）井式楼盖板

井式楼盖的区格板应按双向板作配筋设计。假定双向板的支承为不动铰，不考虑支承梁可能的变形。板的厚度选择，应不小于区格较小边长的 $1/45$（单跨），或 $1/50$（连续跨），且满足最小板厚的控制要求。若最小板厚按不小于 80mm 计，对应的区格长度可控制在 3.6m 左右。板配筋的构造要求同一般的双向板楼盖。

2）井式楼盖梁

（1）截面尺寸

两个方向井格梁的高度宜相等，设计时可根据楼盖荷载的大小，可取梁截面高 $h = l/16 \sim l/20$，l 为建筑平面的短边长度。梁截面宽 $b = (1/3 \sim 1/4) h$，但不宜小于 120mm。

当设置边梁时，其截面高度可取 $h = l/8 \sim l/12$。选用时，应使边梁具有足够的刚度，且应选用大于井格梁的截面高度。

（2）截面配筋

当井格梁承受正弯矩时，考虑到位于受压区的楼板对受弯承载力的贡献，可按钢筋混凝土受弯构件 T 形截面作配筋设计。T 形截面的计算宽度须按混凝土结构设计规范要求取值。

两个方向梁相交处的同一层面，短向梁的受力钢筋应设置在长向梁的受力钢筋之外。即当梁的下部受力钢筋交错时，应以短向梁钢筋在下、长向梁钢筋在上配置；而当梁的上部受力钢筋交错时，应以短向梁钢筋在上、长向梁钢筋在下配置。截面配筋计算时，应取对应的有效高度。

井格梁的下部受拉钢筋不应在两个方向梁的相交处断开，一般应直通两端支座。在两个方向梁的相交区段，应适当加强梁上部的纵向构造筋配置，用以承受因荷载分布不匀时承受可能出现的负弯矩。此外，通常在梁的相交区段采用加密箍筋或加设吊筋的做法。

井格梁与边梁相交时，应考虑边梁的约束作用，适当增加负弯矩钢筋的设置。井格梁的上部纵向钢筋在端支座的锚固做法，可对应设计采用的计算简图采取相应构造措施，以满足设计的具体要求。

井式楼盖梁的配筋还应符合一般钢筋混凝土梁的设计要求，其配筋构造做法可参照《混凝土结构施工图：平面整体表示方法制图规则和构造详图》16G101。

5.8 叠 合 楼 盖

叠合楼盖由工厂预制板和现场后浇筑叠合层两部分组成，其中预制板的厚度不宜小于60mm，现场后浇混凝土叠合层厚度不应小于60mm。考虑到预制板制作、吊装、运输、施工，以及叠合面抗剪等因素，对于跨度大于3m的叠合板，宜采用桁架钢筋混凝土叠合板；对于跨度大于6m的叠合板，宜采用预应力混凝土叠合板；对于板厚180mm的叠合板，宜采用混凝土空心板。叠合楼盖主要受力特点是分为施工和使用两阶段受力，需要分别考虑持久和短暂两种不同设计状况，即要进行使用阶段叠合板的极限状态设计和施工阶段的预制板验算。本教材主要介绍桁架钢筋混凝土叠合板设计方法和构造做法。

1. 钢筋桁架混凝土叠合板的构造

图5.64示为钢筋桁架混凝土叠合板构造示意图。预制板底除了按整体叠合板受力计算布置板筋外，还要埋设钢筋桁架。钢筋桁架一部分露出，形成由混凝土板和钢筋桁架组成的组合结构，提高了预制板的刚度并有利于预制板的制作、吊装、运输、施工。同时，钢筋桁架在预制板与后浇层之间起着剪力键作用，提高叠合面的受剪性能。

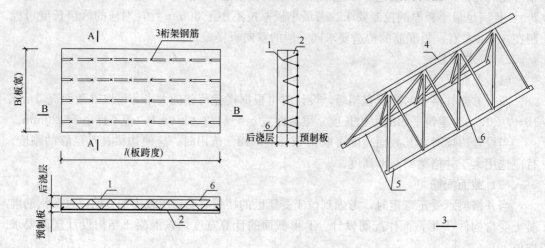

图5.64 叠合板的构造示意

1—预制板；2—后浇叠合板；3—钢筋桁架；4—上弦钢筋；5—下弦钢筋；6—格构钢筋

2. 单向和双向叠合板设计

叠合板是由预制板和后浇叠合层两部分组成，由于运输、安装等原因预制板尺寸不可能太大，因而建筑单元楼盖通常需要由若干预制板拼装而成，拼装接缝构造对叠合板的受力产生重要影响。当预制板之间采用只能传递剪力不能承受弯矩的分离式接缝构造（图

5.65)，预制板是一个单向板体系，故叠合板也只能视为沿预制板方向的单向板，宜按单向板设计；当预制板之间采用既能传递剪力又能承受弯矩的整体式接缝构造（图5.66），预制板可视为一个整体板，叠合板与整体浇筑板有相同受力性能，对于长宽比不大于3的四边支承板，宜按双向板设计，反之按单向板设计。

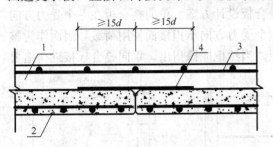

图5.65　分离式接缝构造示意
1—后浇混凝土叠合层；2—预制板；3—后浇层内钢筋；4—附加钢筋

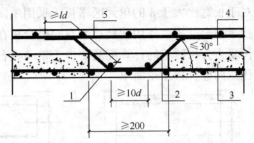

图5.66　整体式接缝构造示意
1—通长构造钢筋；2—纵向受力钢筋；3—预制板；4—后浇混凝土叠合板；5—后浇层内钢筋

1）分离式接缝构造要求

图5.65所示分离式接缝宜配置附加钢筋应满足下列规定：

（1）接缝处紧邻预制板顶面宜设置垂直于板缝的附加钢筋，附加钢筋伸入两侧后浇混凝土叠合层的锚固长度不应小于$15d$（d为附加钢筋直径）；

（2）附加钢筋截面面积不宜小于预制板中该方向钢筋面积，钢筋直径不宜小于6mm，间距不宜大于250mm。

2）整体式接缝构造要求

图5.66所示整体式接缝宜设置在叠合板的次要受力方向上且宜避开最大弯矩截面，接缝可采用后浇带方式，并应符合下列规定：

（1）后浇带宽度不宜小于200mm；

（2）后浇带两侧板底纵向受力钢筋可在后浇带中焊接、搭接连接、弯折锚固；

（3）当后浇带两侧板底纵向受力钢筋在后浇带中弯折锚固时，应符合下列规定：

①叠合板厚度不应小于$10d$，且不应小于120mm（d为弯折钢筋直径的较大值）；

②接缝处预制板侧伸出的纵向受力钢筋应在后浇混凝土叠合层内锚固，且锚固长度不应小于l_a；两侧钢筋在接缝处重叠的长度不应小于$10d$，钢筋弯折角度不应大于$30°$，弯折处接缝方向应配置不少于2根通长构造钢筋，且直径不应小于该方向预制板内钢筋直径。

3）桁架钢筋要求

（1）桁架钢筋应沿主要受力方向布置；

（2）桁架钢筋距板边不应大于300mm，间距不宜大于600mm；

（3）弦杆钢筋的直径不宜小于8mm，腹杆钢筋的直径不应小于4mm；

（4）桁架钢筋弦杆混凝土保护层厚度不应小于15mm；

（5）钢筋桁架放置于底板分布钢筋上层，下弦钢筋与底板钢筋绑扎连接。

4）单向和双向叠合板的设计

对于长宽比不大于3的单元区格板,根据预制板尺寸及接缝构造不同,可以选择单向叠合板或者双向叠合板设计方案(图5.67)。当采用单向叠合板方案时,单元区格板可视为由几块独立的单向叠合板组成,板侧采用分离式接缝;当采用双向叠合板设计方案时,单元区格板可采用整块的叠合双向板或者几块预制板通过整体式接缝形成的叠合双向板。对于长宽比大于3的单元区格板,采用单向叠合板设计方案。单向叠合板在一个受力方向要承担全部楼面使用荷载,而双向叠合板在两个受力方向承担楼面使用荷载,因而作为整体受力分析时板的计算配筋要少于单向叠合板。当然也应该指出,单向叠合板接缝构造要比双向叠合板来得简单。

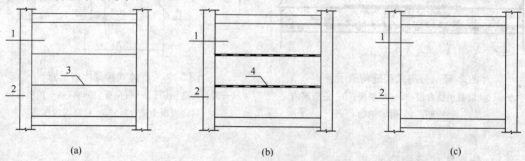

图5.67 叠合板的设计方案

(a) 带分离式接缝的单向叠合板;(b) 带整体式接缝的双向叠合板;(c) 无接缝的双向叠合板
1—预制板;2—梁或墙;3—板侧分离式接缝;4—板侧整体式接缝

5) 叠合板支座处的构造

(1) 板端支座处

预制板内的纵向受力钢筋宜从板端伸出并锚入支承梁或墙的后浇混凝土中,锚固长度不应小于 $5d$(d 为纵向受力钢筋直径),且宜伸过支座中心线(图5.68a)。

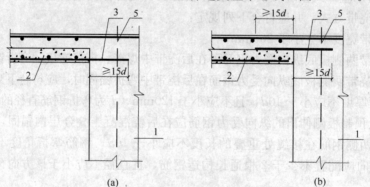

图5.68 叠合板端及板侧支座构造示意图

(a) 板端支座;(b) 板侧支座
1—支承梁或墙;2—预制板;3—纵向受力钢筋;4—附加钢筋;5—支座中心线

(2) 单向叠合板的板侧支座处

当预制板内的板底分布钢筋伸入支承梁或墙的后浇混凝土时,锚固长度不应小于 $5d$(d 为纵向受力钢筋直径),且宜伸过支座中心线;当板底分布钢筋不伸入支座时,宜在紧邻预制板顶面的后浇混凝土叠合层中设置附加钢筋,附加钢筋截面面积不宜小于预制板内的同向分布钢筋面积，间距不宜大于 600mm，在板的后浇混凝土叠合层内锚固长度不应小于 15d，在支座内锚固长度不应小于 15d（d 为附加钢筋直径）且宜伸过支座中心线（图 5.68b）。

3. 预制板的施工阶段验算

1）相关规定或要求

（1）预制板混凝土强度达到设计强度等级值的 100% 后，方可进行施工安装。预制底板就位前应在跨内及距离支座 500mm 位置设置由竖撑和横梁组成的临时支撑。当轴跨 L < 4.8m 时跨内设置一道支撑；当 4.8≤L≤6m 时跨内设置两道支撑。多层建筑中各层竖撑宜设置在一条竖直线上，临时支撑拆除应符合现行国家相关标准的规定，一般应保持持续两层有支撑。

（2）脱模验算时等效静力荷载标准值取构件自重标准值的 1、2 倍与脱模吸附力之和，且不小构件自重标准值的 1.5 倍，脱模吸附力取 1.5kN/m²；

（3）吊装验算时动力系数取 1.5；

（4）在脱模、堆放、运输及吊装各个阶段产生的构件正截面边缘混凝土法向拉应力应不大于与各施工环节的混凝土立方体抗压强度相对应的抗拉强度标准值。

（5）底板最外层钢筋混凝土保护层厚度为 15mm。

【例题 5-14】单向叠合板的施工阶段验算

1）基本参数

（1）截面参数

板标志跨度 $l=4.2m$，支座宽度 200mm，板净跨 $l_n=4.0m$，预制底板厚 $h_1=60mm$，现浇层厚 $h_2=90mm$，叠合板厚 $h=150mm$，板标志宽度 $b=2400mm$，混凝土保护层厚度 $c=15mm$。

（2）材料参数

钢筋：HRB400 $f_y=360N/mm^2$，弹性模量 $E_s=2.0×10^5 N/mm^2$；预制底板混凝土 C30，现浇叠合层混凝土 C30，$f_{ck}=20.1N/mm^2$，$f_{tk}=2.01N/mm^2$，$f_c=14.3N/mm^2$，$f_t=1.43N/mm^2$，弹性模量 $E_c=3.0×10^4 N/mm^2$，钢筋混凝土重度 $\rho=26kN/m^3$。$a_1=1.0$，$b_1=0.8$，$\varepsilon_0=0.002$，$\varepsilon_{cu}=0.0033$。

（3）构件安全等级为二级，结构重要性系数 $\gamma_0=1.0$。

（4）正常使用阶段：裂缝控制等级三级 $[w_{max}]=0.3mm$；挠度控制，$[f]=l_0/200$。

（5）脱膜及吊装时动力系数取 1.2，且脱模时的荷载不小于 1.5kN/m。

（6）荷载标准值取值

施工阶段活荷载 q_1 取值为 1.5kN/m²

使用阶段活荷载 q_2 取值为 2.0kN/m²

第一阶段预制底板自重　　$g_1=260×0.06=1.56kN/m^2$

第二阶段叠合层自重　　$g_1=260×0.09=2.34kN/m^2$

第二阶段吊顶等附加荷载　$g_3=1.0kN/m^2$

2）桁架叠合板惯性矩计算

（1）钢筋桁架布置情况

图 5.69 所示布四道钢筋桁架，间距 600mm，吊装点设在距端部 400mm 和中点处，共 6 个。

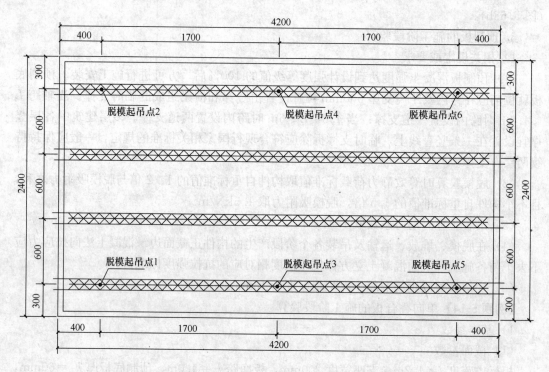

图 5.69　叠合单向板吊点布置示意图

（2）组合梁有效宽度计算

上图相关尺寸为：

$a=600\text{mm}$ 为钢筋桁架间距；$b_0=80\text{mm}$ 为下弦筋形心间距；$a_0=520\text{mm}$ 为相邻叠合筋下弦筋形心间距；$b_a=(0.5-0.3a_0/l_n)a_0=(0.5-0.3\times520/4000)\times520=239.7\text{mm}$ 为从叠合筋下弦筋算起的预制板翼缘宽度；$B=2b_a+b_0=239.7\times2+80=559.4(<a=600\text{mm})$ 为组合梁有效计算宽度。

（3）钢筋桁架基本参数

钢筋桁梁断面如图 5.70 所示。

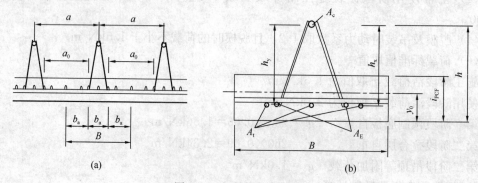

(a)　(b)

图 5-70　钢筋桁架断面图

（a）桁架横向间距；（b）截面计算高度

预制底板 $h_1=60$mm，现浇层厚 90mm。按使用阶段活荷载计算得到叠合板的受力钢筋为Φ8@200，组合梁宽度内 $A_1=141.7$mm^2，分布钢筋为Φ6@200。

上弦钢筋直径Φ8，$d_c=8$mm，$A_c=50.3$mm^2；

下弦钢筋直径Φ6，$d_s=6$mm，$A_s=57$mm^2；

腹杆钢筋直径Φ6，腹杆钢筋伸出上弦钢筋上缘 $U_1=10$mm，腹杆钢筋伸出下弦钢筋上缘 $U_2=10$mm；

桁架外包高度 $H=150-15-15-6-6=108$mm（钢筋桁架最低点与最高点的距离称为桁架总高度）；

$h_y=150-15-8/2-6=125$mm 为预制构件板底到上弦筋形心的距离；

$h_上=150-15-8/2-15-8/2-6-6=100$mm 为与叠合筋平行的板内受力筋形心到上弦筋形心的距离；

$h_s=150-15-15-6-6-8/2-6/2=101$mm 为下弦筋和上弦筋的形心距离。

（4）中性轴距离（距下边缘）

$$y_0 = h_y - \frac{B \times h_1 \times \left(h_y - \frac{h_1}{2}\right) + A_1 h_上 (\alpha_E - 1)}{B \times h_1 + A_1(\alpha_E - 1) + A_c \times \alpha_E}$$

$$y_0 = 125 - \frac{559.4 \times 60 \times \left(125 - \frac{60}{2}\right) + 141.7 \times 100 \times (6.67-1)}{559.4 \times 60 + 141.7 \times (6.67-1) + 50.3 \times 6.67} = 30.80\text{mm}$$

（5）组合梁截面惯性矩

$$I_0 = A_c \alpha_E (h_y - y_0)^2 + [y_0 - (h_y - h_上)]^2 A_1(\alpha_E - 1) + \left(y_0 - \frac{h_1}{2}\right)^2 Bh_1 + \frac{1}{12}Bh_1^3$$

$$I_0 = 50.3 \times 6.67 \times (125 - 30.8)^2 + [30.8 - (125-100)]^2$$

$$\times 141.7 \times (6.67-1) + \left(30.8 - \frac{60}{2}\right)^2 \times 559.4 \times 60 + \frac{1}{12} \times 559.4 \times 60^3$$

$$= 13.095 \times 10^6 \text{mm}^4$$

3）组合梁弹性抵抗矩计算

对应于上弦筋受拉边缘：$W_c = \dfrac{I_0}{h_y - y_0} = \dfrac{13.095 \times 10^6}{125 - 30.8} = 1.39 \times 10^5 \text{mm}^3$

对应于预制板受拉边缘：$W_0 = \dfrac{I_0}{y_0} = \dfrac{13.095 \times 10^6}{30.8} = 4.25 \times 10^5 \text{mm}^3$

4）预制底板考虑叠合筋作用的下边缘混凝土开裂弯矩计算

$$M_{cr} = f_{tk}W_0 = 2.01 \times 4.25 \times 10^5 = 0.85\text{kN} \cdot \text{m}$$

5）钢筋桁架上弦筋屈服弯矩计算

$$M_{ty} = \frac{1}{1.5}f_{yk}W_c\frac{1}{\alpha_E} = \frac{1}{1.5} \times 400 \times 1.39 \times 10^5 \times \frac{1}{6.67} = 5.557\text{kN} \cdot \text{m}$$

6）钢筋桁架上弦筋失稳弯矩计算

$$M_{tc} = A_c \sigma_{sc} h_s$$

$h_s = 150-15-8/2-15-6/2-12 = 101$mm，为下弦筋和上弦筋的形心距离；

$$i_y = \frac{d}{4} = \frac{8}{4} = 2, \lambda = \frac{l}{i} = \frac{200}{2} = 100, \eta = 2.1286(\text{HRB400})$$

$$\sigma = f_{yk} - \eta\lambda = 400 - 2.1286 \times 100 = 187.14\text{MPa}$$

$$M_{tc} = A_c\sigma h_s = 50.3 \times 187.14 \times 101 = 0.951\text{kN} \cdot \text{m}$$

7）预制板底钢筋屈服弯矩计算

$$M_{cy} = \frac{1}{1.5}f_{yk}A_ch_s = \frac{1}{1.5} \times 400 \times 141.7 \times 101 = 3.816\text{kN} \cdot \text{m}$$

8）钢筋桁架斜筋失稳极限剪力

钢筋桁架高度 $H = 150 - 15 - 15 - 12 = 108\text{mm}$，下弦钢筋外包宽度 $b' = 80 + 6 = 86\text{mm}$，

$$\sin\phi = \sin\left[\arctan\left(\frac{H}{100}\right)\right] = \sin\left[\arctan\left(\frac{108}{100}\right)\right] = 0.734$$

$$\sin\varphi = \sin\left(\arctan\left(\frac{2H}{b'}\right)\right) = \sin\left[\arctan\left(\frac{216}{86}\right)\right] = 0.929$$

η——斜筋长细比影响系数，对于 HRB400，取 2.0081；

t_r——下弦筋下表面至预制底板上表面的距离 $60 - 15 - 6 = 39\text{mm}$；

l——斜筋焊接节点水平距离（节点间距）200mm。

$$l_r = \sqrt{H^2 + \left(\frac{b'}{2}\right)^2 + \left(\frac{l}{2}\right)^2} - t_r/\sin\phi/\sin\varphi$$

$$= \sqrt{108^2 + \left(\frac{86}{2}\right)^2 + \left(\frac{200}{2}\right)^2} - 39/0.734/0.929$$

$$= 96.15\text{mm}$$

λ 斜筋自由段长细比：

$$\lambda = 0.7l_r/i_r = 0.7 \times \frac{96.15}{6/4} = 44.87 \leqslant 99$$

$$\sigma = f_{yk} - \eta\lambda = 400 - 2.0081 \times 44.87 = 309.89\text{MPa}$$

A_f 斜筋截面面积 28.3mm^2

$$[V] = \frac{2}{1.5}\sigma A_f\sin\phi\sin\varphi = \frac{2 \times 309.89 \times 28.3 \times 0.734 \times 0.929}{1.5} = 7.973\text{kN}$$

9）桁架叠合板脱模短暂设计工况验算

预制构件的混凝土强度必须达到设计强度的 100% 时，且不宜小于 15MPa，方可吊装、堆放、运输。构件安全等级为三级，结构重要性系数为 0.9。内力计算按弹性理论计算。

（1）脱模时荷载计算

等效静力荷载标准值应取构件自重标准值乘以脱模吸附系数与脱模吸附力之和，且不宜小于构件自重标准值的 1.5 倍。

构件自重标准值为：　　$26 \times 0.06 \times 0.594 = 0.927\text{kN/m}$

考虑脱模吸附系数的标准值：$1.2 \times 0.927 = 1.112\text{kN/m}$

脱模吸附力取　　　　$1.5\text{kN/m}^2 \times 0.594\text{m} = 0.891\text{kN/m}$

$\quad\quad\Sigma = 1.112 + 0.891 = 2.003\text{kN/m} > 1.5 \times 0.927 = 1.391\text{kN/m}$

（2）脱模时内力计算

按等代框架梁（组合梁）计算，板跨方向计算简图如图 5.71 所示。

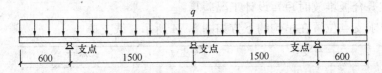

图 5.71　等代框架计算简图

$$M_{\text{max}支} = -0.9 \times 0.08 q l^2 = -0.9 \times 0.08 \times 2.003 \times 1.5^2 = -0.324 \text{kN} \cdot \text{m}$$

$$M_{\text{max}跨中} = 0.9 \times 0.074 q l^2 = 0.9 \times 0.074 \times 2.003 \times 1.5^2 = 0.300 \text{kN} \cdot \text{m}$$

$$V_{\text{max}} = 0.9 \times 0.541 q l = 0.9 \times 0.541 \times 2.003 \times 1.5 = 1.463 \text{kN}$$

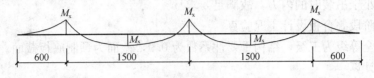

图 5.72　等代框架弯矩图

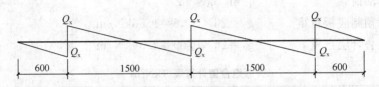

图 5.73　等代框架剪力图

图 5.72，图 5.73 为等代框架内力图。

（3）脱模验算

组合梁下边缘混凝土受拉弯矩 $M_{\text{max}跨中} = 0.300 \text{kN} \cdot \text{m} < M_{\text{cr}} = 0.86 \text{kN} \cdot \text{m}$

组合梁上弦筋支座处受拉弯矩 $M_{\text{max}支} = 0.324 \text{kN} \cdot \text{m} < M_{\text{ty}} = 5.593 \text{kN} \cdot \text{m}$

组合梁上弦筋跨中屈服弯矩 $M_{\text{max}跨中} = 0.300 \text{kN} \cdot \text{m} < M_{\text{ty}} = 5.593 \text{kN} \cdot \text{m}$

组合梁上弦筋跨中失稳受压弯矩 $M_{\text{max}跨中} = 0.300 \text{kN} \cdot \text{m} < M_{\text{tc}} = 0.951 \text{kN} \cdot \text{m}$

组合梁下弦筋跨中受拉弯矩 $M_{\text{max}跨中} = 0.300 \text{kN} \cdot \text{m} < M_{\text{cy}} = 3.78 \text{kN} \cdot \text{m}$

组合梁斜筋失稳剪力 $V_{\text{max}} = 1.463 \text{kN} < [7.973] \text{kN}$

10）桁架叠合板吊装时短暂设计工况验算

预制构件的混凝土强度必须达到设计强度的 100％时，且不宜小于 15MPa，方可吊装、堆放、运输。构件安全等级为三级，结构重要性系数为 0.9。内力计算按弹性理论计算。

（1）吊装时荷载计算

吊装时动力系数为 1.5，吊装时的荷载为预制板自重

$1.5 \times 26 \times 0.06 \times 2.4 = 5.616 \text{kN/m} <$ 脱模时的荷载$(2.003 \times 2.4 / 0.594 = 8.09 \text{kN/m})$

（2）吊装时内力计算

吊装的吊钩位置同脱模时，因此该阶段验算同脱模时的验算。

（3）吊钩验算

共 6 个吊装点，按 4 个吊装点计算，每个吊装点有两根斜筋

$A_s \geq 5.616 \times 4.2 \times 10^3 / (4 \times 4 \times 65) = 24.84 < 28.3$，满足要求！

11）桁架叠合板堆放时短暂设计工况验算

堆放时要求支点位置在吊钩的下方如图5.74所示，线支撑。

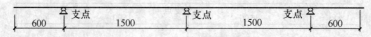

图5.74　叠合板堆放时计算简图

堆放时荷载计算：

堆放时动力系数为1.5，堆放时的荷载为预制板自重

$1.5 \times 26 \times 0.06 \times 2.4 = 5.616 \text{kN/m} <$ 脱模时的荷载$(2.003 \times 2.4/0.594 = 8.09 \text{kN/m})$

其内力值小于吊装时的内力，故满足要求！

12）施工阶段叠合板设计工况验算

该阶段安全等级为三级，结构重要性系数为0.9，截面为预制底板截面。

（1）荷载计算

该阶段承受的荷载标准值：

施工阶段活荷载　　　　　$q = 1.5 \text{kN/m}^2$

第一阶段预制底板自重　　$g_1 = 26 \times 0.06 = 1.56 \text{kN/m}$

第二阶段叠合层自重　　　$g_2 = 26 \times 0.09 = 2.34 \text{kN/m}$

荷载组合值计算表（kN/m^2）　　　　　　　表5.31

活荷载(标准值)	永久荷载(标准值)	荷载基本组合值		荷载标准组合	荷载准永久组合
q	$g_1 + g_2$	$1.2G + 1.4Q$	$1.35G + 1.4 \times 0.7Q$	$G + Q$	$G + 0.4Q$
1.5	3.9	6.78	6.735	5.4	4.5

（2）内力计算

考虑设二道临时支撑，$l_x = 1400$，计算简图为：

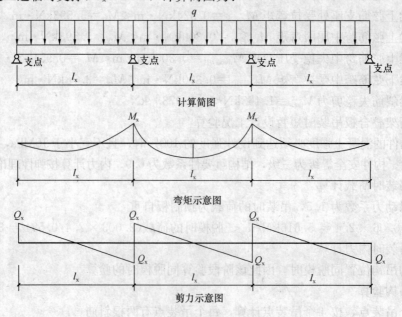

图5.75　施工阶段预制板计算简图及内力图示意

$$M_{跨中} = 0.08\gamma q l^2 = 0.08 \times 0.9 \times 0.594 \times 6.78 \times 1.4^2 = 0.568 \mathrm{kN \cdot m} < M_{cr} = 1.21 \mathrm{kN \cdot m}$$
$$< M_{tc} = 1.785 \mathrm{kN \cdot m}$$

$$M_{支} = 0.1\gamma q l^2 = 0.1 \times 0.9 \times 0.594 \times 6.78 \times 1.4^2 = 0.710 \mathrm{kN \cdot m} < M_{cy} = 10.86 \mathrm{kN \cdot m}$$

$$V_{支} = 0.6\gamma q l = 0.6 \times 0.9 \times 0.594 \times 6.78 \times 1.4 = 3.045 \mathrm{kN} < [V] = 7.386 \mathrm{kN}$$

（3）挠度验算

荷载效应准永久组合计算的跨中弯矩值：

$$M_{q跨中} = 0.08\gamma q l^2 = 0.08 \times 0.9 \times 0.549 \times 4.5 \times 1.4^2 = 0.349 \mathrm{kN \cdot m}$$

根据《混凝土结构设计规范》钢筋混凝土受弯构件短期刚度 B_s

$$B_s = \frac{E_s A_s h_0^2}{1.15\psi + 0.2 + \dfrac{6\alpha_E \rho}{1 + 3.5\gamma_f'}}$$

$$A_s = 141 \mathrm{mm}^2, \quad h_0 = h_1 - c - d/2 = 60 - 15 - 8/2 = 41 \mathrm{mm}$$

$$\rho = A_s/bh_0 = 141/564 \times 41 = 0.00610$$

$$\alpha_E = E_s/E_c = 2.0 \times 10^5/(3.0 \times 10^4) = 6.67$$

$$\sigma_{sq} = 0.349 \times 10^6/(0.87 \times 41 \times 141) = 69.39 \mathrm{N/mm}^2$$

$$\rho_{te} = A_s/A_{te} = 141/(0.5 \times 564 \times 60) = 0.00833 < 0.01$$

$$\psi = 1.1 - 0.65 \cdot f_{tk}/(\rho_{te}\sigma_s)$$

$$= 1.1 - 0.65 \times 2.01/(0.01 \times 69.39)$$

$$= -0.783 < 0, \text{取} \psi = 0.2$$

$$B_s = 2.0 \times 10^5 \times 141 \times 41^2/[1.15 \times 0.2 + 0.2 + 6 \times 6.67 \times 0.00610/(1 + 3.5 \times 0)]$$
$$= 7.03 \times 10^{10} \mathrm{N \cdot mm}^2$$

$$f = 0.677 q l^4/(100 B_s)$$
$$= 0.677 \times 0.9 \times 0.564 \times 4.5 \times 1400^4/(100 \times 7.03 \times 10^{10})$$
$$= 0.845 \mathrm{mm} < [f] = l/200 = 7 \mathrm{mm}$$

4. 标准设计图集的利用

由上述例子知，叠合板的设计比较复杂，因而在实际设计中通常采用标准设计图集进行叠合板设计。国家建筑标准设计图集《桁架钢筋混凝土叠合板（60mm 厚度板）》15G366-1，底板厚度为 60mm，后浇混凝土叠合层厚度为 70mm、80mm、90mm 三种，板编号规则和表达方式如图 5.77 和图 5.76 所示。

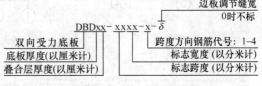

图 5.76 单向叠合板编号规则

在设计时先根据标准图集提供的预制板标志宽度对楼板进行划分，可通过调节边板预留的现浇板带宽度 δ 选用标准板型。单向板以底板板边为划分线，双向板以拼缝定位线为划分线。由底板厚度、后浇层厚度、板的跨度，以及由整体结构计算得到的叠合板底板配筋等参数选用底板，并绘制底板平面布置图和后浇叠合层顶面配筋图。

【提示】按标准图集的要求制作及施工时，可不进行脱模、吊装、施工等第一阶段的验算。另外，预制板底板配筋选用应该不小于叠合板底板的计算配筋量。

【例题 5-15】某住宅平面如 5.78 所示，楼面面层永久荷载标准值 2.0kN/m²，楼面均

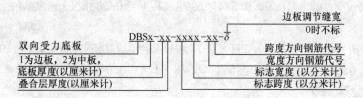

图 5.77　双向叠合板编号规则

布活荷载标准值 2.0kN/m²，组合值系数 0.7，准永久值系数 0.4，混凝土选用 C30，钢筋选用 HRB400。试选用叠合板。

选法一：该楼板按单向板整体计算分析，在满足承载能力及正常使用极限状态情况下：

对于卧室 1，房间进深轴线尺寸 5400mm，净尺寸 5200mm，板厚为 130mm，底板配筋为 ⏁ 10@200，可选用 2DBD67-3620-3 和 1DBD67-3612-3。

选法二：该楼板按双向板整体计算分析，在满足承载能力及正常使用极限状态情况下：

对于卧室 1，板厚为 130mm，跨度方向底板配筋为 ⏁ 8@160，垂直跨度方向底板配筋为 ⏁ 8@180，可选用 1DBS2-67-3624-22 和 2DBS1-67-3615-22，也可选用 1DBS2-767-3618-22 和 2DBS1-67-3618-22。

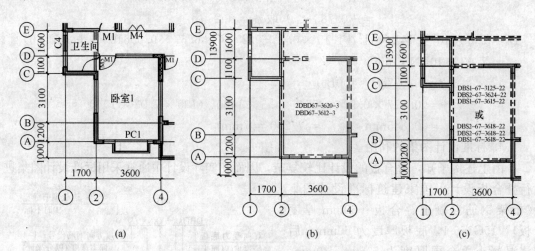

图 5.78　【例题 5-13】附图

(a) 单元建筑平面；(b) 单向板方案；(c) 双向板方案

5.9　楼梯及雨篷

楼梯及雨篷是房屋建筑中重要的组成部分，钢筋混凝土板式楼梯与梁式楼梯是常见的结构形式。本节基于前述梁板结构设计的设计原理，讨论梁板式楼梯及雨篷的结构设计方法。

1. 楼梯结构两种基本形式

楼梯一般由梯段与平台两部分组成，其平面、剖面及踏步尺寸等由建筑设计确定。对结构组成而言，梁板是其基本的构件形式。而板式楼梯与梁式楼梯的区分，在于各自梁板组成的方式不同。图 5.79 示为房屋建筑中常见的两种楼梯的布置方式。

板式楼梯：梯段斜板与楼梯平台，及支承斜板与平台的平台梁；

梁式楼梯：梯段板与梯段斜梁、楼梯平台，及支承斜梁与平台的平台梁。

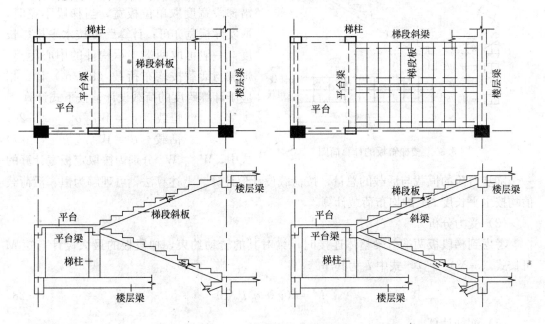

图 5.79　板式楼梯与梁式楼梯

不同的组成方式，对应荷载作用下的不同传力路线：

板式楼梯：梯段斜板→平台梁（楼层梁）→柱（墙）
　　　　　楼梯平台↗

梁式楼梯：梯段板→梯段斜梁→平台梁→柱（墙）
　　　　　楼梯平台↗

从外观上看，板式楼梯的梯段斜板下的表面平整，形式简单，施工支模方便。钢筋混凝土梯段斜板的厚度与其跨度大小相关，但当梯段过长时，相应的斜板厚度（图示 h）并不合理；一般而言，在实际工程中，当梯段的水平长度大于 3m 时，基于经济性可考虑选用梁式楼梯。

组成梁板式楼梯的梁、板构件的配筋设计，按照钢筋混凝土受弯构件的受弯、受剪截面承载力设计方法，即满足要求 $M \leqslant M_u$ 与 $V \leqslant V_u$，及相关构造要求。由于楼梯形式的特点，有斜放的梁、板，因此有别于一般梁板结构的设计之处，主要在于斜放梁、板的受力分析与配筋做法。常用的配筋构造方式可参照《混凝土结构施工图：平面整体表示方法制图规则和构造详图（现浇混凝土板式楼梯）》16G101-2。下面按现浇的板式楼梯与梁式楼梯分别讨论之。

2. 板式楼梯

1）梯段板（斜板）

（1）截面尺寸假定

钢筋混凝土梯段斜板的厚度 h 按不小于 $l/(25-30)$ 取值，并符合相关的模数（按 10mm 计），l 为其梯段水平投影跨度；踏步尺寸 a、b 按建筑要求确定。

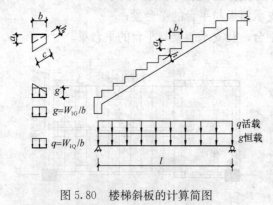

图 5.80　楼梯斜板的计算简图

（2）计算简图及荷载计算

按简支板形成计算简图（图 5.80）。沿梯段宽度取单位板宽，当梯段不宽时，取实际板宽亦可；计算跨度按水平投影长度，一般可取两端支承构件的中心距离。恒载与活载按均布荷载（kN/m）计，相应于计算跨度的荷载设计值按下式计算：

$$恒载 \quad g = W_{1g}/b \quad (5\text{-}26)$$

$$活载 \quad q = W_{1q}/b \quad (5\text{-}27)$$

式中，W_{1g}、W_{1q} 分别为按取定板宽计算的一个踏步台阶的恒载与活载的总量，按荷载设计值计算。上述算法，可理解为恒、活荷载值均按水平长度 l 上的均布荷载计算。

（3）受力分析

考虑到梯段板两端与梁整体连接时，梁对其的转动约束，梯段板的最大设计弯矩 M 可按式（5-28）计算，式中 l_0 为其净跨。

$$M = (g+q)l_0^2/10 \quad (5\text{-}28)$$

（4）配筋计算

按 $M \leqslant M_u$ 作截面配筋计算。梯段板的斜截面承载力不需作 $V \leqslant V_u$ 计算。

（5）配筋构造方式

类似与单向楼板的配筋方式，有分离式、弯起式，常用分离式。梯段板的两端近支承梁处的板面应配置构造负筋：一般可按跨中截面配筋量同样配置，也可视约束程度适当减少，但不应少于 Φ8@200 配置。配置时，钢筋的一端按受拉要求锚入支承梁，另一端伸入梯段板的长度不小于 $l_0/4$。

（6）相关问题理解

① 梯段板计算简图与荷载值确定

斜放的梯段板的受力分析，采用按水平跨长的简支板形成的计算简图。下面说明之。

若按斜放的简支板形成计算简图（图 5.81a），恒荷载按斜长 l' 分布，以 g' 表示；活荷载按水平长度 l 分布，以 q 表示。求斜板的跨中截面弯矩。

$$支座反力： \quad R = ql/2 + g'l'/2 \quad (5\text{-}29)$$

$$M_{max-斜} = (ql/2 + g'l'/2)l/2 - (ql/2) \times (0.5 \times l/2) - (g'l'/2) \times (0.5 \times l/2)$$

$$= ql^2/8 + g'l'l/8 \quad (5\text{-}30)$$

若按水平放置的简支板形成计算简图（图 5.81b），恒荷载按斜长 l 分布，以 g 表示；活荷载按水平长度 l 分布，以 q 表示。求水平板的跨中截面弯矩。

$$支座反力： \quad R = ql/2 + gl/2 \quad (5\text{-}31)$$

$$M_{\max-平} = (ql/2 + gl/2)l/2 - (g+q)l/2 \times (0.5 \times l/2) = ql^2/8 + gl^2/8 \quad (5\text{-}32)$$

由 $M_{\max-斜} = M_{\max-平}$，有

$$gl^2/8 = g'l'l/8$$
$$g = g'l'/l = nW_{1G}/l = W_{1G}/b \quad (5\text{-}33)$$

上述计算表明，斜放 l' 长的梯段板的最大跨中弯矩 $M_{\max}$ 可按水平放跨长 l 的简支板计算，此时，恒荷载与活荷载均应按水平长度 l 上的分布计算，已如前述。

② 跨中截面最大弯矩按 $M = (g+q)l_0^2/10$ 计算与构造负筋配置

梯段板跨中截面最大弯矩按 $M = (g+q)l_0^2/10$ 计算，是基于有支承梁对其的转动约束形成的负弯矩，减少了跨中弯矩。与此对应，梯段板的两侧应按要求配置构造负筋。

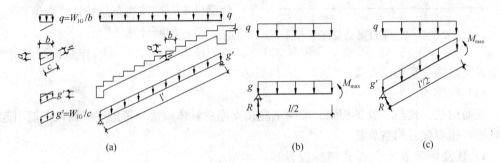

图 5.81　板式楼梯计算简图
(a) 梯段荷载分布方式与求值；(b) 水平放简支板；(c) 斜放简支板

2) 平台板

(1) 截面尺寸假定

平台板截面尺寸按板允许厚跨比假定，且满足最小板厚要求。

(2) 计算简图及受力分析

平台板边与平台梁连接，可考虑梁对其的转动约束；其他边的支承条件应根据实际情况判断选择。矩形板根据支承条件与跨长情况，一般按单、双向板区分确定计算简图。计算截面取单位板宽，计算跨度可参照前述楼板相关规定。若按单向板设计，且考虑板与平台梁整体连接时，板跨中最大弯矩设计可按 $M = (g+q)l_0^2/10$ 计算。工程上有采用悬挑平台板，即板与平台梁有连接，其他边均为自由边，此时平台板应取悬臂板为计算简图，求解内力与计算配筋。

(3) 配筋计算

按 $M \leqslant M_u$ 作截面配筋计算。平台板的斜截面承载力不需作 $V \leqslant V_u$ 计算。

(4) 配筋构造方式

可参照前述楼板相关规定，一般采用分离式配筋。支承边需根据构造做法，配置相应的负筋。为避免梯段板在与平台梁连接处产生过大的裂缝，板面负筋配置构造要求不小于 Φ8@200，伸入板内长度为 $l_0/4$。实用上，板面负筋取与跨中截面同样配置。

3) 平台梁

(1) 截面尺寸假定

平台梁截面尺寸按允许高跨比假定，一般截面高度 h 不小于 $l/12$，l 为其跨度。考虑到平台梁为梯段板的支座，梯段板的纵向受力钢筋须伸入平台梁内锚固，平台梁截面高度

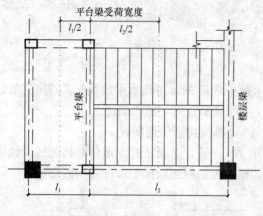

图 5.82　平台梁受荷宽度

分别确定纵筋与箍筋的配置。

（4）配筋构造方式

配筋构造方式与一般梁相同。梁两端应视支座的具体做法，考虑支座约束可能引起的负弯矩，相应配置构造负筋。

4）现浇钢筋混凝土板式楼梯设计示例

【例题 5-16】一框架结构房屋楼层采用板式楼梯，图 5.83 所示为结构布置平面。楼层与平台的结构标高分别为 7.450、5.650，踏步尺寸 a、b 分别为 150mm、300mm。设计采用地砖面层 0.55kN/m²，板底 20mm 厚抹灰 γ = 17kN/m³。楼梯使用荷载标准值为 3.5kN/m²。采用 C30 混凝土；梁纵筋：HRB400；板纵筋、梁箍筋：HPB300。试设计该楼梯。

h 应合理调整，以使交会处的梯段板底位于平台梁底之上。平台梁截面宽度 b 也应符合相关构造要求。

（2）计算简图及受力分析

一般取计算简图为简支梁作受力分析。计算跨度视支座形式按弹性方法的相关规定取值。按前述传力路线，平台梁的受荷宽度按图 5.82 所示确定，荷载为梯段板（斜板）、平台板传来的荷载，及平台梁自重，均按均布荷载计算取值。

（3）配筋计算

按 $M \leqslant M_u$、$V \leqslant V_u$ 作截面配筋计算，

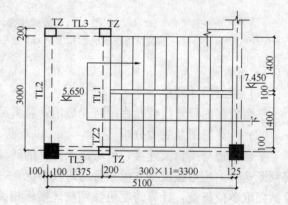

图 5.83　板式楼梯结构布置平面

【解】

C30：f_c = 14.3N/mm²，f_t = 1.43N/mm²；HPB300：f_y = 270N/mm²；HRB400：f_y = 360N/mm²。

1）梯段斜板

（1）截面尺寸

梯段水平投影跨度 l，按两端支承梁的中心距离计，见图示：l = 3300 + 200/2 + 250/2 = 3525mm，斜板厚度 $h \geqslant l/(25 \sim 30)$ = 3525/(25 ~ 30) = 141 ~ 118mm，选用 h = 130mm。

（2）计算简图及荷载

取单位板宽，计算简图见图 5.84。

单个踏步斜边长 = $(a^2 + b^2)^{0.5}$ = $(150^2 + 300^2)^{0.5}$ = 335mm。

荷载标准值：

地砖面层　　$0.55 \times (0.15 + 0.3) \times$ 1/0.3 = 0.825kN/m

三角形踏步　$25 \times 0.3 \times 0.15/2 \times 1/$ 0.3 = 1.875kN/m

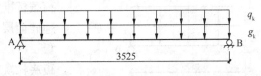

图 5.84　梯段斜板计算简图

斜板　　　　$25 \times 0.13 \times 0.335 \times 1/0.3 = 3.629$kN/m

板底抹灰　　$17 \times 0.02 \times 1 \times 0.335/0.3 = 0.380$kN/m

恒载　　　　$g_k = 6.71$kN/m

活载　　　　$q_k = 3.5 \times 1 = 3.5$kN/m

荷载设计值：

$g + q = \gamma_g g_k + \gamma_q q_k$

　　$= \max(1.2 \times 6.71 + 1.4 \times 3.5 = 12.95, 1.35 \times 6.709 + 1.4 \times 0.7 \times 3.5 = 12.49)$

　　$= 12.95$kN/m

（3）内力

$$M = (g + q) l_0^2/10 = 12.95 \times 3.3^2/10$$

$$= 14.10 \text{kN} \cdot \text{m/m（考虑到两端约束，按净跨 } l_0 = 3.3\text{m）}$$

（4）配筋

$h_0 = h - a_s = h - 20 = 110$mm

$\alpha_s = M/(\alpha_1 f_c b h_0^2) = 14.10 \times 10^6/(1.0 \times 14.3 \times 1000 \times 110^2) = 0.081 < \alpha_{sb} = 0.41$

$\gamma_s = [1 + (1 - 2\alpha_s)^{0.5}]/2 = [1 + (1 - 2 \times 0.081)^{0.5}]/2 = 0.915$

$A_s = M/(f_y \gamma_s h_0) = 14.10 \times 10^6/(270 \times 0.915 \times 110) = 519$mm^2

$\rho_{min} = \max(0.2\%, 0.45 f_t/f_y = 0.45 \times 1.43/270 = 0.24\%) = 0.24\%$

$A_{s,min} = \rho_{min} bh = 0.24\% \times 1000 \times 130 = 312mm^2 < A_s$

选用：

下部纵筋Φ10@150（$A_s = 523$mm^2），两端板面纵筋Φ10@200；分布钢筋每踏步下 1Φ6。

（5）配筋图（图 5.85）

2）平台板

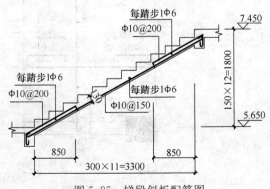

图 5.85　梯段斜板配筋图

板跨比 = 3100/1575 ≈ 2，为简单起见，试按单向板设计。

（1）截面尺寸

按图示两端支承梁中心距离计：$l = 1375 + 200/2 + 200/2 = 1575$mm，平台板跨度 $l = 1575$mm。按允许跨厚比，$h = l/30 = 1575/30 = 523$mm；最小厚度 $h = 60$mm，选用 $h = 80$mm。

（2）计算简图及荷载

取单位板宽，计算简图见图 5.86。

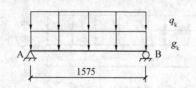

荷载标准值：

地砖面层	0.55×1	$=0.55 \mathrm{kN/m}$

板　　　　$25 \times 0.08 \times 1 = 2.0 \mathrm{kN/m}$

板底抹灰　$17 \times 0.02 \times 1 = 0.34 \mathrm{kN/m}$

恒载　　　$g_k = 2.89 \mathrm{kN/m}$

活载　　　$q_k = 3.5 \times 1 = 3.5 \mathrm{kN/m}$

图 5.86　平台板计算简图

荷载设计值：

$$g + q = \gamma_g g_k + \gamma_q q_k$$

$$= \max(1.2 \times 2.89 + 1.4 \times 3.5 = 8.37, 1.35 \times 2.89 + 1.4 \times 0.7 \times 3.5 = 7.33)$$

$$= 8.37 \mathrm{kN/m}$$

(3) 内力

$$M = (g + q) l_0^2 / 10 = 8.37 \times 1.375^2 / 10$$

$$= 1.58 \mathrm{kN \cdot m/m}（考虑到两端约束，按净跨 l_0 = 1.375 \mathrm{m}）$$

(4) 配筋

$$h_0 = h - a_s = h - 20 = 60 \mathrm{mm}$$

$$\alpha_s = M / (\alpha_1 f_c b h_0^2)$$

$$= 1.58 \times 10^6 / (1.0 \times 14.3 \times 1000 \times 60^2) = 0.031 < \alpha_{sb} = 0.41$$

$$\gamma_s = [1 + (1 - 2\alpha_s)^{0.5}] / 2$$

$$= [1 + (1 - 2 \times 0.031)^{0.5}] / 2 = 0.984$$

$$A_s = M / (f_y \gamma_s h_0)$$

$$= 1.58 \times 10^6 / (270 \times 0.984 \times 60) = 99 \mathrm{mm}^2$$

$$\rho_{min} = \max(0.2\%, 0.45 f_t / f_y = 0.45 \times 1.43 / 270 = 0.24\%)$$

$$= 0.24\%$$

$$A_{s,min} = \rho_{min} b h = 0.24\% \times 1000 \times 80 = 192 \mathrm{mm}^2 > A_s$$

选用：下部纵筋 Φ 8@200（$A_s = 251 \mathrm{mm}^2 > A_{s,min}$），两侧板面纵筋 Φ 8@200；分布钢筋 Φ 6 @200。

(5) 配筋图（图 5.87）

3) 平台梁 TL1

(1) 截面尺寸

按图示两端支柱中心距离计：$l = 3000 + 200/2 = 3100 \mathrm{mm}$。

按允许高跨比，$h = 3100/10 = 310 \mathrm{mm}$；

选用 $h = 350 \mathrm{mm}$，$b = 200 \mathrm{mm}$。

(2) 计算简图（图 5.88）及荷载

受荷宽度：平台板一侧，$1375/2 + 200 = 888 \mathrm{mm}$

梯段板一侧，$3300/2 = 1650 \mathrm{mm}$

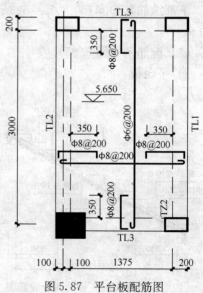

图 5.87　平台板配筋图

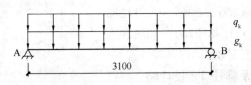

荷载标准值：

平台板传来　　$2.89×0.88=2.543kN/m$

梯段板传来　　$6.71×1.65=11.072kN/m$

梁自重　　　　$25×0.2×(0.35-0.08)$

图 5.88　平台梁计算简图　　　　　　$=1.35kN/m$

梁粉刷　　　　$17×(0.35-0.08)×2=0.184kN/m$

恒载　　　　　$g_k=15.15kN/m$

活载　　　　　$q_k=3.5×(0.88+1.65)=8.86kN/m$

荷载设计值：

$$g+q=\gamma_g g_k+\gamma_q q_k$$

$$=\max(1.2×15.15+1.4×8.86=30.58,1.35×15.15+1.4×0.7×8.86=29.14)$$

$$=30.58kN/m$$

（3）内力

$$M=(g+q)l^2/8=30.58×3.1^2/8=36.73kN·m$$

$$V=(g+q)l_n/2=30.58×3.0/2=45.87kN$$

（按净跨 $l_n=3.1-0.1=3.0m$）

（4）纵筋

平台板作为受压翼缘，按倒 L 形截面设计，$h'_f=80mm$。

$$b'_f=\min(l/6=3100/6=527，b+s_n/2=200+1375/2=887)=527mm$$

$$h_0=h-a_s=350-40=310mm$$

判别截面类型：

$$M_{ut}=\alpha_1 f_c b'_f h'_f(h_0-h'_f/2)$$

$$=1.0×14.3×527×80(310-80/2)$$

$$=163kN·m>M=36.73kN·m \text{ 为第一类 T 形截面。}$$

$$\alpha_s=M/(\alpha_1 f_c b'_f h_0^2)=36.73×10^6/(1.0×14.3×527×310^2)=0.051<\alpha_{sb}=0.384$$

$$\gamma_s=[1+(1-2\alpha_s)^{0.5}]/2=[1+(1-2×0.051)^{0.5}]/2=0.974$$

$$A_s=M/(f_y\gamma_s h_0)=36.73×10^6/(360×0.974×310)=338mm^2$$

$$\rho_{min}=\max(0.2\%,0.45f_t/f_y=0.45×1.43/360=0.17\%)=0.2\%$$

$$A_s>A_{s,min}=\rho_{min}bh=0.2\%×200×350=140mm^2$$

选用：下部纵筋 2 ⏀ 16（$A_s=402mm^2$）；

上部架立筋 2 ⏀ 12（通长布置，按受拉要求锚固于柱，兼作构造负筋）。

（5）箍筋

按矩形截面设计。

$$0.25\beta_c f_c bh_0=0.25×1.0×14.3×200×310=221.65kN>V_c=45.87kN$$

$$V_c=0.7f_t bh_0=0.7×1.43×200×310=62.06kN>V_c=45.87kN$$

按构造要求，$d≥d_{min}$（$d_{min}=6mm$，$h≤800mm$）；

$$s≤s_{max}（s_{max}=200mm，300mm<h≤500mm）$$

选用 ⏀ 6@200（$n=2$，$A_{sv1}=28.26mm$）

$$\rho_{sv} = nA_{sv1}/(bs) = 2 \times 28.3//(200 \times 200) = 0.142\%$$
$$> \rho_{sv,min}(= 0.24f_t/f_{yv} = 0.24 \times 1.43/270) = 0.129\%.$$

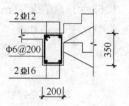

图 5.89 平台梁截面
配筋图

（6）截面配筋图（图 5.89）

平台梁 TL2、TL3 及梯柱 TZ 设计略。

3. 梁式楼梯

设计梁式楼梯，一般在梯段两侧设置斜梁，踏步板支承在斜梁上，斜梁支承于平台梁上。有时两侧斜梁利用栏板代替；当楼梯宽度不大，也有将梁设在梯段中央，形成单梁式楼梯。下面，讨论组成梁式楼梯的各构件的配筋设计方法。

1）梯段踏步板

两端支承在斜梁上的梯段板，可按两端简支的单向板计算。当两端与斜梁整浇时，跨中弯矩可按 $M = (g+q)l_0^2/10$ 计算。取一个踏步作为计算单元，梯段板为梯形截面，踏步下斜板厚的 h_1 不小于 $30\sim40$mm。踏步板可以位于斜梁截面高度的上方，也可以位于斜梁截面高度的下方，计算时可按矩形截面，取与原踏步同宽，高度 h 取折算厚度，按式 $h = a/2 + h_1/\cos\alpha$ 计算（图 5.90）。

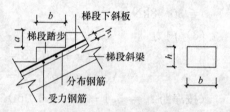

图 5.90 梯段踏步板截面

梯段踏步板配筋，按受弯截面计算确定，布置在梯段踏步下的斜板内。构造上要求每一踏步配置不少于 2Φ6 的受力钢筋，间距不大于 250mm 的分布钢筋。

对设在梯段中央的单梁式楼梯，其两侧的梯段踏步板应按悬挑板设计，应注意选择合理的配筋构造做法。

2）梯段斜梁

斜梁的截面高度 h 按不小于 $l/20$ 取值，截面宽度 b 应符合相关构造要求。斜梁的受力分析与板式梯的斜板相似。可按水平简支梁取计算简图，跨长可取两端支承梁截面中心间的距离，取受荷宽度如图 5.91 所示，即承受一半梯段宽范围内的恒、活荷载。恒、活荷载均按沿水平长度的均布荷载计算取值。

斜梁取矩形截面，通过 $M \leqslant M_u$、$V \leqslant V_u$ 作截面配筋计算，分别确定纵筋与箍筋的配置。当按水平简支梁计算分析时，支座处的控制剪力按式 $V = \cos\alpha(g+q)l_n/2$ 计算，l_n 为斜梁的水平净跨。配筋构造同一般梁。对设在梯段中央的单梁式楼梯，考虑到单侧梯段板上作用活载时引起的扭矩，斜梁配筋应按弯剪扭构件设计。

3）平台梁

与板式楼梯相同，梁式楼梯的截面高度应按梁允许高跨比假定，截面宽度 b 也应符合相关构造要求。考虑到平台梁给斜梁提供支承，为避免两者交会处斜梁底不应落于平台梁底以下，平台梁的高度选择应做相应调整。

平台梁计算简图按简支梁取用，做法与板式楼梯的平台梁基本相同。梁式楼梯平台梁的受荷宽度与图示板式楼梯相同；不同之处在于，梁式楼梯是由斜梁以集中荷载的形式传力给平台梁。而平台板传来的荷载及平台梁自重，均按均布荷载计算，取值的方法与板式楼梯相同。平台梁的截面配筋计算与构造方式也与板式楼梯类同。

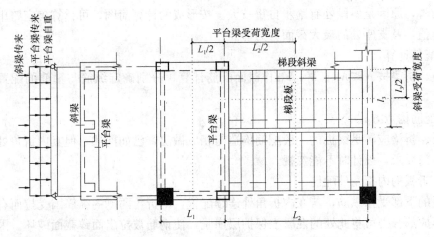

图 5.91　斜梁受荷宽度与计算简图

4. 折线形楼梯

在工程上，折线形楼梯也常有应用。例如当楼梯下净高不够，或是其他的建筑设计的要求，也可能是结构布置的需要，需要移动、取消平台梁，由此就形成折线形楼梯。如图 5.92 所示的折板式、折梁式楼梯。下面讨论折板、折梁的设计方法。

1）截面尺寸假定

折板、折梁的截面尺寸按各自的允许厚跨比、高跨比选择确定，但应注意此时的跨度 L 为其两端支座间距离。以图 5.92 所示楼梯为例，跨长 l 为 l_1+l_2，即水平段长度加斜段的水平投影长度。选择确定的截面，沿水平段与斜段的折板应为等厚，折梁应为等高。

2）计算简图及受力分析

折板式、折梁式楼梯取跨长 l 的水平简支梁为其计算简图。折板可取单位板带计算；折梁的受荷宽度同梁式楼梯的斜梁，即为二分之一梯段宽度。恒荷载与活荷载均应按水平长度上的分布计算取值。参见图 5.92 示意绘出折板的计算简图，不难理解，相对于水平面作用的活荷载值沿跨长均匀分布，沿水平段与水平投影段的均布恒荷载值大小不同，后

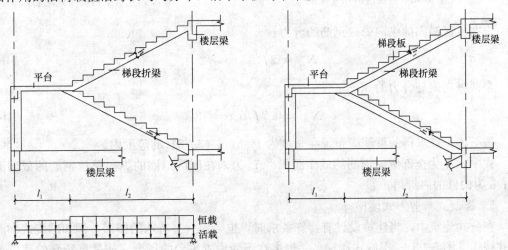

图 5.92　折板、折梁的计算简图

者大于前者，原因是斜段处有踏步自重较大。按形成的计算简图，可计算确定跨中的最大截面弯矩值，及支座处的最大截面剪力值。

3）配筋计算

折板、折梁按 $M \leqslant M_u$、$V \leqslant V_u$ 作截面配筋计算，分别确定纵筋与箍筋的配置，方法同前。

4）配筋构造方式

折板、折梁应满足梁板的一般配筋构造与相应做法，已如前述。但其内折角处的配筋构造有专门要求，设计时不能忽视。

（1）折板的内折角处配筋

折板的下部受拉纵筋，若在内折角处连续配置，则折角两侧的纵筋因受拉而有变直的趋向，形成的合力可将此处的混凝土保护层崩脱，使钢筋被拉出而致截面破坏。因此，如图 5.93 所示，在内折角处两侧的下部受拉纵筋必须断开，并各自延伸至板的上表面按规定的长度锚固。若折角位置距支座距离不足四分之一折板跨度，则布置的负弯矩钢筋应经过折角向跨内延伸配置。

（2）折梁的内折角处配筋

折梁的下部受拉纵筋，在内折角处应分开配置，并各自按规定的长度延伸锚固（图 5.94）。同时，折角两侧应增设附加箍筋。箍筋应能承受未在压区锚固的纵向受拉钢筋的合力，且在任何情况下不应小于全部纵向钢筋合力的 35%；由箍筋承受的纵向钢筋的合力按下列公式计算：

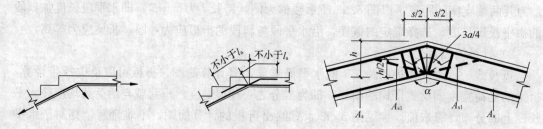

图 5.93　折板内折角处配筋　　　　　图 5.94　折梁内折角处配筋

未在压区锚固的纵向受拉钢筋的合力：

$$N_{s1} = 2f_y A_{s1} \cos\alpha/2 \tag{5-34a}$$

全部纵向钢筋合力的 35%：

$$N_{s2} = 0.7f_y A_s \cos\alpha/2 \tag{5-34b}$$

按上述条件求得的箍筋应布置在长度为 $s = h\tan(3\alpha/8)$ 的范围内。

式中，A_s 为全部纵向钢筋的截面面积；A_{s1} 为未在压区锚固的纵向受拉钢筋的截面面积；α 为构件的内折角。

5．螺旋式与剪刀式楼梯

在公共建筑中，当建筑设计有特殊要求时，也采用一些特殊的楼梯，例如螺旋式和剪刀式楼梯（图 5.95）。螺旋式楼梯，一般多在不便设置平台的场合，或是有特殊的建筑造型需要时采用；剪刀式楼梯，具有悬臂的梯段与平台，仅在上下楼层处设置支座，可用在当建筑中不宜设置平台梁和平台板的支承的场合。

螺旋式和剪刀式楼梯，属于空间受力体系，其受力不同于属于平面受力体系的梁板结构形式的楼梯。这类结构受力复杂，需要参阅专门的文献进行设计计算。

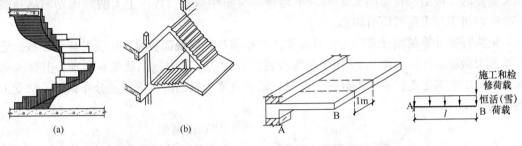

图 5.95　螺旋式与剪刀式楼梯　　　　　图 5.96　雨篷板计算简图
(a) 螺旋式；(b) 剪刀式

6. 雨篷结构设计方法

钢筋混凝土的雨篷、外挑阳台与挑檐，采用整浇方式从主体结构悬挑的梁板形成的梁板结构，是建筑工程常见的悬挑结构。悬挑结构由悬挑构件与其支承构件组成，根据悬挑长度，有两种结构布置方式。

(1) 悬挑梁板结构。即从支承结构悬挑梁，在梁上布置板。其梁、板的受力分析同梁板结构。一般在悬挑长度较大时采用。

(2) 悬挑板结构。即直接从支承结构悬挑板，其受力分析按悬臂梁。一般在悬挑长度不大时采用。

本节仅以采用悬挑板的钢筋混凝土雨篷结构设计为例，说明其设计技术要点与构造要求。

1) 一般要求

悬挑板式雨篷一般由雨篷板、雨篷梁组成，雨篷梁既是雨篷板的支承，又兼有过梁的作用。雨篷板的挑出长度 $0.5\sim1.2$m 或更长，视建筑要求而定。根部板厚按 $1/10$ 挑出长度假定选用，但不小于 70mm；板端不小于 50mm。考虑到悬臂梁结构的受力特点，雨篷板可做成变厚度。按建筑设计要求，雨篷板周围往往设置凸沿以便能有组织排水。

雨篷梁宽一般与墙厚相同，梁高应按允许跨高比假定，由承载力设计确定。若支承梁的为砌体时，雨篷梁两端伸入砌体的长度应满足抗倾覆验算的要求。下面，按雨篷的结构组成，讨论结构设计的内容与要求。

2) 雨篷板

雨篷板的结构设计，在按确定的结构布置方式合理地选择板厚后，主要是按受弯承载力要求计算板的配筋与设计相关构造。

以图 5.97 所示雨篷为例，雨篷板的计算简图按悬臂梁，跨长取用其从雨篷梁的挑出长度，取单位板宽 1m 为计算单元。作用其上的荷载有恒载（包括自重、面层粉刷等）、活荷载、雪荷载以及

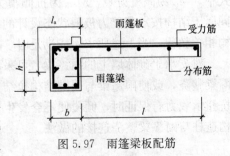

图 5.97　雨篷梁板配筋

施工和检修荷载。除施工和检修的集中荷载外，其他荷载一般以均布荷载计算。

设计时，应按照《荷载规范》的规定，取用相关荷载的标准值。施工或检修集中荷载标准值不应小于 1.0kN，进行承载力设计时，应沿板宽每隔 1m 取一个集中荷载；考虑抗倾覆验算时，应沿板宽每隔 2.5~3.0m 考虑一个集中荷载。按不上人的屋面均布活荷载计算时，可不与雪荷载同时组合。

雨篷板按计算简图计算内力。求得支座弯矩值后，取根部板厚，按受弯构件正截面受弯承载力做配筋计算。图 5.97 所示雨篷板的配筋做法。受力钢筋放置在板顶，其伸入雨篷梁的长度应满足受拉锚固的要求，同时，沿垂直受力钢筋的方向设置分布钢筋，放受力钢筋的下层。

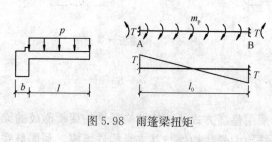

图 5.98　雨篷梁扭矩

3）雨篷梁

雨篷梁承受的荷载，与其在结构中的位置、支承构件的连接方式有关。一般而言，雨篷梁承受的竖向荷载。除雨篷板传来的荷载外，还有梁的自重、梁上的砌体重，有可能还要计入楼盖的恒、活载。雨篷板传来的荷载还构成了雨篷梁的扭矩。

当雨篷板上有均布荷载 p 时，作用在雨篷梁中心线的力包括竖向力 V 和力矩 m_p，如图 5.98 所示，沿板宽方向每 1m 的数值分别为

$$V = pl \ (\text{kN/m}) \tag{5-35}$$

$$m_p = pl(l+b)/2 \ (\text{kN} \cdot \text{m/m}) \tag{5-36}$$

在力矩 m_p 作用下，雨篷梁的最大扭矩：

$$T = m_p l_0 / 2 \tag{5-37}$$

式中，l_0 为雨篷梁的计算跨度。

雨篷梁在竖向荷载与扭矩荷载的共同作用下，将产生弯矩、剪力与扭矩。因此，雨篷梁的配筋应按弯剪扭构件的承载力计算确定，并应满足相关的构造要求。雨篷梁的配筋做法参见图 5.97。

4）雨篷抗倾覆

雨篷板上作用的荷载，使整个雨篷绕雨篷梁底的倾覆点转动倾倒，而梁自重及梁上的材料等有抗雨篷倾覆的稳定作用。抗倾覆的验算要求为

$$M_{ov} \leqslant M_{ovR} \tag{5-38}$$

式中，M_{ov} 为倾覆力矩，M_{ovR} 为抗倾覆力矩。雨篷的抗倾覆验算，和其承载力设计一样，同属于结构按承载能力极限状态设计的内容。有关砌体结构中的雨篷抗倾覆可参阅砌体结构相关教程。当上述要求不能满足时，应采取相应措施。

对支承于砌体墙上的雨篷梁，可采取增大雨篷梁的支承长度，或当位置合适时采取与圈梁整浇，或使雨篷梁与周围结构拉结等措施。对与框架结构柱整浇连接的雨篷梁，当其抗扭承载力有保证时，倾覆便不会发生。为增强抗倾覆的能力，工程上常用在门洞两侧设构造柱与雨篷梁整浇连接的做法。

主 要 参 考 文 献

[1] 东南大学，同济大学，天津大学. 混凝土结构与砌体结构设计(第五版). 北京：中国建筑工业出版社，2012.

[2] 罗福午，邓雪松. 建筑结构(第 2 版). 武汉：武汉理工大学出版社，2012.

[3] 中华人民共和国国家标准. 混凝土结构设计规范 GB 50010—2010. 北京：中国建筑工业出版社，2011.

[4] 中华人民共和国国家标准. 建筑抗震设计规范 GB 50011—2010. 北京：中国建筑工业出版社，2010.

[5] 中华人民共和国行业标准. 装配式混凝土结构技术规程 JGJ 1—2014. 北京：中国建筑工业出版社，2014.

[6] 王祖华. 混凝土结构设计. 广州：华南理工大学出版社，2008.

[7] 周建民，李杰，周振毅. 混凝土结构基本原理. 北京：中国建筑工业出版社，2014.

[8] 顾祥林. 建筑混凝土结构设计. 上海：同济大学出版社，2011.

[9] 中国建筑标准设计研究院. 国家建筑标准设计图集(15G366-1)—桁架钢筋混凝土叠合板. 北京：中国计划出版社，2015.

[10] 程文瀼，李爱群. 混凝土楼盖设计. 北京：中国建筑工业出版社，1998.

[11] A. H·尼尔逊著. 过镇海等译. 混凝土结构设计. 北京：中国建筑工业出版社，2003.

思 考 题

1. 比较钢筋混凝土连续梁板与简支梁板的配筋设计方法，试从受力分析、截面承载力与配筋构造三方面，说明其异同所在。

2. 举例说明常用钢筋混凝土楼盖结构的类型及其特点。

3. 如何从受力特征上认识单向板与双向板？设计钢筋混凝土结构时，区分单向板与双向板的意义何在？工程上应如何区分？

4. 简述现浇钢筋混凝土单向板肋形楼盖结构的组成与布置方式，及其配筋设计的内容与方法。

5. 解释计算简图的概念。为何说"结构与荷载的相关描述，是计算简图必须表示的内容"？钢筋混凝土楼盖结构构件按连续梁形成的计算简图，其基本要素是什么？

6. 简述设计现浇钢筋混凝土单向板肋形楼盖结构时，按连续梁形成计算简图的方法。按弹性理论方法与塑性理论方法形成的计算简图有何异同？

7. 何谓弹性理论方法？何谓塑性理论方法？如何认识理解钢筋混凝土楼盖结构设计的弹性理论方法与塑性理论方法。

8. 按弹性理论方法计算单向板肋形楼盖的连续板、次梁时，采用折算荷载的意义何在？折算荷载值应如何确定？

9. 解释控制截面的概念。简述设计钢筋混凝土连续梁板时，选择确定控制截面的意义与方法。

10. 设计钢筋混凝土连续梁板时，为何要考虑活荷载的不利布置？简述按控制截面的最不利内力确定荷载布置的原则与方法。

11. 解释钢筋混凝土构件中的塑性铰概念。简述塑性铰与结构计算简图中的理想铰不同之处，并说明影响钢筋混凝土塑性铰转动能力的主要因素。

12. 解释内力重分布的概念。简述钢筋混凝土连续梁板中的塑性铰形成与塑性内力重分布现象，并说明塑性铰的转动能力与连续梁板塑性内力重分布的关联。

13. 解释弯矩调幅法的概念。简述钢筋混凝土连续梁板应用弯矩调幅法设计应遵循相关原则的原因。

14. 按弹性方法设计了楼板配筋，若改按塑性方法设计，则楼板配筋会有变化吗？若为实际工程，你会采用何种方法设计？为什么？

15. 简述钢筋混凝土连续板按弯起、分离的配筋方式。说明构造钢筋与分布钢筋的设置要求。

16. 简述连续梁的配筋构造做法。说明由抵抗弯矩图确定常用配筋构造图的做法。

17. 简述主梁在与次梁相交处，为何须设置附加箍筋或吊筋，其具体要求与做法如何？

18. 简述钢筋混凝土连续双向板楼板的实用设计方法。说明利用单区格双向板的弹性弯矩系数计算连续双向板的控制截面弯矩的做法。

19. 简述钢筋混凝土无梁楼盖的结构构成、受力特点与实用设计方法。

20. 混凝土叠合板设计有何特点？简述钢筋桁架叠合板的主要构成原理。

21. 简述常用钢筋混凝土楼梯的结构类型。说明梁式楼梯、板式楼梯的构件内力计算与配筋方法。

22. 解释钢筋混凝土折板式、折梁式楼梯结构的形式。说明其计算简图的形成方法，及折角处的配筋构造特点。

23. 简述常用钢筋混凝土雨篷的结构形式与相应的配筋设计方法。

24. 表5.32所示为两跨连续梁的配筋设计结果。

两跨连续梁的配筋计算结果　　　　　　　　　　表5.32

控制截面	跨中	支座	备注
弯矩设计值	$0.156Pl$	$-0.188Pl$	$M_{u1}<M_{u2}$
截面承载力	$M_u=0.156Pl=M_{u1}$	$M'_u=\lvert-0.188Pl\rvert=M_{u2}$	$A_{s1}<A_{s2}$
纵筋截面积	A_{s1}	A_{s2}	

【要求】

若将图5.99中的A_{s2}改按A_{s1}配置，问此梁的结构承载力$P=$？试说说你的见解。

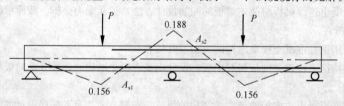

图5.99　思考题24图

习　题

1. 某楼面采用现浇钢筋混凝土梁板结构，平面尺寸见图示。截面尺寸：板厚100mm；梁l_a：250mm×500mm；梁l_b：250mm×400mm；梁l_c：250mm×500mm。钢筋混凝土梁板$\gamma=25kN/m^3$，地砖面层$\gamma=0.6kN/m^2$，砂浆板底粉刷$\gamma=16kN/m^3$；使用荷载标准值为5kN/m^2。

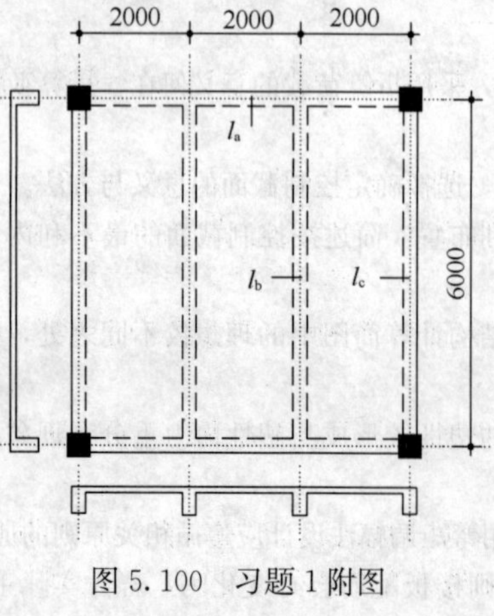

【要求】（按单向板楼盖，取单位板带$b=1m$）。

按图5.101示楼面板的计算简图，求恒载g_k、活载q_k。

2. 现浇钢筋混凝土楼面板，见习题1图如5.100所示。采用C25混凝土，HPB300钢筋；一类环境。

图5.100　习题1附图

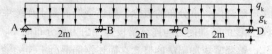

图5.101　习题1计算简图

【要求】

（1）按习题1所示计算简图，采用弹性理论方法确定控制截面的最不利内力（弯矩）设计值；

（2）按钢筋混凝土受弯构件正截面承载力设计要求，确定楼板控制截面的配筋；

（3）绘楼板配筋图。

【解】

（1）控制截面的最不利内力（弯矩）设计值（k_q按活荷载最不利布置取值）

按习题1计算简图：

$g_k = ($ 　 $)$ kN/m 　 $q_k = ($ 　 $)$ kN/m

折算荷载（设计值）

恒载 g' （kN/m） =

活载 q' （kN/m） =

	截面1	截面B	截面2
荷载布置方式			
k_g			
$M_g = k_g g' l^2$			
k_q			
$M_q = k_q q' l^2$			
$M = M_g + M_q$			

（2）控制截面配筋配筋计算

	截面1	截面B	截面2
M （kN·m）			
$\alpha_s = M/(\alpha_1 f_c b h_0^2)$			
$\gamma_s = (1 + \sqrt{1-2\alpha_s})/2$			
$A_s = M/(f_y \gamma_s h_0)$			
选用			
实配（mm²）			

（C25：$f_c =$ 　N/mm²，$f_t =$ 　N/mm²，$\alpha_1 = 1.0$；HPB300：$f_y =$ 　N/mm²，$\alpha_{sb} =$ 　；$b = 1000$mm，$h_0 = h - a_s =$ 　mm；$\rho_{min} = \max(0.2\%, 0.45 f_t/f_y) =$ 　，$A_{s,min} = \rho_{min} bh =$ 　）

（3）绘配筋图

按结构平面图表示方式，将受力筋、分布筋及构造筋直接绘于图5.100所示楼层平面图上。

3. 已知现浇钢筋混凝土楼盖如题图（图5.102）所示。按弹性理论方法完成次梁的配筋设计。采用 C30混凝土，HRB400级钢筋（纵向钢筋），HPB300级钢筋（箍筋），一类环境。

【已知】平面尺寸见图所示，$l = 6$m，$l_1 = l_2 = 2$m。$l/l_1 = 6/2 = 3 > 2$，为单向板主次梁楼盖。

取板厚 $h = 80$mm；次梁 $b \times h = 250 \times 500$mm，主梁 $b \times h = 250 \times 600$mm。

【要求】

（1）确定次梁的计算简图；

按二等跨连续梁，计算跨度 $l = 6$m，恒载标准值 $g_k = 8.90$kN/m，活载标准值 $q_k = 4$kN/m。

（2）控制截面的弯矩设计值，与纵筋设计；

（3）控制截面的剪力设计值，与箍筋设计；

（4）绘次梁的配筋图。

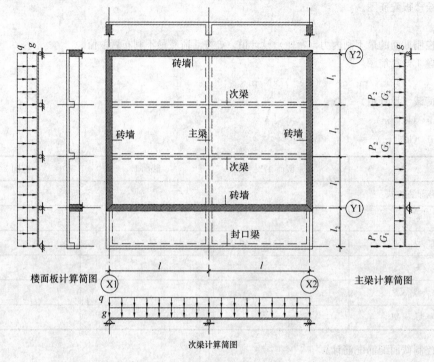

图 5.102 【习题 3】附图

4. 如题图（图 5.103）所示，按习题 2 的数据，求解连续板支座边缘截面的内力设计值；并对相关公式作一评说。

5. 图示现浇钢筋混凝土楼盖结构平面布置图（图 5.104）。楼面做法：20mm 厚水泥砂浆面层，钢筋混凝土楼面板，20mm 厚纸筋灰粉底。楼面使用荷载按商场取用（3.5kN/m²）。

【要求】

（1）说明楼盖的结构形式与构件组成方式；

（2）确定板、次梁、主梁的构件截面尺寸；

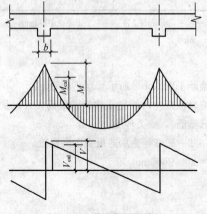

图 5.103 【习题 4】附图

（3）按弹性理论方法确定板、次梁、主梁的计算简图。

6. 已知条件同习题 5。

【要求】

按塑性理论方法确定板、次梁的计算简图。

7. 图示钢筋混凝土主梁（图 5.105），$G_k = 60kN$，$Q_k = 42kN$。$\gamma_G = 1.2$，$\gamma_Q = 1.4$。

【要求】

（1）按弹性理论方法确定主梁控制截面的最不利弯矩设计值，绘图示梁的弯矩包络图；

（2）按塑性理论方法（调幅法）确定主梁控制截面的弯矩设计值。

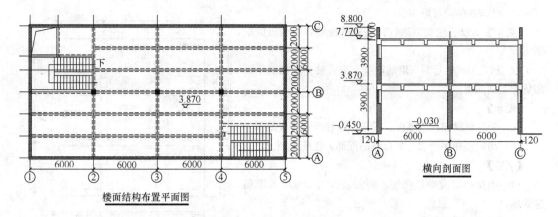

图 5.104 【习题 5】附图

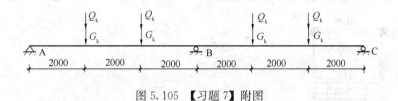

图 5.105 【习题 7】附图

8. 某钢筋混凝土楼面板如图 5.106 所示。板厚 100mm，板面水泥砂浆 30mm，板底抹灰 20mm，砖墙厚 240mm。使用荷载标准值为 5kN/m²。采用 C25 混凝土，HPB300 钢筋。

【要求】按弹性方法设计板配筋，绘板配筋图。（提示：按四边简支板）

9. 某钢筋混凝土楼面板如图 5.107 所示。恒载标准值 3.44kN/m²，使用荷载标准值为 5kN/m²。

【要求】按弹性方法确定板控制截面的弯矩值（标准值）。（提示：按四边固定板）

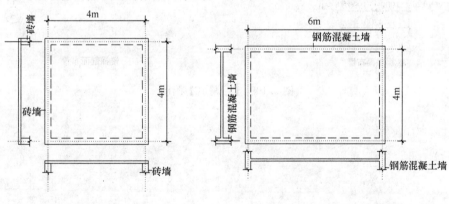

图 5.106 【习题 8】附图   图 5.107 【习题 9】附图

10. 某钢筋混凝土楼面结构如图 5.108 所示，四周为砖墙承重。板厚 100mm，采用 C20 钢筋混凝土，HPB300 级钢筋。恒载标准值 3kN/m²，使用荷载标准值为 5kN/m²。

【要求】按弹性方法设计：

(1) 板 A 的跨中截面、支座截面的弯矩设计值，配筋量；

(2) 板 B 的跨中截面、支座截面的弯矩设计值，配筋量；

(3) 板 C 的跨中截面、支座截面的弯矩设计值，配筋量；

(4) 绘楼板的配筋图。

11. 已知条件同习题 10。

【要求】按塑性铰线方法设计楼板的配筋，绘楼板的配筋图。

12. 图 5.109 所示为一钢筋混凝土板式楼梯结构的平面布置图及剖面图。

【要求】

(1) 确定梯段斜板的厚度、配筋，绘梯段斜板配筋图；

(2) 确定楼梯平台梁、平台板的配筋，绘配筋图。

【条件】

(1) 踏步面层为地砖面层，斜板底面为 20mm 厚纸筋灰粉刷；

(2) 使用活载标准值 3.5kN/m²；

(3) C25 混凝土，受力筋为 HRB400 级钢筋。

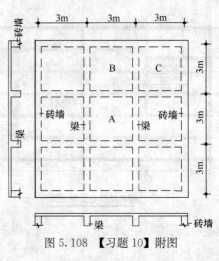

图 5.108 【习题 10】附图

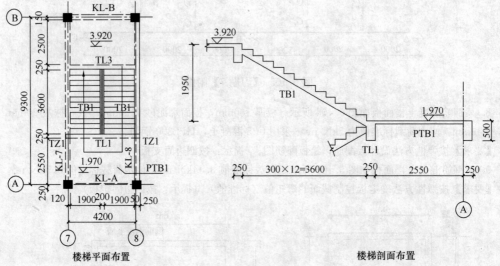

楼梯平面布置　　　　　　　　　　楼梯剖面布置

图 5.109 【习题 12】附图

第6章 多层框架结构设计

本章具体阐述了各种框架结构形式、特点，以及框架结构主要布置方案，并重点介绍了框架结构内力和侧移计算的近似方法，荷载及内力组合、截面设计、抗震概念设计及抗震构造措施等内容。为了适应装配式框架结构发展需要，本章还对装配式混凝土结构设计特点、步骤，以及构造措施做了阐述。

教学目标

理解框架结构布置要点和原理；掌握框架结构内力与变形的计算方法和特征；熟悉荷载效应和最不利内力组合；知晓抗震概念设计精髓和具体措施。

重点难点

框架结构承重方案，框架结构在竖向荷载作用下内力分层计算方法，框架结构在水平荷载作用下内力计算 D 值法，最不利内力求解和组合，截面及节点设计的抗震内力调整。

6.1 框架结构形式和结构布置

框架结构的特征是所有承重构件均为一维杆件，这些杆件组成空间稳定体系来承受竖向及水平作用。根据材料的不同其可以分为钢筋混凝土框架、预应力混凝土框架、型钢混凝土框架和钢框架。本教材第 3 章阐述了框架结构的概念和构思方法，第 4 章介绍了混凝土结构分析基本方法，本章将介绍多层钢筋混凝土框架结构的具体设计。此处多层一般是指 6 层及 6 层以下、结构高度小于 24m 的房屋。

6.1.1 框架结构形式

框架结构承重构件通常由梁、柱、支撑组成，楼盖结构类似水平隔板而将整个框架（竖向悬臂结构）连成整体。图 6.1 为框架结构示意图。

按梁-柱、柱-柱连接成型的施工方式，框架可分为现浇式、装配式及装配整体式三种。现浇式框架之梁柱均在现场原位立模浇筑，梁-柱、柱-柱节点钢筋连续，先浇柱，然后梁板同时浇捣，节点刚性强，抗震性能好。装配式框架的梁柱均为预制，梁-柱、柱-柱连接是借助预埋件现场焊接形成，节点连续性较差，很难实现刚性节点，整体性差，抗震能力弱。装配整体式框架梁柱均预制，梁-柱、柱-柱连接时，连接区域除预埋件焊接、钢筋套筒连接及预留抗剪插筋外，还需灌浆或浇捣混凝土，故节点刚性较强，抗震性能良好。现浇框架的缺点在于现场湿作业多，因养

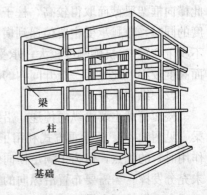

图 6.1 框架结构示意图

护而导致施工周期长，浪费模板，污染环境，施工受环境制约（如冬期无法施工）等。装

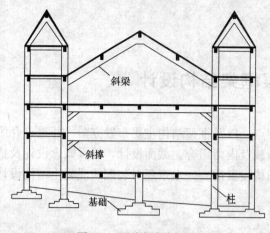

图 6.2 现浇框架剖面图

配式框架构件工厂化生产，质量高、污染小，施工速度快。但增加了运输和吊装的工作量。装配整体式框架兼具上述两种框架的优点，不过构件制作精度要求高，施工拼接较复杂。目前，大部分框架结构都采用现浇。鉴于构件预制和装配技术的提高、环保意识的增强及劳动力供给的缺乏，装配整体式框架结构日渐得到了重视和推广。装配式框架由于抗震能力弱，除了一些次要人少的建筑，现已很少采用，尤其在地震区更是严格限制。图 6.2 为某教堂建筑的现浇框架剖面图实例。

注意到楼盖形式也可分为现浇、装配式和装配整体式楼盖。其与框架形式之间并无必然对应关系，也即现浇框架可采用现浇楼盖、装配整体式楼盖甚至装配式楼盖。

6.1.2 框架结构布置

1. 框架承重方案

根据竖向荷载传递路径不同，框架承重形式可分为横向承重、纵向承重和纵横双向承重。

（1）横向承重

楼面荷载主要沿横向传递，沿横向布置主要的框架梁（梁高较大，有时称为主梁），沿纵向布置次要的框架梁（梁高稍小，有时称为联系梁）或次梁（两端支撑在其他框架梁或次梁上）（见图 6.3）。此处框架梁特指两端或一端与框架柱相连的梁，其受力特点是当水平荷载作用时，梁

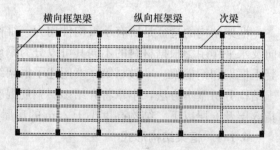

图 6.3 横向承重

内会产生较大的弯矩和剪力。由于横向跨数较少（一般不大于 3 跨），抗侧刚度较小，因此横向框架梁截面取得较高，柱子截面的高度（长边）也沿横向布置，在提高横向抗侧刚度的同时，兼顾承受主要传递到横向框架上的竖向楼、屋面荷载。因纵向跨数较多（一般不少于 6 跨），抗侧刚度较大，承受的竖向荷载较小，内力相应也较小，故纵向框架梁截面高度较小。此外因一个开间内的净高较大，有利于建筑采光。

（2）纵向承重

楼面荷载主要沿纵向传递，沿纵向布置主要的框架梁，沿横向布置次要的框架梁或次梁（见图 6.4）。此承重方式利用了纵向跨数多便于减小内力（尤其是风荷载和水平地震作用时）的优点，但为了满足横向侧移要求，横向框架梁也不能过小，为此承载能力可能未充分发挥。当需要布置沿纵向的管线且满足侧向采光要求时，可考虑采用这种方案。

（3）纵横双向承重

楼面荷载沿纵横双向传递，两个方向的框架同时承受竖向和水平荷载，此时楼板为双向板。当柱网平面近似正方形或楼面活荷载较大时，可采用这种布置方式（见图 6.5）。

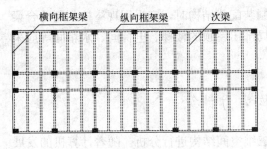

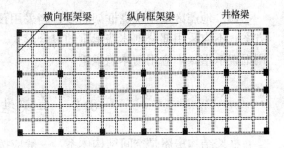

图 6.4 纵向承重   图 6.5 纵横双向承重

2. 竖向布置

在竖向体型设计方面，要尽量避免过大外挑，内收也不宜过多、过急。力求竖向刚度均匀、渐变，避免产生变形集中。若顶部内收形成塔楼，要采取特殊的措施加强。在可能的情况下，宜采用台阶形多次内收的立面。

在竖向结构布置方面，要做到刚度均匀连续，避免刚度突变。有抗震设计要求时，结构的承载力、变形能力和刚度宜自下而上逐渐地减小，避免薄弱层。

当底层或底部若干层取消部分柱子时，可加大其他下层柱的截面尺寸，尽量减少刚度削弱的程度，并提高这些楼层的楼板厚度。

如果需要从中间楼层或顶层取消部分柱子时，则取消的柱子不宜超过柱子总数的1/4。同时对其他柱子予以加强，如设置芯柱、采用全柱高箍筋加密或螺旋箍筋、改为型钢混凝土柱或提高混凝土强度等级。

避免局部错层的布置方式。当不可避免时，应在错层交接位置采取增加延性和受剪承载力的措施。

突出屋面的楼梯间、水箱和装饰构架，必须具有足够的承载力和延性，以承受高振型产生的鞭梢效应影响。

3. 框架结构的适用范围

(1) 框架结构的特点是建筑平面布置灵活，柱网适应性强，立面变化丰富，适用于商业、办公、学校、工业车间、实验室、车库等建筑。

(2) 框架结构的最大适用高度及高宽比

设计合理的框架具有较好的延性，抗震性能较好，但其整体侧向刚度较小，水平位移较大，容易引起非结构构件（如填充墙、装修）出现开裂或脱落。因此其适用高度需满足表 6.1 的要求。框架高宽比大，整体倾覆明显，可能在反复地震作用下失去稳定，为此框架高宽比需加限制，表 6.2 是对高层建筑的规定，可参考。

框架结构的最大适用高度（m）　　　　　　　　表 6.1

非抗震	抗震烈度				
	6	7	8 (0.2g)	8 (0.3g)	9
70	60	50	40	35	24

框架结构的最大高宽比　　　　　　　　表 6.2

非抗震	抗震烈度		
	6、7	8	9
5	4	3	—

（3）地震区采用现浇框架居多；当采用预制装配式结构时，宜采用现浇柱预制叠合梁方案。不应采用部分砌体墙承重的混合形式。局部出屋顶的楼梯、电梯间、水箱间等应采用框架承重，不应用砌体墙承重。

6.2　框架结构内力计算

框架结构房屋是空间结构体系，一般应按三维空间结构进行分析。随着计算机的发展和设计程序的完善，设计单位基本都是应用通用设计软件，采用杆件有限元方法进行框架结构内力计算、配筋。但是一些近似计算方法，由于概念清晰、计算简便，适合初步设计时做快速估算，也有助于对计算结果正确性作判别，故仍受到结构工程师的欢迎。本节基于近似计算方法来求解框架内力。

6.2.1　框架结构计算简图

1. 计算单元选取

大多情况下，框架结构柱网沿两个正交方向布置，因此可忽略结构纵、横向之间的空间联系和各构件的抗扭作用，将框架结构简化为沿横方向和纵方向的平面框架，取中间有代表性的一榀横向框架和纵向框架，承受竖向和水平荷载，荷载范围如图 6.6（b）中阴影所示，进行内力和位移计算，若作用在框架上的荷载各不相同，则应按实际情况分别进行计算。当纵、横向框架混合承重时，应根据结构的不同特点进行分析，并对竖向荷载按楼盖的实际支承情况进行传递，这时竖向荷载通常由纵、横向框架共用承担。

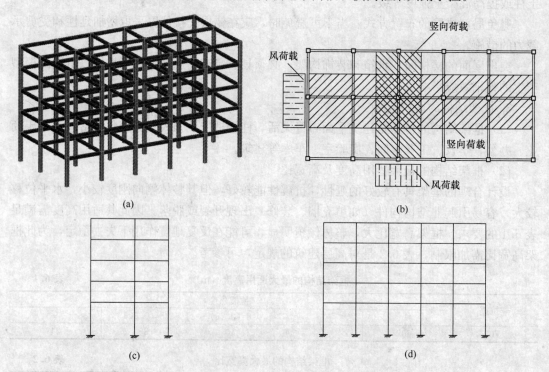

图 6.6　框架计算单元
（a）空间框架；（b）荷载作用区域；（c）横向框架计算单元；（d）纵向框架计算单元

2. 跨度及层高确定

在框架结构的计算简图中，梁、柱用其轴线表示，梁与柱之间的连接用节点表示，梁或柱的长度用节点间的距离表示，柱轴线之间的距离即为梁的计算跨度；柱的计算高度取梁顶面之间距离即层高，对于底层柱的下端，一般取至基础顶面；当设有整体刚度很大的地下室，且地下室结构的楼层侧向刚度不小于相邻上部结构楼层侧向刚度的2倍时，可取至地下室结构的顶板处。

在实际工程中，框架柱的截面尺寸通常沿房屋高度变化。当上层柱截面尺寸减小但其形心轴仍与下层柱的形心轴重合时，其计算简图与各层柱截面不变时的相同。当上、下层柱截面尺寸不同且形心轴也不重合时，一般采取近似方法，即将顶层柱的形心线作为整个柱子的轴线，但是必须注意，在框架结构的内力和变形分析中，各层梁的计算跨度及线刚度仍应按实际情况取；另外，尚应考虑上、下层柱轴线不重合，由上层柱传来的轴力在变截面处所产生的力矩，图6.7为框架计算简图示意。

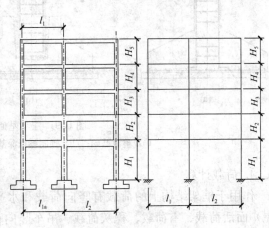

图 6.7　框架跨度及层高确定

3. 节点形式和基础约束

现浇钢筋混凝土结构中，梁和柱内的纵向受力钢筋都将穿过节点或锚入节点区，这时节点应简化为刚接节点；装配整体式框架中的纵向受力钢筋采用焊接、套筒连接或搭接，并在现场浇筑部分混凝土使节点成为整体，故可视为刚接节点，但这种节点整体性不如现浇框架的好，在竖向荷载作用下，相应梁端实际负弯矩小于计算值，而跨中实际正弯矩则大于计算值，截面设计时应予以调整。仅通过预埋件焊接连接的为铰接节点。节点连接示意见图6.8。

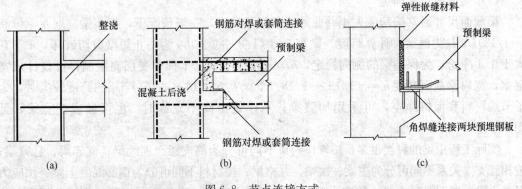

图 6.8　节点连接方式

（a）刚性节点；（b）刚性（半刚性）节点；（c）铰接节点

框架柱与基础的连接亦有刚接和铰接两种，当框架柱与基础现浇为整体、且基础具有足够的转动约束作用时，柱与基础的连接应视为刚接，相应的支座为固定支座。对于装配式框架，如果柱插入基础杯口有一定的深度，并用细石混凝土与基础浇捣成整体，则柱与基础的连接也可视为刚接。如用沥青麻丝填实，则预制柱与基础的连接可视为铰接，柱底与基础连接示意见图6.9。

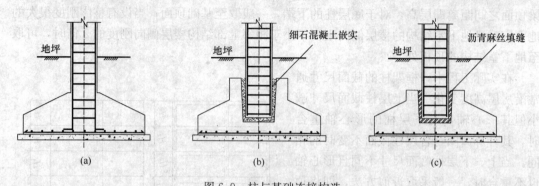

图6.9　柱与基础连接构造
(a) 整浇基础；(b) 预制杯口深基础；(c) 预制杯口浅基础

4. 荷载计算

作用于框架结构上的荷载有竖向荷载和水平荷载两种。竖向荷载包括结构自重、楼（屋）面活荷载、雪荷载、积灰荷载、吊车竖向荷载等。作用方式一般为面荷载、线荷载或集中荷载。水平荷载包括风荷载、吊车荷载和水平地震作用，一般均简化成节点水平集中力。

作用在框架结构上的楼面活荷载，可根据房屋类别或房间功能按《荷载规范》取用，楼面上的局部活载，如设备重等，可以换算为等效均布荷载。楼面荷载的计算参见第2章。

5. 梁、柱截面尺寸估算

框架梁、柱截面尺寸应根据承载力、刚度及延性等要求确定。初步设计时，通常先由经验、构造要求或估算来选定截面尺寸，完成内力计算后，再进行承载力、变形等验算，确认所选尺寸是否合适。

(1) 梁截面尺寸确定

梁截面尺寸通常按跨度大小并兼顾荷载轻重确定，一般情况下，框架梁高取 $h = (1/8 \sim 1/12)L$，L 为框架梁计算跨度，梁宽 $b = (1/2 \sim 1/3)h$。为防止短梁剪切破坏，h 不宜大于1/4净跨。为保持梁的侧向稳定，h/b 不宜大于4。工程中受层高限制，可设计成宽扁梁，宽扁梁截面高度 $h = (1/15 \sim 1/18)L$，梁宽 $b = (1 \sim 3)h$。当梁的跨度较大时，为了节约材料和保持净空，可采用加腋梁；当建筑净高不允许时，也可做成变宽梁，见图6.10。

实际工程中梁的种类很多，按支座约束不同可分为简支梁、连续梁、框架梁、悬臂梁；按相互支撑关系不同可分为主梁、次梁、井格梁；按材料不同可分为钢筋混凝土梁、预应力混凝土梁、型钢混凝土梁、预应力型钢混凝土梁；按轴线形状不同可分为直梁、折梁、曲梁。实际设计时还应有所区别，例如预应力型钢混凝土梁的梁高甚至可取为跨度的1/30。

(2) 柱截面尺寸

框架柱以矩形截面居多，截面尺寸可先根据其所受轴力按轴心受压构件估算，再乘以

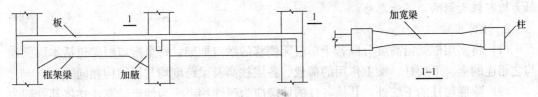

图 6.10　加腋梁与变宽梁

适当的放大系数以考虑弯矩的影响。计算公式为 $A_c = (1.2 \sim 1.4)N/f_c$，$N = nA(G + Q)$，其中 G、Q 为柱子承受的每层恒载和活载设计值，通常按（12~14）kN/m^2 估算；A 为一根柱子的负荷面积，通常按相邻轴线中~中一半计；n 为计算截面以上的楼层数；N 为柱子受到的轴力设计值；f_c 为混凝土棱柱体抗压强度设计值；（1.2~1.4）为放大系数；A_c 为柱子截面面积。

在地震区也可按轴压比限值估算截面尺寸，$A_c = N/(n_c f_c)$，$N = 1.25nA(G+Q)$，其中 n_c 为轴压比限值，其余符号含义同前。也可直接凭经验取 $h = (1/20 \sim 1/15)H$，其中 H 为层高。

框架柱的截面宽度和高度均不宜小于 300mm，圆柱截面直径不宜小于 350mm，柱截面高宽比不宜大于 3。为避免柱产生剪切破坏，柱净高与截面长边之比宜大于 4，或柱的剪跨比宜大于 2。

6. 梁、柱抗弯刚度确定

在结构内力与位移计算中，现浇楼板可作为框架梁的翼缘。一般情况下，每一侧翼缘的有效宽度可取至板厚的 6 倍；装配整体式楼面视其整体性可取等于或小于 6 倍；无现浇面层的装配式楼面，楼板的作用不予考虑。设计中，为简化计算，可按式 $I = \beta I_0$ 近似确定梁截面惯性矩，其中 I_0 为按矩形截面梁计算的惯性矩（$bh^3/12$），β 为截面系数，取值见表 6.3。柱截面惯性矩按实际截面计算取值。

截面系数 β　　　　　　　　　　　　　　　　　　　　　　　表 6.3

楼盖类型	中框架	边框架
现浇楼盖	2	1.5
装配整体式	1.5	1.2
装配式	1	1

6.2.2　竖向荷载作用下的内力近似计算

在竖向荷载作用下，多层框架结构的内力可用力法、位移法等结构力学方法计算，或借助计算机采用矩阵位移法、杆系有限元法计算。如采用手算，可采用分层法、弯矩二次分配法及迭代法等近似方法计算。下面介绍分层法。

1. 计算假定

（1）不考虑框架结构的侧移对其内力的影响；

（2）每层梁上的荷载仅对本层梁及其上、下柱的内力产生影响，对其他各层梁、柱内力的影响可忽略不计。

【提示】上述假定中所指的内力不包括柱轴力，因为某层梁上的荷载对下部各层柱的轴力均有较大影响，不能忽略。

2. 计算步骤

(1) 将多层框架沿高度分成若干单层无侧移的敞口框架，每个敞口框架包括本层梁和与之相连的上、下层柱。梁上作用的荷载、各层柱高及梁跨度均与原结构相同。

(2) 除底层柱的下端外，其他各柱的柱端应为弹性约束。为便于计算，均将其处理为固定端。这样将使柱的弯曲变形有所减小，为消除这种影响，可把除底层柱以外的其他各层柱的线刚度乘以修正系数 0.9。

(3) 用无侧移框架的计算方法（如弯矩分配法）计算各敞口框架的杆端弯矩，由此所得的梁端弯矩即为其最后的弯矩值；因每一柱属于上、下两层，所以每一柱端的最终弯矩值需将上、下层计算所得的弯矩值相加。在上、下层柱端弯矩值相加后，将引起新的节点不平衡弯矩，如欲进一步修正，可对这些不平衡弯矩再做一次弯矩分配。如用弯矩分配法计算各敞口框架的杆端弯矩，在计算每个节点周围各杆件的弯矩分配系数时，应采用修正后的柱线刚度计算；并且底层柱和各层梁的传递系数均取 1/2，其余柱由于将弹性支承简化为固定端，因此传递系数改用 1/3。

(4) 在杆端弯矩求出后，可用静力平衡条件计算梁端剪力及梁跨中弯矩；由逐层叠加柱上的竖向荷载（包括节点集中力、柱自重等）和与之相连的梁端剪力，即得柱的轴力。

分层法计算示意见图 6.11，分层法一般用于结构与荷载沿高度分布比较均匀的多层框架的内力计算，对于侧移较大或不规则的多层框架不宜采用。对于对称结构，当承受正对称或反对称荷载时，也可以只截取结构的一半进行计算。

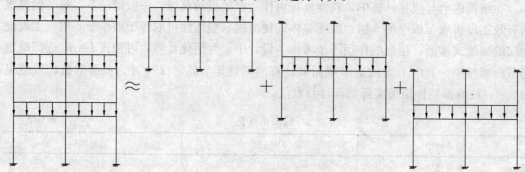

图 6.11 竖向荷载作用下分层计算示意图

3. 计算例题

【例题 6-1】 三层两跨框架受恒载作用计算简图如图 6.12 和图 6.13 所示，忽略其侧向位移，试用分层法计算框架内力弯矩并绘制弯矩图。

解：该框架可分成三层，从上往下分别记为三、二、一层，如图 6-14～图 6-16 所示。

(1) 第三层的计算

计算简图如图 6-14 所示。由于忽略框架的侧向位移，故可用力矩分配法计算。

根据各构件截面尺寸和框架的整体尺寸计算各个杆件的线刚度如下：

杆①⑩的线刚度计算：

$$i_{110} = \frac{EI_{110}}{L_{110}} = \frac{0.5 \times 0.5^3}{12 \times 5} E = 1.042 \times 10^{-3} E$$

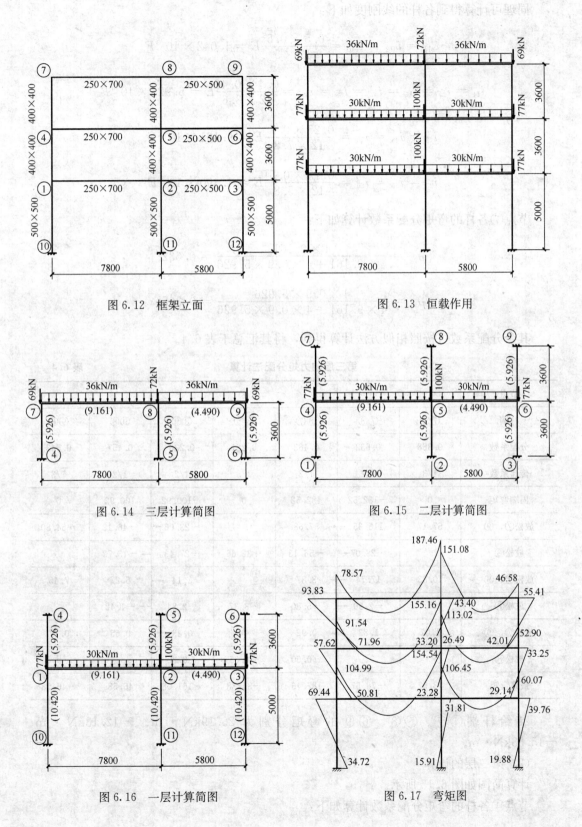

图 6.12 框架立面

图 6.13 恒载作用

图 6.14 三层计算简图

图 6.15 二层计算简图

图 6.16 一层计算简图

图 6.17 弯矩图

同理可计算得到各杆的线刚度如下：

$$i_{211} = i_{312} = i_{110} = \frac{0.5 \times 0.5^3}{12 \times 5}E = 1.042 \times 10^{-3}E$$

$$i_{14} = i_{25} = i_{36} = i_{47} = i_{58} = i_{69} = \frac{0.4 \times 0.4^3}{12 \times 3.6}E = 5.926 \times 10^{-4}E$$

$$i_{12} = i_{45} = i_{78} = \frac{0.25 \times 0.7^3}{12 \times 7.8}E = 9.161 \times 10^{-4}E$$

$$i_{23} = i_{56} = i_{89} = \frac{0.25 \times 0.5^3}{12 \times 5.8}E = 4.490 \times 10^{-4}E$$

节点⑦各杆的弯矩分配系数计算如下：

$$\mu_{78} = \frac{4 \times 9.161}{4 \times 9.161 + 4 \times 0.9 \times 5.926} = 0.632$$

$$\mu_{74} = \frac{4 \times 0.9 \times 5.926}{4 \times 9.161 + 4 \times 0.9 \times 5.926} = 0.368$$

其余分配系数可按照相似方法计算得到，将其汇总于表 6.4。

第三层的力矩分配法计算　　　　　　　　　　　　　　表 6.4

节点	⑦		⑧			⑨	
杆端	⑦④	⑦⑧	⑧⑦	⑧⑤	⑧⑨	⑨⑧	⑨⑥
分配系数	0.368	0.632	0.483	0.281	0.236	0.457	0.543
传递系数	1/3	1/2	1/2	1/3	1/2	1/2	1/3
固端弯矩	0	−182.52	182.52	0	−100.92	100.92	0
放松⑦，⑨	67.17	115.35 →	57.68		−23.06 ←	−46.12	−54.80
放松⑧		−28.07 ←	−56.13	−32.66	−27.43	→ −13.72	
放松⑦，⑨	10.33	17.74 →	8.87		3.14 ←	6.27	7.45
放松⑧		−2.90 ←	−5.80	−3.37	−2.84	→ −1.42	
放松⑦，⑨	1.07	1.83 →	0.92		0.33 ←	0.65	0.77
放松⑧			−0.60	−0.35	−0.30		
最终弯矩	78.57	−78.57	187.46	−36.38	−151.08	46.58	−46.58

传给杆端④⑦、⑤⑧、⑥⑨的弯矩分别为 26.19kN·m、−12.13kN·m、−15.53kN·m。

（2）第二层的计算

计算简图如图 6.15 所示。

节点④各杆的弯矩分配系数计算如下：

$$\mu_{47} = \frac{4 \times 0.9 \times 5.926}{4 \times 9.161 + 4 \times 0.9 \times 5.926 + 4 \times 0.9 \times 5.926} = 0.269$$

$$\mu_{45} = \frac{4 \times 9.161}{4 \times 9.161 + 4 \times 0.9 \times 5.926 + 4 \times 0.9 \times 5.926} = 0.462$$

$$\mu_{41} = \frac{4 \times 0.9 \times 5.926}{4 \times 9.161 + 4 \times 0.9 \times 5.926 + 4 \times 0.9 \times 5.926} = 0.269$$

其余分配系数可按照相似方法计算得到，将其汇总于表 6.5。

第二层的力矩分配法计算 　　　　　　　　　　表 6.5

节点	④			⑤				⑥		
杆端	④⑦	④①	④⑤	⑤④	⑤⑧	⑤②	⑤⑥	⑥⑤	⑥⑨	⑥③
分配系数	0.269	0.269	0.462	0.377	0.219	0.219	0.185	0.296	0.352	0.352
传递系数	1/3	1/3	1/2	1/2	1/3	1/3	1/2	1/2	1/3	1/3
固端弯矩	0	0	−152.10	152.10	0	0	−84.10	84.10	0	0
放松④，⑥	40.91	40.91	70.28 → 35.14				−12.45 ← −24.90	−29.60	−29.60
放松⑤			−17.10 ← −34.19	−19.86	−19.86	−16.78 ← −8.39		
放松④，⑥	4.60	4.60	7.90 → 3.95				1.25 ← 2.49	2.95	2.95
放松⑤			−0.98 ← −1.96	−1.14	−1.14	−0.96 ← −0.48		
放松④，⑥	0.26	0.26	0.46 → 0.23				0.07 ← 0.14	0.17	0.17
放松⑤			−0.11	−0.07	−0.07	−0.05		
最终弯矩	45.77	45.77	−91.54	155.16	−21.07	−21.07	−113.0	52.96	−26.48	−26.48

传给杆端 ⑦④、⑧⑤、⑨⑥、①④、②⑤、③⑥ 的弯矩分别为 15.26kN·m、−7.02kN·m、−8.83kN·m、15.26kN·m、−7.02kN·m、−8.83kN·m。

（3）第一层的计算

计算简图如图 6.16 所示。

节点①各杆的弯矩分配系数计算如下：

$$\mu_{14} = \frac{4 \times 0.9 \times 5.926}{4 \times 9.161 + 4 \times 0.9 \times 5.926 + 4 \times 10.420} = 0.214$$

$$\mu_{12} = \frac{4 \times 9.161}{4 \times 9.161 + 4 \times 0.9 \times 5.926 + 4 \times 10.420} = 0.368$$

$$\mu_{110} = \frac{4 \times 10.420}{4 \times 9.161 + 4 \times 0.9 \times 5.926 + 4 \times 10.420} = 0.418$$

其余分配系数可按照相似方法计算得到，将其汇总于表 6.6。

节点	①			②				③		
杆端	①④	①⑩	①②	②①	②⑤	②⑪	②③	③②	③⑥	③⑫
分配系数	0.214	0.418	0.368	0.312	0.181	0.354	0.153	0.222	0.263	0.515
传递系数	1/3	1/2	1/2	1/2	1/3	1/2	1/2	1/2	1/3	1/2
固端弯矩	0	0	−152.1	152.10	0	0	−84.10	84.10	0	0
放松①，③	32.55	63.58	55.97	27.99			−9.34	−18.67	−22.12	−43.31
放松②			−13.52	−27.03	−15.68	−30.67	−13.25	−6.63		
放松①，③	2.89	5.65	4.98	2.49			0.74	1.47	1.74	3.42
放松②			−0.51	−1.01	−0.58	−1.14	−0.50	−0.25		
放松①，③	0.11	0.21	0.19					0.05	0.07	0.13
最终弯矩	35.55	69.44	−105.0	154.54	−16.26	−31.81	−106.5	60.07	−20.31	−39.76

传给杆端④①、⑤②、⑥③、⑩①、⑪②、⑫③的弯矩分别为 11.85kN•m、−5.42kN•m、−6.77kN•m、34.72kN•m、−15.91kN•m、−19.88kN•m。

（4）框架的弯矩图

把以上的计算结果相叠加，即得到该框架的弯矩图如图 6.17 所示。为提高精度，可把节点的不平衡弯矩再次分配，这一步在此省略。

6.2.3 水平荷载作用下的内力计算

1. 反弯点法

水平荷载主要指风荷载和地震作用，通常可简化为作用在框架节点上的水平力，见图 6.18。在水平力作用下，多层规则框架在柱高范围内会出现弯矩为零的截面，即为反弯点。层数较多，框架梁较弱时，会出现柱反弯点在层高外的弯矩分布现象。

1）基本假定

（1）梁的线刚度无穷大，则柱上下端没有转角。实际工程中，当梁的线刚度 i_b 与柱的线刚度 i_c 之比大于 3 时，即认为满足此要求。

（2）不考虑梁的轴向变形，故柱顶位移相同。梁受到的轴力比较小，故有此假定。

2）计算步骤

（1）反弯点位置的确定

由于反弯点法假定梁的线刚度无限大，则柱两端产生相对水平位移时，柱两端无任何转角，且弯矩相等，反弯点在柱中点处。因此反弯点法假定：对于上部各层柱，反弯点在柱中点；对于底层柱，由于柱脚为固定端，转角为零，但柱上端转角不为零，且上端弯矩较小，反弯点上移，故取反弯点在距柱底 2/3 高度处。

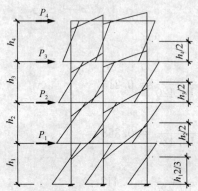

图 6.18 节点水平力作用下
弯矩图（反弯点法）

（2）柱的侧移刚度

反弯点法中用侧移刚度 K_c 表示框架柱两端有相对单位侧移时柱中产生的剪力，它与柱两端的约束情况有关。由于反弯点法中梁的刚度非常大，可近似认为节点转角为零，则根据两端无转角但有单位水平位移时杆件的杆端剪力方程，可得 i 层第 k 根柱的抗侧刚度如下：

$$K_{ik} = \frac{V_{ik}}{\Delta_{ik}} = \frac{12i_{ik}}{h_i^2} \tag{6-1}$$

式中，V_{ik} 为 i 层第 k 根柱受到的剪力；Δ_{ik} 为柱层间位移；h_i 为第 i 层层高。

（3）柱的剪力

设框架 n 层，每层有 m 根柱。由平衡条件得第 i 层的总剪力 V_i 为 i 层以上所有水平力之和，在同一楼层内，各柱按侧移刚度的比例分配楼层剪力。

$$V_i = \sum_{j=i}^{n} P_j, \qquad V_{ik} = \frac{K_{ik}}{\sum\limits_{k=1}^{m} K_{ik}} V_i \tag{6-2}$$

（4）柱的弯矩和梁的弯矩

得到柱剪力后，根据反弯点位置，求得柱端弯矩。再由节点弯矩平衡得出梁端弯矩之和 $\sum M_b$ 等于柱端弯矩 $\sum M_c$，然后将 $\sum M_b$ 按梁的线刚度比分配到节点两侧的梁端。

（5）梁的剪力和柱的轴力

将梁端弯矩对梁端求平衡，即可得到梁两端的剪力。然后从上而下，取出节点求竖向力平衡可以得到柱子的轴力。

当然，如对节点求水平向平衡，可以得到梁的轴力。设计时梁通常按受弯构件计算配筋，不计梁的轴力，原因是梁的轴力较小，如果按偏压构件考虑，一般总是大偏压受力状态，比纯弯受力要有利。

3）计算例题

【例题 6-2】试用反弯点法计算图 6.19 所示框架梁柱内力弯矩并绘制弯矩图，截面尺寸同例题 6-1。

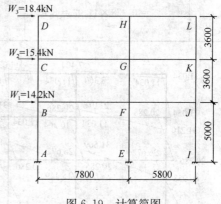

图 6.19　计算简图

【解】

（1）惯性矩和线刚度计算

构件线刚度计算表（单位：kN，kN·m）　　　　　　　　表 6.7

截面尺寸	惯性矩 $I=bh^3/12$（$\times 10^8 \text{mm}^4$）	线刚度 $i=EI/L$（$\times 10^5 \text{N} \cdot \text{mm}^2/\text{mm}$）
400×400 柱	$4 \times 4^3/12 = 21.333$	$E \times 21.333/3.6 = 5.93E$
500×500 柱	$5 \times 5^3/12 = 52.083$	$E \times 52.083/5.0 = 10.42E$
250×700 梁	$2.5 \times 7^3/12 = 71.458$	$E \times 71.458/7.8 = 9.16E$
250×500 梁	$2.5 \times 5^3/12 = 26.042$	$E \times 26.042/5.8 = 4.48E$

197

（2）层间剪力及构件内力计算

构件剪力弯矩计算表（单位：kN，kN·m）　　　　　　　　　　表6.8

	三层	二层	一层
层间剪力	$V_3 = W_3 = 18.4$	$V_2 = W_3 + W_2 = 33.8$	$V_1 = W_3 + W_2 + W_1 = 48$
柱端剪力	$V_{31} = V_{32} = V_{33} = 18.4/3 = 6.13$	$V_{21} = V_{22} = V_{23} = 33.8/3 = 11.27$	$V_{11} = V_{12} = V_{13} = 48/3 = 16$
柱端弯矩	$M_c^t = M_c^b = 6.13 \times 3.6/2 = 11.03$	$M_c^t = M_c^b = 11.27 \times 3.6/2 = 20.29$	$M_c^t = 16 \times 5/3 = 26.67$ $M_c^b = 16 \times 5 \times 2/3 = 50.33$
梁端弯矩	$M_{DH} = M_{DC} = 11.03$ $M_{LH} = M_{LK} = 11.03$ $M_{HD} = \dfrac{9.16}{9.16+4.49} \times 11.03$ $= 0.672 \times 11.03 = 7.41$ $M_{HL} = \dfrac{4.49}{9.16+4.49} \times 11.03$ $= 0.328 \times 11.03 = 3.62$	$M_{CG} = 11.03 + 20.29 = 31.32$ $M_{GC} = 0.762 \times 31.32 = 21.05$ $M_{GK} = 0.328 \times 31.32 = 10.27$ $M_{KG} = M_{CG} = 31.32$	$M_{BF} = 20.29 + 26.67 = 46.96$ $M_{FB} = 0.672 \times 46.96 = 31.56$ $M_{FJ} = 0.328 \times 46.96 = 15.40$ $M_{JF} = M_{BF} = 46.96$

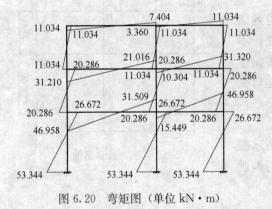

图6.20　弯矩图（单位 kN·m）

（3）绘制弯矩图

由以上计算结果，绘制弯矩图如图6.20所示。

2. D值法

反弯点法假定梁柱之间的线刚度比为无穷大，且假定柱的反弯点高度为一定值，从而使框架结构在侧向荷载作用下的内力计算大大简化。但是，在实际工程中，经常会有梁柱相对线刚度比较接近，特别是抗震设防要求"强柱弱梁"，柱的线刚度可能会大于梁的线刚度。这样在水平荷载作用下，梁本身就会发生弯曲变形而使框架各结点既有转角又有侧移存在，从而导致同层柱上下端的 M 值不相等，反弯点亦不位于柱中。为此采用 D 值法对反弯点法予以修正。D 值法与反弯点法主要区别表现在两个方面：侧移刚度修正和反弯点高度计算改进。因而 D 值法也称之为修正反弯点法。

1）基本假定

从规则框架取出 j 层典型单元柱 AB 如图6.21、图6.22所示，假定：（1）柱 AB 及其上下相邻柱的线刚度均为 i_c；（2）i 层及其上下层层间相对位移均为 Δu，层间位移角均为 φ；（3）柱 AB 两端节点及其上下左右6个节点转角均为 θ。

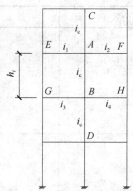
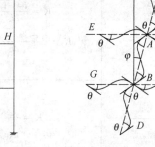

图 6.21　规则框架　　　　图 6.22　典型单元计算简图

2) 计算公式和步骤

(1) 柱修正的侧移刚度

由节点 A、节点 B 弯矩平衡可得

$$4(i_1 + i_2 + i_c + i_c)\theta + 2(i_1 + i_2 + i_c + i_c)\theta - 6(i_c + i_c)\varphi = 0 \tag{6-3}$$

$$4(i_3 + i_4 + i_c + i_c)\theta + 2(i_3 + i_4 + i_c + i_c)\theta - 6(i_c + i_c)\varphi = 0 \tag{6-4}$$

由上两式简化解得

$$\theta = \frac{2}{2 + \dfrac{\sum i}{2i_c}}\varphi = \frac{2}{2 + K}\varphi \tag{6-5}$$

式中 $\sum i = i_1 + i_2 + i_3 + i_4$，$K = \dfrac{\sum i}{2i_c}$，$\varphi = \dfrac{\Delta u}{h_i}$

柱 AB 在相对位移 Δu 和两端转角 θ 的作用下，其剪力为

$$V_{ik} = \frac{12i_c}{h_i}\left(\frac{\Delta u}{h_i} - \theta\right) \tag{6-6}$$

将式 (6-5) 代入式 (6-6) 可得

$$V_{ik} = \frac{K}{2 + K}\frac{12i_c}{h_i^2}\Delta u = \alpha_c \frac{12i_c}{h_i^2}\Delta u = D_{ik}\Delta u \tag{6-7}$$

式中 $\alpha_c = \dfrac{K}{2 + K}$ 为与梁、柱线刚度有关的刚度修正系数，表 6-9 给出了各种情况下 α_c 值的计算公式。由表中的公式可以看到，梁、柱线刚度的比值愈大，α_c 值也愈大。当梁、柱线刚度比值为∞时，$\alpha_c = 1$，这时 D_{ik} 值等于反弯点法中采用的侧移刚度 K_c。

柱子的抗侧刚度为　　　　　　　　$$D_{ik} = \alpha_c \frac{12i_c}{h_i^2} \tag{6-8}$$

α_c 值和 K 值计算表 表 6.9

楼层	简图	K 计算公式	α_c 计算公式
一般层		$K = \dfrac{i_2 + i_4}{2i_c}$ $K = \dfrac{i_1 + i_2 + i_3 + i_4}{2i_c}$	$\alpha_c = \dfrac{K}{2 + K}$
底层		$K = \dfrac{i_2}{i_c}$ $K = \dfrac{i_1 + i_2}{i_c}$	$\alpha_c = \dfrac{0.5 + K}{2 + K}$

节点转动影响柱的抗侧刚度，故柱的侧移刚度不但与柱本身的线刚度和层高有关，而且还与梁的线刚度有关。

修正后的柱侧移刚度用 D 表示，故该方法称为"D 值法"。

同一楼层各柱剪力的计算

求出了 D 值以后，与反弯点法类似，假定同一楼层各柱的侧移相等，则可求出各柱的剪力：

$$V_{ik} = \frac{D_{ik}}{\sum\limits_{j=1}^{m} D_{ij}} V_i \tag{6-9}$$

式中，V_{ik} 为 i 层第 k 柱所受剪力；D_{ik} 为第 i 层第 k 柱的侧移刚度；m 为第 i 层柱子总数；V_i 为第 i 层以上所有水平荷载的总和，即第 i 层由外荷载引起的总剪力。

（2）各层柱的反弯点位置

各层柱的反弯点位置与该柱上、下端的转角大小有关。若上下端转角相等，则反弯点在柱高的中央。两端转角不相等，则反弯点将移向转角较大的一端，也就是移向约束刚度较小的一端。当一端为铰结时（转动刚度为 0），弯矩为 0，即反弯点与该铰重合。影响柱两端转角大小即柱反弯点位置的因素主要有：①梁柱线刚度比；②上下层梁的线刚度比；③上下层层高；④该柱所在楼层位置；⑤框架总层数。

在 D 值法中，通过力学分析求出标准情况下的标准反弯点高度比 y_0（即反弯点到柱下端距离与柱全高的比值），再根据上、下梁线刚度比值及上、下层层高变化，对 y_0 进行调整。因此，可以把反弯点位置用下式表达：

$$yh = (y_0 + y_1 + y_2 + y_3)h \tag{6-10}$$

式中，y 为反弯点距柱下端的高度与柱全高的比值（简称反弯点高度比），y_1 为考虑上、下横梁线刚度不相等时引入的修正值，y_2、y_3 为考虑上层、下层层高变化时引入的修正值，h 为该柱的高度（层高）。为了方便使用，系数 y_0、y_1、y_2、y_3 已制成表格，可通过查附表 5 的方式确定其数值。

当各层框架柱的侧移刚度 D 和各层柱反弯点位置 yh 确定后，与反弯点法一样，就可求出框架的弯矩图。

（3）柱端弯矩的计算

柱下端弯矩：$M_{ik}^b = V_{ik} \cdot l_{ik}$ ；柱上端弯矩：$M_{ik}^t = V_{ik} \cdot (h_i - l_{ik})$

式中，l_{ik} 为第 i 层第 k 根柱的反弯点高度，h_i 为第 i 层的柱高，见图 6.23。

（4）梁端弯矩的计算

梁端弯矩可由节点平衡求出，边柱：$M_b = M_c^t + M_c^b$ ；

中柱：$M_b^r = \dfrac{i_b^r}{i_b^r + i_b^l}(M_c^t + M_c^b)$ ；$M_b^l = \dfrac{i_b^l}{i_b^r + i_b^l}(M_c^t + M_c^b)$

式中，i_b^l、i_b^r 分别为左侧梁和右侧梁的线刚度，分别见图 6.24、图 6.25。

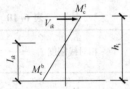
图 6.23　柱反弯点图

图 6.24　边柱节点平衡图

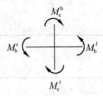
图 6.25　中柱节点平衡图

（5）剪力和轴力的计算

可根据力的平衡条件，由梁两端的弯矩平衡可求出梁的剪力；由梁的剪力，根据节点力的平衡条件，可求出柱的轴力，具体见【例题 6-3】。

3）计算实例

【例题 6-3】框架计算简图如图 6.26 所示，试用 D 值法计算弯矩、剪力和轴力并绘制内力图，截面尺寸同【例题 6-1】。

【解】

1）各构件的线刚度计算

梁柱线刚度计算如表 6.10 所示，图 6.30 为相对线刚度示意图（取 $E_c = 3.0 \times 10^4\,\mathrm{MPa}$）。

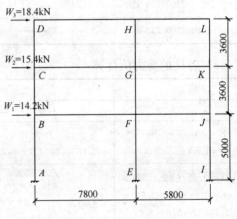
图 6.26　计算简图

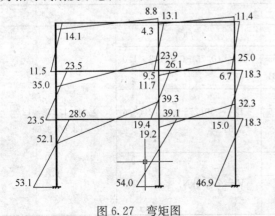
图 6.27　弯矩图

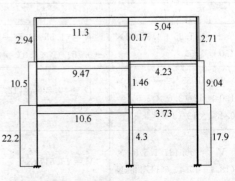
图 6.28　剪力图

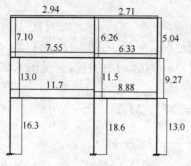

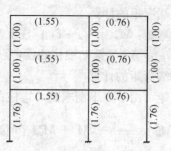

图 6.29 轴力图 图 6.30 相对线刚度示意图

梁柱的线刚度计算 表 6.10

截面尺寸	$i=\dfrac{EI}{l}$ (kN·m)	相对线刚度
400×400 柱	17777.8	1.0
500×500 柱	31250	1.76
250×700 梁	27483.9	1.55
250×250 梁	13469.8	0.76

2) 各柱的剪力值计算

第三层			
CD	GH	KL	
$K = (1.55+1.55)/2 \times 1.0 = 1.55$	$K = (1.55+0.76+1.55 +0.76)/(2\times1.0) = 2.31$	$K = (0.76+0.76)/2 \times 1.0 = 0.76$	
$D = 1.55/(2+1.55) \times 1.0 \times 12/(3.6\times3.6) = 0.437 \times 12/(3.6\times3.6)$	$D = 0.536 \times 12/(3.6 \times 3.6)$	$D = 0.275 \times 12/(3.6 \times 3.6)$	$\sum D = 1.248 \times 12/ (3.6\times3.6)$
$V=0.437/1.248 \times 18.4 =6.443\text{kN}$	$V=7.903\text{kN}$	$V=4.054\text{kN}$	

二层			
BC	FG	JK	
$K = (1.55+1.55)/2 \times 1.0 = 1.55$	$K = (1.55+0.76+1.55 +0.76)/(2\times1.0) = 2.31$	$K = (0.76+0.76)/2 \times 1.0 = 0.76$	
$D = 1.55/(2+1.55) \times 1.0 \times 12/(3.6\times3.6) = 0.437 \times 12/(3.6\times3.6)$	$D = 0.536 \times 12/(3.6 \times 3.6)$	$D = 0.275 \times 12/(3.6 \times 3.6)$	$\sum D = 1.248 \times 12/ (3.6\times3.6)$
$V = 0.437/1.576 \times (18.4+15.4) = 11.835\text{kN}$	$V = 14.517\text{kN}$	$V = 7.448\text{kN}$	

	第一层		
AB	EF	IJ	
$K = 1.55/1.76 = 0.881$	$K = (1.55+0.76)/1.76$ $= 1.31$	$K = 0.76/1.76 = 0.43$	
$D = (0.5+0.88)/(2+$ $0.88) \times 1.76 \times 12/(5.0 \times$ $5.0) = 0.844 \times 12/(5.0$ $\times 5.0)$	$D = 0.963 \times 12/(5.0$ $\times 5.0)$	$D = 0.674 \times 12/(5.0$ $\times 5.0)$	$\sum D = 2.481 \times 12/$ (5.0×5.0)
$V = 0.844/2.481 \times$ $(18.4 + 15.4 + 14.2)$ $= 16.329kN$	$V = 18.631kN$	$V = 13.040kN$	

3）各柱反弯点高度 y 计算

	CD	GH	KL
第三层	$K=1.55$ $y_0=0.38$	$K=2.31$ $y_0=0.42$	$K=0.76$ $y_0=0.33$
	$\alpha_1=1$ $y_1=0$	$\alpha_1=1$ $y_1=0$	$\alpha_1=1$ $y_1=0$
	$\alpha_3=1$ $y_3=0$	$\alpha_3=1$ $y_3=0$	$\alpha_3=1$ $y_3=0$
	$y=0.38+0+0=0.38$	$y=0.42$	$y=0.33$
	BC	FG	JK
第二层	$K=1.55$ $y_0=0.45$	$K=2.31$ $y_0=0.47$	$K=0.76$ $y_0=0.45$
	$\alpha_1=1$ $y_1=0$	$\alpha_1=1$ $y_1=0$	$\alpha_1=1$ $y_1=0$
	$\alpha_2=1$ $y_2=0$	$\alpha_2=1$ $y_2=0$	$\alpha_2=1$ $y_2=0$
	$\alpha_3=1$ $y_3=0$	$\alpha_3=1$ $y_3=0$	$\alpha_3=1$ $y_3=0$
	$y=0.45+0+0+0=0.45$	$y=0.47$	$y=0.45$
	AB	EF	IJ
第一层	$K=0.88$ $y_0=0.65$	$K=1.31$ $y_0=0.58$	$K=0.43$ $y_0=0.74$
	$\alpha_2=3.6/5=0.72$ $y_2=0$	$\alpha_2=0.72$ $y_2=0$	$\alpha_2=0.72$ $y_2=-0.002$
	$y=0.65+0=0.65$	$y=0.58$	$y=0.74-0.02=0.72$

4) 弯矩剪力计算

	三层	二层	一层
柱端弯矩	$M_{DC} = 6.443 \times (1-0.38) \times 3.6 =$ 14.4kN·m $M_{CD} = 6.443 \times 0.38 \times 3.6 =$ 8.8kN·m $M_{HG} = 7.903 \times (1-0.42) \times 3.6 =$ 16.5kN·m $M_{GH} = 7.903 \times 0.42 \times 3.6 =$ 11.9kN·m $M_{Lk} = 4.054 \times (1-0.33) \times 3.6 =$ 9.8kN·m $M_{KL} = 4.054 \times 0.33 \times 3.6 =$ 4.8kN·m	$M_{CB} = 11.835 \times (1-0.45) \times 3.6 =$ 23.4kN·m $M_{BC} = 11.835 \times 0.45 \times 3.6 =$ 19.2kN·m $M_{GF} = 14.517 \times (1-0.47) \times 3.6$ $= 27.7$kN·m $M_{FG} = 14.517 \times 0.47 \times 3.6 =$ 24.6kN·m $M_{KJ} = 7.448 \times (1-0.45) \times 3.6 =$ 14.7kN·m $M_{JK} = 7.448 \times 0.45 \times 3.6 =$ 12.1kN·m	$M_{BA} = 16.329 \times (1-0.65) \times 5 =$ 28.6kN·m $M_{AB} = 16.329 \times 0.65 \times 5 =$ 53.1kN·m $M_{FE} = 18.631 \times (1-0.58) \times 5$ $= 39.1$kN·m $M_{EF} = 18.631 \times 0.58 \times 5 =$ 54.0kN·m $M_{JI} = 13.040(1-0.72) \times 5 =$ 18.3kN·m $M_{IJ} = 13.040 \times 0.72 \times 5 =$ 46.9kN·m
梁端弯矩	$M_{DH} = 14.4$kN·m $M_{HD} = 16.5 \times 1.55/(1.55+0.76)$ $= 11.1$kN·m $M_{HL} = 16.5 \times 0.76/(1.55 \times 0.76) =$ 5.4kN·m $M_{LH} = 9.8$kN·m	$M_{CG} = 8.8 + 23.4 = 32.2$kN·m $M_{GC} = (11.9 + 27.7) \times$ $1.55/(1.55+0.76) = 26.6$kN·m $M_{GK} = (11.9 + 27.7) \times$ $0.76/(1.55+0.76) = 13.0$kN·m $M_{KG} = 4.8 + 14.7 = 19.5$kN·m	$M_{BF} = 19.2 + 28.6 = 47.8$kN·m $M_{FB} = (39.1 + 24.6) \times$ $1.55/(1.55+0.76) = 42.7$kN·m $M_{FJ} = (39.1 + 24.6) \times$ $0.76/(1.55+0.76) = 21.0$kN·m $M_{JF} = 12.1 + 18.3 = 30.4$kN·m
梁端剪力	$V_{DH} = (14.4+11.1)/7.8 = 3.27$kN $V_{HL} = (5.4+9.8)/5.8 = 2.62$kN	$V_{CG} = (32.2+26.6)/7.8 = 7.54$kN $V_{GK} = (13.0+19.5)/5.8 = 5.60$kN	$V_{BF} = (47.8+42.7)/7.8 = 11.6$kN $V_{FJ} = (21.0+30.4)/5.8 = 8.86$kN

框架的弯矩图、剪力图如图 6.27、图 6.28 所示。

5) 各构件轴力计算

根据各节点竖向力平衡条件，可得各构件轴力，轴力见图 6.29。

6.2.4 温度作用下内力特点

自然环境温度变化所产生的温度作用一般可分为三种，即年变温度作用、骤降温度作用和日照温度作用。相应在结构中产生季节温差、内外温差和日照温差。年变温度变化是一年内缓慢气温变化导致，骤降温度变化是强冷空气侵袭或日落后建筑物内高外低的温度分布引起，日照温度变化主要是太阳辐射造成。以下就三种温差对框架结构内力影响特点做定性近似的分析。

1. 季节温差

设图 6.31 两层框架，施工时温度为 t_1，使用时温度升高至 t_2，则季节温差为 $t = t_2 - t_1$。由于柱子竖向变形不受约束，故在温差 t 作用下，柱子伸长相同。而各层横梁伸长时却受到柱子阻碍，由于基础不动（不受外界气温影响），柱对横梁约束由底向上会逐渐减小。假设梁的线刚度很大，柱只会产生侧向线位移，则框架中产生的变形如图 6.31 所示，由图可知，柱两端相对位移，下层柱子要比上层大，且愈往上愈小；外侧柱子的两端相对位移要比内侧柱子大，且愈往内愈小。因此柱子的弯矩和剪力，底层外柱最大。当框架超长时，由此引起的内力就不容忽视。对横梁而言，除了产生弯矩和剪力，还会产生轴向压力，底层横梁压力最大。框架中产生的弯矩如图6.32所示。

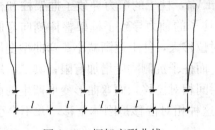

图6.31 框架变形曲线

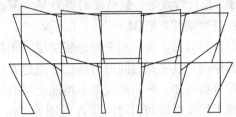

图6.32 框架弯矩分布图

2. 内外温差

设图6.33两跨框架，外柱温度为t_1，内柱温度t_2，$t_2 > t_1$。则外柱将缩短，致使横梁两端产生竖向相对位移Δi，Δi下小上大，故顶层横梁内力最大。对于超高层结构，由此产生的温度内力不可不计。对柱子受力影响表现为外柱受拉内柱受压，底层轴力最大。框架弯矩分布见图6.34。

3. 日照温差

如图6.35所示框架，左侧温度t_1而右侧温度t_2，$t_2 > t_1$。框架不仅产生整体弯曲，甚至当结构不对称时还会出现扭转。

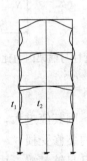
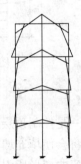
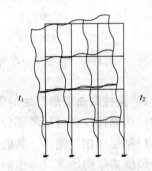

图6.33 框架变形曲线　　图6.34 框架弯矩分布　　图6.35 框架变形曲线图

由于温度场不易确定，因此精确计算温度内力和温度变形比较困难。为此构造措施和工程经验是解决此问题的有效手段。例如设置温度缝以减小季节温差产生的温度内力，加强外柱保温隔热以消除内外温差在框架结构中的温度作用，在屋顶层采取隔热通风措施减小顶层附加的温度内力等等。另外，采用预应力、在混凝土中添加钢纤维和增加抗温度应力钢筋也是抵抗温度作用的常用设计方法。

6.3　框架结构侧移计算和控制

6.3.1　框架侧移特征分析

水平荷载作用下框架侧移可分为剪切型变形和弯曲型变形两种。剪切型变形是由梁、柱弯矩产生的弯曲变形所导致；弯曲型变形是由柱子拉、压轴力产生的伸长、缩短变形所造成。图 6.36 显示了悬臂柱两种变形的形态特征。事实上，剪切型变形是由框架总剪力产生，弯曲形变形是由框架总弯矩产生。比较图 6.37 悬臂柱和框架受力可知，假如 1-1 截面位于 i 层反弯点处，悬臂梁的剪力 $V_1 = V_A + V_B$，柱子的剪力导致了框架柱和框架梁的弯矩；悬臂梁的弯矩 $M_1 = N_A \times L = N_B \times L$，柱子的轴力导致了框架整体侧向弯曲。在层间相对位移方面，剪切型变形是底层层间相对位移大，往上逐渐减小；弯曲型变形则反之。究其原因，其一是层间剪力越往下层越大，而柱子抗侧刚度增加有限；其二，取一微单元变形分析可知，剪切形变形不增加上层的层间相对位移，而弯曲形变形产生的截面转动会导致上层发生层间相对位移 Δ 见图 6.36，这种相对位移是刚体位移，并不会引起层间填充墙或装修物开裂，故常称之为无害位移。

【提示与思考】分析表明，大多数框架结构的变形曲线与悬臂柱剪切形变形曲线比较接近，也就是说框架的侧移主要由梁、柱弯曲变形引起，柱子轴向变形的影响可以忽略。因此框架结构也称为剪切型结构。读者可以结合例题 6-4 计算由柱子轴向变形产生的侧移，分析其占总侧移相对比值，加深理解。

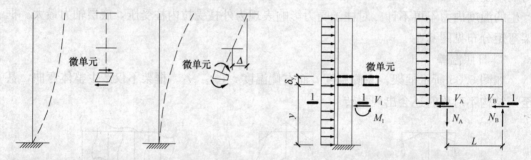

图 6.36　悬臂柱剪切型变形与弯曲型变形　　　图 6.37　悬臂柱与框架内力比较

6.3.2　梁柱弯曲变形产生的侧移

框架结构侧移控制包括两部分内容，一是控制顶层最大侧移，因其值过大，将影响使用；二是控制层间相对侧移，其值过大，将会使填充墙开裂、室内装修受损。

对一般框架结构通常只考虑由梁、柱弯曲变形所引起的侧移已足够精确，由式（6-7）可得出：

$$\Delta u_i = \frac{V_i}{\sum\limits_{k=1}^{m} D_{ik}} \tag{6-11}$$

框架顶点总水平位移为各层层间位移之和：

$$u = \sum\limits_{i=1}^{n} \Delta u_i \tag{6-12}$$

式中　n——框架结构的总层数。

【例题 6-4】已知条件同例题 6-3，试计算各层的层间相对位移和顶点总位移。

【解】

（1）各层 D 值计算

在【例题 6-3】中 D 值采用相对线刚度，进行位移计算时，需求出 D 实际值。

第一层：$\sum D_1 = 2.481 \times 12/(5.0 \times 5.0) \times 17777.8 = 21171.2\text{kN/m}$；

第二层：$\sum D_2 = 1.248 \times 12/(3.6 \times 3.6) \times 17777.8 = 20543.2\text{kN/m}$；

第三层：$\sum D_3 = 1.248 \times 12/(3.6 \times 3.6) \times 17777.8 = 20543.2\text{kN/m}$；

（2）各层层间相对位移计算

$$\Delta u_1 = V_1/\sum D_1 = 2.3\text{mm}; \Delta u_2 = V_2/\sum D_2 = 1.6\text{mm}; \Delta u_3 = V_3/\sum D_3 = 0.9\text{mm}$$

（3）顶部总位移计算

$$\Delta u = 2.3 + 1.6 + 0.9 = 4.8\text{mm}$$

6.3.3　柱轴向变形产生的侧移

当房屋总高度大于 50m 或高宽比大于 4 时，由框架柱轴向变形引起的侧移就不容忽略。在水平荷载作用下，框架柱一侧外柱受拉伸长、另一侧外柱受压缩短，呈现整体弯曲而产生侧移，内柱接近房屋中部，所受轴力较小而近似为零。因此外柱轴力近似为：

$$N = \pm \frac{M}{B} \tag{6-13}$$

在顶部施加单位力，用图乘法近似求得顶点位移为：

$$u_{\text{Tmax}} = \sum_{\text{两排外柱}} \int \frac{\overline{N}N}{E_c A} \text{d}z \tag{6-14}$$

式中　M——上部水平荷载在所考虑的高度楼层反弯点截面处产生的倾覆弯矩；

　　　$\overline{N}$——单位水平力作用于框架顶部时在边柱中产生的轴力；

　　　N——外荷载在边柱中产生的轴力；

E_c、A——边柱的混凝土弹性模量和面积。

【提示】由公式（6-14）分别计算第 j 层和第 $j-1$ 层位置位移，两者差值即为第 j 层相对位移 $\Delta u_{j,\text{M}}$。

6.3.4　弹性层间水平侧移控制

总层间弹性位移 $\Delta u_{j,\text{T}}$ 由剪切型变形和弯曲型变形组成，即

$$\Delta u_{j,\text{T}} = \Delta u + \Delta u_{j,\text{M}} \tag{6-15}$$

$\Delta u_{j,\text{T}}$ 除以层高 h 即为弹性层间位移角 $\theta_e \approx \tan\theta_e = \Delta u_{j,\text{T}}/h$，设计要求：

$$\theta_e = \Delta u_{j,\text{T}}/h \leqslant [\theta_e] = 1/550 \tag{6-16}$$

【注释】由于弯曲型变形比较小，故水平侧移计算一般只考虑公式（6-11）。

6.4　荷载效应组合和最不利内力确定

6.4.1　荷载效应组合

在结构使用期限内，恒载始终存在，活载、风荷载和地震作用可单独或同时出现，为此可以有不同的荷载组合情况（或称工况）。以下是荷载效应基本组合时至少需考虑的荷载组合情况。

1. 非抗震设计

① 1.2(1.0)×永久荷载＋1.4×活荷载(恒荷载有利时取 1.0，以下均同)；

② 1.2(1.0)×永久荷载＋1.4×风荷载；

③ 1.2(1.0)×永久荷载＋1.4×0.9×（活荷载＋风荷载）；

④ 1.35×永久荷载+1.4×0.7×活荷载+1.4×0.6×风荷载；

理论上还有(1.35×永久荷载+1.4×0.7×活荷载)和(1.35×永久荷载+1.4×0.6×风荷载)两组工况，但由于风荷载可左向可右向，故基本上为第④种工况所覆盖。

2. 抗震设计

① 1.2(1.0)×重力荷载代表值+1.3×水平地震作用；

② 1.2(1.0)×重力荷载代表值+1.3×竖向地震作用；

③ 1.2(1.0)×重力荷载代表值+1.3×水平地震作用+0.5×竖向地震作用；

④ 1.2(1.0)×重力荷载代表值+1.3×水平地震作用+1.4×0.5×风荷载。

【注释】9度时高层建筑或8度、9度时的长悬臂结构及大跨结构要考虑竖向地震作用。

6.4.2 最不利内力组合

1. 最不利内力选择

1) 控制截面

控制截面即指内力最大截面。对框架梁，通常为两个支座截面和跨中最大弯矩截面；对于框架柱，由于柱子所受荷载为节点荷载，柱内弯矩为直线分布，柱上下两端弯矩最大，故取柱上、下端两个截面为控制截面。由于框架计算简图是以梁柱轴线为准，因此设计内力还需换算到节点边缘处截面的内力，如图6.38中 M_b^d、V_b^d、M_c^d 。

2) 控制内力组合

柱起控制作用的内力组合可归纳为下列五种：

① $|M_{max}|$ 及相应的 N、V；② N_{max} 及相应的 M、N；③ N_{min} 及相应的 M、N；④ $|M|$ 比较大（不是绝对最大），但 N 比较小或 N 比较大；⑤ V_{max} 及相应的 N 。

梁起控制作用的内力组合有以下四种：

① 跨中最大正弯矩 M_{max}（近似取 1/2 跨处）；② 支座最大负弯矩— M_{max} ；③ 支座最大正弯矩 M_{max} ；④ 支座最大剪力 $|V_{max}|$ 。

在进行上述内力组合时，应取荷载组合值中的最不利值。

2. 竖向活荷载的不利布置

竖向活荷载可在一跨或数跨出现，和连续梁类似存在活荷载不利布置问题。不利位置布置有分跨计算组合法、最不利荷载位置法、分层组合法和满布荷载法四种。

1) 分跨计算组合法

将活荷载逐层逐跨分别单独作用在一根梁上，逐一计算出整个框架内力，然后按代数和最大或最小求出相应的活荷载最不利组合项。理论上计算次数和梁根数相同，故计算工作量较大，但方法简单规则，适合编程用计算机求解。通常不考虑屋面活荷载的不利分布而按满布计算，因为屋面一般无分隔而不会形成局部荷载。

2) 最不利荷载位置法

求 AB 梁跨中 C 截面最大正弯矩的活荷载可按图6.39布置，即本层本跨布置，然后隔跨布置；相邻层错开跨布置，然后隔跨布置。这样布置的依据可以用影响线方法来证明。作 M_c 的影响线如下：去除 M_c 相应的约束，代之以正向约束力即一对弯矩，令结构沿约束力的正向产生单位虚位移 $\theta_c=1$，由此可得整个结构的虚位移图，如图6.40所示。由虚位移原理可知，凡是在产生正向虚位移的跨间布置活荷载时，均会在 C 截面产生正弯矩。由上面分析还可知道，AB 跨达到跨中最大弯矩时的活荷载最不利布置，也正好使其他布置活荷载跨的跨中弯矩达到最大值。因此，只要进行两次棋盘形活荷载布置，便可求得所有梁的跨中最大正弯矩。图 6.41 所示为 AB 跨作用活载时的弯矩分布图。

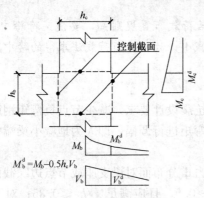

$$M_b^d = M_b - 0.5 h_c V_b$$

图 6.38　梁柱控制截面弯矩及剪力

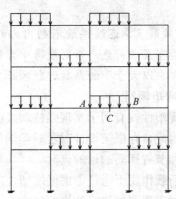

图 6.39　最不利荷载布置示意图

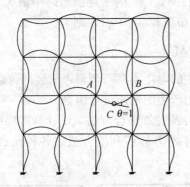

图 6.40　最不利荷载布置示意图

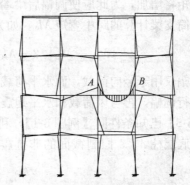

图 6.41　AB 跨作用活荷载时弯矩图

用类似方法可以得到梁端最大负弯矩和柱端最大弯矩的活荷载不利布置。但对于各跨各层梁柱线刚度差异较大或缺梁抽柱的非规则框架，影响线的绘制并非易事。尤其对于远离计算截面的框架节点往往难以准确判断其虚位移（转角）的方向。鉴于远离计算截面的处的荷载对于计算截面的内力影响甚小，实际计算时常可忽略。

求柱最大轴压力的活荷载不利布置，是在该柱以上的各层中，与该柱相邻的梁跨内都满布活荷载，该柱以下活荷载因为产生拉力而不能布置。

3）分层组合法

分层组合法对活荷载的不利布置作如下简化：

① 对于梁，只考虑本层活荷载的不利布置，忽略其他层活荷载的影响，如同连续梁的活荷载不利布置一样。

② 对于柱端弯矩，只考虑柱相邻上、下层的活荷载影响，忽略其他层活荷载的影响。

③ 对于柱最大轴力，则考虑在该层以上所有层中与该柱相邻的梁上满布活荷载，而对于与柱不相邻的上层活荷载，仅考虑其轴向力的传递而不考虑其弯矩的作用。

4）满布荷载法

当竖向活荷载产生的内力与恒载及水平荷载产生的内力相比很小时，则可不考虑活荷载不利布置，而将活荷载同时作用在整个框架上求得框架内力。由此求到的内力在支座处与按最不利荷载位置法求得的结果很接近，但梁的跨中弯矩偏小，应乘以 1.1～1.2 的增大系数。

【提示】按第 5 章连续梁最不利内力的活荷载布置规则知，要使某跨跨中弯矩最大，在相邻跨不能布置活荷载，否则使跨中弯矩减小。故按满布荷载法求得的跨中弯矩要小于最大值，需要乘以大于 1 的系数进行修正。

3. 梁端弯矩调幅

梁端出现塑性铰有利于实现强柱弱梁的抗震设计要求，减少节点负弯矩钢筋也便于浇捣混凝土，因此，在框架设计时常对梁端负弯矩进行调幅，即人为地减小梁端负弯矩以达到抗震延性和节省钢筋的目的。

在竖向荷载作用下通过考虑梁端塑性内力重分布而对梁支座或节点边缘截面的负弯矩进行调幅，对于现浇框架，调幅幅度为 0.8～0.9，且应满足 $x/h_0 \leqslant 0.35$；对于装配整体框架，由于节点易产生变形，调幅系数可取的低一些，可取 0.7～0.8。梁端负弯矩减小后，跨中弯矩将增加，为此应使调幅后梁端弯矩 M_A、M_B 的平均值与跨中最大正弯矩 M_C 之和大于按简支梁计算的跨中弯矩 M_0，如为均布荷载（$g+q$），则为：

$$|M_A + M_B|/2 + M_C \geqslant M_0 = (g+q)l^2/8 \tag{6-17}$$

由于调幅仅用于竖向荷载，而水平荷载产生的弯矩不参与调幅，故竖向荷载产生的梁的弯矩应先行调幅，再与风荷载和水平地震作用产生的弯矩进行组合。

【例题 6-5】已知条件同【例题 6-1】，利用分跨计算组合方法，试计算底层梁 1、2、3 控制截面、底层柱 4、5 控制截面的非抗震设计内力最不利组合值，各种荷载分类号见图 6.42。

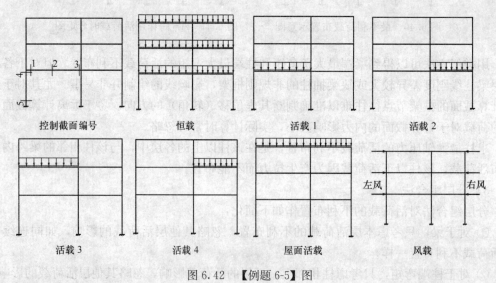

图 6.42 【例题 6-5】图

【解】利用程序求得各种荷载下内力如表 6-11 所示，竖向活荷载考虑不利布置，采用分跨计算组合法。

截面	恒		活 1		活 2		活 3		活 4		屋活		左风载→	
	M	V	M	V	M	V	M	V	M	V	M	V	M	V
1	−134.5	128.7	−43.5	45.5	0.9	−1.3	−3.5	0.3	−0.9	0.4	−0.2	0.1	46.2	−11.23
2	106.1	—	42.5	—	−3.95	−1.3	−2.35	0.3	0.7	0.4	0.05	0.1	2.4	−11.23
3	−169.5	−137.3	−51.6	−47.5	−8.8	−1.3	−1.2	0.3	2.3	0.4	0.3	0.1	−41.4	−11.23

【注释】梁内力正负号规定：①弯矩使梁底受拉为正，梁顶受拉为负；②剪力使梁顺时针转动为正，逆时针转动为负。

梁截面内力组合表　表 6.12

1 号截面弯矩和剪力组合

组合号	弯矩 M（kNm）	剪力 V（kN）
①	1.2 恒＋1.4（活 1＋活 3＋活 4＋屋面）＝−1.2×134.5−1.4×（43.5＋3.5＋0.9＋0.2）＝−228.7	1.2 恒＋1.4（活 1＋活 3＋活 4＋屋面）＝1.2×128.7＋1.4×（45.5＋0.3＋0.4＋0.1）＝219.3
②	1.2 恒＋1.4 右风＝−1.2×134.5−1.4×46.2＝−226.1	1.2 恒＋1.4 右风＝−1.2×128.7＋1.4×11.23＝170.2
③	1.2 恒＋1.4×0.9（活 1＋活 3＋活 4＋屋面＋右风）＝−1.2×134.5−1.4×0.9×（43.5＋3.5＋0.9＋0.2＋46.22）＝−280.2	1.2 恒＋1.4×0.9（活 1＋活 3＋活 4＋屋面＋右风）＝1.2×128.7＋1.4×0.9×（45.5＋0.3＋0.4＋0.1＋11.23）＝227.0
④	1.35 恒＋1.4［0.7（活 1＋活 3＋活 4＋屋面）＋0.6 右风］＝−1.35×134.5−1.4［0.7×（43.5＋3.5＋0.9＋0.2）＋0.6×46.2］＝267.5	1.35 恒＋1.4［0.7（活 1＋活 3＋活 4＋屋面）＋0.6 右风］＝1.35×128.7＋1.4×［0.7×（45.5＋0.3＋0.4＋0.1）＋0.6×11.23］＝228.6

3 号截面弯矩和剪力组合

组合号	弯矩 M（kN·m）	剪力 V（kN）
①	1.2 恒＋1.4（活 1＋活 2＋活 3）＝−1.2×169.5−1.4×（51.6＋8.8＋1.2）＝−289.6	1.2 恒＋1.4（活 1＋活 2）＝1.2×137.3＋1.4×（47.5＋1.3）＝233.1
②	1.2 恒＋1.4 左风＝−1.2×169.5−1.4×41.4＝−261.4	1.2 恒＋1.4 左风＝1.2×137.3＋1.4×11.23＝180.5
③	1.2 恒＋1.4×0.9（活 1＋活 2＋活 3＋左风）＝−1.2×169.5−1.4×0.9×（51.6＋8.8＋1.2＋41.4）＝−333.2	1.2 恒＋1.4×0.9（活 1＋活 2＋左风）＝1.2×137.3＋1.4×0.9×（47.5＋1.3＋11.23）＝240.4
④	1.35 恒＋1.4［0.7（活 1＋活 2＋活 3）＋0.6 右风］＝−1.35×169.5−1.4［0.7×（51.6＋8.8＋1.2）＋0.6×41.4］＝−324.0	1.35 恒＋1.4［0.7（活 1＋活 2）＋0.6 左风］＝1.35×137.3＋1.4×［0.7×（47.5＋1.3）＋0.6×11.23］＝242.6

2 号截面弯矩组合（kN·m）

①	1.2 恒＋1.4（活 1＋活 4）＝1.2×106.1＋1.4×（42.5＋0.72）＝187.8
②	1.2 恒＋1.4 左风＝1.2×106.1＋1.4×2.4＝130.68
③	1.2 恒＋1.4×0.9（活 1＋活 4＋左风）＝1.2×106.1＋1.4×0.9×（42.5＋0.72＋2.4）＝184.8
④	1.35 恒＋1.4［0.7（活 1＋活 4）＋0.6 左风］＝1.35×106.1＋1.4×［0.7（42.5＋0.72）＋＋0.6×2.4］＝187.6

梁截面内力汇总（单位：kN·m、kN）　　　　　　　　　表 6.13

1号截面		2号截面	3号截面	
$M=280.2$	$V=228.6$	$M=187.8$	$M=333.2$	$V=242.6$

各种荷载作用下柱截面内力表（单位：kN·m、kN）　　　　　表 6.14

截面号	4 截面			5 截面		
内力	M	V	N	M	V	N
恒	59.6	−18.0	447.4	30.3	−18.0	684.4
活 1	28.5	−8.3	45.6	12.9	−8.3	45.6
活 2	−0.9	0	1.0	1.0	0	1.0
活 3	−5.1	1.4	46.1	−2.1	1.4	46.1
活 4	0.1	0	−0.6	−0.2	0	−0.6
屋活	0	0	11.3	0.1	0	11.3
左风	−30.8	16.18	−20.2	−50.1	16.18	−20.2
右风	30.8	−16.18	20.2	50.1	−16.18	20.2

【注释】柱内力正负号规定：①弯矩顺时针转动为正，逆时针转动为负；②剪力使柱顺时针转动为正，逆时针转动为负；③轴力受压为正，受拉为负。

柱 4 号截面内力组合表（单位：kN·m、kN）　　　　　　　表 6.15

内力选项	1.2（1.0）恒＋1.4 活
$\lvert M_{max} \rvert$ 相应 N 取小	1.2恒＋1.4（活 1＋活 4）＝1.2×59.6＋1.4×（28.5＋0.1）＝111.6
	1.0恒＋1.4（活 1＋活 4）＝1.0×447.4＋1.4×（45.6−0.6）＝510.4
N_{max} 相应 M 取大	1.2恒＋1.4（活 1＋活 2＋活 3＋屋面）＝1.2×447.4＋1.4×（45.6＋1.0＋46.1＋11.3）＝682.5
	1.2恒＋1.4（活 1＋活 2＋活 3＋屋面）＝1.2×59.6＋1.4×（28.5−0.9−5.1＋0）＝103.0
N_{min} 相应 M 取大	1.0恒＋1.4 活 4＝1.0×447.4＋1.4×（−0.6）＝446.6
	1.2恒＋1.4 活 4＝1.2×59.6＋1.4×0.1＝71.7
$\lvert V_{max} \rvert$ 相应 N 压取小拉取大	1.2恒＋1.4 活 1＝1.2×（−18.0）＋1.4×（−8.3）＝−33.2
	1.0恒＋1.4 活 1＝1.0×447.4＋1.4×45.6＝511.2
内力选项	1.2(1.0)恒＋1.4 风
$\lvert M_{max} \rvert$ 相应 N 取小	1.2恒＋1.4 右风＝1.2×59.6＋1.4×30.8＝114.6
	1.0恒＋1.4 右风＝1.0×447.4＋1.4×20.2＝475.7
N_{max} 相应 M 取大	1.2恒＋1.4 右风＝1.2×447.4＋1.4×20.2＝565.2
	1.2恒＋1.4 右风＝1.2×59.6＋1.4×30.8＝114.6
N_{min} 相应 M 取大	1.0恒＋1.4 左风＝1.0×447.4＋1.4×（−20.2）＝418.7
	1.2恒＋1.4 左风＝1.2×59.6＋1.4×（−30.8）＝28.4
$\lvert V_{max} \rvert$ 相应 N 压取小拉取大	1.2恒＋1.4 右风＝1.2×（−18.0）＋1.4×（−16.18）＝−42.3
	1.0恒＋1.4 右风＝1.0×447.4＋1.4×20.2＝475.7

内力选项	1.2(1.0)恒＋1.4×0.9(活＋风)	
$\|M_{max}\|$ 相应 N 取小	1.2 恒＋1.4×0.9(活 1＋活 4＋右风)＝1.2×59.6＋1.4×0.9×(28.5＋0.1＋30.8)＝146.4	
	1.0 恒＋1.4×0.9(活 1＋活 4＋右风)＝1.0×447.4＋1.4×0.9×(45.6－0.6＋20.2)＝529.6	
N_{max} 相应 M 取大	1.2 恒＋1.4×0.9(活 1＋活 2＋活 3＋屋面＋右风)＝1.2×447.4＋1.4×0.9×(45.6＋1.0＋46.1＋11.3＋20.2)＝693.4	
	1.2 恒＋1.4×0.9(活 1＋活 2＋活 3＋屋面＋右风)＝1.2×59.6＋1.4××0.9×(28.5－0.9－5.1＋0＋30.8)＝138.7	
N_{min} 相应 M 取大	1.0 恒＋1.4×0.9(活 4＋左风)＝1.0×447.4＋1.4×0.9×(－0.6－20.2)＝421.2	
	1.2 恒＋1.4×0.9(活 4＋左风)＝1.2×59.6＋1.4×0.9×(0.1－30.8)＝32.8	
$\|V_{max}\|$ 相应 N 压取小拉取大	1.2 恒＋1.4×0.9(活 1＋右风)＝1.2×(－18.0)＋1.4×0.9×(－8.3－16.18)＝－42.3	
	1.0 恒＋1.4×0.9(活 1＋右风)＝1.0×447.4＋1.4×0.9×(＋45.6＋20.2)＝530.3	
内力选项	1.35(1.0)恒＋1.4×0.7 活＋1.4×0.6 风	
$\|M_{max}\|$ 相应 N 取小	1.35 恒＋1.4×0.7×(活 1＋活 4)＋1.4×0.6×右风＝1.35×59.6＋1.4×0.7×(28.5＋0.1)＋1.4×0.6×30.8＝134.4	
	1.0 恒＋1.4×0.7×(活 1＋活 4)＋1.4×0.6×右风＝1.0×447.4＋1.4×0.7×(45.6－0.6)＋1.4×0.6×20.2＝508.5	
N_{max} 相应 M 取大	1.35 恒＋1.4×0.7×(活 1＋活 2＋活 3＋屋面)＋1.4×0.6×右风＝1.35×447.4＋1.4×0.7×(45.6＋1.0＋46.1＋11.3)＋1.4×0.6×20.2＝722.9	
	1.35 恒＋1.4×0.7(活 1＋活 2＋活 3＋屋面)＋1.4×0.6×右风＝1.35×59.6＋1.4×0.7×(28.5－0.9－5.1＋0)＋1.4×0.6×30.8＝128.4	
N_{min} 相应 M 取大	1.0 恒＋1.4×0.7 活 4＋1.4×0.6 左风＝1.0×447.4＋1.4×0.7×(－0.6)＋1.4×0.6×(－20.2)＝429.4	
	1.35 恒＋1.4×0.7 活 4＋1.4×0.6 左风＝1.35×59.6＋1.4×0.7×0.1＋1.4×0.6(－30.8)＝54.7	
$\|V_{max}\|$ 相应 N 压取小拉取大	1.35 恒＋1.4×0.7 活 1＋1.4×0.6 右风＝1.35×(－18.0)＋1.4×0.7×(－8.3)＋1.4×0.6(－16.18)＝－46.0	
	1.0 恒＋1.4×0.7 活 1＋1.4×0.6 右风＝1.0×447.4＋1.4×0.7×45.6＋1.4×0.6×20.2＝509.1	

柱 5 号截面内力组合表（单位：kN·m、kN） 表 6.16

内力选项	1.2 (1.0) 恒＋1.4 活	
$\|M_{max}\|$ 相应 N 取小	1.2 恒＋1.4(活 1＋活 2＋屋活)＝1.2×30.3＋1.4×(12.9＋1.0＋0.1)＝56.0	
	1.0 恒＋1.4(活 1＋活 2＋屋活)＝1.0×684.4＋1.4×(45.6＋1.0＋11.3)＝765.5	
N_{max} 相应 M 取大	1.2 恒＋1.4(活 1＋活 2＋活 3＋屋面)＝1.2×684.4＋1.4×(45.6＋1.0＋46.1＋11.3)＝966.9	
	1.2 恒＋1.4(活 1＋活 2＋活 3＋屋面)＝1.2×30.3＋1.4×(12.9＋1.0－2.1＋0.1)＝53.0	

内力选项	1.2(1.0)恒＋1.4活
N_{min} 相应 M 取大	1.0恒＋1.4活4＝1.0×684.4＋1.4×（－0.6）＝683.2
	1.2恒＋1.4活4＝1.2×30.3＋1.4×（－0.2）＝36.1
$\lvert V_{max}\rvert$ 相应 N 压取小拉取大	1.2恒＋1.4活1＝1.2×（－18.0）＋1.4×（－8.3）＝－33.2
	1.0恒＋1.4活1＝1.0×684.4＋1.4×45.6＝748.2
内力选项	1.2(1.0)恒＋1.4风
$\lvert M_{max}\rvert$ 相应 N 取小	1.2恒＋1.4右风＝1.2×30.3＋1.4×50.1＝106.5
	1.0恒＋1.4右风＝1.0×684.4＋1.4×20.2＝712.7
N_{max} 相应 M 取大	1.2恒＋1.4右风＝1.2×684.4＋1.4×20.2＝849.6
	1.2恒＋1.4右风＝1.2×30.3＋1.4×50.1＝106.5
N_{min} 相应 M 取大	1.0恒＋1.4左风＝1.0×684.4＋1.4×（－20.2）＝656.1
	1.0恒＋1.4左风＝1.0×30.3＋1.4×（－50.1）＝－39.8
$\lvert V_{max}\rvert$ 相应 N 压取小拉取大	1.2恒＋1.4右风＝1.2×（－18.0）＋1.4×（－16.18）＝－42.3
	1.0恒＋1.4右风＝1.0×684.4＋1.4×20.2＝712.7
内力选项	1.2(1.0)恒＋1.4×0.9(活＋风)
$\lvert M_{max}\rvert$ 相应 N 取小	1.2恒＋1.4×0.9（活1＋活2＋屋面＋右风）＝1.2×30.3＋1.4×0.9×（12.9＋1.0＋0.1＋50.1）＝117.1
	1.0恒＋1.4×0.9（活1＋活2＋屋面＋右风）＝1.0×684.4＋1.4×0.9×（45.6＋1.0＋11.3＋20.2）＝782.8
N_{max} 相应 M 取大	1.2恒＋1.4×0.9（活1＋活2＋活3＋屋面＋右风）＝1.2×684.4＋1.4×0.9×（45.6＋1.0＋46.1＋11.3＋20.2）＝977.8
	1.2恒＋1.4×0.9（活1＋活2＋活3＋屋面＋右风）＝1.2×30.3＋1.4××0.9×（12.9＋1.0－2.1＋0.1＋50.1）＝114.5
N_{min} 相应 M 取大	1.0恒＋1.4×0.9（活4＋左风）＝1.0×684.4＋1.4×0.9×（－0.6-20.2）＝658.2
	1.0恒＋1.4×0.9（活4＋左风）＝1.0×30.3＋1.4×0.9×（－0.2－50.1）＝－33.1
$\lvert V_{max}\rvert$ 相应 N 压取小拉取大	1.2恒＋1.4×0.9（活1＋右风）＝1.2×（－18.0）＋1.4×0.9×（－8.3－16.18）＝－42.3
	1.0恒＋1.4×0.9（活1＋右风）＝1.0×684.4＋1.4×0.9×（45.6＋20.2）＝767.3
内力选项	1.35(1.0)恒＋1.4×0.7活＋1.4×0.6风
$\lvert M_{max}\rvert$ 相应 N 取小	1.35恒＋1.4×0.7×（活1＋活2＋屋面）＋1.4×0.6×右风＝1.35×30.3＋1.4×0.7×（12.9＋1.0＋0.1）＋1.4×0.6×50.1＝96.7
	1.0恒＋1.4×0.7×（活1＋活2＋屋面）＋1.4×0.6×右风＝1.0×684.4＋1.4×0.7×（45.6＋1.0＋11.3）＋1.4×0.6×20.2＝758.1
N_{max} 相应 M 取大	1.35恒＋1.4×0.7×（活1＋活2＋活3＋屋面）＋1.4×0.6×右风＝1.35×684.4＋1.4×0.7×（45.6＋1.0＋46.1＋11.3）＋1.4×0.6×20.2＝1042.8
	1.35恒＋1.4×0.7（活1＋活2＋活3＋屋面）＋1.4×0.6×右风＝1.35×30.3＋1.4×0.7×（12.9＋1.0－2.1＋1.0）＋1.4×0.6×50.1＝94.7

214

N_{min} 相应 M 取大	1.0 恒+1.4×0.7 活 4+1.4×0.6 左风=1.0×684.4+1.4×0.7×(-0.6)+1.4×0.6×(-20.2)=666.8
	1.0 恒+1.4×0.7 活 4+1.4×0.6 左风=1.35×30.3+1.4×0.7×(-0.2)+1.4×0.6(-50.1)=-12.0
$|V_{max}|$ 相应 N 压取小拉大	1.35 恒+1.4×0.7 活 1+1.4×0.6 右风=1.35×(-18.0)+1.4×0.7×(-8.3)+1.4×0.6(-16.18)=-46.0
	1.0 恒+1.4×0.7 活 1+1.4×0.6 右风=1.0×684.4+1.4×0.7×45.6+1.4×0.6×20.2=746.1

柱 4 号截面内力汇总（单位：kN·m、kN）　　　　　　　　　　表 6.17

$|M_{max}|$ 及 N	1(111.6,510.4)	2(114.6,475.7)	3(146.4,529.6)	4(134.6,508.5)	2、3、4
N_{max} 及 M	5(103.0,682.5)	6(114.6,565.2)	7(138.7,693.4)	8(128.4,722.9)	5、8
N_{min} 及 M	9(71.7,446.6)	10(28.4,418.7)	11(32.8,421.2)	12(54.7,429.4)	9、10
$|V_{max}|$ 及 N	13(-33.2,511.2)	14(-43.2,475.7)	15(-42.2,530.3)	16(-46.0,509.1)	16

假设对称配筋，混凝土强度等级 C30，$f_c=14.3N/mm^2$，HRB400，$f_y=360N/mm^2$，$\xi_b=0.518$，$a_s=35mm$，$h_0=500-35=465mm$，$x_b=\xi_b h_0=0.518\times465=240.87mm$，$N_b=\alpha_1 f_c b x_b=1.0\times14.3\times500\times240.87=1722221N=1722kN$，故均为大偏心受压。对 12 组 M、N 进行最不利内力判别如下：

对 1、2、3、4 四组中的 1、2 两组，按 M 相近，N 越小越不利的原则可知第 2 组不利；对 2、3、4、三组，由于 M、N 均稍大，无法判别何者为不利，故均要计算确定。

对 5、6、7、8、四组中的 5、6 两组，7、8 两组，按 M 大且 N 小则不利的原则可知第 5 组和第 8 组不利，故 5、8 两组要计算确定。将 5 组与 2、3、4 组比较，按 M 大且 N 小则不利的原则可知 5 组最不利。

对 10、11、12 三组，近似按 M 相近，N 越小越不利的原则可知第 10 组最不利；故 9、10 二组均需要考虑。

对 13、14、15、16 四组，按 V 绝对值大且 N 受压小则不利的原则可知第 14 组和第 16 组不利，再按 $(\gamma_{RE}V-0.056N)$ 判别，14 组为 0.85×42300-0.056×475700=9316N，16 组为 0.85×46000-0.056×509100=10590N，比较可知第 16 组最不利。5 号截面分析类似，不再赘述。

6.5　框架结构构件设计

6.5.1　抗震设计的一般规定

抗震设防烈度为 6 度及以上地区的建筑，必须进行抗震设计。对延性框架的设计原则是"强柱弱梁，强剪弱弯，强节点，强锚固。"

在混凝土结构构件抗震设计时，要根据设防类别、烈度、结构类型、房屋高度等具体情况，采用不同的抗震等级，然后再进行相应的构件计算和采取相应的抗震构造措施。丙类建筑（为标准设防类）的抗震等级应按表 6.18 确定。

框架结构的抗震等级表							表 6.18

结构类型		设防烈度					
		6		7		8	9
框架结构	高度	≤24	>24	≤24	>24	≤24	>24	≤24
	普通框架	四	三	三	二	二	一	一
	大跨度框架	三		二		一		一

【注释】①建筑场地为Ⅰ类时,除6度设防烈度外应允许按表内降低一度所对应的抗震等级采取抗震构造措施,但相应的计算要求不应降低;②接近或等于高度分界时,应允许结合房屋不规则程度及场地、地基条件确定抗震等级;③大跨度框架指跨度不小于18m的框架;④表中框架结构不包括异形柱框架。

6.5.2 承载力抗震调整系数 γ_{RE}

考虑地震作用组合的混凝土结构构件,在做截面承载力计算时,应除以相应的承载力抗震调整系数 γ_{RE},见表6.19。其表达式为

$$S \leqslant R/\gamma_{RE} \tag{6-18}$$

式中　R——结构构件的承载力设计值;

　　　S——考虑地震作用效应组合的荷载效应组合设计值。

承载力抗震调整系数 γ_{RE}							表 6.19

结构构件类别	正截面承载力计算						斜截面承载力计算	受冲切承载力计算	局部受压承载力计算
	受弯构件	偏心受压柱		偏心受拉构件	剪力墙	各类构件及框架节点			
		轴压比小于0.15	轴压比不小于0.15						
γ_{RE}	0.75	0.75	0.8	0.85	0.85	0.85		0.85	1.0

【注释】①预埋件锚筋截面计算的承载力抗震调整系数 $\gamma_{RE}=1.0$;②当仅计算竖向地震作用时,各类结构构件的承载力抗震调整系数均应取为1.0。

6.5.3 对材料的要求

1. 混凝土

混凝土强度等级不宜过高,否则延性性能差,但亦不能过低,过低则混凝土与钢筋的粘结作用差,受力后粘结力容易破坏,导致钢筋滑移,《混凝土结构设计规范》对混凝土强度等级的要求示于表6.20中。

抗震设计对混凝土和钢筋的要求					表 6.20

抗震等级		一级	二级	三级	四级
混凝土强度等级	一般构件	剪力墙宜≤C60;其他构件,设防烈度9度宜≤C60;设防烈度8度宜≤C70			
	框支梁、框支柱	应≥C30			
	框架梁、柱、节点	应≥C30	其他构件,应≥C20		

抗震等级		一级	二级	三级	四级
钢筋 (见注)	普通纵向受力钢筋	宜用 HRB400 级、HRB500 级热轧带肋钢筋			
	箍筋	宜用 HRB400、HRB335 级、HRB500 级、HPB300 级热轧钢筋			
	其他要求	抗拉强度实测值/屈服强度实测值≥1.25			
		受拉屈服强度实测值/屈服强度标准值≤1.3			

【注释】①当有较高要求时，尚可采用 HRB400E、HRB500E、HRB335E、HRBF400E、HRBF500E、HRBF335E 的钢筋。

②钢筋的代换：施工中，当需要以强度等级较高的钢筋代替原设计中的纵向受力钢筋时，应按钢筋受拉承载力设计值相等的原则代换，并应满足正常使用极限状态和抗震构造措施的要求。

2. 钢筋

1）强度等级

钢筋的强度等级愈高，则其塑性性能愈差。钢筋既要有足够的强度又要有一定的延性，表 6-20 中规定了构件中纵向受力钢筋和箍筋的强度等级。

2）强屈比、屈强比

在抗震设计中，纵向受力钢筋除了应符合所要求的强度等级外，对按一、二、三级抗震等级设计的各类框架构件、斜撑构件还应符合下列要求：

（1）强屈比

当构件出现塑性铰之后，为了使钢筋在大变形条件下具有必要的强度潜力而不致使钢筋过早被拉断，故要求钢筋的实测抗拉强度比实测的屈服强度大于 1.25。

（2）屈强比

为了使抗震设计原则得以实现，要求钢筋实测的屈服强度不能超过钢筋屈服强度标准值的 1.3 倍。

3）钢筋最大拉力下的总伸长率实测值应不小于 9%。

6.5.4 框架柱设计

1. 截面设计

求出框架各构件（柱和梁）在永久荷载、可变荷载、风荷载及地震作用产生的最不利内力后，即可进行截面计算及配筋。现浇框架仅按使用阶段的荷载计算；装配整体式框架则需分别考虑施工阶段和使用阶段两种情况，并取其大者配筋。

多层多跨框架柱大多属于偏心受压构件，一般采用对称配筋，其承载力计算方法参见本教材的上册。对于一般多层房屋的无侧移框架柱，当梁柱为刚接时，柱计算长度 l_0 见表 6.21。

柱计算长度 l_0 表 6.21

楼盖类型	柱的类别	计算长度
现浇楼盖	底层	$l_0 = 1.0H$
	其余各层	$l_0 = 1.25H$
装配式楼盖	底层	$l_0 = 1.25H$
	其余各层	$l_0 = 1.5H$

【注释】此处，H 为层高，对底层柱，H 取为从基础顶面到二层楼盖顶面的高度；对其余各层柱，H 取为上、下两层楼盖顶面之间的高度。

2. 柱的抗震设计

1）正截面受压承载力计算

考虑地震作用组合的框架柱，其正截面受压承载力仍按其静力公式计算，但柱子弯矩要考虑强柱弱梁要求进行调整，且承载力计算公式的右边均应除以框架柱的正截面承载力抗震调整系数 γ_{RE}。不同抗震等级的框架节点上、下端的弯矩设计值公式列于表 6.22 中。

框架柱承载力 表 6.22

抗震等级	一级	二级	三级	四级
正截面承载力设计				
计算公式	仍按静力公式，在公式的右边除以相应的 γ_{RE}			
框架柱和框支柱的中间层节点上、下端截面弯矩设计值	$\sum M_c = 1.7 \sum M_b$	$\sum M_c = 1.5 \sum M_b$	$\sum M_c = 1.3 \sum M_b$	$\sum M_c = 1.2 \sum M_b$
节点上、下柱端轴向力设计值	取地震作用组合下各自的轴向力设计值			
斜截面承载力设计				
剪力设计值 V_c	$1.5 \dfrac{M_c^b + M_c^t}{H_n}$	$1.3 \dfrac{M_c^b + M_c^t}{H_n}$	$1.2 \dfrac{M_c^b + M_c^t}{H_n}$	$1.1 \dfrac{M_c^b + M_c^t}{H_n}$
截面限制条件	当 $\lambda > 2$ 时，$V_c \leqslant \dfrac{1}{\gamma_{RE}} 0.2\beta_c f_c bh_0$；当 $\lambda \leqslant 2$ 时，$V_c \leqslant \dfrac{1}{\gamma_{RE}} 0.15\beta_c f_c bh_0$			
计算公式 偏压剪	$V_c \leqslant \dfrac{1}{\gamma_{RE}} \left(\dfrac{1.05}{\lambda+1} f_t bh_0 + f_{yv} \dfrac{A_{sv}}{s} h_0 + 0.056N \right)$；当 $N_c > 0.3 f_c A$ 时取 $N_c = 0.3 f_c A$			
计算公式 偏拉剪	$V_c \leqslant \dfrac{1}{\gamma_{RE}} \left(\dfrac{1.05}{\lambda+1} f_t bh_0 + f_{yv} \dfrac{A_{sv}}{s} h_0 - 0.2N \right)$；当 $V_c \leqslant f_{yv} \dfrac{A_{sv}}{s} h_0$ 时取 $V_c = \max \left\{ f_{yv} \dfrac{A_{sv}}{s} h_0, 0.36 f_t bh_0 \right\}$			

【注释】①不包括框架顶层柱，轴压比小于 0.15 的柱及框支梁与框支柱的节点；

②λ 为框架柱的剪跨比，可取 $\lambda = H_n/2h_0$；当 $\lambda < 1$ 时，取 $\lambda = 1$；当 $\lambda > 3$ 时，取 $\lambda = 3$；

③对 9 度设防烈度的一级抗震等级框架和一级抗震等级的框架结构，其柱端组合的弯矩设计值按下式计算：

$$\sum M_c = 1.2 \sum M_{bua}$$

④N 为考虑地震作用组合的框架柱轴向压、拉力设计值；$\sum M_c$ 为考虑地震作用组合的节点上、下柱端弯矩设计值之和；$\sum M_{bua}$ 为同一节点左、右梁端按顺时针或逆时针方向采用实配钢筋截面面积和材料强度标准值，且考虑承载力抗震调整系数计算的正截面受弯承载力所对应的弯矩值之和的较大值；$\sum M_b$ 为同一节点左、右梁端按顺时针或逆时针方向计算的两端考虑地震作用组合的弯矩设计值之和的较大值。

框架结构底层柱下端截面组合的弯矩设计值，对一、二、三、四级抗震等级应分别乘以增大系数 1.7、1.5、1.3 和 1.2。

2）斜截面受剪承载力计算

为了满足强剪弱弯的抗震要求，框架柱的剪力设计值 V_c，除了根据上、下柱端调整后的弯矩按静力平衡条件求出外，还要按不同抗震等级乘以增大系数，具体计算公式见表 6.22。

对 9 度设防烈度的一级抗震等级框架和一级抗震等级的框架结构，其剪力设计值 V_c 按下计算：

$$V_c = 1.2 \frac{M_{cua}^b + M_{cua}^t}{H_n}$$

式中　M_{cua}^b、M_{cua}^t——框架柱上、下端按实配钢筋截面积和材料强度标准值，且考虑承载力抗震调整系数计算的正截面抗震受弯承载力所对应的弯矩值；

M_c^t、M_c^b——考虑地震作用组合且经调整后的框架柱上、下端弯矩设计值；

H_n——柱的净高。

3）框架柱的轴压比限值

框架柱所承受的轴向压力，影响柱的变形能力，轴向力愈大，柱的变形能力就愈小，所以轴压比（$N/f_c A$）的大小是影响框架柱延性的一个主要因素。

为了保证框架柱具有一定的延性，根据试验研究和工程经验，考虑地震作用组合的框架柱轴压比不宜大于表 6.23 规定的限值。

框架柱的轴压比（$N/f_c A$）限值　　　　　　　表 6.23

抗震等级	一级	二级	三级	四级
框架结构	0.65	0.75	0.85	0.90
框架-剪力墙、筒体结构	0.75	0.85	0.90	0.95
部分框支剪力墙结构	0.60	0.70	—	—

【例题 6-6】框架柱净高度 $H_n = 5.0$m，恒载、活载及地震作用下内力见图 6.43，抗震等级为二级，混凝土强度等级 C30，试求最大剪力设计值和轴压比。

【解】

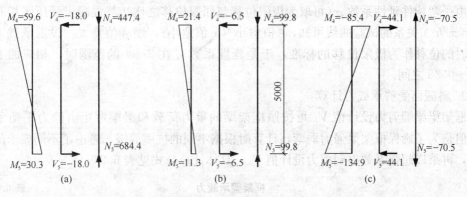

图 6.43　【例题 6-6】图

（a）恒载作用下弯矩剪力和轴力；（b）活载作用下弯矩剪力和轴力；（c）左震作用下弯矩剪力和轴力

（1）左震时

$M_c^t = M_4 = \gamma_G (M_G + 0.5 M_Q) + \gamma_E M_E = 1.0 \times (59.6 + 0.5 \times 21.4) - 1.3 \times 85.4$

　　　$= -40.7 \text{kN} \cdot \text{m}$

$$M_c^b = M_5 = \gamma_G(M_G + 0.5M_Q) + \gamma_E M_E = 1.0 \times (30.3 + 0.5 \times 11.3) - 1.3 \times 134.9$$
$$= -139.4 \text{kN} \cdot \text{m}$$

为满足强柱弱梁，柱子弯矩乘增大系数 1.5，为满足强剪弱弯，柱子剪力乘增大系数 1.3

$$V_4 = V_5 = 1.3(1.5M_c^t + 1.5M_c^b)/H_n = 1.3 \times (1.5 \times 40.7 + 1.5 \times 139.4)/5 = 70.3 \text{kN}$$

（2）右震时

$$M_c^t = M_4 = 1.2 \times (59.6 + 0.5 \times 21.4) + 1.3 \times 85.4 = 195.4 \text{kN} \cdot \text{m}$$

$$M_c^b = M_5 = 1.2 \times (30.3 + 0.5 \times 11.3) + 1.3 \times 134.9 = 218.5 \text{kN} \cdot \text{m}$$

为满足强柱弱梁，柱子弯矩乘增大系数 1.5，为满足强剪弱弯，柱子剪力乘增大系数 1.3

$$V_4 = V_5 = 1.3(1.5M_c^t + 1.5M_c^b)/H_n = -1.3 \times (1.5 \times 195.4 + 1.5 \times 218.5)/5 = -161.4 \text{kN}$$

（3）设计剪力 $V_d = \max\{70.3, 161.4\} = 161.4 \text{kN}$

（4）轴压比（右震时）

$$N_{max} = N_5 = \gamma_G(N_G + 0.5N_Q) + \gamma_E N_E = 1.2 \times (684.4 + 0.5 \times 99.8) + 1.3 \times 70.5 = 972.8 \text{kN}$$

$$n = N_{max}/(f_c b_c h_c) = 972800/(14.3 \times 500 \times 500) = 0.27 < [n] = 0.75$$

6.5.5 框架梁设计

框架梁有两种形式，即现浇框架中的现浇梁与装配整体式框架中的叠合梁。前者的承载力计算按受弯构件进行，叠合梁的计算方法见 6.6.7 节。

1. 正截面受弯承载力计算

1）计算公式

研究表明，框架梁承受反复荷载作用并不降低其正截面的抗弯承载力，因此规范对考虑地震作用组合的框架梁的正截面受弯承载力计算公式，仍按照静力公式计算，但在公式的右边应除以相应的承载力抗震调整系数 γ_{RE}。

2）混凝土受压区高度

由受弯构件延性系数 μ（可取为极限位移与屈服位移之比）与混凝土受压区相对高度 $\xi(\xi = x/h_0)$ 关系的试验曲线可知，ξ 值愈小（x 值愈小），则 μ 值愈大。设取承载力降低 10% 时的位移作为极限位移的标准，于是延性系数 μ 在 3～4 的范围时，相应的 ξ 值在 0.25～0.35 之间。

2. 斜截面受剪承载力计算

框架梁梁端剪力设计值 V_b 可按照框架梁的重力荷载和梁端弯矩由静力平衡条件确定。但是为了确保框架梁强剪弱弯，计算时根据不同的抗震等级、考虑了不同要求的平衡弯矩，再乘以超强系数得到剪力设计值 V_b。具体计算公式见表 6.24。

		框架梁承载力		表 6.24
抗震等级	一级	二级	三级	四级
		正截面承载力设计		
计算公式		仍按静力公式，在公式的右边除以相应的 γ_{RE}		
		斜截面承载力设计（矩形、T 形、工形截面）		

抗震等级	一级	二级	三级	四级
剪力设计值 V_b	$\dfrac{1.3\,(M_b^l+M_b^r)}{l_n}+V_{Gb}$	$\dfrac{1.2\,(M_b^l+M_b^r)}{l_n}+V_{Gb}$	$\dfrac{1.1\,(M_b^l+M_b^r)}{l_n}+V_{Gb}$	取地震组合下的剪力设计值
截面限制条件	当 $l_0/h>2.5$ 时，$V_b\leqslant\dfrac{1}{\gamma_{RE}}0.2\beta_c f_c bh_0$；当 $l_0/h\leqslant2.5$ 时，$V_b\leqslant\dfrac{1}{\gamma_{RE}}0.15\beta_c f_c bh_0$			
计算公式	均布荷载	$V_b\leqslant\dfrac{1}{\gamma_{RE}}\left(0.42f_t bh_0+f_{yv}\dfrac{A_{sv}}{s}h_0\right)$		
	集中荷载	$V_b\leqslant\dfrac{1}{\gamma_{RE}}\left(\dfrac{1.05}{\lambda+1}f_t bh_0+f_{yv}\dfrac{A_{sv}}{s}h_0\right)$		

注：对 9 度设防烈度的一级抗震等级框架和一级抗震等级的框架结构，有

$$V_b=\frac{1.1(M_{bua}^l+M_{bua}^r)}{l_n}+V_{Gb}$$

M_{bua}^l、M_{bua}^r——框架梁左、右端按实配钢筋截面积、材料强度标准值，且考虑承载力抗震调整系数的正截面抗震受弯承载力所对应的弯矩值；

M_b^l、M_b^r——考虑地震作用组合的框架梁左、右端弯矩设计值；

V_{Gb}——考虑地震作用组合时的重力荷载代表值产生的剪力设计值，可按简支梁计算确定；

l_n——梁的净跨。

【例题 6-7】框架梁跨度 7.8m，恒载、活载及地震作用下内力见图 6.44，抗震等级为二级，试求最大剪力设计值。

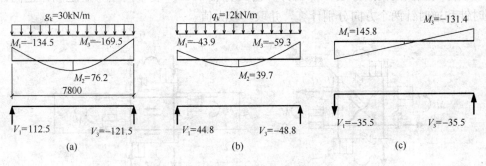

图 6.44　【例题 6-7】图

（a）恒载作用下弯矩和剪力；（b）活载作用下弯矩和剪力；（c）左震作用下弯矩和剪力

【解】（1）左震时：

$$M_b^l=M_1=\gamma_G(M_G+0.5M_Q)+\gamma_E M_E$$
$$=1.0\times(-134.5-0.5\times43.9)+1.3\times145.8$$
$$=33.1\text{kN}\cdot\text{m}$$
$$M_b^r=M_3=\gamma_G(M_G+0.5M_Q)+\gamma_E M_E$$
$$=1.2\times(-169.5-0.5\times59.3)-1.3\times131.4$$
$$=-409.8\text{kN}\cdot\text{m}$$
$$V_{3max}=\gamma_G(g_k+0.5q_k)l/2+1.2(M_b^l+M_b^r)/l$$
$$=1.2\times(30+0.5\times12)\times7.8/2+1.2\times(33.1+409.8)/7.8$$
$$=236.6\text{kN}$$

（2）右震时：

$$M_b^l = M_1 = 1.2 \times (-134.5 - 0.5 \times 43.9) - 1.3 \times 145.8 = -377.3\text{kN} \cdot \text{m}$$

$$M_b^r = M_3 = 1.0 \times (-169.5 - 0.5 \times 59.3) + 1.3 \times 131.4 = -28.3\text{kN} \cdot \text{m}$$

$$V_{1\max} = 1.2 \times (30 + 0.5 \times 12) \times 7.8/2 + 1.2 \times (377.3 - 28.3)/7.8 = 222.2\text{kN}$$

（3）设计剪力 $V_d = \max\{236.6, 222.2\} = 236.6\text{kN}$

6.5.6　框架节点设计

1）节点区受力机理

重力荷载和水平地震作用共同影响下，节点区主要承受剪力和压力，在剪压作用下出现斜裂缝，如图 6.45 所示。当反复荷载作用时，节点区混凝土会形成交叉裂缝甚至挤压破碎，纵向钢筋被压屈外鼓呈灯笼状。发生这种剪切破坏的原因是节点区箍筋配置不够、混凝土强度不足，节点区混凝土截面过小等。

节点设计原则是节点的受剪承载力应强于与其相连的构件，即强节点弱构件，节点核心区的受剪承载力必须大于梁端截面的受弯承载力。节点的抗震设计，主要是防止核心区混凝土的剪切破坏。

2）框架节点核心区考虑抗震等级的剪力设计值 V_j

剪力设计值 V_j 示于图 6.46。地震作用对节点核心区所产生的剪力与框架耗散能量的程度有关。属于一、二、三级抗震等级的框架，须具备充分的延性，即先使与节点相连的横梁端部出现塑性铰，形成梁铰延性破坏机构以耗散地震能量。因此，节点的剪力取决于框架梁端部的正截面极限弯矩。V_j 的计算公式见表 6.25。表中两项弯矩之和，也同样应按顺时针和逆时针两个方向分别计算，并取其较大值。

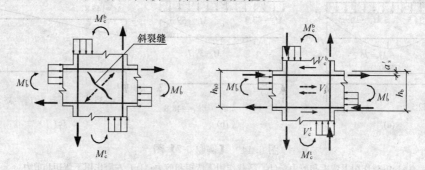

图 6.45　框架节点区裂缝图　　　图 6.46　框架节点剪力设计值计算图

框架节点考虑抗震等级的剪力设计值 V_j　　　　表 6.25

抗震等级		顶层中间节点和端节点	其他层的中间节点和端节点
一级	一级抗震等级的框架结构和 9 度设防烈度的一级抗震等级框架	$1.15 \dfrac{M_{bua}^l + M_{bua}^r}{h_{b0} - a_s'}$	$1.15 \dfrac{M_{bua}^l + M_{bua}^r}{h_{b0} - a_s'} \left(1 - \dfrac{h_{b0} - a_s'}{H_c - h_b}\right)$
	一、二、三级其他情况	$\eta_{jb} \dfrac{M_b^l + M_b^r}{h_{b0} - a_s'}$	$\eta_{jb} \dfrac{M_b^l + M_b^r}{h_{b0} - a_s'} \left(1 - \dfrac{h_{b0} - a_s'}{H_c - h_b}\right)$
四级		可不进行计算，但应符合抗震构造要求	

表中 M_{bua}^l、M_{bua}^r——框架节点左、右两侧的梁端按实配钢筋截面积，材料强度标准值，且考虑承载力抗震调整系数的正截面抗震受弯承载力所对应的弯矩值；

M_b^l、M_b^r——考虑地震作用组合的框架节点左、右两侧的梁端弯矩设计值；

η_{jb}——节点剪力增大系数，对框架结构，一、二、三级分别取 1.5、1.35、1.20；对其他结构中的框架，一、二、三级分别取 1.35、1.20、1.10；

h_{b0}、h_b——分别为梁的截面有效高度、截面高度，当节点两侧梁高不相同时，取其平均值；

H_c——节点上柱和下柱反弯点之间的距离。

3）框架节点受剪水平截面的限制条件

由于节点体积较小，核心区截面有限，为了避免核心区斜向压力过大，防止混凝土首先被压碎，规范依据试验资料所做的分析，得到截面限制条件如下：

$$V_j \leqslant \frac{1}{\gamma_{RE}}(0.3\beta_c\eta_jf_cb_jh_j) \tag{6-19}$$

式中 b_j、h_j——分别为框架节点核心区的截面有效验算宽度和截面高度，当 $b_b \geqslant b_c/2$ 时，可取 $b_j = b_c$，$h_j = h_c$；当 $b_b < b_c/2$ 时，取（$b_b + 0.5h_c$）和 b_c 中的较小值。此处，b_c、h_c 为框架验算方向柱截面的宽度和高度，b_b 为验算方向梁截面宽度；

η_j——正交梁对节点的约束影响系数。当楼板为现浇、梁柱中线重合、四侧各梁的截面宽度 $\geqslant$ 该侧柱截面宽度的 1/2，且正交方向梁高度 $\geqslant$ 较高框架梁高度的 3/4 时，取 $\eta_j = 1.5$；对 9 度一级宜取 $\eta_j = 1.25$；当不满足上述约束条件时，取 $\eta_j = 1.0$。

4）框架节点抗震受剪承载力

① 9 度设防烈度的一级抗震等级框架

$$V_j \leqslant \frac{1}{\gamma_{RE}}\left[0.9\eta_jf_tb_jh_j + \frac{f_{yv}A_{svj}}{s}(h_{b0} - a'_s)\right] \tag{6-20}$$

② 其他情况

$$V_j \leqslant \frac{1}{\gamma_{RE}}\left[1.1\eta_jf_tb_jh_j + 0.05\eta_jN\frac{b_j}{b_c} + \frac{f_{yv}A_{svj}}{s}(h_{b0} - a'_s)\right] \tag{6-21}$$

式中 N——对应于 V_j 的节点上柱底部的轴向力设计值，当 N 为压力时，取轴向压力设计值的较小值，且当 $N > 0.5f_cb_ch_c$ 时，取 $N = 0.5f_cb_ch_c$；当 N 为拉力时，取 $N = 0$；

A_{svj}——为 b_j 范围内同一截面验算方向箍筋各肢的全部截面积。

【例题 6-8】框架梁柱中节点区尺寸及受力如图 6.47、图 6.48，内力单位 kN·m、kN，抗震等级为二级，混凝土强度等级 C30，$f_c = 14.3N/mm^2$，$f_t = 1.43N/mm^2$，节点区配箍为 HPB300，$f_{yv} = 270N/mm^2$，$\phi 8@100$（四肢），上层层高 3.6m，下层层高 5.0m，$a_s = a'_s = 35mm$，试验算节点区抗剪承载力。

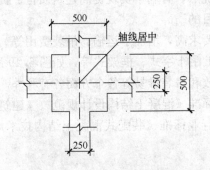

图 6.47 框架节点区平面图

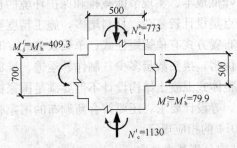

图 6.48 框架节点区立面图

【解】

（1）基本参数

$\gamma_{RE} = 0.85$ ，$\eta_{jb} = 1.2$ ，$\eta_j = 1.0$ ，$\beta_c = 1.0$ ，$b_j = b_c = 500mm$ ，$h_j = h_c = 500mm$ ，$a_s = a'_s = 35mm$ ，$h_b = (700 + 500)/2 = 600mm$ ，$h_{b0} = 600 - 35 = 565mm$ ，$H_c = (3600 + 5000)/2 = 4300mm$ ，$A_{svj} = 4 \times \pi d^2/4 = 4 \times 3.14 \times 8^2/4 = 201mm^2$ ，

（2）节点核心区剪力设计值 V_j

$$V_j = \eta_{jb}\left(\frac{M_b^l + M_b^r}{h_{b0} - a'_s}\right)\left(1 - \frac{h_{b0} - a'_s}{H_c - h_b}\right) = 1.2 \times \frac{409.3 - 79.9}{565 - 35} \times \left(1 - \frac{565 - 35}{4300 - 600}\right)$$
$$= 639 \times 10^3 N$$

（3）节点核心区抗震受剪承载力

$$V_{ju} = \frac{1}{\gamma_{RE}}(0.9\eta_j f_t b_j h_j + 0.05\eta_j N b_j / b_c + f_{yv} A_{svj}(h_{b0} - a'_s)/s)$$
$$= (0.9 \times 1 \times 1.43 \times 500 \times 500 + 0.05 \times 1 \times 773000 \times 500/500$$
$$+ 270 \times 201 \times 530/100)/0.85$$
$$= 847 \times 10^3 N > 639 \times 10^3 N$$

（4）节点核心区截面尺寸验算

$$\frac{1}{\gamma_{RE}}(0.3\eta_j\beta_c f_c b_j h_j) = 0.3 \times 1 \times 1 \times 14.3 \times 500 \times 500/0.85$$
$$= 1073 \times 10^3 N > V_j = 639 \times 10^3 N$$
$$0.5 f_c b_c h_c = 0.5 \times 1.43 \times 500 \times 500 = 1788kN > N_c^b = 773kN$$

6.5.7 装配整体式框架结构及构件设计

1. 装配整体式混凝土框架结构设计要点

1）简介

装配整体式混凝土框架结构是指全部或部分框架梁、柱采用预制构件建成的混凝土结构，简称装配整体式框架结构。其连接特点是预制混凝土构件通过各种可靠的方式进行连接并通过现场后浇混凝土形成。

根据国内外研究成果，在地震区的装配整体式框架结构，当采取了可靠的节点连接方式和合理的构造措施后，其结构性能可以等同现浇混凝土框架结构。

装配整体式框架结构建筑具有工业化水平高、便于冬季施工、减少施工现场湿作业量、减少材料消耗、减少工地扬尘和建筑垃圾等优点，有利于实现提高建筑质量、提高生产效率、降低成本、实现节能减排和保护环境的目的。

其缺点是设计较复杂，材料增多，施工精度要求高，增加了运输、吊装费用等。

接头布置方式有单梁短柱式、单梁长柱式、T字十字式、框架式等，如图6.49所示。在整体性优劣，接头数量多少，制作、运输、堆放和吊装难易等各个方面各有利弊。

装配整体式混凝土结构设计不但要满足国家标准《混凝土结构设计规范》、《建筑抗震设计规范》等设计要求，还要符合新颁布的国家行业标准《装配式混凝土结构技术规程》JGJ 1—2014 的相应规定。

2）结构分析基本规定

（1）在各种设计状况下，装配整体式结构可采用与现浇混凝土结构相同的方法进行结构分析。当同一层内既有预制又有现浇抗侧力构件时，地震设计状况下宜对现浇抗侧力构件在地震作用下的弯矩和剪力进行适当放大。

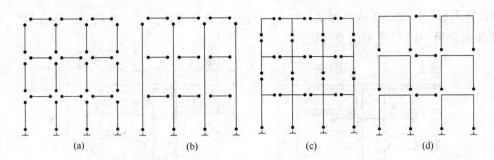

图 6.49　接头布置方式示意图

(a) 单梁短柱式；(b) 单梁长柱式；(c) T 字十字式；(d) 框架式

应采取有效措施加强结构的整体性。应根据连接节点和接缝的构造方式和性能，确定结构的整体计算模型。

(2) 装配整体式结构承载能力极限状态及正常使用极限状态的作用效应分析可采用弹性方法。

(3) 按弹性方法计算的风荷载或多遇地震标准值作用下的楼层层间最大位移 u 与层高 h 之比的限值宜不大于 1/550。

(4) 对持久设计状况，应对预制构件进行承载力、变形、裂缝控制验算；对地震设计状况，应对预制构件进行承载力验算；对制作、运输和堆放、安装等短暂设计状况下的预制构件验算，应符合现行国家标准《混凝土结构工程施工规范》GB 50666 的有关规定。

(5) 装配整体式结构节点应进行承载能力极限状态及正常使用极限状态设计。

(6) 装配整体式框架节点的承载力和延性不宜低于现浇节点，且承载力不应低于相邻的梁端和柱端承载力。通过计算和构造应确保节点的破坏模式为延性破坏。

(7) 节点和接缝应受力明确、构造可靠，并应满足承载力、延性和耐久性等要求；

(8) 装配整体式结构中，预制构件的连接部位宜设置在结构受力较小的部位，其尺寸和形状应满足建筑使用功能、模数、标准化要求；并应进行优化设计。

(9) 宜采用高强混凝土、高强钢筋；预制构件节点及接缝处后浇混凝土强度等级不应低于预制构件的混凝土强度等级。

(10) 框架结构首层柱宜采用现浇混凝土，顶层宜采用现浇楼盖结构。

(11) 应满足制作、运输、堆放、安装及质量控制要求。

2. 叠合梁设计

装配整体式结构叠合梁的混凝土分两次浇捣。第一次在预制厂内进行，做成预制梁运往现场吊装；第二次在施工现场完成，当预制楼板搁置在预制梁上后，再浇捣梁上部的混凝土使板和梁连成整体。叠合梁按受力性能可分为"一阶段受力叠合梁"和"二阶段受力叠合梁"两类。前者是指施工阶段在预制梁下设有可靠支撑，能保证施工阶段作用的荷载不使预制梁受力而全部直接传给支撑。待叠合层后浇混凝土达到强度后，再拆除支撑，而由整个截面（图 6.50 中的 $b \times h$）来承受全部荷载。"二阶段受力叠合梁"是指施工阶段在简支的预制梁下不设支撑，而由预制梁截面（$b \times h_1$）承受施工阶段作用的永久荷载（预制梁、板自重，后浇混凝土自重）和施工中的可变荷载（活载）。"一阶段受力叠合构件"除了应按叠合式受弯构件进行斜截面受剪承载力和叠合面受剪承载力计算及构造外，其余设计内容与一般受弯构件相同。以下所讨论的叠合梁是指"二阶段受力叠合梁"。图 6.51 所示是另一种 U 字形的叠合梁。

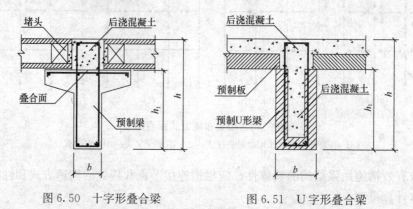

图 6.50　十字形叠合梁　　　　图 6.51　U 字形叠合梁

1）叠合梁的承载力计算

（1）第一阶段（施工阶段）预制梁的承载力计算

叠合层混凝土未达到强度设计值前，预制梁搁在柱上为简支，故可按预制梁截面尺寸为 $b \times h_1$ 的简支梁计算所需的受弯纵筋及受剪箍筋。此时，荷载考虑预制梁、板自重、叠合层自重以及本阶段的施工活荷载。预制梁的弯矩及剪力设计值按下列规定取用：

$$M_1 = M_{1G} + M_{1Q} \tag{6-22}$$

$$V_1 = V_{1G} + V_{1Q} \tag{6-23}$$

式中　M_{1G}、V_{1G}——预制梁、板和叠合层自重在计算截面产生的弯矩及剪力设计值；

　　　M_{1Q}、V_{1Q}——第一阶段施工活荷载在计算截面产生的弯矩设计值及剪力设计值。

（2）第二阶段（使用阶段）叠合梁的承载力计算

叠合层混凝土达到强度设计值以后，梁、柱已形成整体框架，故宜按整体框架结构分析内力。此时，梁的截面尺寸为 $b \times h$，梁上作用荷载考虑下列两种情况，并取其较大值：①施工阶段考虑叠合梁自重、预制楼板自重、面层、吊顶等自重以及本阶段的施工活荷载；②使用阶段考虑叠合梁自重、预制楼板自重、面层、吊顶等自重以及使用阶段的活荷载。叠合构件的弯矩及剪力设计值按下列规定取用：

正弯矩区段　　　　$M = M_{1G} + M_{2G} + M_{2Q}$ 　　　　　　　　　　（6-24）

负弯矩区段　　　　$M = M_{2G} + M_{2Q}$ 　　　　　　　　　　　　　（6-25）

剪力　　　　　　　$V = V_{1G} + V_{2G} + V_{2Q}$ 　　　　　　　　　　（6-26）

式中　M_{2G}、V_{2G}——第二阶段面层、吊顶等自重在计算截面产生的弯矩及剪力设计值；

　　　M_{2Q}、V_{2Q}——第二阶段荷载效应组合中的可变荷载在计算截面产生的弯矩设计值及剪力设计值；取本阶段施工活载或使用阶段可变荷载在计算截面产生的弯矩及剪力设计值中的较大值。

在计算中，在正弯矩区段的混凝土强度等级，按叠合层取用；在负弯矩区段的混凝土强度等级按计算截面受压区的实际情况取用。叠合梁的受剪承载力设计值，取叠合层和预制梁中较低的混凝土强度等级进行计算，且不低于预制梁的受剪承载力设计值。

叠合梁的正截面受弯及斜截面受剪承载力计算方法均与整浇梁相同。

叠合面的受剪承载力尚需按下列公式验算：

$$V = 1.2 f_t b h_0 + 0.85 f_{yv} \frac{A_{sv}}{s} h_0 \qquad (6-27)$$

此处，混凝土的 f_t 值取叠合层和预制梁中的较低值。

2）叠合梁的钢筋应力和裂缝宽度验算

在叠合梁中有"钢筋应力超前"的特点，即在施工阶段，受拉钢筋的应力可能很高，特别当 h_1/h 较小，而施工阶段的弯矩较大时，在形成叠合构件后，受拉钢筋在弯矩 M 的作用下有可能接近于甚至达到钢筋的屈服强度。为此，《混凝土结构设计规范》规定，在荷载准永久组合下，受拉纵筋的应力应满足下列要求：

$$\sigma_{sq} = \sigma_{s1k} + \sigma_{s2q} \leqslant 0.9 f_y ; \sigma_{s1k} = \frac{M_{1Gk}}{0.87 A_s h_{01}} ; \sigma_{s2q} = 0.5(1 + h_1/h) \frac{M_{2q}}{0.87 A_s h_0} \quad (6-28)$$

式中　σ_{s1k}——在第一阶段恒载弯矩标准值 M_{1Gk} 作用下预制梁中受拉钢筋应力；

　　　h_{01}——预制梁截面的有效高度；

　　　σ_{s2q}——在第二阶段荷载准永久组合相应的弯矩值 M_{2q} 作用下的叠合梁纵向受拉钢筋应力的增量（图 6-52b）。

σ_{s2q} 计算式仅适用于 $M_{1Gk} \geqslant 0.35 M_{1u}$（$M_{1u}$ 为预制梁正截面受弯承载力设计值）的矩形、T 形和工字形截面叠合梁。当 $M_{1Gk} < 0.35 M_{1u}$ 时，为简化计算并偏于安全起见，《混凝土结构设计规范》规定取 σ_{s2q} 计算式中的"$0.5(1 + h_1/h)$"等于 1.0，σ_{s2q} 按下式计算：

$$\sigma_{s2q} = \frac{M_{2q}}{0.87 A_s h_0} \qquad (6-29)$$

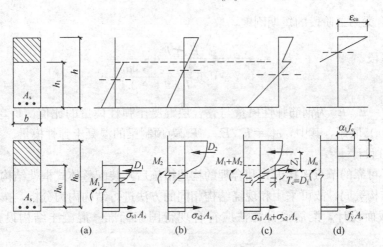

图 6.52　叠合梁截面应变与应力分布

(a) 叠合前；(b) 叠合增量；(c) 叠合后；(d) 破坏时

对于钢筋混凝土叠合梁，考虑裂缝宽度分布的不均匀性，按荷载的准永久组合并考虑长期作用影响的最大裂缝宽度 w_{max} 按下式计算：

$$w_{max} = 2\psi \frac{(\sigma_{s1k} + \sigma_{s2q})}{E_s} \left(1.9 c_s + 0.08 \frac{d_{eq}}{\rho_{te1}} \right) \qquad (6-30)$$

式中　ψ——裂缝间纵向受拉钢筋的应变不均匀系数，按下式计算：

$$\psi = 1.1 - \frac{0.65 f_{tk1}}{\rho_{te1} \sigma_{s1k} + \rho_{te} \sigma_{s2q}} \tag{6-31}$$

ρ_{te1}——按预制梁有效受拉混凝土截面面积计算的纵向受拉钢筋配筋率,

$$\rho_{te1} = \frac{A_s}{A_{te1}}, \quad A_{te1} = 0.5bh_1 + (b_f - b)h_f$$

ρ_{te}——按叠合梁有效受拉混凝土截面面积计算的纵向受拉钢筋配筋率,$\rho_{te} = \frac{A_s}{A_{te}}$,

$A_{te} = 0.5bh + (b_f - b)h_f$;

f_{tk1}——预制梁混凝土的抗拉强度标准值。

3) 叠合梁的挠度验算

叠合梁按荷载准永久组合并考虑荷载长期作用影响的刚度可按下列公式计算:

$$B = \frac{M_q}{\left(\frac{B_{s2}}{B_{s1}} - 1\right)M_{1Gk} + \theta M_q} B_{s2} \tag{6-32}$$

式中,θ 为考虑荷载长期作用对挠度增大的影响系数;M_q 为叠合梁按荷载准永久组合计算的弯矩值,$M_q = M_{1Gk} + M_{2Gk} + \psi_q M_{2Qk}$;$\psi_q$ 为第二阶段可变荷载的准永久值系数;B_{s1} 为预制梁的短期刚度,按下式采用:

$$B_{s1} = \frac{E_s A_s h_{01}^2}{1.15\psi_1 + 0.2 + \frac{6\alpha_{E1}\rho_1}{1 + 3.5\gamma_{f1}}} \tag{6-33a}$$

B_{s2} 为叠合梁第二阶段的短期刚度,取

正弯矩区段 $\qquad B_{s2} = \frac{E_s A_s h_0^2}{0.7 + 0.6\frac{h_1}{h} + \frac{4.5\alpha_E\rho}{1 + 3.5\gamma_f'}} \tag{6-33b}$

其中,$\alpha_E = E_s/E_{c2}$ 为钢筋弹性模量与叠合层混凝土弹性模量的比值。负弯矩区段 B_{s2} 可按式(6-33a)取用,其中,$\alpha_{E1} = E_s/E_{c1}$,E_{c1} 为预制梁的混凝土弹性模量。

3. 预制柱设计

当采取了可靠的节点连接方式和合理的构造措施后,装配整体式框架结构性能与现浇混凝土框架结构等同,故可采用和现浇结构相同的方法进行结构内力分析,按最不利内力进行预制柱截面设计,配筋设计方法应符合现行国家标准《混凝土结构设计规范》的要求。

和现浇柱不同之处是预制柱需要进行脱模、翻转、起吊、运输、堆放、安装等生产和施工过程中的承载力、稳定、挠度等分析。这主要是由于在制作、施工安装阶段的荷载、受力状态和计算模式常与使用阶段不同;此外预制构件的混凝土强度等级在此阶段尚未达到设计强度。因此,有时截面及配筋设计,不是使用阶段的设计起控制作用,而经常是由非使用阶段的设计决定。

4. 连接设计

1) 连接类型及要求

装配整体式结构中连接主要分为两类,即混凝土的连接和钢筋的连接。

连接处的接缝包括预制构件之间的结合面及预制构件与后浇混凝土之间的结合面，如梁端接缝、预制柱柱底水平接缝、叠合板与后浇层之间的接缝等。装配整体式结构中，接缝是影响结构受力性能的关键部位。

接缝可能受压、受拉和受剪。压力通过后浇混凝土、灌浆料或坐浆材料直接传递；拉力通过由各种方式连接的钢筋、预埋件传递，剪力由结合面混凝土和通过该面的钢筋共同承担，即由结合面混凝土的粘结强度、粗糙面或键槽和钢筋的销栓抗剪作用承担。

预制构件与后浇混凝土、灌浆料、坐浆材料的结合面应设置粗糙面、键槽（见图6.53）。接缝处的纵向钢筋连接宜根据接头受力、施工工艺等要求选用机械连接、套筒灌浆连接、浆锚搭接连接、焊接连接、绑扎搭接连接等方式。

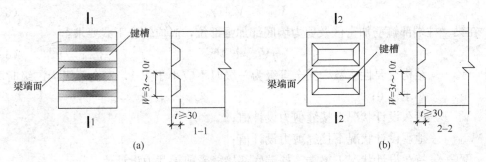

图 6.53　梁端键槽构造示意图
(a) 贯通式；(b) 不贯通式

混凝土抗剪粗糙面指预制构件结合面上用于抗剪的凹凸不平或骨料显露的表面。预制板的粗糙面凹凸深度不应小于 4mm，预制梁端、预制柱端的粗糙面凹凸深度不应小于 6mm。

键槽的尺寸和数量应按计算确定。键槽的深度 t 不宜小于 30mm，宽度 w 不宜小于深度的 3 倍且不宜大于深度的 10 倍；键槽可贯通截面，当不贯通时槽口距离截面边缘不宜小于 50mm；键槽间距宜等于键槽宽度；键槽端部斜面倾角不宜大于 30°。

钢筋套筒灌浆连接指在预制混凝土构件内预埋的金属套筒中插入钢筋并灌注水泥基灌浆料而实现的钢筋机械连接方式。

钢筋浆锚搭接连接指在预制混凝土构件中采用特殊工艺制成的孔道中插入需搭接的钢筋，并灌注水泥基灌浆料而实现的钢筋搭接连接方式。

对于装配整体式结构的控制区域如节点区，接缝要实现强连接，保证接缝处不发生破坏，即要求接缝的承载力设计值大于被连接构件的承载力设计值乘以超强系数，同时，也要求接缝的承载力设计值大于设计内力，保证接缝的安全。对于其他区域的接缝，可采用延性连接，允许连接部位产生塑性变形，但要求接缝的承载力设计值大于设计内力，保证接缝的安全。

预制构件连接接缝一般采用强度等级高于构件的后浇混凝土、灌浆料或坐浆材料。当穿过接缝的钢筋不少于构件内钢筋并且构造符合规定时，节点及接缝的正截面受压、受拉及受弯承载力一般不低于构件，可不必进行承载力验算。当需要计算时，可按照混凝土构件正截面的计算方法进行，混凝土强度取接缝及构件混凝土材料强度的较低值，钢筋取穿过正截面且有可靠锚固的钢筋数量。

2）连接面抗剪设计

装配整体式结构中，接缝的正截面承载力应符合现行国家标准《混凝土结构设计规范》和《装配式混凝土结构技术规程》的规定。后浇混凝土、灌浆料或坐浆材料与预制构件结合面的粘结抗剪强度往往低于预制构件本身混凝土的抗剪强度。因此，预制构件的接缝一般都需要进行受剪承载力的计算。

（1）接缝的受剪承载力应符合下列规定：

持久设计状况：

$$\gamma_0 V_{jd} \leqslant V_u \tag{6-34}$$

地震设计状况：

$$V_{jdE} \leqslant V_{uE}/\gamma_{RE} \tag{6-35}$$

在梁、柱端部箍筋加密区及剪力墙底部加强部位，尚应符合下式要求：

$$\eta_j V_{mua} \leqslant V_{uE} \tag{6-36}$$

式中　γ_0——结构重要性系数，安全等级为一级时不应小于 1.1，安全等级为二级时不应小于 1.0；

　　V_{jd}——持久设计状况下接缝剪力设计值；

　　V_{jdE}——地震设计状况下接缝剪力设计值；

　　V_u——持久设计状况下梁端、柱端底部接缝受剪承载力设计值；

　　V_{uE}——地震设计状况下梁端、柱端底部接缝受剪承载力设计值；

　　V_{mua}——被连接构件端部按实配钢筋面积计算的斜截面受剪承载力设计值；

　　η_j——接缝受剪承载力增大系数，抗震等级为一、二级取 1.2，抗震等级为三、四级取 1.1。

（2）叠合梁端竖向接缝的受剪承载力设计值应按下列公式计算（图 6.54）：

持久设计状况

$$V_u = 0.07 f_c A_{cl} + 0.10 f_c A_k + 1.65 A_{sd} \sqrt{f_c f_y} \tag{6-37}$$

地震设计状况

$$V_{uE} = 0.04 f_c A_{cl} + 0.06 f_c A_k + 1.65 A_{sd} \sqrt{f_c f_y} \tag{6-38}$$

式中　A_{cl}——叠合梁端截面后浇混凝土叠合层截面面积；

　　f_c——预制构件混凝土轴心抗压强度设计值；

　　f_y——垂直穿过结合面钢筋的抗拉强度设计值；

　　A_k——各键槽的根部截面面积之和，按后浇键槽根部截面和预制键槽根部截面分别计算，并取二者的较小值；

　　A_{sd}——垂直穿过结合面所有钢筋的面积，包括叠合层内的纵向钢筋。

（3）预制柱底水平接缝在地震设计状况下的受剪承载力设计值应按下列公式计算（图 6.55）：

当预制柱受压时：　　$$V_{uE} = 0.8N + 1.65 A_{sd} \sqrt{f_c f_y} \tag{6-39}$$

当预制柱受拉时：　　$$V_{uE} = 1.65 A_{sd} \sqrt{f_c f_y \left[1 - \left(\frac{N}{f_y A_{sd}}\right)^2\right]} \tag{6-40}$$

式中　N——与剪力设计值 V 相应的垂直于结合面的轴力设计值，取绝对值进行计算。

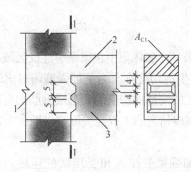 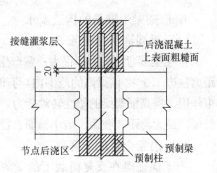

图 6.54　叠合梁端部抗剪承载力计算示意图　　　图 6.55　柱底部水平

1—后浇节点区；2—后浇混凝土叠合层；3—预制梁；　　接缝抗剪承载力计算示意图

4—预制键槽根部截面；5—后浇键槽根部截面

6.6　框架结构构造要求

6.6.1　框架梁构造要求

1. 梁截面尺寸的确定

对按抗震设计的框架梁，其几何尺寸的要求见表 6.26。抗震设计时，计入受压钢筋作用的梁端截面混凝土受压区高度与有效高度之比值，一级不应大于 0.25，二、三级不应大于 0.35；梁端纵向受拉钢筋配筋率宜不大于 2.5%。

框架梁几何尺寸的要求　　　　　　　　　　　　　　　　　表 6.26

几何尺寸	梁截面宽度	梁截面高度/梁截面宽度	梁的净跨 l_n/梁截面高度
要求	宜≥200mm	宜≤4	宜≥4

2. 纵向受拉钢筋配筋率

按抗震等级设计的框架梁，要求其极限弯矩必须大于其开裂弯矩，根据这个原则，规定了纵向受拉钢筋的最小配筋率，见表 6.27。梁端纵向受拉钢筋的配筋率也不宜大于 2.5%，表中还给出了贯通梁全长的纵向钢筋的布置要求

3. 梁的两端截面，底部和顶部纵向受力钢筋截面面积比 A_s'/A_s

在受压区配置钢筋，可以减少混凝土受压区的高度，提高框架梁的延性性能，因而规定在梁端必须配置一定数量的纵向受压钢筋，见表 6.27。

框架梁纵向钢筋的配置　　　　　　　　　　　　　　　　　表 6.27

纵向钢筋的配置		抗震等级	一级	二级	三级	四级
纵向受拉钢筋最小配筋率（%）	梁中位置	支座	>0.4，>$80f_t/f_y$	>0.3，>$65f_t/f_y$	>0.25，>$55f_t/f_y$	
		跨中	>0.3，>$65f_t/f_y$	>0.25，>$55f_t/f_y$	>0.2，>$45f_t/f_y$	
贯穿梁全长的顶、底部纵向钢筋	截面面积		应≥1/4 梁两端顶、底部钢筋较大截面面积			
	根数和直径		≥2 根 14mm		≥2 根 12mm	
梁两端截面	A_s'/A_s		应≥0.5	应≥0.3		

4. 框架梁中箍筋的构造要求

（1）梁端箍筋加密区

框架梁端弯矩剪力都很大，常产生正截面破坏，破坏集中在梁端塑性铰区域，即从柱边到距离柱边 1.5～2 倍梁高的范围内，有时甚至发生剪切破坏。为了加强箍筋对梁端混凝土的约束作用，提高框架梁的塑性转动能力，必须在梁的端部加密箍筋，形成箍筋加密区。加密区的长度，最大箍距和肢距、最小箍筋直径，根据试验研究和工程经验确定，见表 6.28。

（2）沿梁全长的配箍率

为了保证梁在反复荷载下的受剪性能，加强梁受拉区和受压区的连接，《混凝土结构设计规范》还规定了沿梁全长的箍筋配箍率，见表 6.28。

框架梁中箍筋的构造要求 表 6.28

抗震等级		一级	二级	三级	四级
1. 梁端箍筋加密区（h—梁高，d—纵向钢筋直径，d_v—箍筋直径）	加密区长度（取二者中的较大值）	$2h$，500mm		1.5h，500mm	
	箍筋最大间距（取三者中的最小值）	应符合箍筋构造要求的规定			
		$6d$，$h/4$，100mm	$8d$，$h/4$，100mm	$8d$，$h/4$，150mm	
	箍筋最小直径	10mm	8mm		6mm
		当梁端纵向受拉钢筋配筋率＞2%时，表中箍筋最小直径应增大 2mm			
	箍筋肢距（取两者中的较大者）	宜≤200mm 和 20d_v	宜≤250mm 和 20d_v	宜≤300mm	
2. 第一个箍筋距节点边缘的距离		应≤500mm			
3. 沿梁全长箍筋的配筋率 ρ_{sv}		$\geqslant \dfrac{0.3f_t}{f_{yv}}$	$\geqslant \dfrac{0.28f_t}{f_{yv}}$	$\geqslant \dfrac{0.26f_t}{f_{yv}}$	

注：d_s＞12mm，数量不小于 4 肢，肢距＜150mm 时，一、二级的箍筋最大间距应允许适当放宽，但不得大于 150mm。

5. 减小梁截面高度的做法

①适当提高梁的配筋率；②做宽扁梁；③梁布置时采用密肋梁以减小主梁的受荷面积；④采用加腋梁以减小梁跨中的高度。当支座设计弯矩远大于跨中弯矩时，可采用此法；⑤采用型钢混凝土梁；⑥采用预应力混凝土梁；⑦楼板作为梁翼缘参与计算，次梁按双筋梁模式配筋计算。

当梁高较小或采用扁梁时，除验算其承载力和受剪截面要求外，尚应满足刚度和裂缝的有关要求。在计算梁的挠度时，可扣除梁的合理起拱值，对现浇梁板结构，宜考虑梁受压翼缘的有利影响，翼缘宽度一般可取 6 倍的板厚。

6.6.2 框架柱构造要求

1. 截面尺寸

抗震等级为四级或层数不超过 2 层时，柱截面的 $b \times h$ 不宜小于 300mm；抗震等级为一、二、三级且层数超过 2 层时，$b \times h$ 不宜小于 400；圆柱截面直径不宜小于 350mm（四级或层数不超过 2 层时）；直径不宜小于 450mm（一、二、三级且层数超过 2 层时），

且 h/b 宜小于 3；柱的剪跨比 λ 宜大于 2。

　　2. 纵向钢筋配筋率

　　柱的纵向受拉钢筋配筋率，也涉及截面的变形能力，配筋率限制列于表 6.29 中。

　　3. 框架柱端箍筋加密区

　　在竖向荷载和地震作用组合下，框架柱端纵向受力钢筋会被压屈。也容易发生剪切破坏，为了提高柱端塑性铰区的延性和耗能，增加塑性铰的转动能力，须在柱端设置箍筋加密区，以加强对核心混凝土的约束和对纵向钢筋的侧向支持作用，同时也能兼顾剪切破坏后于弯曲破坏。在表 6.30 中，列出了框架柱中箍筋配置的各项具体构造要求。

框架柱中纵向受力钢筋的配置　　　　　　　　　表 6.29

抗震等级			一级	二级	三级	四级
全部纵向受力钢筋最小配筋百分率（%），并每一侧不应小于 0.2%	柱类型	中柱、边柱	0.9（1.0）	0.7（0.8）	0.6（0.7）	0.5（0.6）
		角柱、框支柱	1.1	0.9	0.8	0.7
	注：①括号内数值用于框架结构柱；②当混凝土强度等级为 C60 以上时，应按表中值增加 0.1 采用；③采用强度等级为 335MPa、400MPa 纵向受力钢筋时，应分别按表中数值增加 0.1 和 0.05 采用；④对Ⅳ类场地上较高的高层建筑，按表中数值增加 0.1 取用					
全部纵向受力钢筋最大配筋百分率（%）			应≤5%			
			$\lambda \leq 2$	每侧宜 ≤1.2%	—	
纵向钢筋的间距			各类框架柱	宜≤200mm（柱截面尺寸大于 400mm 时）		

框架柱中箍筋的配置　　　　　　　　　表 6.30

抗震等级		一级	二级	三级	四级
柱端箍筋加密区（d_v 为箍筋直径）	箍筋加密区长度	取三者中的最大值：max {矩形截面长边尺寸（或圆形截面直径）；柱净高的 1/6；500mm}			
		在刚性地面上、下各 500mm 范围内，应加密箍筋；底层柱根应取≥1/3 柱净高			
	箍筋最大间距（取二者中的较小值）	6 倍纵筋直径、100mm	8 倍纵筋直径、100mm		8 倍纵筋直径、150mm（柱根 100）
	箍筋最小直径（mm）	10	8		6（柱根 8）（当 λ ≤2 时，应≥8）
	箍筋肢距	宜≤200mm	宜≤250mm，≤20d_v		宜≤300mm
	箍筋体积配筋率	应≥0.8%	应≥0.6%		应≥0.4%
加密区长度以外	箍筋间距	应≤10 倍纵筋直径		应≤15 倍纵筋直径	
	箍筋体积配筋率	宜≥加密的 50%			

　　对一、二级抗震等级的角柱应沿柱全高加密箍筋。框支柱和 $\lambda \leq 2$ 的框架柱应沿柱全高加密箍筋，且箍筋间距应符合一级抗震等级的要求。

　　箍筋的形式有普通箍筋（如单个矩形箍筋）、复合箍筋（即由矩形、圆形、多边形箍

233

筋或与拉筋组合成的箍筋）、螺旋箍筋、复合螺旋箍筋等几种。

　　箍筋的形式不同，对混凝土核心的约束作用也不同。图 6.56 即为几种形式的复合箍筋。经对图中前四种形式的复合箍筋进行试验，得出形式（d）对混凝土起的约束作用最好，这是由于箍筋拐角增多、拉结增加、箍筋的自由长度减少的缘故；（b）、（c）两种形式效果居中；而（a）形式效果较差。

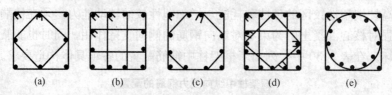

图 6.56　复合箍筋的一些形式

　　【例题 6-9】 框架柱截面尺寸 $500\text{mm}\times500\text{mm}$，采用井字复合箍为 $\Phi 8@100$（四肢），HPB300，$f_{yv}=270\text{N/mm}^2$，抗震等级为二级，轴压比 0.3，混凝土强度等级 C30，混凝土保护层厚度 $c=25\text{mm}$，试验算柱子箍筋加密区体积配箍率。

　　【解】 混凝土强度等级小于 C35，取 C35，$f_c=16.7\text{N/mm}^2$；依据抗震等级为二级，轴压比 0.3，复合箍三个条件，查《混凝土结构设计规范》表 11.4.7 得最小配箍特征值 $\lambda_v=0.08$；$\rho_{vmin}=0.6\%$；$A_{sv1}=A_{sv2}=3.14\times8^2/4=50.24\text{mm}^2$；$b_{cor}=h_{cor}=500-2\times25-2\times8=434\text{mm}$；

　　$l_1=l_2=500-2\times25=450\text{mm}$。

$$\rho_v=\frac{n_1A_{sv1}l_1+n_2A_{sv2}l_2}{b_{cor}h_{cor}S}=\frac{4\times50.24\times450\times2}{434\times434\times100}=0.96\%>\lambda_vf_c/f_{yv}=0.08\times$$

$16.7/270=0.49\%$ 也满足 $>\rho_{vmin}=0.6\%$ 要求。

6.6.3　现浇框架节点构造要求

　　节点设计是框架结构极重要的一环。节点应保证整个框架结构的安全可靠、经济和施工方便。对装配整体式框架的节点除应根据结构的受力性能和施工条件进行设计外，还需保证结构的整体性，要求传力直接，构造简单，安装方便并易于调整，在构件连接后能尽早地承受部分或全部荷载设计值，使上部结构得以及时安装。

　　框架体系的多层厂房，节点常采用全刚接或部分刚接、部分铰接的方案；框架体系的高层民用房屋，由于房屋的高度增大、抗侧力的要求提高，以采用全刚接的方案为多。

　　《混凝土结构设计规范》对节点处钢筋的锚固和搭接要求示例如图 6.57、图 6.58 所示。

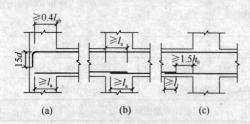

图 6.57　中间层端、中节点
梁纵筋的锚固和搭接
（a）顶部末端 90°弯折锚固；
（b）节点内锚固；（c）节点外搭接

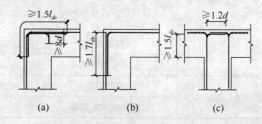

图 6.58　顶层节点梁、柱纵筋的锚固与搭接
（a）节点外侧和梁端顶部的弯折搭接；
（b）柱顶部外侧的直线搭接；
（c）节点中柱纵筋 90°弯折锚固

6.6.4 装配整体式混凝土框架结构构造要求

1. 装配整体式混凝土框架结构楼板构造要求

装配整体式结构的楼盖宜采用叠合楼盖，常采用的钢筋桁架叠合板设计见第5章。

2. 装配整体式混凝土框架结构梁构造要求

装配整体式框架结构中，当采用叠合梁时，框架梁的后浇混凝土叠合层厚度不宜小于150mm（图6.59），次梁的后浇混凝土叠合层厚度不宜小于120mm；当采用凹口截面预制梁时，凹口深度不宜小于50mm，凹口边厚度不宜小于60mm。

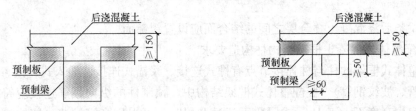

图 6.59 叠合框架梁截面示意

叠合梁的箍筋配置应符合下列规定：①抗震等级为一、二级的叠合框架梁的梁端箍筋加密区宜采用整体封闭箍筋（图6.60）；②采用组合封闭箍筋的形式（图6.60）时，开口箍筋上方应做成135°弯钩；非抗震设计时，弯钩端头平直段长度不应小于$5d$（d为箍筋直径）；抗震设计时，平直段长度不应小于$10d$。现场应采用箍筋帽封闭开口箍，箍筋帽末端应做成135°弯钩；非抗震设计时，弯钩端头平直段长度不应小于$5d$；抗震设计时，平直段长度不应小于$10d$。

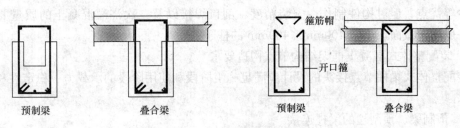

图 6.60 叠合梁箍筋构造示意

叠合梁可采用对接连接（图6.61），并应符合下列规定：①连接处应设置后浇段，后浇段的长度应满足梁下部纵向钢筋连接作业的空间需求；②梁下部纵向钢筋在后浇段内宜采用机械连接、套筒灌浆连接或焊接连接；③后浇段内的箍筋应加密，箍筋间距不应大于$5d$（d为纵向钢筋直径），且不应大于100mm。

主梁与次梁采用后浇段连接时，在中间节点处，两侧次梁的下部纵向钢筋伸入主梁后浇段内长度不应小于$12d$（d为纵向钢筋直径）；次梁上部纵向钢筋应在现浇层内贯通（图6.62）。

叠合梁除应符合一般梁的构造要求外，尚应符合下列规定：

① 叠合梁预制部分的高度必须满足$h_1/h \geqslant 0.4$，否则应在施工阶段设置可靠支撑；②预制梁的箍筋应全部伸入叠合层，且各肢伸入叠合层的直线段长度不宜小于$10d$（d为箍筋直径）；③预制梁的顶面应做成凹凸差不小于6mm的粗糙面；④叠合层混凝土的厚度不宜小于100mm，叠合层的混凝土强度等级不宜低于C30。

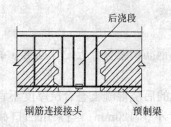
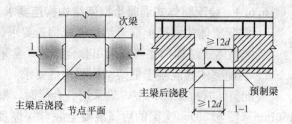

图 6.61　叠合梁对接连接节点示意　　　　　图 6.62　叠合梁主次梁连接节点示意

预制梁与后浇混凝土叠合层之间的结合面应设置粗糙面。

3. 装配整体式混凝土框架结构柱构造要求

装配整体式框架的柱与柱连接节点有榫式连接、浆锚式连接、插入式连接、套管式连接（钢套管、波纹钢管）。装配整体式框架结构中，预制柱的纵向钢筋连接应符合下列规定：①当房屋高度不大于 12m 或层数不超过 3 层时，可采用套筒灌浆、浆锚搭接、焊接等连接方式；②当房屋高度大于 12m 或层数超过 3 层时，宜采用套筒灌浆连接。装配整体式框架结构中，预制柱水平接缝处不宜出现拉力。

钢筋套筒灌浆连接的技术在美国和日本等地震多发国家得到普遍应用。这种连接技术，在美国被视为是一种机械连接接头，因此被广泛地应用于建筑工程。

当柱采用装配式榫式接头时，接头附近区段内截面的承载力宜为该截面计算所需承载力的 1.3~1.5 倍（按轴心受压承载力计算）。榫式连接的构造特点是将柱中的受力钢筋进行焊接，然后在榫头处进行二次浇灌混凝土以形成整体。此种接头形式具有整体性好，用钢量少等优点，但对构件制作、安装精度、剖口焊接以及二次浇灌混凝土的质量要求较高，一般用于截面不小于 400mm×400mm 的柱子。

4. 装配整体式混凝土框架结构节点构造要求

装配整体式梁柱节点接头的设计应满足施工阶段和使用阶段的承载力、稳定性和变形的要求。

1) 预制梁、预制柱的梁柱连接

(1) 钢筋混凝土明牛腿刚性连接

预制梁直接支承在长柱明牛腿面上。梁底设预埋角钢和牛腿面的预埋钢板用贴角焊缝连接。梁上面另加负筋与柱内伸出短筋剖口焊（短筋伸出长度为 100~150mm，过长会影响梁就位，过短则焊接热量会将混凝土烧坏）。

这种连接的优点是节点刚性好，能承受的荷载大。它的缺点是牛腿部分费钢，预埋件多，纵筋剖口焊焊接质量要求高。

(2) 齿槽式刚性连接

齿槽式刚性连接为柱上无牛腿，梁端做齿榫，传递剪力，梁安装阶段用柱内预埋的槽钢、钢板或角钢做支托，与梁端伸出的纵筋焊接，适用于荷载不太大的框架结构。

(3) 暗牛腿刚性连接

所谓暗牛腿，即指牛腿设在梁高范围内，在接头浇筑了混凝土后，外观上已看不出有牛腿的存在。这种接头一般仅在节点处剪力不大时采用。在施工阶段，此节点为铰接；在使用阶段则成为刚接，牛腿成为整个框架节点的一部分。

（4）叠压浆锚式节点连接

叠压浆锚式节点适用于抗震等级为三级的多层框架结构，尤宜用于有内廊或外挑廊（台）的建筑。当采用叠压浆锚式节点时，柱中纵向受力钢筋的总根数不宜多于4根，柱截面不宜大于400mm×400mm。叠压浆锚式节点区域和主框架梁一起预制，上柱和下柱纵向受力钢筋插入浆锚孔内，上柱常采用预埋钢管来支承上柱重量便于定位。梁的混凝土强度等级不宜低于C30，也不宜低于柱的混凝土强度等级；当不能满足上述要求时，其混凝土强度等级相差不应超过二级。

（5）整浇式节点连接

整浇式节点分为A型构造和B型构造。A型构造要求梁端下部纵向受力钢筋在节点内焊接连接，适用于抗震等级为二级的多层框架结构；B型构造为梁端下部纵向受力钢筋在节点内弯折锚固，适用于非抗震及抗震等级为二、三级的多层框架结构。对抗震等级为三级但伸进节点核芯区的梁端下部纵向受力钢筋直径大于25mm或为3根时，宜采用A型构造。

整浇式节点梁柱节点区域都要用混凝土现场后浇。柱截面尺寸不宜小400mm×400mm，也不宜大于600mm×600mm；柱下端榫头截面尺寸不应小于120mm×120mm；节点核芯区混凝土强度等级不宜低于C30；节点核芯区箍筋宜采用预制焊接封闭骨架；核芯区现浇混凝土顶部，应设置直径12mm的焊接封闭定位箍筋，并与叠合梁上部钢筋绑牢或焊牢，用以控制柱顶面伸出钢筋的位置。施工吊装阶段应验算预制柱下端榫头受压承载力。预制梁的端部构造应作施工吊装阶段斜截面抗裂验算。

2）预制梁、现浇柱的梁柱连接

预制梁、现浇柱的梁柱连接方法有A型、B型、C型三种。A型构造要求梁端下部纵向受力钢筋在节点内焊接连接，适用于抗震等级为二级的多层框架结构；B型和C型构造为梁端下部纵向受力钢筋在节点内弯折锚固，适用于非抗震及抗震等级为二、三级的多层框架结构。C型节点距离柱边长度为梁高 h_b 范围内混凝土和节点区域一起后浇。施工方案有两种：①采用工具式非承重柱模时：预制主梁的梁端，一般伸入柱内70mm；纵向连梁由电焊与事先焊在柱纵向受力钢筋上的小角钢或与撑筋相连；②采用工具式承重柱模时：预制主梁的梁端仅伸入柱内20mm，预制主梁与纵向连梁均直接支承在柱模上。这时，应对柱模进行承载力、刚度和稳定性的验算。

主 要 参 考 文 献

[1] 东南大学，同济大学，天津大学．混凝土结构与砌体结构设计(第五版)．北京：中国建筑工业出版社，2012.

[2] 罗福午、邓雪松．建筑结构(第2版)．武汉：武汉理工大学出版社，2012.

[3] 中华人民共和国国家标准．混凝土结构设计规范 GB 50010—2010．北京：中国建筑工业出版社，2011.

[4] 中华人民共和国国家标准．建筑抗震设计规范 GB 50011—2010．北京：中国建筑工业出版社，2010.

[5] 中华人民共和国行业标准．装配式混凝土结构技术规程 JGJ 1—2014．北京：中国建筑工业出版社，2014.

[6] 王祖华．混凝土结构设计．广州：华南理工大学出版社，2008.

[7] 周建民、李杰、周振毅. 混凝土结构基本原理. 北京：中国建筑工业出版社，2014.

[8] 顾祥林. 建筑混凝土结构设计. 上海：同济大学出版社，2011

[9] 中国建筑标准设计研究院. 国家建筑标准设计图集(G310-1-2)—装配式混凝土结构连接节点构造. 中国计划出版社，2015.

[10] 徐有邻. 混凝土结构设计原理及修订规范的应用. 北京：清华大学出版社，2012.

思 考 题

1. 按施工方法框架结构类型有哪几种？

2. 框架结构承重方案有哪几种？叙述每种方案的传力路径。

3. 框架结构方案设计时，需主要考虑哪些概念设计问题？

4. 某三层框架结构，层高均为 3.6m，基础埋深 4m，基础高度 0.8m，设一拉梁顶面在 −0.05m 标高处，请问如何取框架计算简图更为合理（三层还是四层）？

5. 分层法计算要点有哪些？水平荷载作用下为何不适合使用？

6. 试解释 D 值法中 D 值的物理意义。

7. 影响框架柱反弯点高度的因素有哪些？

8. 对框架内力产生影响的温度作用分哪几种？

9. 框架柱计算长度的取值与框架结构侧移有何联系？

10. 为何只能对竖向荷载进行梁端负弯矩调幅，而水平荷载不能参与调幅？

11. 现浇框架和装配整体式框架的调幅系数是否相同？为何？

12. 水平荷载作用下框架的变形分为哪两种形式？产生的原因是什么？框架为何具有剪切型侧向变形特征？

13. 荷载效应组合工况主要有哪几种？

14. 荷载最不利布置方法有哪几种？

15. 框架柱设计时的控制截面在何部位？内力组合时要考虑哪几种类型？考虑依据有哪些？

16. 影响框架梁延性的因素有哪些？

17. 轴压比是如何定义的？对框架柱的延性有哪些影响？

18. 解释"强柱弱梁"、"强剪弱弯"、"强节点强锚固"设计原则的原因，并说明是通过哪些方法来实现的。

19. 试说明梁柱端部箍筋加密的原因和作用。

20. 体积配箍率如何计算？框架柱体积配箍率的限值和哪些因素有关？

21. 框架节点核心区破坏形式是怎样的？配箍筋的目的为何？其承载力受哪些因素影响？

22. 叠合梁受力有哪些特点？设计包括哪些内容？

习 题

1. 三层两跨框架受恒载作用计算简图如图 6.63 所示，忽略其侧向位移，试用分层法计算框架内力弯矩并绘制弯矩图。

2. 框架计算简图如图 6.64 所示，截面尺寸同题 1。试用反弯点法和 D 值法计算弯矩、剪力和轴力并绘制内力图，再求层间相对位移和顶点总位移。

3. 规则框架在 AB 跨作用均布荷载（图 6.65），试作出其弯矩图。

4. 设图 6.66 三等跨框架，外柱温度为 t_1，内柱温度 t_2，$t_2 < t_1$。则外柱将伸长，试作出框架弯矩示意图。

5. 框架柱净高度 $H_n = 5.0m$，恒载、活载及地震作用下内力见图 6.67，抗震等级为二级，混凝土强度等级 C30，试求最大剪力设计值和轴压比。

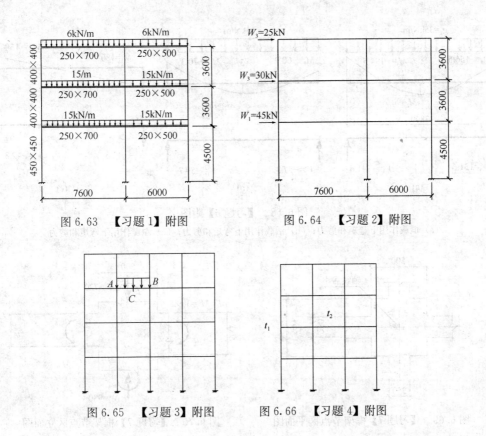

图 6.63　【习题 1】附图　　　　　　　图 6.64　【习题 2】附图

图 6.65　【习题 3】附图　　　　　　　图 6.66　【习题 4】附图

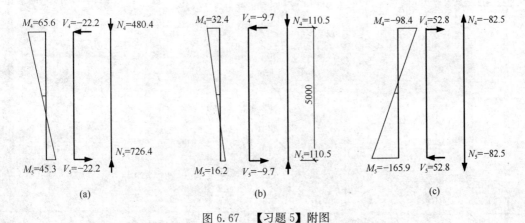

图 6.67　【习题 5】附图

（a）恒载作用下弯矩剪力和轴力；（b）活载作用下弯矩剪力和轴力；（c）左震作用下弯矩剪力和轴力

6. 框架梁跨度 7.8m，恒载、活载及地震作用下内力见图 6.68，抗震等级为二级，试求最大剪力设计值。

7. 框架梁柱中节点区尺寸及受力如图 6.69、图 6.70 所示，内力单位 kN·m、kN，抗震等级为二级，轴压比 0.3，混凝土强度等级 C30，$f_c = 14.3\text{N/mm}^2$，$f_t = 1.43\text{N/mm}^2$，节点区配箍为 HPB300，$f_{yv} = 270\text{N/mm}^2$，采用井字复合箍为 Φ10@100（四肢），上层层高 3.6m，下层层高 4.8m，$a_s = a_s'$ = 35mm，混凝土保护层厚度 $c = 25\text{mm}$ 试验算节点区抗剪承载力和箍筋体积配箍率。

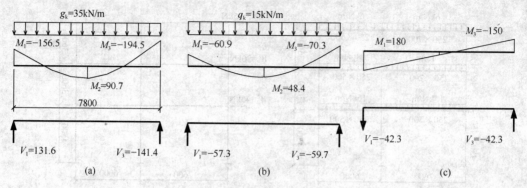

图 6.68　【习题 6】附图

（a）恒载作用下弯矩和剪力；（b）活载作用下弯矩和剪力；（c）左震作用下弯矩和剪力

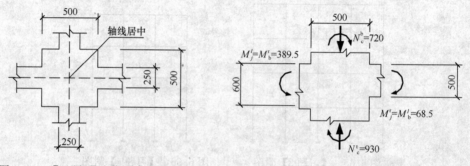

图 6.69　【习题 7】框架节点区平面图　　图 6.70　【习题 7】框架节点区立面图

第7章 单层工业厂房结构设计

工业厂房可以是多层的，也可以是单层的。机械、冶金、纺织等生产企业生产的产品通常量重体大，故既需要有较大的建筑空间厂房，同时还要设置具有较大起重量的桥式或悬挂式吊车。因此，从经济性、产品搬用便利性，及厂房今后技术改造角度上考虑，采用单层厂房是比较合适的。而对食品、电子、精密机器制造等厂家来说，建造多层工业厂房可能是更好的选择。多层厂房一般采用框架结构，其设计方法已在第 6 章介绍，本章只阐述单层工业厂房结构设计。

教学目标

1. 了解单层厂房排架结构组成和结构布置要求；

2. 熟悉单层厂房结构构思方法、重点掌握排架、刚架、梁、屋架、拱等特点和各自适用范围；

3. 熟悉单层厂房各种荷载的传递路线；

4. 熟悉各种荷载作用下排架结构的计算简图；

5. 掌握等高排架内力计算的剪力分配法；

6. 理解排架柱内力组合的主要内容；

7. 了解牛腿受力特点和设计方法。

重点及难点

1. 厂房结构组成、荷载传递路线；柱网布置、支撑布置；

2. 排架结构的计算简图；

3. 柱顶水平集中力作用的剪力分配；

4. 排架考虑空间作用的计算；

5. 排架柱的内力组合。

7.1 单层工业厂房特点和形式

工业生产性质和要求决定了单层混凝土结构工业厂房有以下特点：

1）单层厂房结构的跨度、高度和承受荷载都比较大，致使结构构件承受较大的内力和变形，导致构件截面尺寸比较大，自重大。因而需要构建自重轻、经济性好的水平结构方案来有效控制大跨度屋盖水平结构的变形。

2）单层厂房需要较大的空旷空间，室内一般不能设置墙体，仅有外围护墙体。因而竖向受力构件只能采用柱子，柱子既要承受竖向荷载、还要承受吊车、风，以及地震等产生的水平荷载作用。

3）吊车荷载是一种重复动力荷载，厂房结构设计需要考虑动力荷载的影响。

4）单层厂房单体面积大，同类构件重复使用次数多，有利于构件设计标准化、工厂化生产、机械化施工，因而选用装配式混凝土结构体系比较合适。

单层工业厂房从形式上分类有：单跨和多跨、有吊车和无吊车、带天窗和不带天窗、斜屋面和平屋面等。承重结构组成部分具体采用什么材料来建造，这需要通过对具体工程情况的技术经济分析来决定。例如，对于无吊车或吊车吨位不超过 5t、跨度不大于 15m 的厂房，可以采用砖柱、混凝土屋架或轻钢屋架的承重结构。对于吊车吨位、跨度不是很大的厂房，可采用由混凝土柱、混凝土屋架组成混凝土承重结构。当厂房吊车吨位在 250t（中级工作制）以上时可以考虑采用钢柱代替混凝土柱，在厂房跨度大于 36m 时采用钢屋架更能减轻水平结构尺寸和自重。目前在工程中应用最多的是以混凝土柱、基础与屋架（网架），吊车梁等钢结构组成的单层厂房混合承重结构。本教材主要阐述以混凝土柱为竖向承重结构的单层厂房结构设计内容。

7.2 单层厂房结构设计流程及内容

单层厂房结构设计可分三阶段进行，其设计流程和主要内容见图 7.1。

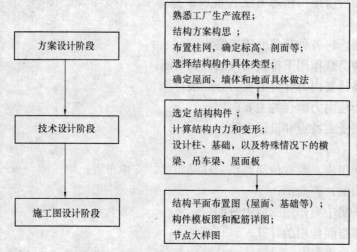

图 7.1 单层厂房结构设计流程和内容

7.3 单层厂房结构方案构思

根据上述单层厂房特点，单层厂房整个结构应该由柱子和平面梁（屋架）板式屋面结构，或者壳体、网架等空间屋面结构构成。采用支承在柱子上的混凝土空间屋面结构受力性能好，跨越能力大，与梁板式屋面结构相比大致能节约 30% 混凝土和钢筋用量，但其缺点是需要有专门的大型机械施工设备，安装难度高，因而梁（屋架）板式屋面结构在实际工程中应用更为广泛。在梁（屋架）板式屋面结构中只要横梁和搁置在梁上的屋面板焊接联接点数量满足整体屋面板在自身平面内为刚性体的要求，就能保证厂房结构具有足够的空间整体刚度。

图 7.2（a）是建筑形式为棱柱体的单层厂房实体，按第 3 章结构方案构思方法可以先把它看作空间结构，整个结构由水平屋盖结构和竖向承重结构组成。竖向结构又可简化

为横向和纵向两个方向的平面结构，其中横向平面结构为主要受力结构。根据厂房功能特点，竖向受力构件采用柱子，屋盖水平结构一般采用梁板体系（图7.2b）。

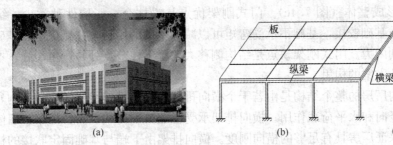

图 7.2 单层厂房结构形式和构思

（a）单层厂房的形式；（b）空间结构的组成；（c）横向排架

下面以常见的单层厂房为例，介绍厂房承重结构方案的构思。若将柱子与横梁采用铰接方式联接，即为排架结构（图7.2c），其好处是柱子、横梁可以分开预制，便于运输、起吊安装，施工相对方便，符合装配式混凝土结构要求。根据厂房生产工艺与使用要求，排架可做成单跨或多跨、等高或不等高、锯齿形等多种形式，图 7.3 所示为横梁采用屋架时，各种排架构成情况。

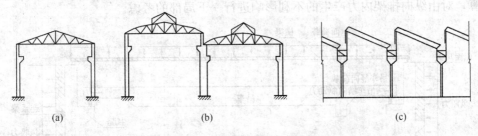

图 7.3 单层厂房排架构成情况

（a）单跨等高排架；（b）两跨不等高排架；（c）多跨锯齿形排架

排架结构的主要缺点是结构内力分布不合理，侧向水平位移比较大。如果把柱子与横梁做成刚性联接形成所谓刚架结构，此时结构的受力要比前者合理，其抵抗侧移能力和经济性也得到一定程度上改善，但是对于大尺寸的柱梁一体预制构件的运输、吊装和装配等会带来很大麻烦，不利于装配式结构的施工。而且，在大跨度时采用实体横梁的设计也是不现实的。因而，在实际工程中只有对于跨度不超过18m，檐口高度不超过10m，无吊车或吊车吨位不超过 10t 的仓库或车间建筑常采用门式刚架。门式刚架特点是柱和横梁联接为刚节点，柱与基础为铰接。门式刚架按其顶节点的联接方式不同，分为顶节点为铰接的

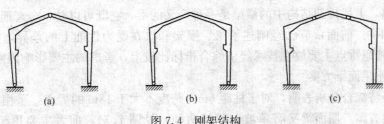

图 7.4 刚架结构

（a）三铰门式刚架；（b）二铰门架；（c）柱与基础刚接门架

三铰门式刚架（图 7.4a）和顶节点为刚接的两铰门式刚架（图 7.4b）。当跨度较大时，为了便于运输和安装，两铰门式刚架常做成三段，在横梁弯矩为零或较小部位设置接头，用焊接或螺栓连接形成整体（图 7.4c）。门式刚架优点是梁柱合一，构件种类少，结构轻巧，用料省。柱与基础铰接，基础不承受弯矩可以减少基础的用料，并减少了因基础变形对结构产生的不利内力。门式刚架缺点是结构侧移大，且梁柱节点处易产生裂缝。本章仅叙述排架结构设计方案的构思。

单层排架结构厂房的整个结构是由若干个横向排架和纵向排架组成的空间结构，每个方向排架都承受竖向和水平荷载作用。横向排架承受屋盖自重荷载、雪、吊车、墙体、风等荷载，并且要保证厂房具有足够的横向刚度。横向排架由下端与基础固定联接的柱、横梁（桁架、梁、拱）和搁置在横梁上屋面板等组成（图 7.5）。横梁与柱铰接，装配施工简单，而且作用于横梁的荷载不会引起柱子的弯矩，可以单独进行柱和横梁的设计。纵向排架由温度收缩区段一列纵向柱和吊车梁、竖向柱支撑、屋盖竖向支撑，及屋面结构组成（图 7.6）。纵向排架主要承受吊车纵向刹车产生的制动力和作用在山墙上风荷载，并且要保证厂房具有足够的纵向刚度。通常，纵向排架的柱子数量要比横向排架的柱子多得多，纵向刚度比横向刚度要大，柱子由纵向水平荷载产生的内力要比横向水平荷载产生的内力小，所以为了减少设计工作量一般可以忽略纵向排架内力，只需要对横向排架进行内力分析计算，对由纵向排架内力产生的不利影响进行一下局部的考虑。

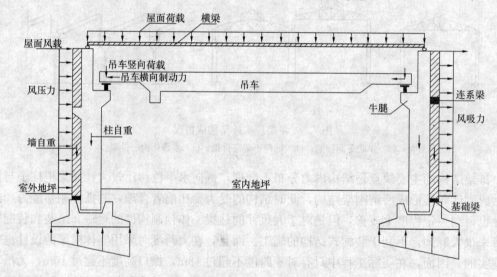

图 7.5　横向排架结构组成

需要指出，上述排架结构中的横梁是一种广义的梁，它既可以是一个普通简支梁，又可以是屋架和拱。前面章节已经阐述了梁、屋架和拱在受力性能上的差异，在此我们把"横梁"方案构思重点主要放在技术经济综合指标比较上，考虑的主要影响因素为跨度。

1) 混凝土屋面梁方案

由技术经济综合分析表明，对于柱距 6m，跨度不大于 18m 的屋盖，采用屋面梁的方案要优于屋架方案。屋面梁又有单坡和双坡两种（见图 7.7），前者主要用于附属车间。对于 6m、9m 跨度的屋面梁，一般采用普通钢筋混凝土 T 形或工字形截面梁，12m 以上

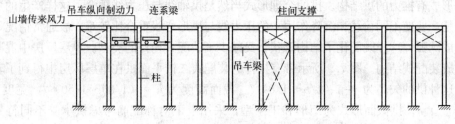

图 7.6　纵向排架结构组成

的应优先采用空腹混凝土梁或预应力混凝土梁。

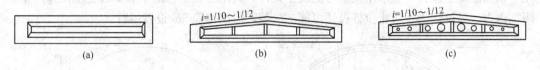

图 7.7　混凝土屋面梁方案

（a）单坡屋面梁；（b）双坡屋面梁；（c）空腹屋面梁

2）混凝土屋架方案

对于跨度在 18～30m 范围的厂房情况，屋面横梁采用屋架形式比较合理。若跨度再大，屋架的施工、运输等面临较大困难，只有具备相应技术条件时才会考虑使用。桁架与柱或托架联接采用螺栓或焊接方式，作为铰接连接。屋架外形与屋面构造有关，对于坡屋面采用的典型屋架有：带有斜腹杆的折线形弦式屋架（图 7.8a）、带有斜腹杆的拱形弦屋架（图 7.8b）、带有斜腹杆的梯形弦屋架（图 7.8c），和适用于平屋面的平行弦屋架（图 7.8d）。当然对于非典型方案也可采用其他形式屋架：例如下弦为折线的多边形屋架和三角形屋架。其中，拱形弦屋架、折线形弦屋架等受力最为合理，但考虑屋面建筑坡度、施工难度等因素，从综合技术经济指标上来说，混凝土和预应力混凝土梯形屋架更具有优势，也是目前工程实际中最常用的屋架形式。

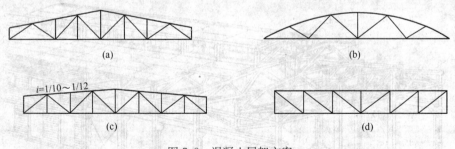

图 7.8　混凝土屋架方案

（a）折线形屋架；（b）拱形屋架；（c）梯形屋架；（d）平行弦屋架

3）混凝土拱方案

第 3 章指出拱支座对水平位移的限制会形成侧向推力，致使拱的内力主要为压力。当单层工业厂房跨度超过 30m 时。可以考虑采用拱结构方案。在实际工程中钢筋混凝土拱大多采用无推力的二铰拱结构，拱的侧向推力是由拉杆承担的，如图 7.9 所示。如果在建筑或工艺上不希望有拉杆，那么也可以将侧向推力直接传递到两端的侧向框架、墩，或者直接传给

245

基础，形成有推力的拱结构。拱的合理形式当然是拱轴线与压力线重合，这样产生的弯矩最小。但是，要使不同荷载和沉降作用下的压力线与拱形心线重合比较难，故通常情况下把拱形状做成圆弧，这样既简化了结构形状，又减少了装配式构件的类型。单层厂房中混凝土拱通常做成装配式结构。图 7.9 所示带有拉杆的装配式二铰平面拱在单层厂房中得到了较广泛采用。这种拱的矢高为 $f=（1/5\sim1/8）l$。截面高度为 $h=（1/30\sim1/50）l$，宽度为 $b=（0.4\sim0.5）h$。拱截面形式为矩形和工字型，采用上下对称配筋考虑拱承受不同符号的弯矩。拱由长度为 6m 段拼装形成，各段之间采用钢筋接头焊接，并用细石混凝土灌缝。拱结构上面铺设宽度为 6m 屋面板，并借助于预埋件焊接与拱上翼缘板连接，起到刚性板的作用。钢筋混凝土拉杆一般采用预应力混凝土拉杆，其刚性大，有助于减少因支座位移产生的附加内力。另外。为了防止拉杆过长可能的松弛，可以每隔 6m 设置吊杆。

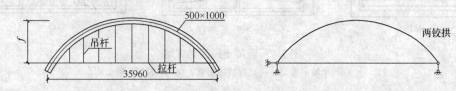

图 7.9 混凝土拱方案

【注释】为了有效减轻横梁的重量、提高跨越能力，在现代工程还可以采用张弦结构的横梁（例如张弦梁、张弦屋架、及张弦拱等）。

7.4 单层厂房结构的组成和布置

7.4.1 单层厂房结构组成

前述单层厂房结构中横梁可以是梁、屋架或拱，采用屋架是最常用的做法，本教材主要介绍以横梁为屋架的装配式混凝土单层厂房设计内容。单层厂房是由多种构件组成的整体建筑空间（图 7.10），整个厂房结构按起的作用不同，又区分为承重结构和围护结构，相应的

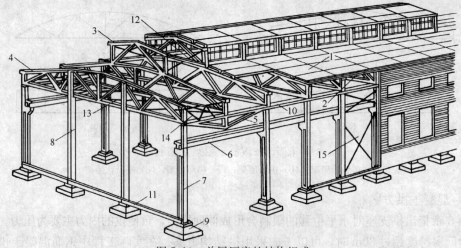

图 7.10 单层厂房的结构组成
1—屋面板；2—天沟板；3—天窗架；4—屋架；5—托架；6—吊车梁；7—排架柱；
8—抗风柱；9—基础；10—连系梁；11—基础梁；12—天窗架垂直支撑；13—屋架下弦横向水平支撑；
14—屋架端部垂直支撑；15—柱间支撑

构件也称为承重结构构件和围护结构构件。在单层厂房中直接承受荷载并将荷载传递给其他构件的构件，如屋面板、天窗架、屋架、柱、吊车梁和基础等属于承重结构构件。而外纵墙、山墙、连续梁、抗风柱（包括抗风梁、抗风桁架）和基础梁等主要起围护作用，承担的荷载主要以围护构件自重和直接作用在墙面上的风荷载，故属于围护结构构件。

单层厂房结构各种构件的名称及作用如表 7.1 所示。

单层厂房构件的功能 表 7.1

构件名称		构件功能	说明
屋盖	屋面板	直接承受屋顶自重、可变荷载（如风荷载、雪荷载、积灰荷载或施工荷载），并将其传递到横梁，起围护和承重功能	可支承在屋架、天窗架或檩条上
	天沟	起屋面排水作用，并将积水、施工荷载和自重传递给屋架	
	天窗架	形成天窗，直接承受屋顶自重、可变荷载（如风荷载、雪荷载、积灰荷载或施工荷载），并将其传递到屋架	
	托架	在柱距超过屋面板跨度时，用以支承屋架，并将荷载传递到柱子	
	横梁（梁、屋架、拱）	与柱铰接形成排架结构，承受屋盖全部荷载，并将其传递到柱子	按跨度、柱距等考虑横梁形式
	檩条	支承小跨度屋面板，承受屋面板传来的荷载，并将其传递到横梁	在有檩屋盖体系中采用
柱	排架柱	与横梁形成横向排架，与屋盖、吊车梁、支撑形成纵向排架。承受纵向水平荷载作用，并传递到基础	是最主要受力构件，需要由计算确定
	抗风柱	承受山墙的风荷载，并将其传递到纵向排架和抗风柱基础	是围护构件，由计算确定
支撑	屋盖支撑	加强房屋整体空间刚度，提高屋架的稳定性，将水平荷载传递给排架结构	包括屋架上、下弦水平支撑和垂直支撑
	柱间支撑	加强房屋的纵向刚度，承受纵向水平荷载，并通过纵向排架结构传递到基础	包括上柱、下柱柱间支撑。
围护结构	外纵向墙、山墙	起房屋围护作用，并承受风荷载和自重	一般不需要计算
	连续梁	联系柱列，增强房屋空间刚度和稳定性，承受其上部墙体重量，并传递到柱子	一般按简支梁设计
	圈梁	联系柱列，增强房屋空间刚度，预防不均匀沉降或较大振动荷载引起的不利影响	按构造要求设置
	过梁	承受门窗洞口上部墙体重量，并传递到洞口两侧墙体	一般按简支梁设计
	基础梁	承受作用在其上面的墙体重量，并传递到两端基础	一般按简支梁设计
吊车梁		承受吊车产生的竖向和水平荷载，并将其传递到横向平面排架或纵向平面排架	按简支梁设计，考虑疲劳荷载的影响
基础		承受由柱子、基础梁传来的全部荷载，并有效地传递到地基	由计算确定基础的尺寸和配筋，并对地基沉降进行验算

横向排架水平荷载和竖向荷载的传递线路如图 7.11 所示，纵向排架水平荷载的传递线路如图 7.12 所示。

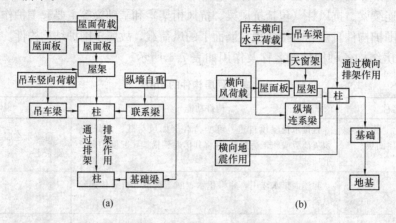

图 7.11 横向排架的荷载传递路线

(a) 竖向荷载；(b) 横向水平荷载

7.4.2 单层厂房结构布置

在单层工业厂房方案设计阶段，需要根据厂房生产流程确定相应的建筑空间尺寸，并对结构做具体布置。其布置合理与否将直接关系到厂房结构可靠性和合理性，因而它是结构设计过程中尤为关键的环节。厂房结构布置内容包括：1）平面布置，选择柱网、确定厂房内部界限尺寸；2）屋盖布置；3）温度收缩区段划分；4）选择保证厂房刚度的支撑体系。在结构布置时要遵守的原则是首先满足生产工艺要求，其次要考虑经济性和施工便利性。装配式混凝土单层厂房结构布置时必须注意其主要尺寸和标高要符合现行《厂房建筑模数协调标准》GB/T 50006—2010 规定的统一模数制，以 100mm 为基本单位，用"M"表示。

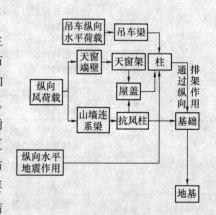

图 7.12 纵向排架的水平荷载传递路线

1. 平面布置

结构平面尺寸主要有定位轴线决定。定位轴线分为横向和纵向定位轴线。横向定位轴线与横向平面排架平行，以①，②，③…表示。纵向定位轴线与横向定位轴线正交，以A，B，C表示。纵、横向定位轴线相交形成的网格称为柱网，交叉点一般为柱子布置的位置，如图 7.13 所示。

1）定位轴线布置

（1）横向定位轴线

横向定位轴线通常与柱子截面的中心线重合，但对位于厂房山墙处柱子，横向定位轴线位于山墙内边缘，即需要把端柱向内移动 600mm。同样对于收缩缝两侧的柱子，横向定位轴线与收缩缝中心线重合，即需要把两侧柱向内移动 600mm。这样做的原因使两端屋面板长度与中间屋面板长度相等，屋面不产生间隙，形成所谓的封闭式横向定位轴线

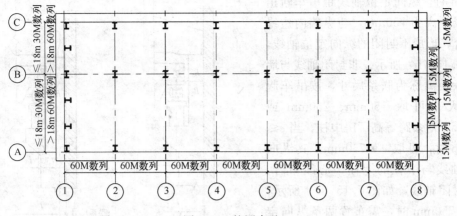

图 7.13 柱网表示

（图 7.14）。

【注释】以往工程常见的做法是把横向定位轴线内移 500mm，本教材采用 600mm 是考虑与《厂房建筑模数协调标准》GB/T 50006—2010 规定一致，此尺寸最终取值由建筑方案确定。

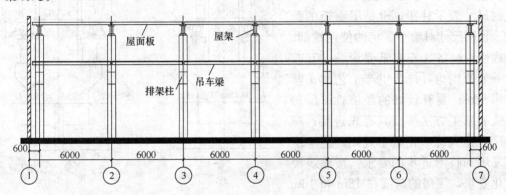

图 7.14 横向定位轴线

（2）纵向定位轴线

纵向定位轴线通常也与柱子截面的中心线重合，但对于无吊车或吊车起重量不大于30t 的厂房，边柱纵向定位轴线与边柱的外侧面、纵墙的内边缘等重合，形成所谓的封闭式纵向定位轴线，如图 7.15 所示。对于吊车起重量大于 30t 的厂房，需要根据下面公式计算吊车轨道中心线离开纵向定位轴线实际距离 e 予以处理。

$$e = B_1 + B_2 + B_3$$

式中　B_1——吊车轨道中心线至吊车桥架外边缘的距离，由吊车产品目录查得；

　　　B_2——吊车桥架外边缘至上柱内边缘的净空宽度，当吊车起重量不大于 50t 时，取 $B_2 \geqslant 80mm$，当吊车起重量大于 50t 时，取 $B_2 \geqslant 100mm$；

　　　B_3——边柱的上柱截面高度或中柱边缘至其纵向定位轴线的距离。

当计算得到的 $e \leqslant 750mm$ 时，可取 $e = 750mm$，纵向定位纵向与边柱的外侧面、纵墙的内边缘等重合，形成图 7.15（a）所示的封闭式纵向定位轴线。当计算得到的 $e >$

750mm 时，纵向定位轴线距吊车轨道中心线距离为 750mm，与纵墙内边缘不重合，形成不封闭的纵向定位轴线，如图 7.15（b）所示。非封闭轴线与墙内边缘距离称为联系尺寸，按吊车起重量大小可取 150mm、250mm 或 500mm。对多跨等高厂房中柱，当 $e \leqslant 750$mm 时，可取 $e = 750$mm，其纵向定位轴线与中柱的上柱中心线重合，形成封闭轴线，如图 7.15（c）所示；当 $e > 750$mm 时，需布置两条纵向定位轴线，其距离称为插入距，插入距中心线与上柱的中心线重合，形成不封闭轴线，如图 7.15（d）所示。

2）选择柱网尺寸

柱网横向尺寸是屋盖横梁的跨度，纵向尺寸表示柱距，也是屋面板的跨度。柱网尺寸对整个厂房的使用性能、合理性、经济性等有重要影响，其布置一般原则为：符合生产工艺和正常使用要求；要有较好的经济性；厂房形式和施工方法等要具有先进性；符合厂房建筑统一化基本规则；适应生产发展和技术进步的要求。按建筑模数化要求，厂房的跨度在 18m 和 18m 以下时，应采用扩大模数 30M 数列；在 18m 以上时，采用扩大模数 60M 数列。同样，厂房的柱距应采用扩大模数 60M 数列；山墙抗风柱柱距宜采用

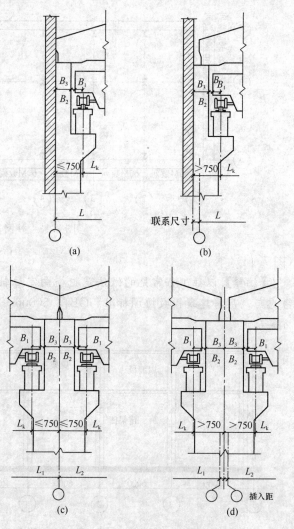

图 7.15　纵向定位尺寸示意图
(a) 边柱封闭轴线；(b) 边柱不封闭轴线；
(c) 等高多跨中柱封闭轴线；
(d) 等高多跨中柱不封闭轴线

15M 数列（图 7.13）。对国内厂房技术经济指标分析表明，6m 柱距的厂房方案其经济性一般比较好。当然，有时为了满足生产所需，在局部采用 12m 柱距，并利用托架使屋面板尺寸保持不变的方案可能会更合理。

3）变形缝设置

在第 3 章已经介绍了变形缝概念和设置基本原则，下面结合单层厂房特点，阐述温度缝、沉降缝、抗震缝等具体做法。

（1）温度伸缩缝

厂房在温度变化时会产生热胀冷缩现象。如果厂房长度或宽度过大，在气温变化时，厂房的地上部分就会发生温度变形，而厂房埋在地下部分所受温度影响很小，基本上不发生温度变形。因而厂房地上部分发生的温度变形就会被约束，在厂房结构产生温度内力，

严重时会产生墙面、屋面开裂，甚至降低柱子的承载能力。温度变形与长度呈正比，为了减小温度变形不利影响，可以用设置温度伸缩缝把厂房分成几个温度区段。温度区段长度（即伸缩缝间距）同结构类型和房屋所处温度变化环境有关。《混凝土结构设计规范》规定：对于装配式钢筋混凝土排架结构，当处于室内或土中时，其伸缩缝的最大间距为100m；当处在露天时，其伸缩缝的最大间距为70m。当不满足此规定或有特殊要求时，应计算温度应力。

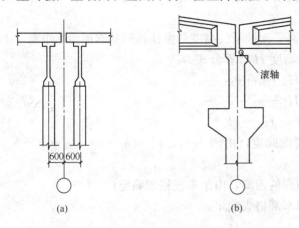

图 7.16　伸缩缝构造

(a) 双柱式（横向伸缩缝）；(b) 滚轴式（纵向伸缩缝）

温度伸缩缝是将厂房从基础顶面至屋面完全分开，并留出一定可变形的缝隙，满足房屋自由变形需求。实际工程中温度伸缩缝包括横向和纵向两种情况。横向温度伸缩缝一般通过将柱子从横向定位轴线向两侧移动 600mm，设置双柱、双屋架方法，即所谓的双柱伸缩缝来实现（图7.16a）。纵向伸缩缝通过设置两条纵向定位轴线，将伸缩缝一侧横梁搁置在活动支座上，即所谓的单柱伸缩缝来解决（图 7.16b）。

　（2）沉降缝

　如厂房相邻两部分高差 10m 以上，或两跨的吊车吨位相差很大，或地基承载能力和变形在平面上存在明显不同时，厂房可能产生不均匀沉降，引起结构的附加内力。为了减小这种不均匀沉降的不利影响，可以通过设置沉降缝将厂房从屋顶到基础底面完全分开。沉降缝也可兼做伸缩缝。不过需要指出的是，排架结构本身对不均匀沉降产生的内力变化并不敏感，所以在单层厂房中一般不需要设置沉降缝。

　（3）抗震缝

　抗震缝的设置是为了减轻厂房震害而采取的一种构造措施。当厂房存在平面、立面复杂，结构高度或刚度相差很大的单元，或厂房侧面布置附属用房时，由于这些单元的动力特征差异过大，会造成不利地震影响，应设置具有一定宽度的抗震缝，将厂房地上部分分开。伸缩缝或沉降缝也可兼做抗震缝，但缝的宽度要满足抗震缝的要求。

　2. 剖面布置

　1）厂房高度

　厂房的高度定义为室内地坪至柱顶（或下撑式屋架下弦底面）的距离（图7.17）。有吊车的厂房高度确定应该遵

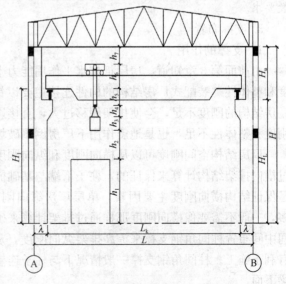

图 7.17　厂房剖面尺寸示意图

251

循以下原则：在满足工艺和使用要求前提下，要尽可能降低厂房高度，减小柱子内力，节约材料；吊车轨顶标高要符合模数要求。

有吊车的厂房高度即为柱子的顶标高，而柱子的高度是由柱顶到基础顶面的距离。上柱高度 H_u、下柱高度 H_L，和柱子整个高度 H 计算公式为：

$$H_u = H_2 + g_1 + g_2 + a_1 \qquad\qquad (7\text{-}1)$$

$$H_L = H_1 - g_1 - g_2 + a_2 \qquad\qquad (7\text{-}2)$$

$$H = H_L + H_u \qquad\qquad (7\text{-}3)$$

式中 H_1——吊车轨道顶标高按工艺要求确定，由图 7.17，$H_1 = h_1 + h_2 + h_3 + h_4 + h_5$，并符合 6M 模数要求；

　　　H_2——由吊车轨道顶面至小车顶面的距离，由吊车规格表确定；

　　　g_1——吊车轨道构造高度，由吊车规格表确定；

　　　g_2——吊车梁高度；

　　　a_1——屋架下弦与小车的安全间隙，一般取 100～300mm；

　　　a_2——室内地坪至基础顶面的距离。

2）厂房跨度

厂房跨度也就是纵向轴线之间距离，横梁的标志跨度。厂房跨度 L 的确定首先要满足生产工艺要求，并符合在跨度 18m 以下为 30M 数列，在 18m 以上时，为 60M 数列的模数化规定。对于有吊车的厂房，跨度 L 按下面公式（图 7.17）确定：

$$L = L_k + 2e \qquad\qquad (7\text{-}4)$$

式中 L_k——吊车跨度，即吊车轨道中心线之间的距离，按生产工艺要求查吊车供应商产品目录得到；

　　　e——吊车轨道中心线至纵向定位轴线的距离，一般可取 750mm。当吊车起重量大于 75t 时，e 建议等于 1000mm。

【提示】厂房吊车轨道顶标高按厂房工艺进行选择，厂房高度、跨度最终都应符合模数要求。

3. 支撑布置

1）支撑的作用

由前面第 3 章知道，房屋抵抗水平作用能力十分重要，它主要取决于房屋结构空间刚度和整体性。装配式厂房结构的构件连接主要以铰接方式，与现浇节点相比整体性较差，厂房结构的刚度不足，会使排架侧移过大，直接影响厂房的生产使用功能。厂房结构空间刚度和整体性不足，也是地震作用下厂房倒塌破坏的重要原因。

厂房结构空间刚度可以从横向刚度和纵向刚度两方面来理解。单层厂房横向刚度是通过横向排架结构计算来保证的，柱子下端与基础嵌固、柱子截面抗弯刚度（截面高度）等是保证结构横向刚度主要因素。单层厂房纵向刚度主要由纵向排架提供，其柱子数量较多，一般不需要像横向刚度那样通过排架计算来确定。更经济和有利的做法是，在温度区间中间布置柱间角钢支撑来提高排架纵向刚度，从而减小柱子截面尺寸、节约材料用量，有利于施工。柱间角钢支撑一般情况下与柱子连接板焊接，在高度方向布置由地坪至吊车梁下面。

为了保证房屋中各平面排架能整体受力，屋盖结构在平面内必须要有足够大的刚性。

在不设屋盖支撑时，屋架之间侧向联系只有铺设在上弦的屋面板，显然在吊车吨位大、有天窗、屋架下弦承担风荷载和设置悬挂吊车等情况时，屋盖刚性是无法满足要求的，因而需要根据具体情况在屋架下弦布置横向、纵向水平支撑，在屋架之间设置垂直支撑，在屋架上弦横向水平支撑，以及水平系杆等支撑构件来加强屋盖结构的整体性。当然，这些支撑设置同时也可以提高施工、使用阶段构件侧向稳定性。单层厂房支撑体系包括屋盖支撑和柱间支撑两部分，下面简述这些支撑的布置原则。

2）屋盖上弦横向水平支撑（图 7.18）

由交叉角钢、上弦受压系杆与屋架上弦杆构成的横向平面桁架即为屋架上弦横向支撑系统，起到加强屋盖纵向刚性，并将水平荷载传递到两侧柱列上。上弦横向水平支撑一般布置在厂房端部及温度区段两端的第一或第二柱间。

应设置屋盖上弦横向水平支撑的情况为：

（1）屋面有天窗，且天窗通到端部的第二柱间或通过伸缩缝时，除在第一或第二柱间的天窗范围内设置上弦横向水平支撑外，还应在屋脊设置通长的水平受压系杆。

（2）屋面为有檩体系或采用刚度较差的组合式或下撑式屋架时，无论是否有天窗均应该设置上弦横向水平支撑。

（3）厂房中设有工作级别为 A6～A8 吊车，吨位 $Q \geqslant 30t$ 吊车或设有振动设备。

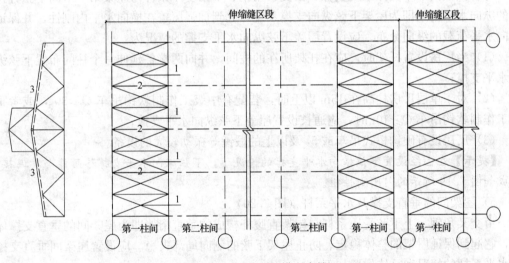

图 7.18　屋盖上弦横向支撑
1—上弦角钢支撑；2—受压系杆；3—屋架上弦杆

3）屋盖下弦横向水平支撑（图 7.19）

与上弦横向水平支撑系统一样，由交叉角钢、下弦受压系杆与屋架下弦杆构成的横向水平桁架即为屋架下弦横向支撑系统，起到加强屋盖纵向刚性，并将水平荷载传递到两侧柱列上。下弦横向水平支撑通常与上弦支撑布置在同一柱间，即在厂房端部及温度区段两端的第一或第二柱间。应设置屋盖下弦横向水平支撑的情况为：

（1）山墙抗风柱与屋架下弦连接，纵向水平力需要通过下弦传递；

（2）厂房设有硬钩桥式吊车或 5t 及以上的锻锤等振动较大的设备；

（3）有纵向运行的悬挂吊车，且吊车安装在屋架下弦时，可在悬挂吊车轨道尽头的柱

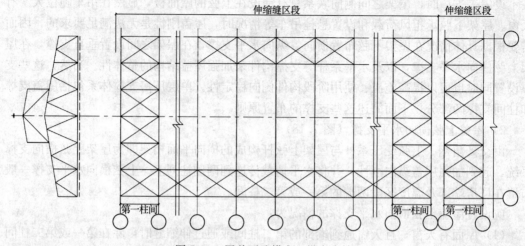

图 7.19　屋盖下弦横向、纵向支撑

间设置。

4）下弦纵向水平支撑（图 7.19）

与下弦横向水平支撑系统类似，由交叉角钢、下弦受压系杆与屋架第一节间下弦杆构成的纵向水平桁架即为屋架下弦纵向支撑系统，起到加强屋盖在横向水平内刚性，并保证横向水平荷载的纵向分布。应设置屋盖下弦纵向水平支撑的情况为：

（1）当厂房设置托架时，应在托架所在的柱间，并向两端各延伸一个柱间布置下弦纵向水平支撑；

（2）对于单层厂房柱高在 15m 以上时，若配有中级工作制软钩吊车 $Q \geqslant 30t$，或者重级工作制软钩吊车 $Q \geqslant 10t$ 时，应通长设置屋盖下弦纵向水平支撑；

（3）厂房设有硬钩桥式吊车或 5t 及以上的锻锤等振动较大的设备。

【提示】在已经设置下弦横向水平支撑的情况下，下弦纵向水平支撑尽可能与其连接，形成如图 7.19 所示的封闭刚性框。

5）屋架间的垂直支撑及水平系杆（图 7.20）

由交叉角钢、上下弦受压系杆与屋架直腹杆构成的垂直桁架即为屋架间的垂直支撑体系，它起到保证屋架的整体稳定、防止屋架下弦的侧向局部失稳。应设置屋架间垂直支撑及水平系杆的情况和具体位置如下：

（1）厂房跨度 $18m < L \leqslant 30m$ 时，应在伸缩缝区段两端第一或第二柱间（与上弦横向水平支撑在同一柱间）设一道中间垂直支撑，并在相应的下弦节点处设置通长水平系杆。另外，厂房跨度 $L > 30m$ 时，应设置两道对称垂直支撑。

（2）当采用梯形屋架时，除满足上述要求外，还必须在厂房伸缩缝区段两端第一或第二柱间内，于屋架端部设置垂直支撑和水平系杆。

（3）当屋架下弦有纵向运行的悬挂吊车时，在悬挂吊车所在节点处应设置垂直支撑和水平系杆（图 7.20）。

6）天窗架支撑

在天窗两端第一柱间应该在天窗架上弦设置水平支撑（图 7.21），并沿天窗架两侧边设置垂直支撑（图 7.22）。另外要注意，天窗架支撑与屋架上弦横向水平支撑一般布置在同一柱间。

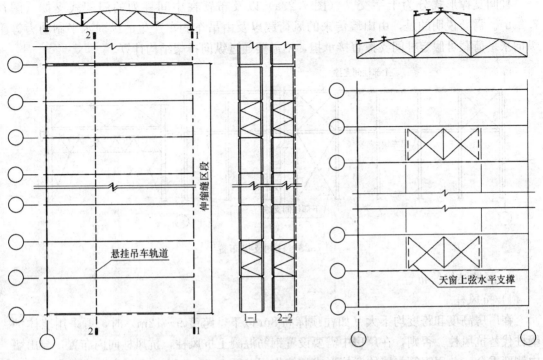

图 7.20 梯形屋架垂直支撑和水平系杆   图 7.21 天窗上水平支撑

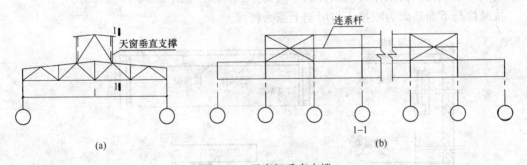

图 7.22 天窗架垂直支撑
(a) 立面；(b) 剖面

7）柱间支撑

从柱间支撑结构角度上讲，它可视为由交叉型钢和相邻两柱构成的平面桁架，起到增强厂房纵向刚度，并将纵向水平荷载传递到基础的作用。假如厂房吊车起重量 $Q \leqslant 50t$，且柱子之间有强度较高墙体填充，并与柱子连接牢靠，此时可以认为墙体起到柱间支撑作用，因而可不设柱间支撑。但在遇到下述情况之一时，必须要设置柱间支撑：

（1）厂房配有工作级别为 A6～A8 吊车，或 A1～A5 工作级别，但起重量 $Q \geqslant 10t$；

（2）厂房跨度 $L > 18m$ 以上，或者柱高度 8m 以上；

（3）厂房纵向柱列的柱数不超过 7 根；

（4）厂房内有悬臂吊车或设置吨位 3t 以上的悬挂吊车；

（5）露天吊车的柱列。

柱间支撑形式分为十字交叉（图 7.23a）以及布置在中间柱列的门架式支撑（图 7.23b）。需要说明的是，由山墙传来的风荷载以及由吊车刹车产生的纵向水平制动力等纵向水平荷载可假定柱间支撑直接承担，不需要通过纵向排架结构计算。

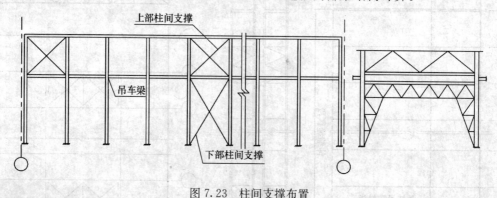

图 7.23　柱间支撑布置

4. 围护结构的布置

1）抗风柱

在厂房高度和跨度均不大（如柱顶标高 8m 以下，跨度 9～12m）时，可采用墙体护壁柱代替抗风柱。否则，在厂房中需要设置钢筋混凝土抗风柱，抗风柱向内布置，与山墙内侧面重合，并用钢筋与墙体联接形成整体作用（图 7.24a，b）。在厂房高度很大时，还需采用抗风梁或抗风桁架作为抗风柱的中间支撑点，以便减小抗风柱的截面尺寸。

抗风柱与下面基础为刚接，与屋架上弦为铰接。

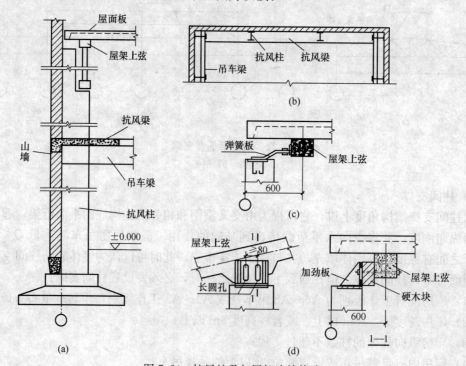

图 7.24　抗风柱及与屋架连接构造

2）圈梁、联系梁、过梁

圈梁布置需要按厂房刚度要求、墙体高度和地基情况等确定。对于无吊车的厂房，当墙体厚度不大于240mm，檐口标高为5～8m时，应在檐口标高处布置一道圈梁，当檐口标高大于8m时，宜在中间高度再增设一道圈梁。对于有吊车厂房，除了在檐口标高处设圈梁外，还应在吊车梁标高或中间适当位置增设一道圈梁。圈梁应连续布置在墙体同一标高位置，形成封闭状。当圈梁被门窗等截断时，应在洞口上部墙体中布置一道相同截面的圈梁，并与被截断圈梁的搭接距离不小于两根圈梁中心垂直距离的两倍，且不得小于1m（图7.25）。

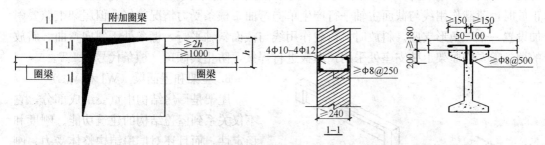

图7.25　圈梁之间搭结及围护墙与柱的拉结

当墙体高度过大，需要设置相应的联系梁将部分墙体重量传递到柱子。联系梁一般可采用预制梁，梁截面宽度与墙体厚度相等，两端搁置在柱子挑出来的牛腿上，其连接可以采用焊接或螺栓。

在墙体上有门窗洞口时，在门窗洞口上标高位置要设置过梁，过梁截面宽度与墙体厚度相等。需要指出的是，在厂房结构布置时应尽可能将圈梁、联系梁、过梁结合起来，起到具有三根梁的功能，这样既节省了材料，又大大方便了施工。

3）基础梁

在单层厂房结构中，一般采用柱下独立基础，因而围护或分割墙体的重量需要通过设置基础梁传递给柱子（图7.26）。基础梁两端搁置在柱基础杯口上，截面宽度一般与上面墙体厚度相同。基础梁顶标高一般要比室外地坪至少低300mm，基础梁底应与下面土层有足够的空隙，以保证基础梁与柱基础的沉降相同。

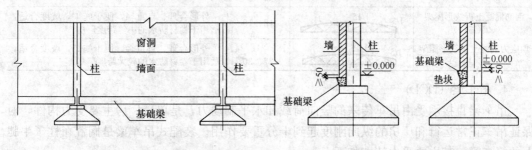

图7.26　基础梁布置

7.4.3　屋面主要构件的形式及代号

1. 预应力屋面板（YWB）

国内单层厂房屋面板主要采用以下形式：预应力混凝土大型屋面板、预应力混凝土

"F"形屋面板、预应力混凝土单肋板和预应力混凝土夹心保温屋面板，其中用的最多的是预应力混凝土大型屋面板，其外形尺寸为 1.5m×6m，其形式参见国家标准图集 04G401-1。预应力屋面板在结构平面布置图中构件代号为 YWB，在标准图中的符号为 Y-WB-Xx，其中 X 为 1，2，3 等表示荷载等级，x 为 Ⅱ，Ⅲ 表示预应力钢筋强度等级。在单层厂房设计时，一般可以通过标准图由屋面荷载设计值直接选用相应的屋面板。

2. 檩条（LT）

在有檩屋盖体系中，小跨度屋面板搁置在檩条上，再将荷载传递到屋架。檩条的跨度为屋架的间距，一般为 6m。檩条支承于屋架上弦的方式有正放和斜放两种（图 7.27）。正放时，荷载作用线与截面主轴平行产生单向弯曲，檩条受力情况较好，但屋架上弦要附加设置一个三角形支座。斜放时，荷载作用线与截面斜轴平行，檩条处于斜向弯曲。斜放的檩条需要在屋架上弦支座处采用预埋板进行焊接，防止其倾覆。檩条代号为 LT。

3. 屋架和屋面梁（WJ 和 WL）

屋架是厂房结构中重要组成部分，它不仅关系到屋盖结构的建筑功能、刚度和稳定性，而且还对厂房结构整体受力、刚度有重要影响，因而屋架（屋面梁）的形式需要从技术经济性指标综合分析予以确定。屋架和屋面梁的形式选择主要考虑受力上是否合理、施工条件、跨度大小、吊车吨位等因素，其内容已在前面水平横梁

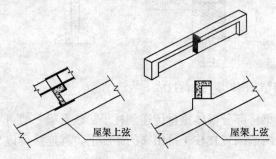

图 7.27　檩条的布置方式

构思中做了介绍。表 7.2 给出了常用的屋面梁、屋架特点、使用条件和适用的跨度，供设计时参考选用。屋架（屋面梁）在结构平面布置图中构件代号为 WJ（WL）。

常用的屋面梁、屋架特点、使用条件　　　　　　　　　　　　表 7.2

构件名称（标准图集号）	构件形式	跨度（m）	特点、建议适用范围
预应力混凝土工字形单坡屋面梁（05G414-1、2）		9、12	梁高度较小、重心低，便于施工，但自重大，适用于有较大振动和侵蚀环境的厂房
预应力混凝土双坡屋面梁（05G414-3、5）		12、15、18	
钢筋混凝土折线形屋架（04G314）		15、18	外形合理、自重轻，便于施工，坡度合适，适用于卷材防水的中等跨度厂房
预应力混凝土折线形屋架（04G415-1）		18、21、24、27、30	外形合理、自重轻，便于施工，坡度合适，适用于卷材防水的较大跨度厂房

4. 吊车梁（DCL）

吊车梁直接承受由吊车传来的竖向荷载和水平制动力，是单层厂房主要受力构件，对保证吊车正常运行和厂房的纵向刚度起到十分重要作用。装配式吊车梁是搁置在柱子牛腿上的简支梁，其主要受力特点如下：

1）吊车荷载是两组移动的集中荷载，一组为移动的吊车竖向轮压，另一组为因开启、制动产生的横向水平吊车荷载。前者使吊车梁产生竖向弯曲，后者使吊车梁产生横向弯曲和扭转。因而，吊车梁的设计相当复杂，需要分别考虑两组移动荷载作用下的正截面、斜截面、扭曲截面承载能力计算和正常使用性能验算。

2）吊车荷载是重复作用荷载，需要对吊车梁进行疲劳承载能力验算。

3）吊车荷载是动力作用，在计算吊车梁和相应连接设计时需要将吊车竖向荷载乘以相应动力系数，以考虑冲击放大作用效应的不利影响。

通常，可按标准图集来选用吊车梁。吊车梁的形式应结合工艺要求、跨度、起重量、施工现场的实际情况，并根据技术经济分析确定。吊车梁在结构平面布置图中构件代号为DCL，表 7.3 为常用吊车梁规格，供读者参考选用。

常用吊车梁 表 7.3

构件名称（图集编号）	构件跨度（m）	适用起重量（t）	形式
钢筋混凝土等截面吊车梁（04G23-1、3）	6	中级：1～32 重级：5～20	
后张法预应力混凝土等截面吊车梁（04G426）	6	轻级：15～100 中级：5～100 重级：5～50	

5. 排架柱（PJZ）

柱是排架结构重要组成部分，在厂房高度 $H \leqslant 18m$，柱距 $B \leqslant 18m$，吊车吨位 $Q \leqslant 50t$ 时一般采用预制钢筋混凝土柱。对于更大高度、柱距和吊车吨位的厂房通常利用钢柱比较合理。钢筋混凝土排架柱的形式主要有实腹矩形、实腹工字型和双肢柱等，在结构平面布置图中构件代号为 PJZ，下面介绍其各自特点和使用范围。

1）矩形截面柱（图 7.28a）

构造简单，施工方便，但用量多，经济性差。它主要适用于轴心受压柱、截面高度 h ＜700mm 偏心受压柱，以及变截面柱的上柱。排架结构是超静定结构，内力和变形计算需要事先假定构件截面尺寸。根据工程设计经验，对于 6m 柱距的厂房，满足刚度要求的矩形柱截面尺寸最小限制值如表 7.4 所示。

2）工字形截面柱（图 7.28b）

显然，工字形截面柱要比矩形截面柱的材料要节省，制作稍微麻烦一些，因而在单层工业厂房中得到广泛应用。根据工程设计经验，对于 6m 柱距厂房，满足刚度要求的工字形柱截面尺寸最小限制值如表 7.4 所示。

【提示】截面尺寸除了满足最小限制值要求外，还应符合模数要求。例如对于吊车工作级别（A4，A5），吨位起重量（15～20t），轨顶标高 10m 的单层厂房，可采用工字形截面为 400mm×900mm×150mm 下柱，矩形截面为 400mm×400mm 上柱。

3）双肢柱（图 7.28c，d）

双肢柱有平腹杆（图 7.28c）和斜腹杆（图 7.28d）两种，前者由两个肢柱和若干个横向连杆所组成，受力合理，构造比较简单，制作方便，且腹部整齐的矩形孔洞可以用于工业通道，因而在具有大的吊车起重量单层工业厂房中可应用。斜腹杆双肢柱属于桁架结构，构件以轴力为主，材料相对节约，但制作复杂，一般仅在吊车吨位大的厂房中采用。

4）管柱（图 7.28e，f，g）

前述工字形柱或者双肢柱的肢采用混凝土空芯圆管，就形成单肢管柱（7.28e）或双肢管柱。其优点是肢刚度大，不需要横向连杆。采用高速离心法生产的管柱混凝土强度高，制作质量好，成本低，但管柱接头复杂，受生产设备限制。

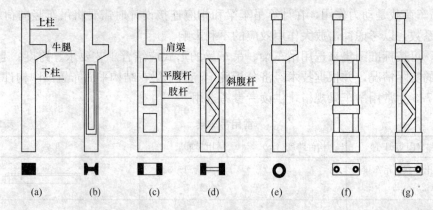

图 7.28　排架柱的各种形式

6m柱距的单层厂房矩形、工字型截面柱截面尺寸限制值　　　　表 7.4

柱的类型	截面尺寸			
	b	h		
		$Q \leqslant 10t$	$10t < Q < 30t$	$10t \leqslant Q \leqslant 30t$
有吊车厂房下柱	$\geqslant \dfrac{H_L}{25}$	$\geqslant \dfrac{H_i}{14}$	$\geqslant \dfrac{H_i}{12}$	$\geqslant \dfrac{H_i}{10}$
露天吊车柱	$\geqslant \dfrac{H_i}{25}$	$\geqslant \dfrac{H_i}{10}$	$\geqslant \dfrac{H_i}{8}$	$\geqslant \dfrac{H_i}{7}$
单跨无吊车厂房	$\geqslant \dfrac{H}{30}$	$\geqslant \dfrac{1.5H}{25}$		
多跨无吊车厂房	$\geqslant \dfrac{H}{30}$	$\geqslant \dfrac{1.25H}{25}$		
山墙柱（仅承受风荷载、自重）	$\geqslant \dfrac{H_b}{40}$	$\geqslant \dfrac{H_L}{25}$		
山墙柱（承受风荷载、自重和由连续梁传来的墙体重量）	$\geqslant \dfrac{H_b}{30}$	$\geqslant \dfrac{H_L}{25}$		

【注释】H_L——下柱高度（算至基础顶面）；H——柱全高（算至基础顶面）；H_b——山墙抗风柱从基础顶面至柱平面处（柱宽方向）支撑点的高度。

排架柱是单层厂房的最重要受力构件，对厂房造价也有较大影响。在设计时有必要对各种方案进行技术经济分析，以便确定最合适的截面形式，再进行相应的施工图阶段设计。为了便于读者参考，表 7.5 给出了四种常用截面柱的材料用量比较，以及建议的适用范围。

各种截面柱的材料用量比较及适用范围　　　　表 7.5

截面形式		矩形	I 形	双肢柱	管柱	
材料用量	混凝土	100%	60%～70%	55%～65%	40%～60%	
	钢材	100%	60%～70%	70%～80%	70%～80%	
一般应用范围（mm）		$h \leqslant 700$ 或现浇柱	$h = 600 \sim 1400$	小型 $h = 500 \sim 800$ 大型 $h \geqslant 1400$	$h = 400$ 左右	$h = 700 \sim 1500$

注：表中 h 为柱的截面高度。

6. 抗风柱 (KFZ)

抗风柱一般采用单阶实腹柱,上柱为矩形截面,下柱视所受风荷载大小,可选用工字形或矩形截面。抗风柱的构件代号为 KFZ。

7. 基础 (JC) 和基础梁 (JL)

柱下基础是单层厂房结构中的重要构件,它将上部结构荷载传给地基,起了承上启下的作用。在基础设计时需要从地基和基础两方面来考虑,就地基方面来说,要有足够的稳定性和不产生过大沉降变形,因而要合理地选择基础埋置深度,提供足够的允许承载能力。对于基础来说,除了要有足够大的底面积满足地基承载能力要求外,本身还要满足强度、刚度和耐久性要求。厂房柱基础的形式是扩展独立基础,分为锥形和阶梯形两种,其构件代号为 JC,扩展独立基础设计方法在第 8 章作专门叙述。当上部结构荷载大,表层地基承载能力无法满足要求时,需要采用桩基础。桩基础由承台和桩两部分组成,其构件代号分别为 JCD 和 ZC,其设计可参考《基础工程设计》教材。

当厂房柱下采用独立基础时,需要采用基础梁来承托围护墙体的重量,不另设墙体基础。基础梁位于墙底部,两端搁置在基础杯口上,这样使墙体与柱共同沉降,防止墙面开裂。基础梁截面形式一般为矩形或倒梯形,其构件代号为 JL。

7.4.4 构件的平面布置图

在完成上述柱网尺寸、空间尺寸、构件选型和构件编号等工作后,设计人员需要绘制相应的构件平面布置图,其目的是明确构件在平面上所处的位置、构件之间相互关系(图 7.29)。在构件平面布置时要特别注意以下几点:①要处理好边列柱、端柱(包括抗风柱)、外纵墙、山墙等与定位轴线的相互关系;②两端第一柱间的吊车梁跨度要比中间跨的吊车梁

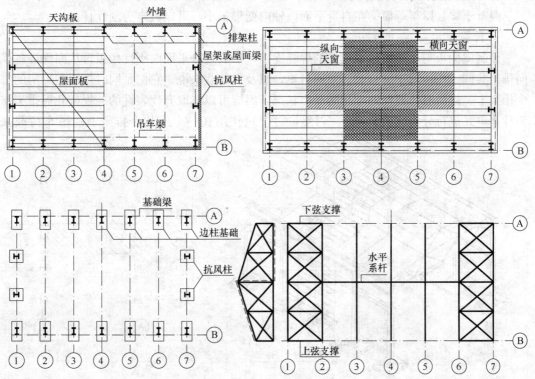

图 7.29 厂房构件的平面布置图

跨度小 600mm；③非两端第一柱间的横梁中心线要与横向定位轴线重合；④要明确柱子、基础梁和基础之间的相互关系；⑤柱的截面中心线要与基础的平面中心线相重合。

7.5 排 架 计 算

单层厂房结构是由横向排架和纵向排架构成的空间排架，为了简化，可以分成横向平面排架和纵向平面排架分别进行分析。一般来说，厂房纵向长度要比厂房横向宽度大，故纵向平面排架布置的柱子多，其纵向刚度大，产生的纵向位移较小，每根柱子所分配到的内力较小，所以在通常情况下不必对纵向排架进行计算。因而，所谓排架计算也就是针对横向排架而言。横向排架的计算主要目的是要得到排架柱的内力和位移，其主要内容包括：①确定排架结构计算模型；②各项荷载计算，给出相应的计算简图；③各项荷载作用下排架结构内力和变形计算；④按荷载组合规则，求出排架控制截面的内力最不利组合值。

7.5.1 排架结构计算简图

结构计算模型就是出于便于计算而对实际结构的一种抽象和简化，它反映了结构受力的主要特点。根据厂房构造和实践经验，对排架计算作以下计算假定：

① 柱子下端与基础固定连接，上端与横梁铰接。

柱子插入基础有一定的深度，与基础连成一体，且基础与地基之间变形受到控制，因而柱子下端作为固定支座是符合实际的。混凝土梁、屋架等横梁搁置在柱子顶面，一般采用焊缝或螺栓连接，抵抗转动能力较弱，故一般认为柱子上端与横梁铰接。

② 横梁纵向刚度为无穷大。

混凝土梁、屋架等横梁在自身平面内轴向变形很小，可以假定为刚性杆。

1. 计算单元

预制屋面板与屋架通过预埋件的焊缝连接，形成自身平面内刚性楼板，从而保证各横向排架共同工作。对于风荷载、结构自重，以及雪荷载来说，它们是同时作用在厂房的每个排架上，故所有排架都处于相同受力状况，因而可以选取有代表性的一榀或几榀排架作为计算单元进行分析（图 7.30）。当然，对于只作用在一个或几个排架上的吊车荷载来

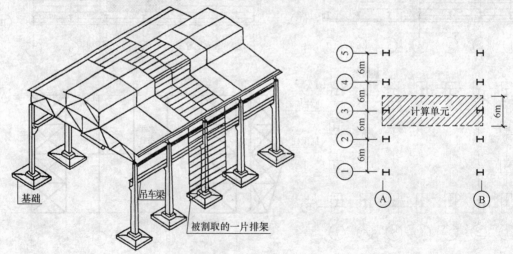

图 7.30 计算单元的选取

说，各排架受力状态明显是不一样的。大部分吊车荷载会分配给直接受荷载的排架，剩余部分荷载由于结构整体性会传递给未直接受荷载的排架。这也就是说，对只作用于一榀或几榀排架局部荷载时，受荷载排架并非承担全部荷载，而是大部分荷载，或者说实际承受荷载等于作用荷载乘以一个小于1的系数。考虑厂房结构整体性，采用排架实际所受荷载也称为考虑厂房排架结构的空间作用问题，在后面章节会对此进行详细阐述。下面先以不考虑厂房排架结构的空间作用为例，介绍如何建立厂房结构的计算简图。

2. 计算模型

由前面基本假定得到的横向平面排架计算模型如图 7.31 所示，其中以竖线代表柱的重心线，横线代表屋架（屋面梁）下缘。排架柱总高(H)＝柱顶标高＋基础顶面标高；上柱高(H_u)＝柱顶标高－轨顶标高＋轨道构造高度＋吊车梁支承处的吊车梁截面高度；下柱高(H_L)＝柱总高(H)－上柱高(H_u)。上下柱截面的高度为 h_u、h_l；惯性矩为 I_u、I_l；排架的计算跨度取排架柱的轴线距离，即厂房的跨度。

【注释】1）对于变截面柱来说，排架柱的轴线为折线（图 7.31b），在计算简图中把折线拉直，相当于在变截面处增加一个力偶 M（M 等于上柱传来的竖向力乘以上柱与下柱重心线的偏心距），如图（7.31c）；2）排架的计算跨度按定义应该取下柱重心线之间距离，为了方便计算近似地取柱的纵向轴线距离，这样偏于安全，而且误差比较小。

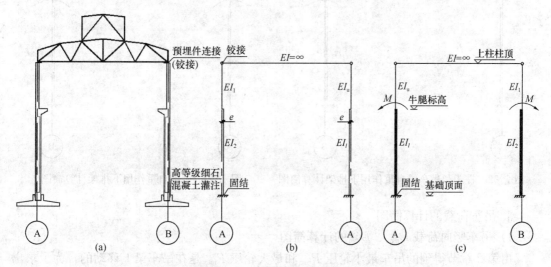

图 7.31　横向排架计算模型

7.5.2　各种荷载作用下的计算简图

排架上的直接作用分为永久荷载和可变荷载。永久荷载包括屋盖自重 G_1；上柱自重 G_2；下柱自重 G_3；吊车梁和轨道等零件重量 G_4；支承在柱子牛腿上外围护结构等重量 G_5。可变荷载一般包括屋面活载 Q_1；吊车荷载 T_{max}、D_{max}、D_{min}；均布风荷载 q_1、q_2 以及作用在柱顶由屋盖传来的集中风荷载 F_w。

1. 永久荷载的计算简图

屋盖自重 G_1 通过屋架的支承点作用于柱顶，作用点一般位于厂房纵向定位轴线内侧 150mm 处，与上柱重心线偏心距 $e_1 = \dfrac{h_u}{2} - 150$。将 G_1 移至到上柱重心线，在柱顶产生偏

心力矩 $M_1 = G_1 e_1$。在变截面位置处，由 G_1 增加力偶为 $M_1' = G_1 e_2$，$e_2 = \dfrac{h_l}{2} - \dfrac{h_u}{2}$。屋盖自重 G_1 作用下的计算简图如图 7.32 所示。上柱自重 G_2 作用在变截面位置，对下柱重心线产生逆时针方向力偶为 $G_2 e_2$；吊车梁和轨道等零件重量 G_4 对下柱重心线的偏心距为 $e_3 \left(e_3 = e - \dfrac{h_l}{2} \right)$，对下柱重心线产生顺时针方向力偶为 $G_4 e_3$，在变截面位置由 G_2、G_4 荷载产生力偶 $M_2 = G_2 e_2 - G_4 e_3$；下柱自重 G_3 只产生轴向力。考虑到厂房实际安装次序，柱、吊车梁的安装要先于屋架，因而此时排架尚未形成，故其计算简图为悬臂柱（图 7.32）。

2. 屋面活载的计算简图

屋面活载包括屋面均布活载、雪载和积灰荷载三种，均按屋面水平投影面上均布荷载计算。屋面活载 Q_1 与屋盖自重 G_1 一样方式传递给排架柱，故其计算简图与屋盖自重 G_1 作用下的计算简图（图 7.33）相同。

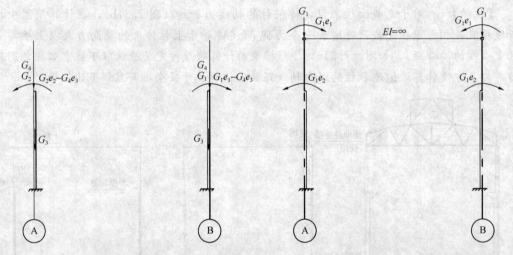

图 7.32　柱子和吊车梁自重作用下排架计算简图　　图 7.33　屋盖自重作用下排架计算简图

3. 吊车荷载的计算简图

1）吊车竖向荷载 D_{max}、D_{min} 的计算简图

由第 2 章节得到的吊车最小轮压 P_{min} 和最大轮压 P_{max} 是在吊车梁上移动的，为了求出在 P_{min} 和 P_{max} 作用下吊车梁的相应支座反力值 D_{min}、D_{max}，需要考虑吊车荷载的最不利组合。按《荷载规范》规定需要考虑两台吊车，吊车荷载最不利位置如图 7.34 所示。利用支座反力影响线得到的支座最大反力 D_{max}、D_{min} 为

$$D_{max} = \beta P_{max} \sum y_i, \quad D_{min} = \beta P_{min} \sum y_i = D_{max} \frac{P_{min}}{P_{max}} \tag{7-5}$$

式中　$\sum y_i$ ——各轮子下影响线纵坐标的总和；

　　　　β ——多台吊车荷载折减系数，按表 7.6 采用；对于单台吊车，$\beta = 1$。

【注释】在排架内力组合时，对于多台吊车的竖向荷载和水平荷载，需考虑到多台吊车同时达到最不利情况的概率很小，故可根据参与组合的吊车台数和工作制级别，对吊车荷载进行折减。

多台吊车的荷载折减系数 **表 7.6**

参与组合的吊车台数	吊车工作制	
	A1～A5	A6～A8
2	0.9	0.95
3	0.85	0.9
4	0.8	0.85

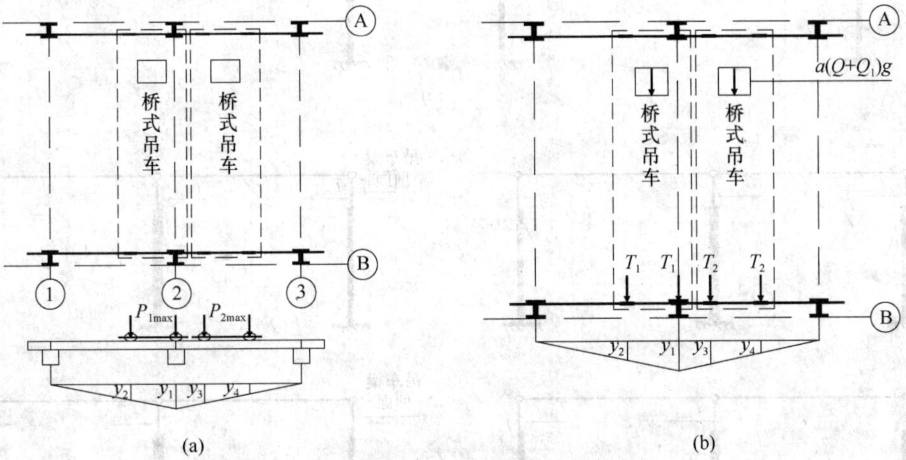

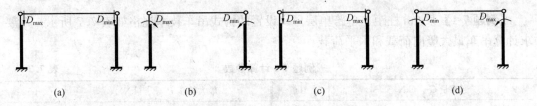

图 7.34 吊车的最不利位置

(a) 竖向吊车荷载；(b) 横向水平荷载

D_{max}、D_{min}作用位置与下柱重心线的偏心距为 e_3（$=e-\dfrac{h_l}{2}$），对两个柱重心线产生力矩分别为 $D_{max}e_3$、$D_{min}e_3$，如图 7.35 所示。

图 7.35 竖向吊车荷载的计算简图

(a) D_{max}作用在左边柱；(b) D_{max}作用在左边柱产生的力矩；

(c) D_{max}作用在右边柱；(d) D_{max}作用在右边柱产生的力矩

2）吊车横向水平荷载 T_{max}的计算简图

吊车的水平荷载分为横向和纵向，纵向水平荷载由厂房纵向排架承受，在此不作讨论。前面章节已阐述吊车横向水平力 T 基本概念，4 轮吊车每个轮子承担水平荷载 T_1 等于 $T/4$，它通过由吊车梁与柱连接的钢板传递给柱子，作用位置在吊车梁顶面。吊车梁传给排架柱最大横向水平力 T_{max}的吊车最不利位置同最大竖向力 D_{max}相同（图 7.35a），故 $T_{max,k}$计算公式为

$$T_{max,k}=T_{1,k}\cdot\sum y_i=T_{1,k}\frac{D_{max}}{P_{max}} \tag{7-6}$$

需要指出的是，小车是沿横向左右运行，故 T_{max} 可以向左作用，也可以向右作用。因而单跨厂房就有两种情况（图 7.36a）。对于多跨厂房的吊车水平荷载，《荷载规范》规定最多考虑两台吊车，故 T_{max} 对排架的作用就有四种情况（图 7.36b）。

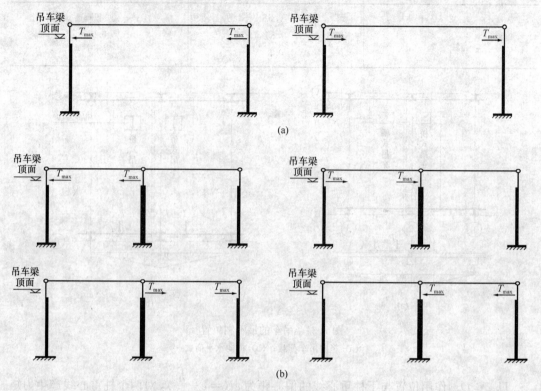

(a)

(b)

图 7.36　T_{max} 作用下单跨、双跨排架的计算简图

(a) 单跨；(b) 双跨

【例题 7-1】某 6m 柱距、单跨单层厂房设置的桥式吊车技术规格如表 7.7 所示，现要求计算吊车最大竖向荷载和水平荷载。

例题 7-1 计算参数

表 7.7

起重量 G_{3k}（kN）	100	最大轮压 $P_{max,k}$（kN）	105
跨度 l_k（m）	16.5	小车重量 G_{1k}（kN）	37
起重机最大宽度 B（mm）	5.6	大车重量 G_{2k}（kN）	145
大车轮距 K（mm）	4.40	轨道中心至吊车外端距离 B_1（mm）	230
吊车轮子数	4	吊车顶至轨道顶面距离 H（mm）	1890

【解】由第 2 章公式（2-2）可得最小轮压 $P_{min,k}$ 为

$$P_{min,k} = \frac{G_{1,k} + G_{2,k} + G_{3,k}}{2} - P_{max,k} = \frac{37 + 145 + 100}{2} - 105 = 36kN$$

考虑两台吊车，由吊车外形尺寸得到吊车最不利位置及反力影响线如图 7.37 所示，相应吊车荷载计算如下：

$$D_{max,k} = \beta P_{max,k} \sum y_i = 0.9 \times 105 \times (1 + 0.267 + 0.8 + 0.067) = 201.67kN$$

由第 2 章公式（2-3）得到

$$T_{1,k} = \frac{\alpha(G_{1,k} + G_{3,k})}{4}$$

$$= \frac{0.12(37 + 100)}{4}$$

$$= 4.11\text{kN}$$

$$T_{\text{max},k} = T_{1,k} \cdot \sum y_i$$

$$= T_{1,k} \frac{D_{\text{max},k}}{P_{\text{max},k}}$$

$$= 4.11 \times \frac{201.67}{105}$$

$$= 7.89\text{kN}$$

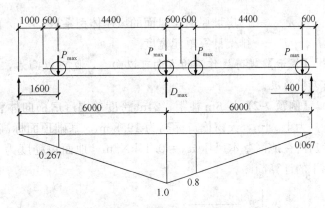

图 7.37　例题【7-1】的影响线

4. 风荷载的计算简图

作用在排架上的风荷载是由计算单元上的屋盖和墙面传来的。在排架风荷载内力计算时通常作如下简化计算假定：①作用在柱顶以下的风荷载按均布荷载考虑，风压高度变化系数按柱顶地面高度取值；②作用在柱顶以上的风荷载仍为均布，其风压高度变化系数在无天窗时取厂房檐口标高处值，有天窗时取天窗檐口标高处值；③柱顶以上屋盖承受风荷载仅考虑其水平方向的分力，并将其合力以集中力形式作用于柱顶。

根据上述假定，双坡单层厂房排架结构风荷载作用下的计算简图如图 7.38 所示。

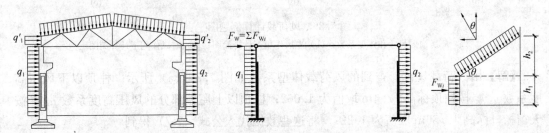

图 7.38　风荷载计算的简化

$$q_{1,k} = \mu_{s1}\mu_{z1}w_0 B$$

$$q_{2,k} = \mu_{s2}\mu_{z1}w_0 B$$

$$F_{w,k} = \sum_{i=1}^{4} F_{w,i} = \mu_{s3}\mu_{z2}w_0 lB\sin\theta + \mu_{s1}\mu_{z2}w_0 h_1 B$$

$$+ \mu_{s4}\mu_{z2}w_0 lB\sin\theta + \mu_{s2}\mu_{z2}w_0 h_1 B \tag{7-7}$$

$$F_{w,k} = (\mu_{s3}h_2 + \mu_{s1}h_1 + \mu_{s4}h_2 + \mu_{s2}h_1)\mu_{z2}w_0 B$$

$$= [(\mu_{s1} + \mu_{s2})h_1 + (\mu_{s3} + \mu_{s4})h_2]\mu_{z2}w_0 B$$

式中　μ_{z1}——排架柱顶以下风压高度计算值，按柱顶地面高度的风压高度变化系数；

μ_{z2}——排架柱顶以上风压高度计算值，在无天窗时取厂房檐口标高处值，有天窗时取天窗檐口标高处值；

μ_{s1}——厂房主立面迎风面的风压体型系数；

μ_{s2}——厂房主立面背风面的风压体型系数；

μ_{s3}——厂房坡屋面迎风面的风压体型系数；

μ_{s4}——厂房坡屋面背风面的风压体型系数；

B——排架计算单元宽度。

【提示】风荷载作用的方向可以向左，也可以向右，因而风荷载作用下的计算简图也有两种情况。

【例题 7-2】某 6m 柱距、24m 跨度单层厂房横向体型尺寸如图 7.39 所示，厂房柱顶标高为 12.4m，天窗檐口标高为 19.86m，基础顶面标高−0.8m，上柱高度 H_u 为 3.6m。厂房所在地区基本风压 $w_0 = 0.45kN/m$，地面粗糙度为 B 类。现要求该排架在风荷载作用下的计算简图。

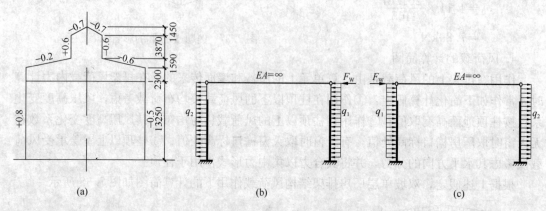

图 7.39　风荷载计算例题图
(a) 厂房横向尺寸和体型系数；(b) 左风作用下计算简图；(c) 右风作用下计算简图

【解】由《荷载规范》查到的风荷载体型系数如图 7.39（a）所示。柱顶以下风压高度系数 μ_{z1}，按柱顶标高 12.4m 取值为 1.062；柱顶以上屋盖部分的风压高度系数 μ_{z2}，按天窗檐口标高 19.86m 取值为 1.227。将这些数据代入公式（7-7）得到

$$q_{1,k} = \mu_{s1}\mu_{z1}w_0B = 0.8 \times 1.062 \times 0.45 \times 6 = 2.294kN/m$$

$$q_{2,k} = \mu_{s2}\mu_{z1}w_0B = -0.5 \times 1.062 \times 0.45 \times 6 = -1.434kN/m$$

$$F_{w,k} = \mu_{z2}w_0B \times \sum \mu_{si}h_i = 1.227 \times 0.45 \times 6 \times (1.3 \times 2.3 + 0.4 \times 1.59 + 1.2 \times 3.87)$$
$$= 27.40kN$$

排架风荷载作用下的计算简图如图 7.39 所示。

7.5.3　横向排架的静力计算

单层厂房排架为超静定结构，其超静定次数等于它的跨数。由排架横梁的纵向刚度无穷大计算假定，可知道柱顶的水平位移相等。水平位移相等的排架称为等高排架，它有柱顶标高相等和不相等两种情况（图 7.40）。等高排架是一种最简单，又是最为常用的柱顶水平位移相等的排架，其计算可采用简便的"剪力分配法"。

1. 剪力分配法的基本原理

如图 7.41 所示的等高两跨排架柱顶承受作用水平集中力 F，由各节点水平位移相等条件得

$$\Delta_A = \Delta_B = \Delta_C = \Delta \qquad\qquad (7-8)$$

现假想在柱顶取隔离体，由隔离体力的平衡条件得

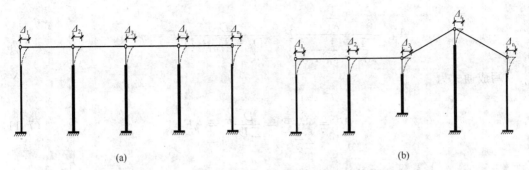

图 7.40 等高排架计算简图

(a) 柱顶标高相等的等高排架；(b) 柱顶标高不相等的等高排架

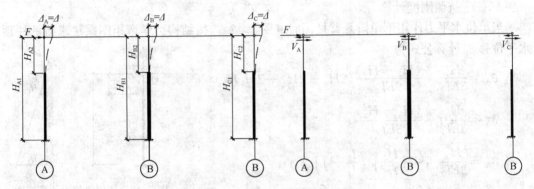

图 7.41 剪力分配法的计算原理

$$V_A + V_B + V_C = F \tag{7-9}$$

现设柱子 A，B，C 在柱顶单位水平力作用下的柱顶水平位移，设其柔度系数分别为 δ_A，δ_B，δ_C，则有

$$\Delta_A = V_A\delta_A = \Delta_B = V_B\delta_B = \Delta_C = V_C\delta_C = \Delta$$

因而

$$V_A = \frac{\Delta}{\delta_A},\ V_B = \frac{\Delta}{\delta_B},\ V_C = \frac{\Delta}{\delta_C} \tag{7-10}$$

再将上式代入公式（7-9）得

$$\Delta = \frac{F}{\dfrac{1}{\delta_A} + \dfrac{1}{\delta_B} + \dfrac{1}{\delta_C}}$$

再将上式代入式（7-10），即得到柱顶剪力分配公式为

$$V_A = \frac{\dfrac{1}{\delta_A}}{\dfrac{1}{\delta_A} + \dfrac{1}{\delta_B} + \dfrac{1}{\delta_C}}F = \frac{D_A}{D_A + D_B + D_C}F = \eta_A F;$$

$$V_B = \frac{\dfrac{1}{\delta_B}}{\dfrac{1}{\delta_A} + \dfrac{1}{\delta_B} + \dfrac{1}{\delta_C}}F = \frac{D_B}{D_A + D_B + D_C}F = \eta_B F;$$

$$V_C = \frac{\dfrac{1}{\delta_A}}{\dfrac{1}{\delta_A} + \dfrac{1}{\delta_B} + \dfrac{1}{\delta_C}} F = \frac{D_C}{D_A + D_B + D_C} F = \eta_C F$$

写成通式为

$$V_i = \frac{\dfrac{1}{\delta_i}}{\sum \dfrac{1}{\delta_i}} F = \frac{D_i}{\sum D_i} F = \eta_i F \tag{7-11}$$

式中 $D_i = \dfrac{1}{\delta_i}$ 称为柱子的抗侧刚度；η_i 称为柱子剪力分配系数，它与柱子的抗侧刚度呈正比。由上面剪力分配公式知道，柱子的抗侧刚度愈大，分配到的水平剪力也愈大。

2. 柱子抗侧刚度计算

当单位水平力作用下单阶悬臂柱顶时（图 7.42），按结构力学弯矩图乘法求得的柱顶水平位移 δ_i 计算公式为

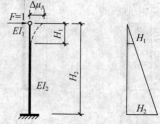

图 7.42　柱顶单位力的弯矩图

$$\delta_A = \frac{H_1^3}{3EI_1} + \frac{(H_2 - H_1)}{6EI_2}(2H_2^2 + 2H_1^2 + 2H_1 H_2)$$

$$\delta_A = \frac{H_1^3}{3EI_1} + \frac{(H_2^3 - H_1^3)}{3EI_2}$$

$$\delta_A = \frac{H_2^3}{3EI_2}\left[1 + \left(\frac{H_1}{H_2}\right)^3\left(\frac{I_2}{I_1} - 1\right)\right]$$

$$\delta_A = \frac{H_2^3}{3E_c I_2}\left[1 + \lambda^3\left(\frac{1}{n} - 1\right)\right] = \frac{H_2^3}{\beta_{0A} E_c I_2}$$

故，A 柱子抗剪刚度 D_A 为

$$D_A = \frac{1}{\delta_A} = \frac{\beta_{0A} E_c I_{A2}}{H_2^3} \tag{7-12}$$

$$\lambda = \frac{H_1}{H_2}, \quad n = \frac{I_{A1}}{I_{A2}}, \quad \beta_{0A} = \frac{3}{1 + \lambda^3\left(\dfrac{1}{n} - 1\right)}$$

式中，H_1 和 H_2 分别为上柱高和柱总高；I_1 和 I_2 分别为上、下柱的截面惯性矩。

同理，B、C 柱的抗剪刚度 D_B、D_C 为

$$D_B = \frac{\beta_{0B} E_c I_{B2}}{H_{B3}^3}, \quad D_C = \frac{\beta_{0C} E_c I_{C2}}{H_{C2}^3}$$

所以，柱子的抗侧刚度写成通式为

$$D = \frac{\beta_0 E_c I_L}{H^3} \tag{7-13}$$

$$\lambda = \frac{H_u}{H}, \quad n = \frac{I_u}{I_L}, \quad \beta_0 = \frac{3}{1 + \lambda^3\left(\dfrac{1}{n} - 1\right)}$$

式中，H_u 和 H 分别为上柱高和柱总高；I_u 和 I_L 分别为上、下柱的截面惯性矩。

实际工程中柱子的 λ、n 都有一定的变化范围，据此可以绘制 β_0-λ、n 的变化曲线（附录附表6-1），供设计时查用。图7.43为柱顶单位集中荷载作用下系数 β_0-λ、n 曲线。

【思考与提示】柱子分配到的剪力与柱子本身抗侧刚度呈正比，由柱子抗侧刚度计算公式知，在柱子材料和高度相同时，抗侧刚度与截面几何特征有关，截面惯性矩愈大，抗侧刚度愈大。

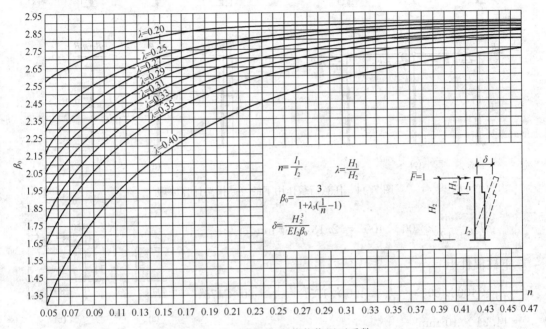

图 7.43　柱顶单位集中荷载作用下系数 β_0

3. 任意荷载作用下的剪力分配

当排架上作用任意荷载时，可以按位移法先在柱顶施加水平不动铰支座得到基本结构，并根据附录附表6求出不动铰支座反力 R 和相应的内力图。然后，再拆除附加水平支座，并用 R 反向作用在柱顶代替，用剪力分配法求出内力图。最后，将上述两种内力图叠加得到最终的排架内力图。具体过程如图7.44所示。在任意荷载作用下排架计算具体方法和步骤读者可以通过下面算例体会。

【提示】在增加水平不动铰支座后，排架柱为下端固定、上端不动铰支座的一次超静定结构，其内力和支座反力可以用力法或位移法计算，附表6给出了不同荷载形式下的不动铰支座反力计算公式和计算曲线。例如，均布荷载作用下单阶柱的不动铰支座反力 R

$$= \beta_8 Hq, \quad \beta_8 = \frac{3\left[1 + \lambda^4\left(\frac{1}{n} - 1\right)\right]}{8\left[1 + \lambda^3\left(\frac{1}{n} - 1\right)\right]}。$$

【例题7-3】用剪力分配法计算【例题7-2】风荷载作用下的内力图，排架柱上柱和下柱的截面如图7.45所示。

【解】

1）计算柱子几何特征值

上柱惯性矩

271

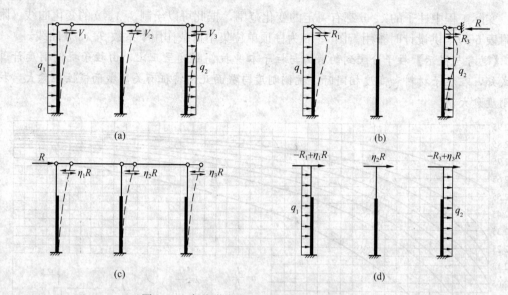

图 7.44　任意荷载作用下的等高排架计算原理

$$I_u = \frac{1}{12} \times 400 \times 400^3 = 2.13 \times 10^9 \, \text{mm}^4$$

下柱惯性矩

$$I_1 = \frac{1}{12} \times 400 \times 800^3 - \frac{1}{12} \times 400 \times 475^3 + \frac{1}{12} \times 80 \times 475^3$$

$$= 14.21 \times 10^9 \, \text{mm}^4$$

$$\lambda = \frac{H_u}{H} = \frac{3.6}{13.2} = 0.27$$

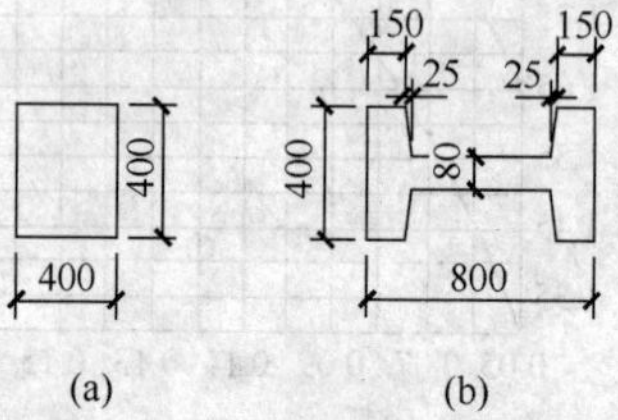

图 7.45　【例题 7-3】图
(a) 上柱截面；(b) 下柱截面

$$n = \frac{I_u}{I_1} = \frac{2.13 \times 10^9}{14.21 \times 10^9} = 0.15$$

2) 计算不动铰支座反力

$$\beta_{11} = \frac{3\left[1 + \lambda^4\left(\frac{1}{n} - 1\right)\right]}{8\left[1 + \lambda^3\left(\frac{1}{n} - 1\right)\right]} = \frac{3\left[1 + 0.27^4\left(\frac{1}{0.15} - 1\right)\right]}{8\left[1 + 0.27^3\left(\frac{1}{0.15} - 1\right)\right]} = 0.35$$

$$R_A = \beta_{11} H q_{1,k} = 0.35 \times 13.2 \times 2.31 = 10.67 \text{kN} (\leftarrow)$$

$$R_B = \beta_{11} H q_{2,k} = 0.35 \times 13.2 \times 1.44 = 6.65 \text{kN} (\leftarrow)$$

3) 计算柱上端剪力

$$V_A = \frac{F_{w,k}}{2} + \frac{R_A - R_B}{2} = \frac{27.40}{2} + \frac{10.67 - 6.65}{2} = 15.71 \text{kN} (\rightarrow)$$

$$V_B = \frac{F_{w,k}}{2} - \frac{R_A - R_B}{2} = \frac{27.40}{2} - \frac{10.67 - 6.65}{2} = 11.69 \text{kN} (\rightarrow)$$

4) 画内力图

由上述剪力可以很方便计算得到排架柱的弯矩图，图 7.46 (a) 为风由左向右吹时的内力图。

当风由右向左吹时，其内力图正好与由左向右吹时的内力图相反，如图 7.46 (b) 所示。

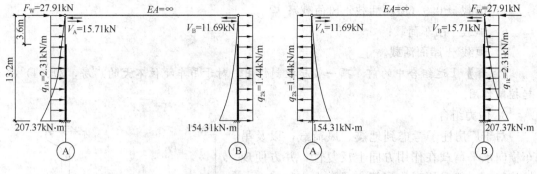

图 7.46 【习题 7-3】弯矩图

7.5.4 排架内力组合

用上面排架剪力分配分析方法可以计算得到各种荷载作用下排架柱的内力（M，N，V），注意到，除了恒载是永久作用外，风荷载、吊车荷载、屋面活载，地震作用等都是可以出现，或不出现的可变作用，因而排架内力也是在变化的，为了结构的安全必须要掌握排架的最不利内力分布情况。对于设计者而言，通常只需要知道排架柱的某几个控制截面的最不利内力，就可进行柱截面配筋计算，也即只需要考虑若干控制截面的恒载与可变荷载可能产生的最不利组合，并求得相应最不利内力值即可。在第 6 章已介绍了框架结构内力组合方法，排架结构内力组合原理与其基本相同，在此只阐述其特点和值得注意几个问题。

1. 控制截面

在柱子高度方向，荷载作用下的排架柱内力是变化的，而且柱子需要设置牛腿，使柱子截面发生变化，形成所谓的单阶柱。故在设计时需要综合内力图和截面变化特点选取几个截面较小、内力又比较大的截面作为控制截面进行考虑。通过对控制截面内力最不利组合，计算所需配置钢筋用量，并以此作为整根柱子配筋的依据。对于如图 7.47 所示单层工业厂房的单阶柱，上柱、下柱的配筋布置在高度方向一般不变，其控制截面可考虑如下所述。

上柱：上柱 I-I 底截面的内力（M，N）一般比其他截面的内力大，故可作为上柱的控制截面。

下柱：在吊车竖向荷载作用下牛腿面处 II-II 截面 M 最大；柱底截面 III-III 上的轴力 N 和由水平荷载作用下产生的弯矩 M 都是最大的，而且是基础设计所需的内力值，故 II-II、III-III 这两个截面可作为下柱的控制截面。

2. 荷载组合

鉴于作用在单层厂房上的各种可变荷载同时达到各自的最大值可能性微乎其微，故在考虑由两种可变荷载以上引起的结构最不利内力组合时需要对可变荷载乘以小于 1 的组合系数。在前面已给出了各项可变荷载的组合系数，为了方便方案设计或手算，可以近似采用相等的可变荷载组合系数 0.9，即按以下荷载组合考虑：

1) 恒载 + 0.9（屋面活载 + 吊车荷载 + 风荷载）；

2) 恒载 + 0.9（吊车荷载 + 风荷载）；

3) 恒载 + 0.9（屋面活载 + 风荷载）；

4) 恒载 + 风荷载；

图 7.47 单阶柱的
控制截面

5）恒载 +0.9（屋面活载+风荷载）；

6）恒载+吊车荷载；

7）恒载 +屋面活载。

【注释】上述组合中的前4项一般起控制作用，对于吊车吨位不大的厂房，3）、4）项起控制作用。

3. 内力组合

对于厂房柱子考虑到地震、风荷载，以及吊车横向水平荷载在作用方向上反复性，并方便现场施工，一般采用对称配筋方式。由本教材《上册》的偏心受压钢筋混凝土构件设计知道，构件的纵向受力钢筋配筋量取决于 M、N，横向箍筋主要由剪力 V 就可确定。当 N 值基本不变时，不论大、小偏心受压，M 越大，所需纵向受力钢筋截面积也越大。当 M 值基本不变时，对于小偏心受压，N 越大，所需纵向受力钢筋截面积越大；对于大偏心受压，情况正好相反，N 越小，所需纵向受力钢筋截面积越大。见图 7.48。因而，在事先未知柱子截面是否为大偏压或小偏压时，一

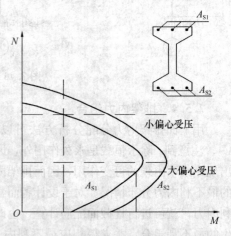

图 7.48 偏压柱的 M-N 关系

般需要通过考虑以下四种内力组合，并由计算得到的配筋量最大值才能确定最不利的内力组合。

(1) $+M_{max}$ 及相应的 V、N；

(2) $-M_{max}$ 及相应的 V、N；

(3) N_{max} 及相应的 $\pm M$（取绝对值较大值）、V；

(4) N_{min} 及相应的 $\pm M$（取绝对值较大值）、V。

4. 内力组合的注意点

(1) 每项荷载组合必须有恒载参与；

(2) 吊车竖向荷载 D_{max}，D_{min} 在单跨厂房中只能取一；对于多跨厂房，因一般按不多于四台吊车考虑，故在每跨也只能取一；

(3) 吊车横向水平荷载 T_{max} 同时作用在两个排架柱上，其方向可左也可右，按组合后产生最不利内力决定具体方向；

(4) 同一跨内的 D_{max}、D_{min} 和 T_{max} 不一定同时出现，但有 T_{max} 必有 D_{max}、D_{min}，因为 T_{max} 不能脱离整个吊车而独立存在；

(5) 风荷载有左右风向，应按组合后产生最不利内力决定具体方向；

(6) 对于每一个组合来说，其 M、N、V 取值都是在相同荷载作用下产生的；

(7) 在组合 N_{max}、N_{min} 时，应使相应的 $\pm M$ 尽可能大，这样计算得到的钢筋截面面积大，故对 $N=0$ 而 $M\neq0$ 的荷载项也要进行考虑。

在实际内力组合时可以采用列表方式进行，表 7.8 为内力组合的示例**【例题 7-4】**。

【例题 7-4】表 7.8 给出某单跨厂房柱各控制截面内力计算值，表中介绍了具体内力组合过程供读者参考。表中带双底线的数据为截面最不利内力组合值。

表 7.8

单跨排架柱Ⓐ的内力组合表

荷载类型	恒荷载		屋面活荷载	吊车荷载				风荷载	
荷载序号	①屋面恒荷载	②柱、吊车梁自重	③屋面均布活荷载	④D_{max}在Ⓐ柱	⑤T_{min}在Ⓐ柱	⑥T_{max}在Ⓐ柱	⑦T_{max}在Ⓑ柱	⑧左风	⑨右风
	M(kN·m) V(kN) N(kN)	M(kN·m) V(kN) N(kN)	M(kN·m) V(kN) N(kN)	M(kN·m) V(kN) N(kN)	M(kN·m) V(kN) N(kN)	M(kN·m) V(kN) N(kN)	M(kN·m) V(kN) N(kN)	M(kN·m) V(kN) N(kN)	M(kN·m) V(kN) N(kN)
内力值	-1.0 $+0.3$ $+1.5$ $+1.4$ $+0.4$ $+18.0$	$+1.4$ $+5.0$ $+1.4$ $+8.0$	-0.2 $+0.7$ $+0.3$ -0.3 -0.1 $+4.06$ $+0.3$	-3.5 $+9.0$ $+1.5$ -1.0 -28.0	$+1.0$ -3.5 -7.0 -1.0 $+10.0$	$+0.37$ -0.3 $+5.0$ -5.0 -0.3 $+0.3$	$+1.1$ -1.1 $+3.6$ -3.6 -0.3 $+0.3$	$+1.9$ $+15.0$ $+2.6$	-2.6 -13.7 -2.0

柱号 控制截面及正向内力	内力组合	荷载组合	恒荷载+0.85(其他活荷载+风荷载)		恒荷载+其他活荷载(风荷载除外)		恒荷载+风荷载	
		组合项目	M(kN·m)	N,V(kN)	组合项目 M(kN·m)	N,V(kN)	组合项目	N,V(kN)
Ⓐ I—I II—II III—III	$+M_{max}$及相应的 N	①+②+0.90×[③+⑧]⑨	$+M_{max}=0.3$ $+0+0.90×$ $[0.1+1.9]=$ 2.1	$N=18.0+$ $1.40+0.90×$ $[4.0+0]=$ 23.0			①+②+⑧	$N=18.0+1.4$ $+0=19.4$
	$-M_{max}$及相应的 N	①+②+0.90×[⑦+⑨]	$-M_{max}=0.3$ $+0+0.90×$ $[-3.5-$ $2.6]=-6.18$	$N=18.0+$ $1.40+0.90×$ $[0+0+0]=$ 19.40				
	N_{max}及相应的 M	①+②+③+④+⑦			$-M_{max}=0.3$ $+0-3.5-1.1$ $=-4.3$	$N_{max}=18.0+$ $1.40+4.0+0$ $+0=23.4$		
	N_{min}及相应的 M	①+②+0.90×[④+⑦]⑨	$M=0.3+0+$ $0.90×[-3.5$ $-1.1-2.6]=$ -6.18	$N_{min}=18.0+$ $1.40+0.90×$ $[0+0+0]=$ 19.40	$M=0.3+0-3.5-1.1$ $=-4.2$			

荷载组合	内力组合	恒荷载+0.85（其他活荷载+风荷载）			恒荷载+其他活荷载（风荷载除外）			恒荷载+风荷载		
		组合项目	M(kN·m)	N,V(kN)	组合项目	M(kN·m)	N,V(kN)	组合项目	M(kN·m)	N,V(kN)
Ⅱ-Ⅱ	$+M_{max}$及相应的N	①+②+0.85×[④+⑦+⑧]	$+M_{max}=-1.5+1.4+0.85×(9.0+1.1+1.9)=10.1$	$N=18.5+5.0+0+0]=46.8$				①+②+⑨	$-M_{max}=-1.5+1.4-2.6=-2.7$	$N=18.0+5.0+0=23.0$
	$-M_{max}$及相应的N	①+②+0.90×[③+⑨]	$-M_{max}=-1.5+1.4+0.90×(-0.3-2.6)=-2.71$	$N=18.0+5.0+0.90×[4.0+0]=26.6$						
	N_{min}及相应的M				①+②+③+⑦	$M=-1.5+1.4-0.3+9.0+1.1=9.7$	$N_{max}=18.0+5.0+4.0+28.0+0=55.0$	①+②+⑨	$M=-1.5+1.4-2.6=-2.7$	$N_{min}=18.0+5.0+0=23.0$
Ⅲ-Ⅲ	$+M_{max}$及相应的N	①+②+0.90×[③+④+⑥+⑧+⑨]	$+M_{max}=1.4+0.90×[0.3+5.0+15.0]=22.42$	$N=18.0+8.0+0.90×[4.0+0+0]=54.8$ / $V=0.4+0+0.90×[-1.0+0.3+2.6]=2.02$						
	$-M_{max}$及相应的N	①+②+0.90×[⑤+⑥+⑨]	$-M_{max}=1.4+0.90×[-5.0-7.0-13.7]=-20.33$	$N=18.0+0.90×[10+0+0]=35.0$ / $V=0.90×[0.3-2.0]=-2.57$						
	N_{max}及相应的M	①+②+0.90×[④+⑦+⑧]	$M=1.4+0.90×[0.3+5.0+15.0]=22.42$	$N=18.0+8.0+0.90×[4.0+0+0]=54.8$ / $V=0.4+0.90×[-0.1-1.0+0.3+2.6]=2.02$	①+②+③+④+⑦	$M=1.4+1.4+0.3+1.5+3.6=8.2$	$N_{max}=18.0+8.0+4.0+28.0+0=58.0$ / $V=0.4+0+0.1-1.0+0.3=-0.2$			
	N_{min}及相应的M							①+②+⑧	$M=-1.4+1.4+15.0=17.8$	$N_{min}=18.0+8.0+0=26.0$ / $V=0.4+0+2.6=3.0$

注：1. 当计算$+M_{max}$或$-M_{max}$时，若两个组合的N值相近且M值相差较大时，应分别考虑实际情况，由配筋情况确定最不利的内力组合。

2. 对Ⅲ-Ⅲ截面确定N_{max}组合时，若两个组合的N值相近且M值相差较大时，应分别考虑实际情况，由基础设计确定最不利的内力组合。

7.5.5 排架考虑整体空间作用的计算

前述单层厂房是由排架、屋盖系统、支撑系统和山墙等组成的空间结构，为了简化计算可近似地按横向平面排架考虑，即假定各排架之间没有相互联系，不存在共同工作。对于恒载、屋面荷载、风荷载等沿厂房纵向均匀分布的荷载来说，除了靠近山墙处的排架外，其余排架的水平位移基本上相等，因而简化为平面排架计算误差不大。但对于作用于局部几个排架的吊车荷载情况就完全不同了，此时未承受荷载的排架和山墙对受荷载排架的位移会产生较大牵制，即排架之间、排架和山墙之间都会产生明显的共同作用，致使受荷载排架实际受力和变形减小。因而《混凝土结构设计规范》规定，在吊车荷载作用下厂房排架计算可以考虑整体空间作用的有利影响，对其他荷载可不予考虑。

1. 基本概念

为了说明厂房整体空间作用概念，我们先来考察单跨厂房承受水平荷载作用的情况。若将屋盖看成一根截面宽度很大的"水平梁"，柱子视为水平弹性支座，屋盖就可看成如图 7.49 所示的一根弹性地基梁。

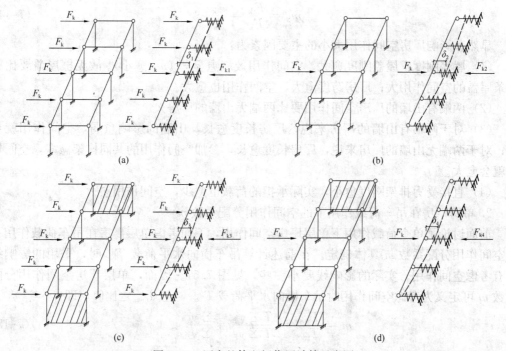

图 7.49 厂房整体空间作用计算示意图

(a) 均匀荷载作用下的无山墙厂房受力模型；(b) 单独荷载作用下的无山墙厂房受力模型；
(c) 均匀荷载作用下的有山墙厂房受力模型；(d) 单独荷载作用下的有山墙厂房受力模型

在两端无山墙单层厂房的各柱顶作用相等水平集中荷载 F_k 时（图 7.49a），弹性地基梁会产生相等水平位移 δ_1，各柱子顶承受荷载为 F_k，即排架之间不发生空间作用。若只在中间柱顶上作用水平集中荷载 F_k 时（图 7.49b），由于排架之间牵制产生空间作用效应，弹性地基梁的最大水平位移 δ_2 和排架实际承受的荷载 F_{k2} 都会减小，即有 $\delta_1 > \delta_2$，$F_k > F_{k2}$。在两端有山墙单层厂房的各柱顶作用相等水平集中荷载 F_k 时（图 7.49c），由于山墙侧向刚度大，约束了整个厂房的水平侧移，弹性地基梁的最大水平位移 δ_3 和排架实际承受的荷载 F_{k3}

也会减小，即有 $\delta_1 > \delta_3$，$F_k > F_{k3}$。不难推断，对于设置山墙的单层厂房在单独荷载作用情况（图7.49d），弹性地基梁的最大水平位移 δ_4 和排架实际承受的荷载 F_{k4} 将会更小，即有 $\delta_2 > \delta_4$，$\delta_3 > \delta_4$，$F_{k2} > F_{k4}$，$F_{k3} > F_{k4}$。显然，厂房空间作用使实际受荷排架的力和水平位移会减小，且减小程度与屋盖刚度、排架刚度、两端有无山墙等相关。弹性地基梁水平位移图形一般情况下由矩形分布与抛物线分布叠加形成，屋盖刚度愈大，最大位移愈小。当厂房两端设置山墙，使两端水平位移接近零，从而导致最大位移减小。

设平面排架计入空间作用影响后的实际荷载为 F'_k，现定义 $m_k = \dfrac{F'_k}{F_k}$ 为单个荷载作用下的厂房空间作用分配系数，m_k 为小于1的系数，m_k 愈小，空间作用效应愈明显。m_k 的物理含义为：对于考虑空间作用的厂房结构某榀排架柱顶施加集中水平荷载 F_k，该榀排架实际承受的荷载为 $F'_k = m_k F_k$（图7.50）。在实际测试中，水平位移测量相对容易，因而根据弹性结构力与位移呈正比的特征，m_k 也可表达为考虑空间作用排架与不考虑空间作用排架两者顶点水平位移之比，即

$$m_k = \frac{F'_k}{F_k} = \frac{u'_k}{u_k} \tag{7-14}$$

显然，影响厂房空间作用大小的主要因素为：

（1）屋盖刚度：屋盖刚度愈大、空间作用效应愈显著（m_k 愈小）。故无檩屋盖要比有檩条屋盖的空间作用大；厂房跨度愈大、空间作用也愈大。

（2）两端有山墙的厂房空间作用要比两端无山墙的厂房大。

（3）对于两端有山墙的厂房来说，厂房长度愈长，山墙的影响愈弱，空间作用就愈小；对于两端无山墙的厂房来说，厂房长度愈长，参加空间作用的共同排架愈多，空间作用就会愈大。

（4）直接受力排架刚度愈小，实际承担的荷载也愈少，空间作用愈大。

2. 单跨厂房在吊车荷载作用下的空间作用分配系数 m

前面讨论了单个荷载作用下单层厂房空间作用，下面考虑单层厂房在吊车荷载作用下的空间作用分配系数 m 具体确定。在前述计算吊车横向水平荷载 $T_{\max}$ 时，采用的影响线没有考虑空间作用，实际的影响线要小一些，见图7.51。因而，单层厂房空间作用分配系数 m 可定义为考虑空间作用时吊车横向水平荷载 $T'_{\max}$，与 $T_{\max}$ 之比值，即

$$m = \frac{T'_{\max}}{T_{\max}} = \frac{T \sum y'_i}{T \sum y_i} = \frac{\sum y'_i}{\sum y_i} < 1 \tag{7-15}$$

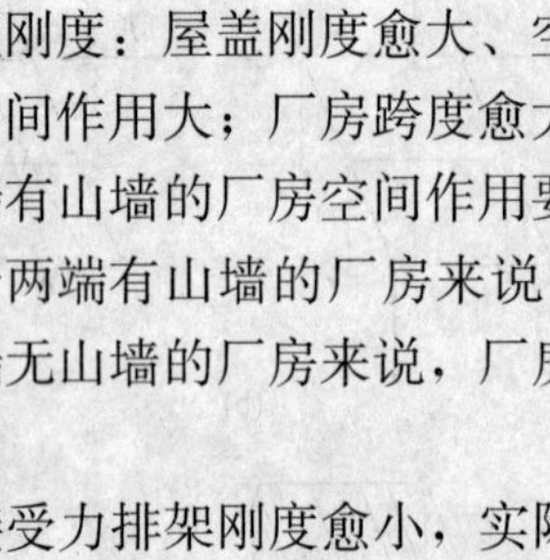

图7.50 空间作用的排架计算模型 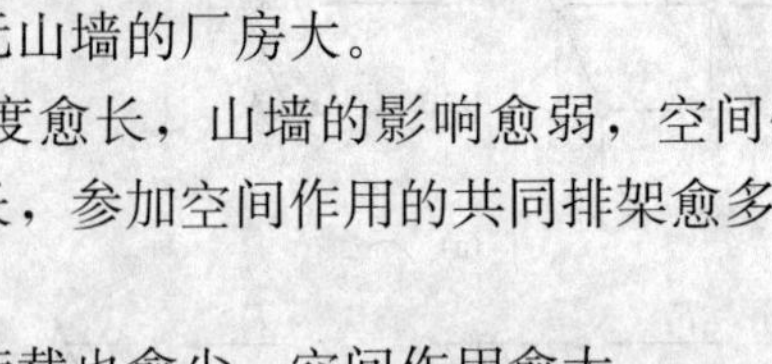　　　　图7.51 吊车水平荷载的影响线

根据大量的实测资料分析得到的 m 见表 7.9。

单跨厂房空间作用分配系数 m 表 7.9

厂房情况		吊车起重量 (t)	厂房长度（m）			
			≤60		>60	
有檩屋盖	两端无山墙及一端有山墙	≤30	0.90		0.85	
	两端有山墙	≤30	0.85			
无檩屋盖	两端无山墙及一端有山墙	≤75	跨度（m）			
			12~27	>27	12~27	>27
			0.90	0.85	0.85	0.80
	两端有山墙	≤75	0.80			

注：1. 厂房山墙为实心墙，如有开洞，洞口对山墙水平截面面积的削弱不应超过 50%，否则应视为无山墙情况。
2. 当厂房设有伸缩缝时，厂房长度应按一个伸缩区段的长度计，但伸缩缝处可视为山墙。

3. 排架考虑空间作用的实用计算方法

在吊车竖向和横向水平荷载作用下考虑空间作用的计算可按前述剪力分配法计算步骤进行，即

（1）增设水平链杆，求出排架在无水平位移时的柱顶剪力和水平链杆反力 R；

（2）考虑排架空间作用将反力 R 乘以空间作用分配系数 m，然后将 mR 反向作用于排架，并采用剪力分配法求出柱顶分配剪力；

（3）由（1）＋（2）求得最终柱顶剪力；

（4）按悬臂柱在柱顶剪力和外荷载共同作用下求得排架内力图。

具体过程如图 7.52 所示。

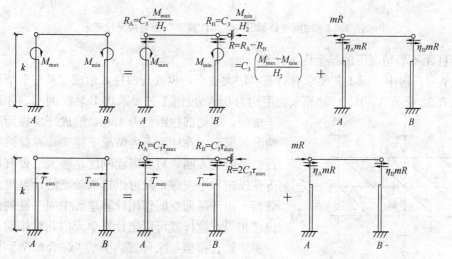

图 7.52 考虑空间作用的排架计算过程

7.5.6 排架计算中的几个问题

1. 柔性排架的计算

前面排架计算时假定横梁轴向刚度为无穷大，这种排架也称作为"刚性排架"，钢筋

279

混凝土屋架采用刚性排架假定是合理的。但对下弦为钢拉杆的组合式屋架而言，其刚度较小，产生的轴向变形一般不能忽略，这种不能忽略横梁轴向变形的排架称之为"柔性排架"。下面我们比较一下这两种排架在 F 作用下排架柱顶剪力 V_A、V_B 有何区别（图 7.53）。在"刚性排架"A 柱柱顶作用 F 时，由 $EA=\infty$，得 $\Delta_A=\Delta_B$，$V_A=V_B=F/2$。对于"柔性排架"，因 $EA\neq\infty$，$\Delta_A>\Delta_B$，故可判定 $V_A>V_B$，即 $V_A>\dfrac{F}{2}$，$V_B<\dfrac{F}{2}$。由此可以得到，对于"柔性排架"来说 A 柱受到的力要比 B 柱大，因而当"柔性排架"按"刚性排架"计算时，其受力柱柱顶剪力应按下表乘以放大系数。

"柔性排架"柱顶剪力放大系数　　　　　　　　　　　　　　　表 7.10

	外柱受力时	内柱受力时
单跨排架	1.05～1.11	
双跨排架	1.6～1.7	1.4～1.6
三跨排架	2～2.2	1.8～1.9

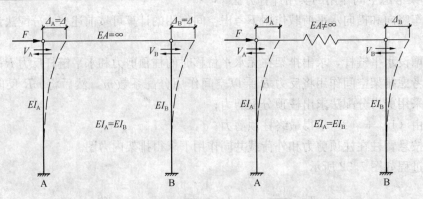

图 7.53　"刚性排架"与"柔性排架"受力情况比较

2. 柱距不等情况下的排架内力计算

在单层厂房中，因工艺要求有时需要增大柱距，少放几根柱，形成"抽柱"情况。例如，图 7.54 所示 A、B、C 轴原来柱距均为 6m，现因工艺要求将 B 轴线的①、③轴线柱

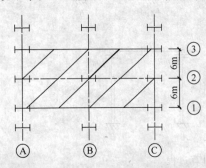

图 7.54　"抽柱"时的计算单元

子抽掉，即局部柱距变为 12m，形成厂房柱距不等的情况。那么，在柱距不等情况下排架计算应该如何进行？经研究表明，只要屋面刚度足够大或设有可靠的下弦纵向水平支撑，就可以选取较宽的计算单元进行分析。由于屋面空间作用计算单元中同一柱列的柱顶位移相等，这样就可以把计算单元内几榀排架合并为一榀"综合排架"来计算内力。"综合排架"柱的惯性矩，等于被合并排架柱子的惯性矩之和。例如图 7.54 中计算单元 A、C 轴线的柱为 2 根（即 1 根和 2 个半根）合并而成，而 B 轴线仍为 1 根。当同一纵轴线上的柱截面尺寸相同时，A、C 轴线上、下柱的惯性矩为 $2I_{uA}$、$2I_{lA}$、$2I_{uC}$、$2I_{lC}$，B 轴线上、下柱惯性矩为 I_{uB}、I_{lB}，排架计算简图如图 7.55 所示。

按上述"综合排架"计算需要注意以下几点：

① 计算单元宽度不宜大于 24m，否则同一计算单元的柱顶位移不等；

② "综合排架"的恒载和风荷载的计算方法与一般排架计算相同，但吊车荷载则应按"综合排架"边柱产生 D_{2max}、D_{2max}、T_{2max} 时的吊车位置来考虑。图 7.56 为吊车最大轮压作用在 A 轴

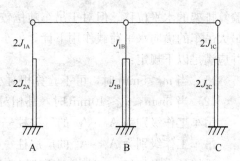

图 7.55 "抽柱"时的"综合排架" 计算简图

线时，计算吊车梁支座反力的计算简图，支座 A_2 的最大反力为 D_{2max}，支座 A_1、A_3 反力为 D_1、D_3。由"综合排架"定义，A_1、A_3 柱被等分到两侧柱，其相应荷载也相应分配两侧柱。因而"综合排架"的吊车竖向荷载和横向水平荷载计算公式为：

$$D_{max} = D_{2max} + \frac{1}{2}(D_1 + D_2) = P_{max} \sum y_i$$

$$D_{min} = P_{min} \sum y_i = D_{max} \frac{P_{min}}{P_{max}} \qquad (7\text{-}16)$$

$$T_{max} = T \sum y_i = T \frac{P_{min}}{P_{max}}$$

③ 按②计算得到的综合排架各柱的内力必须进行还原，以求得柱的实际内力。以图 7.54 为例，A、C 轴柱的弯矩 M、剪力 V 应等于综合排架计算值的一半，但对于吊车竖向荷载引起的轴力 N，应按原来这根柱实际承受的最大、最小吊车竖向荷载情况来计算，如 A_2 柱由最大吊车轮压作用产生的轴力等于由图 7.56 计算得到为 D_{2max}。

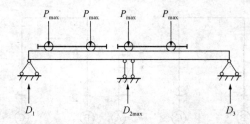

图 7.56 "综合排架"吊车荷载计算简图

3. 吊车梁反力差引起的纵向力矩 M_y

当厂房排架柱由两侧吊车梁传来的竖向荷载不等时，在柱牛腿顶面处产生纵向力矩，其最大值为

$$M_{y,max} = \Delta R_{max} e \qquad (7\text{-}17)$$

式中 ΔR_{max} ——吊车梁的最大反力差，即 $\Delta R_{max} = R_1 - R_2$；

e——反力至定位轴线的偏心距，可以近似地取吊车梁下搁置的垫板长度 2/3。

一般工字型截面柱、双肢柱的柱距等于或少于 9m，吊车起重量 $Q \leqslant 50t$，或柱距等于 12m、$Q \geqslant 30t$ 时，均应考虑上述 $M_{y,max}$ 的作用。$M_{y,max}$ 由受直接作用的柱单独承担，并假定实腹柱和双肢柱弯矩分布如图 7.57 所示。

4. 排架的水平位移验算

对于截面尺寸满足表 7.4 要求的单层厂房矩形截面、工字形截面排架柱的水平位移在一般情况下其侧向刚度有足够的保证，可以不必

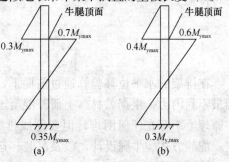

图 7.57 由 $M_{y,max}$ 产生的柱弯矩分布图
(a) 实腹柱；(b) 双肢柱

验算排架的水平位移。但对于吊车吨位较大时，尚需要对水平位移进行验算，要求按一台最大吊车的横向水平荷载作用下计算吊车梁与柱连接点 k 的水平位移 u，如图 7.58 所示，并应满足以下规定：

（1）当 $u_k \leqslant 5\text{mm}$ 时，可不验算相对水平位移值；

（2）当 $5\text{mm} < u_k \leqslant 10\text{mm}$ 时，其相对水平位移限值为：

吊车工作级别为 $A_1 \sim A_5$ 的厂房柱——$H/1800$，

吊车工作级别为 $A_6 \sim A_8$ 的厂房柱——$H/2200$。

排架的水平位移 u，按前面所述可查表计算，但柱子截面弯曲刚度按教材《上册》取 $B = 0.85EI$，其中 E 为混凝土弹性模量，I 是柱子换算截面的惯性矩。

应该指出，对于露天栈桥柱的水平位移 u 需要按悬臂柱计算，另外除了考虑一台最大起重量吊车横向水平作用外，尚应考虑由吊车梁安装偏差 20mm 产生的附加弯矩对水平位移计算的影响。此种情况计算的 K 点水平位移要满足下列要求：

$u_k \leqslant 10\text{mm}$ 及 $u_k \leqslant H/2500$。

5. 附属跨排架的简化计算

单层工业厂房经常会在主跨边上利用砌体或钢筋混凝土柱搭建附属排架（图 7.59 所示），此时计算比较复杂，通常需要电算才能精确分析。当边跨柱截面的刚度 $E_1 I_1$ 不大于与其相连的主跨排架柱截面刚度 $E_2 I_2$ 的 1/20 时，可以将附跨和主跨单独分析，并按下列规定进行简化计算：

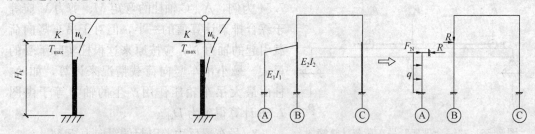

图 7.58　排架水平位移计算简图　　　　图 7.59　有附属跨排架计算简图

（1）附跨柱的内力按柱底固端、柱顶为不动铰支点的独立柱计算。当风荷载作用时，考虑主排架有较大的水平侧移，柱顶反力取不动铰支座反力的 0.8 倍；

（2）主跨排架内力分析时，只需将附跨柱的柱顶不动铰支座反力通过附跨横梁作用于主跨排架上（图 7.59）。

7.6　排架柱的设计

在排架的水平位移验算通过前提下，可进入柱子的具体设计。由前面求得的柱控制截面最不利内力，根据教材《上册》混凝土受压构件设计方法计算相应的柱子钢筋用量，这在原理上不存在任何困难，但要完成排架柱的具体设计，还会面临考虑诸如计算长度确定、配筋方式、牛腿设计，以及吊装、运输阶段验算等多方面的问题。

1. 计算长度确定

柱子的计算长度不仅要取决于柱子的两端约束情况，而且还要考虑纵向挠曲变形带来的两次弯矩不利影响。对刚性屋盖的单层工业厂房柱，《混凝土结构设计规范》给出的计算长度如表 7.11 所示，在设计时可根据厂房实际情况选用。表中 H 为从基础顶面算起的柱子全高；H_l 为从基础顶面至牛腿顶面的柱子下部高度；$H_u = H - H_l$，为柱子上部高度。

采用刚性屋盖的单层厂房柱的计算长度 表 7.11

柱的类型		排架方向	垂直排架方向	
			有柱间支撑	无柱间支撑
无吊车厂房柱	单跨	$1.5H$	$1.0H$	$1.2H$
	两跨及多跨	$1.25H$	$1.0H$	$1.2H$
有吊车厂房柱	上柱	$2.0H_u$	$1.25H_u$	$1.5H_u$
	下柱	$1.0H_l$	$0.8H_l$	$1.2H_l$
露天吊车柱和栈桥柱		$2.0H_l$	$1.0H_l$	

2. 截面配筋

前述单层厂房排架柱的控制截面有 3 个，每个控制截面对应 4 种内力组合。工程上柱子一般采用对称配筋方式，由 4 种组合计算得到的最大配筋量即为最终的设计配筋。在计算下柱配筋时应注意，控制截面的设计弯矩 M 要根据柱子两端截面弯矩 M_1，M_2 变化情况确定，N 为控制截面的轴力设计值。

3. 吊装、运输阶段的承载能力和裂缝宽度验算

单层厂房排架柱是预制构件，其脱模、翻身和吊装等施工阶段处于受弯受力状态与使用阶段受压状态不同，而且此时混凝土强度等级也可能未达到设计强度等级，柱可能在脱模、翻身或吊装过程中产生裂缝、甚至破坏。为此，对预制柱还应进行施工阶段的承载能力和裂缝宽度验算。

施工阶段验算时，柱的计算简图应根据吊装方法来确定。如采用一点起吊，吊点位置设在牛腿的下边缘处。当吊点刚离开地面时，柱子底端搁置在地面上，柱子成为如图 7.60 所示的一根外伸梁。在吊装验算时作用荷载为沿柱长均匀分布的自重，考虑到起吊时的动力作用，应将自重乘以动力系数 1.5。另外，考虑到吊装是临时性的，构件的安全等级可比使用阶段安全等级低一级。当采用平吊时，受力方向为截面短边方向，工字型截面的腹板可以忽略，简化为矩形截面。此时，受力钢筋 A_s 和 A_s' 只考虑两翼缘最外边的一根钢筋。

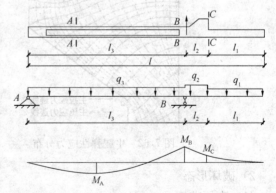

图 7.60 柱吊装时的计算简图和弯矩图

采用翻身起吊时，截面的受力方向与使用阶段相同，故承载能力和裂缝宽度均能满足要求，一般可以不予验算。

4. 牛腿设计

在柱支承连续梁、吊车梁部位，为了不增大整个柱截面，可以通过设置牛腿来加大支承面积，保证构件间的可靠连接，有利于构件的安装。作为柱子重要部位的牛腿，其设计

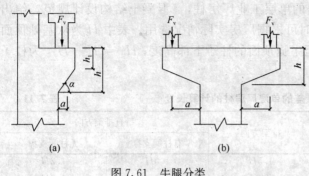

图 7.61　牛腿分类
(a) 短牛腿；(b) 长牛腿

的主要内容包括确定牛腿截面尺寸、配筋计算和构造设计。根据集中力作用线至柱边缘的距离 a 大小，牛腿分为两类：当 $a \leqslant h_0$ 时为短牛腿（图 7.61a）；当 $a > h_0$ 时为长牛腿（图 7.61b）。其中 h_0 为牛腿垂直截面的有效高度。长牛腿的受力情况同悬臂梁，而短牛腿实质上是一变截面悬臂深梁，其受力情况复杂。在单层厂房中一般采用短牛腿，下面阐述短牛腿（下面简称牛腿）的受力特点、破坏形态和设计方法。

1）牛腿的受力特点

牛腿的受力经历了弹性整体工作、裂缝出现、裂缝开展，以及最终破坏的整个过程。图 7.62 为光弹性试验得到的牛腿主应力轨迹分布。由图可见，牛腿顶部上边缘附近的主拉应力迹线大体上与上边缘平行，牛腿上表面拉应力沿长度方向比较均匀；牛腿斜边附近的主压应力迹线大体上与 ab 连线平行，并沿 ab 连线的压应力分布比较均匀。试验表明，在极限荷载的 $20\% \sim 40\%$ 时首先出现自上而下的竖向裂缝①，该裂缝宽度较小，对牛腿受力性能影响不大；在极限荷载的 $40\% \sim 60\%$ 时，在加载垫板内侧附近产生第一条斜裂缝②，其方向大体上与主压应力轨迹平行；在极限荷载的 80% 时，突然出现第二条斜裂缝③，然后再加载牛腿破坏（图 7.63）。

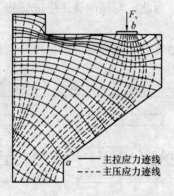

图 7.62　牛腿弹性应力分布

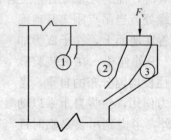

图 7.63　牛腿裂缝分布

2）破坏形态

（1）弯压破坏

当 $1 \geqslant \dfrac{a}{h_0} > 0.75$ 和牛腿水平纵向受力钢筋较少时，在斜裂缝②出现后，随荷载不断增加，斜裂缝②将向柱子不断延伸，同时纵筋应力不断提高，直至屈服。牛腿最终破坏是由斜裂缝②外侧斜向混凝土压杆压碎引起的（图 7.64a）。

（2）斜压破坏

当 $\dfrac{a}{h_0} = 0.1 \sim 0.75$ 时，斜裂缝②和③形成的斜向混凝土压杆的压应力会随荷载不断

284

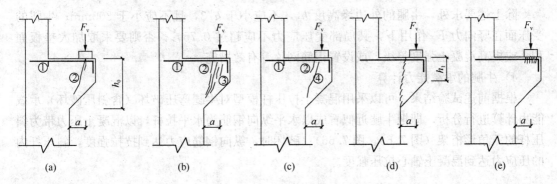

图 7.64　牛腿的破坏形态

(a) 弯压破坏；(b)、(c) 斜压破坏；(d) 剪切破坏；(e) 局部压坏

增大，直至压碎。有时，牛腿不出现斜裂缝③，而是突然出现通长斜裂缝④发生破坏。上述两种破坏时牛腿水平纵筋应力都没有屈服，承载能力高，但破坏呈脆性特点（图 7.64b，c）。

（3）剪切破坏

当 $\dfrac{a}{h_0} \leqslant 0.1$ 时，在牛腿与下柱的交接面上会出现一系列斜裂缝，最后牛腿沿此斜裂缝发生与柱之间的剪切破坏（图 7.64d）。

除了以上三种主要破坏形态，牛腿还有因加载板过小或混凝土强度过低产生的局部受压破坏（图 7.44e）；由于荷载太近牛腿外边产生混凝土保护层脱落；因牛腿外侧高度过小产生的加载板内侧发生根部受拉破坏。

为了防止上述各种破坏，牛腿应有足够大的截面，配置足够的钢筋，并要满足各种构造要求。弯压破坏、斜压破坏都是与斜裂缝②出现有关，因而控制斜裂缝②的出现，是确定牛腿截面尺寸的主要依据。牛腿弯压破坏具有延性破坏特点、而斜压破坏为脆性的，且承载能力较高，故牛腿承载能力计算以弯压破坏形态为设计破坏模式，也能同时保证牛腿不发生斜压破坏。另外，按不出现斜裂缝②确定的牛腿截面一般不会发生剪切破坏。

3）牛腿截面尺寸的确定

按不出现斜裂缝②的抗裂要求，牛腿截面尺寸应符合下列公式要求：

$$F_{vk} \leqslant \beta \left(1 - 0.5 \dfrac{F_{hk}}{F_{vk}}\right) \dfrac{f_{tk} b h_0}{0.5 + \dfrac{a}{h_0}} \qquad (7\text{-}18)$$

式中　F_{vk}——作用于牛腿顶部按荷载效应标准组合计算的竖向力值；

　　　F_{hk}——作用于牛腿顶部按荷载效应标准组合计算的水平拉力值；

　　　β——裂缝控制系数；对支承吊车梁的牛腿，取 0.65；对其他牛腿，取 0.8；

　　　a——竖向力的作用点至下柱边缘的水平距离，此时应考虑安装偏差 20mm，当考虑 20mm 安装偏差后的竖向力作用点位于柱截面以内时，取 $a=0$；

　　　b——牛腿宽度；

　　　h_0——牛腿与下柱交接处的垂直截面有效高度，取 $h_0 = h_1 - a_s + c \cdot \tan\alpha$，$\alpha$ 为牛腿底面的倾斜角，当 $\alpha > 45°$ 时，取 $\alpha = 45°$，c 为下柱边缘到牛腿外边缘的水平长度。

285

除上述要求外，牛腿的外边缘高度 h_1，不应小于 $h/3$，且不应小于 200mm；牛腿的受压面在竖向力 F_{vk} 作用下，其局部受压应力不应超过 $0.75f_c$，否则要采取加大垫板面积，或提高混凝土强度等级，或设置钢筋网片等有效措施。

4）牛腿的承载能力计算

根据前述试验结果，可以采用混凝土拉压杆模型对牛腿弯压破坏（含斜压破坏）承载能力计算进行分析，即把牛腿近似看成以水平纵向钢筋为水平拉杆，以混凝土压力带为斜压杆的三角形桁架（图 7.65、图 7.66）。破坏时，纵向钢筋应力达到抗拉强度，斜压杆内的压应力达到混凝土轴心抗压强度。

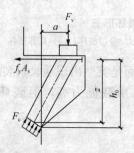

图 7.65　拉压破坏模型　　　图 7.66　牛腿计算简图

（1）水平纵向钢筋的计算和构造要求

由图 7.66，对 A 点力矩和为零的平衡条件得到

$$f_y A_s z = F_v a + F_h(z + a_s)$$

若近似地取 $z = 0.85h_0$，则上式为

$$A_s = \frac{F_v a}{0.85 f_y h_0} + \left(1 + \frac{a_s}{0.85}\right)\frac{F_h}{f_y}$$

若近似地取 $\dfrac{a_s}{0.85 h_0} = 0.2$，则上式为

$$A_s = \frac{F_v a}{0.85 f_y h_0} + 1.2 \frac{F_h}{f_y} \tag{7-19}$$

式中　F_v——作用在牛腿顶部的竖向力设计值；

　　　F_h——作用在牛腿顶部的竖向力设计值；

　　　a——竖向荷载作用点与下柱边缘的水平距离，当 $a < 0.3h_0$ 时，取 $a = 0.3h_0$。

水平纵向钢筋宜采用变形钢筋，钢筋直径不应小于 12mm，其锚固长度应符合《混凝土结构设计规范》对梁上部钢筋的有关规定。由配筋计算公式知，其钢筋由竖向力所需配筋和水平力所需配筋组成，其中承受竖向力的水平纵向受拉钢筋的配筋率（按全截面计算）不应小于 0.2%，及 $0.45\dfrac{f_t}{f_y}$，也不宜大于 0.6%，且根数不宜少于 4 根。承受水平力的锚筋应焊在预埋件上，且不应少于 2 根。

（2）水平箍筋和弯起钢筋的构造要求

构造要求设置水平箍筋和弯起钢筋。《混凝土结构设计规范》规定，水平箍筋的直径应取 6～12mm，间距为 100～150mm，且在上部 $2h_0/3$ 范围内的水平箍筋总截面面积不应小于承受竖向力的水平纵向受拉钢筋截面面积的 1/2。当 $a \geqslant 0.3h_0$ 时，宜设置弯起钢筋，弯起钢筋宜采用 HRB400 级或 HRB500 级热轧带肋钢筋，并宜使其与集中荷载作用点到牛腿斜边下缘点连线的交点位于牛腿上部 $l/6$ 至 $l/2$ 之间的范围内，l 为连线的长度，见图 7.67，其截面面积不应少于承受竖向力的受拉钢筋截面面积的 $1/2$，根数不少于 2 根，直径不宜小于 12mm。纵向受拉钢筋不得兼作弯起钢筋。

当牛腿设于上柱柱顶时，宜将柱对边纵向受力钢筋沿柱顶水平弯入牛腿，作为牛腿纵向受拉钢筋使用。若牛腿纵向受拉钢筋与柱对边纵向受力钢筋分开配置时，则牛腿纵向受拉钢筋与柱对边纵向受力钢筋应有可靠搭接，如图 7.67 所示。

【**例题 7-5**】一单层厂房柱牛腿，牛腿尺寸如图 7.68 所示，柱截面宽度 $b=400\text{mm}$，已知作用于牛腿面的吊车为中级工作制，其竖向荷载 $F_v=400\text{kN}$，$F_{vk}=300\text{kN}$；水平荷载 $F_h=12\text{kN}$，$F_{hk}=10\text{kN}$；竖向吊车荷载作用点离下柱边缘距离 a 为 50mm；混凝土用 C20（$f_{tk}=1.54\text{N/mm}^2$），牛腿水平纵向钢筋、弯起钢筋，及箍筋均为 HRB335 级。现要求设计该牛腿配筋。

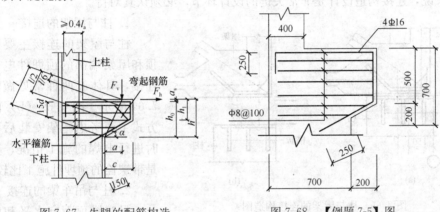

图 7.67 牛腿的配筋构造　　　　图 7.68 【例题 7-5】图

【**解**】

(1) 牛腿截面尺寸验算

$a=50+20=70\text{mm}$（20mm 为考虑的安装偏差），$h_0=700-35=665\text{mm}$，$\beta=0.7$（中级工作制吊车）。将上述值及例题已知值等代入公式（7-18）得到

$$\beta\left(1-0.5\frac{F_{hk}}{F_{vk}}\right)\frac{f_{tk}bh_0}{0.5+\frac{a}{h_0}}=0.65\times\left(1-0.5\times\frac{10}{300}\right)\frac{1.54\times400\times665}{0.5+\frac{70}{665}}$$

$$=432.6\text{kN}>F_{vk}=300\text{kN}$$

故牛腿斜截面抗裂度满足要求。

(2) 水平纵向受拉钢筋计算

$a=70<0.3h_0(=199.5)$，故 $a=199.5\text{mm}$。由公式（7-19）得到

$$A_s=\frac{F_v a}{0.85f_y h_0}+1.2\frac{F_h}{f_y}$$

$$=\frac{400000\times199.5}{0.85\times300\times665}+1.2\frac{12000}{300}=470.6+48=518.6\text{mm}^2$$

按构造要求，由竖向力确定的纵向钢筋最小值为

$$0.45\times\frac{1.1}{300}=0.165<0.2\%，$$

$0.002 \times 400 \times 700 = 560 > 518.6$，故应选取 $4 \oplus 14$（$A_s = 615\text{mm}^2$）。

（3）箍筋及弯起钢筋

水平箍筋按构造要求取 $\oplus 10@100$，在上部 $\frac{2}{3}h_0 = \frac{2}{3} \times 665 (= 443\text{mm})$ 内的水平箍筋

总截面面积为 $\frac{785}{1000} \times 443 (= 348\text{mm}^2) > \frac{615}{2} (= 308\text{mm}^2)$，故满足要求。

因为 $a < 0.3h_0$，故在牛腿上部 $l/6 \sim l/2$ 之间，不需要配置弯起钢筋。

7.7 柱和其他构件的连接

单层厂房排架结构是装配式结构，除了对构件本身计算外，还必须进行柱和其他构件的连接构造设计。只有保证可靠的连接，才能使厂房结构成为一个整体。因而，对于装配式结构来说，连接构造设计是非常关键的设计环节，必须认真对待。

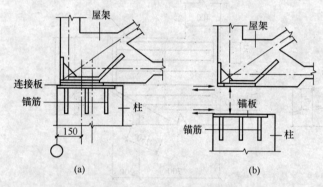

图 7.69 柱与屋架的连接构造图

1. 柱与屋架的连接

柱与屋架的连接主要采用柱顶和屋架端部的预埋件电焊方式连接，具体有两种常见做法如图 7.69 所示。图 7.69（b）的连接方式主要考虑屋架安装后不能及时进行电焊的施工情况，其缺点是带螺栓的预埋件施工比较复杂。

2. 柱与吊车梁的连接

吊车梁顶面有水平和竖向吊车荷载作用，因而柱与吊车梁需要在水平、垂直方向都应该有可靠连接，以确保吊车梁将吊车荷载有效传递到排架柱（图 7.70）。吊车梁的竖向压力通过吊车梁梁底支承板与牛腿顶面预埋板焊接来传递。吊车梁的水平力可通过吊车梁预埋件与柱子预埋件的连接板来传递，另外为了保证更有效地传递水平吊车荷载，一般在柱、梁间部位用 C20 细石混凝土填实。

3. 柱与圈梁、连系梁的连接

厂房的围护墙体为了提高整体刚度有时会布置圈梁和连系梁，圈梁是非承重的，而连

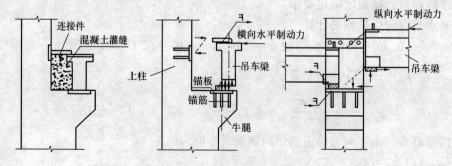

图 7.70 柱与吊车梁的连接构造图

系梁则需要承受作用在连系梁以上墙体的重量，并将其传递到排架柱。预制圈梁和柱可采用螺栓连接。预制连系梁与柱连接做法一般为：先通过柱子设置牛腿，然后将连续梁搁置在牛腿上，再将柱子预埋件和连系梁预埋件焊接连接。牛腿可采用预制钢牛腿，或者直接在混凝土柱子上挑小牛腿。

4. 抗风柱与屋架的连接

抗风柱与屋架节点的连接必须满足以下几个要求：①在水平方向必须与屋架有可靠的连接，以保证有效地把风荷载传递到屋盖结构；②在竖向应允许两者之间有一定相对位移的可能性，以减少厂房与抗风柱沉降不均匀产生的不利影响；③柱子与屋架采用铰接，以防止柱子不利受力。满足上述要求的抗风柱与屋架节点连接做法如图 7.71 所示，其中图 7.71（a）在水平方向采用较大刚度的弹簧板连接，而图 7.71（b）为螺栓连接，更适用于厂房有较大沉降的情况。

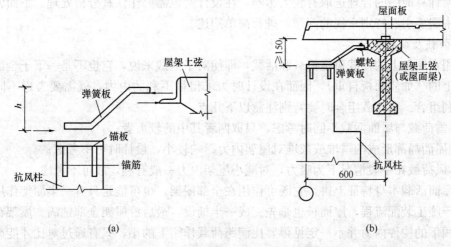

图 7.71 抗风柱与屋架的连接构造

5. 柱子与基础的连接

预制柱插入基础需要足够的深度，这样才能保证柱可靠地与基础嵌固（图 7.72）。柱插入基础深度 H_1 按表 7.12 选用。另外，还要注意 H_1 应满足柱纵向受力钢筋锚固长度 l_a 的要求，及柱吊装时稳定性的要求，即 $H_1 \geqslant 0.05$ 倍柱长。柱子在吊装之前，在基础杯底用 50mm 厚细石混凝土找平，就位后柱与基础缝隙需用细石混凝土填实。

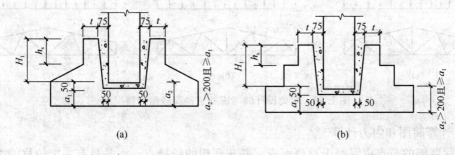

图 7.72 柱子与基础的连接构造

（a）锥形基础；（b）台阶基础

柱的插入深度 H_1 （mm）			表 7.12
矩形或工字形柱			
$h<500$	$500\leqslant h<800$	$800\leqslant h<1000$	$h>1000$
$h\sim1.2h$	h	$0.9h$ 且$\geqslant800$	$0.8h$ 且$\geqslant1000$

注：当柱为轴心受压、小偏心受压时，H_1可适当减小；偏心距大于 $2h$ 时，H_1应适当增加。

7.8 钢筋混凝土屋架设计要点

钢筋混凝土屋架从结构形式上讲是一个平面桁架，通常情况下还是一个超静定结构。与预制柱一样，屋架也是在现场预制好以后再进行吊装的，其施工阶段受力与使用阶段也有明显不同，需要考虑屋架的荷载组合、施工阶段验算等问题。另外，屋架节点的实际刚度对屋架计算简图的合理选取有较大影响，在设计时也需要作认真分析处理。下面就几个在设计中需要引起特别重视的问题，进行简单阐述。

1. 荷载及荷载组合

作用在屋架上的荷载包括恒载和活载，即使对于恒载来说，它也不是一下子全部作用在屋架上的（如屋面板自重），因而在设计时为求得最不利的内力，就需要考虑不同荷载的最不利组合。在荷载组合时要特别注意以下几点：

1）雪荷载与屋面活载不同时考虑，只取两者其中的较大者；

2）屋面局部形成的雪堆或灰堆对屋架内力影响较小，设计时可不考虑；

3）风荷载在一般情况下为吸力，对减小屋架内力一般有利，故可不考虑。

从屋面活载本身特征上讲，它既可作用在全部屋架，也可能是只有一半屋架作用。同样，由于施工装配流程，屋面板也是先完成一半铺设，最后沿屋架全部铺满。屋架在半跨荷载作用下的构件内力并不一定见得要比满跨荷载作用下的小，只有通过对比才能确定构件的最不利内力。因而，在设计屋架时应考虑以下三种荷载组合：

① 全跨恒荷载＋全跨活荷载（图7.73a）；

② 全跨恒荷载＋半跨活荷载（图7.73b）；

③ 屋架自重（包括支撑体系重量）＋半跨屋面板自重＋半跨屋面活荷载（图7.73c）。

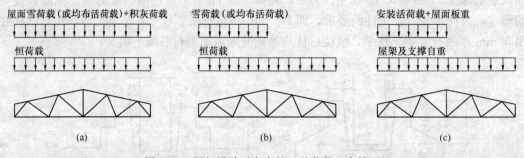

图 7.73 屋架设计时考虑的三种荷载组合情况

2. 计算简图和内力计算

实际屋架的节点由混凝土整浇而成，并非理想的铰接点，而是具有一定位移的柔性节点。因而屋架是一个高次超静定结构，在荷载作用下的屋架构件内力计算是一个复杂问题。为了简化计算，可以按连续梁计算屋架上弯矩，按铰接节点屋架计算屋架在节点荷载作用下的构件轴力，并把由上述计算得到的屋架内力称为主内力。实际上，在屋架承载后，因节点刚性和位移还会在屋架中产生附加内力，即次内力，最终内力由主内力和次内力叠加得到。显然，次内力是对结构内力趋于实际真实内力的一种修正。在荷载作用下屋架的次弯矩与屋架的整体刚度和屋架组成构件的线刚度相关。屋架整体刚度愈大，节点的位移愈小，相应的次内力也愈小；构件线刚度愈大，次弯矩也愈大。研究表明，屋架构件中的次轴力一般较小，可以忽略；次弯矩对于屋架承载能力影响，与屋架破坏模式相关。对于以下弦破坏控制的屋架，次弯矩对承载能力的影响较小，对于以上弦破坏控制的屋架，则有较大影响。目前《混凝土结构设计规范》考虑次弯矩影响的具体做法是：

跨度小于 30m 的屋架，当按铰接桁架计算轴力和按连续梁计算上弦弯矩（即主内力）设计时，截面承载能力应乘以表 7.13 所示的强度降低系数 α，以考虑次内力的影响。

考虑次内力的强度降低系数 α 表 7.13

类 型	α
预应力混凝土多边形和梯形屋架的上弦杆	0.9~1.0
钢筋混凝土多边形和梯形屋架的上弦杆	0.8~0.9
受压腹杆	0.8~0.9
受拉腹杆和下弦杆	1.0

3. 构件的截面设计

屋架的上弦杆在有节间荷载作用时，按偏心受压构件设计，否则按轴心受压构件设计。上弦压杆的计算长度 l_0 按以下原则确定：屋架平面取节间的距离；对有檩体系屋架平面外的计算长度取横向支撑与屋架上弦连接点的距离；对无檩体系屋架，如屋面板宽度大于 3m，平面外的计算长度取 3m。屋架下弦杆忽略自重按轴心受拉构件设计，非预应力构件裂缝控制等级为三级，最大裂缝宽度要小于 0.3mm。屋架腹杆忽略自重后为轴心受拉或受压构件，受压构件的计算长度按以下规定取值：平面内，端压杆 $l_0 = l$（l 为节点之间的距离），其他腹杆 $l_0 = 0.8l$；平面外 $l_0 = l$。按拉杆设计时，其最大裂缝宽度要小于 0.2mm。

4. 屋架的施工阶段验算

屋架一般平铺浇筑，在安装前应翻身扶直后再进行吊装。一般采用图 7.54 示的 4 个起吊点，故在屋架扶直时，整个屋架下弦不脱离地面，围绕其旋转，此时屋架上弦平面外弯曲受力最不利，其屋架上弦为一个连续梁，计算简图如图 7.74 所示。此时，应分别验算屋架上弦平面外抗裂度和抗弯承载能力。在屋架吊装时，其受力状况如图 7.75 所示，屋架上弦同样会受到较大拉力，与使用阶段受力明显不同。此时，上弦是以起吊点为支点的连续

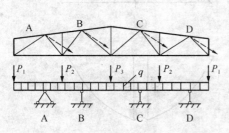

图 7.74 屋架翻身扶直时的计算简图

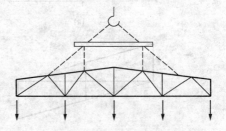

图 7.75 屋架吊装时的计算简图

梁，需要对其平面内抗裂度和抗弯承载能力进行验算。在施工阶段验算时，上弦承受除了本身自重（均布荷载）外，还应考虑腹杆的一半重量，在荷载计算时需要考虑动力系数1.5。

7.9 混凝土吊车梁的设计要点

吊车梁是单层工业厂房中的重要构件之一，它主要承担吊车在起重、移动过程产生的竖向、水平移动荷载，同时它也起到连接横向平面排架、加强厂房纵向刚度的作用。吊车荷载区别于一般荷载，是一种移动动力荷载，致使吊车梁受力远比一般混凝土梁复杂，其设计要充分考虑吊车荷载作用的影响。下面简述吊车梁的设计特点。

1. 吊车荷载特性

1) 吊车荷载是两组在竖向、水平方向移动的荷载；

2) 吊车荷载具有动力作用特性；

3) 吊车荷载具有重复作用特性；

4) 吊车荷载是偏心荷载，会使吊车梁产生扭转。

2. 混凝土吊车梁的设计特点

上述吊车荷载特性使混凝土吊车梁的设计具有以下特点：

1) 需要利用影响线确定梁控制截面的最大内力值

作用在吊车梁上有两组移动荷载，一组为移动竖向荷载 P，一组为移动水平荷载 H。在自重和 P 作用下吊车梁产生竖向弯曲，在自重、P、H 共同作用下吊车梁产生双向弯曲。由于是移动荷载，故需要用结构力学影响线方法求得控制截面的最大内力值。图7.76为考虑两台吊车竖向集中力作用的情况。可以证明，当移动荷载合力 R 与相邻集中力 P 距离 a 的平分线与梁的中心线重合时，则此移动荷载布置使得集中力 P 作用位置截面的弯矩值最大。也就是说，吊车梁弯矩最大值并不是发生在跨中，而是在其附近某一位置上取得。从最大弯矩截面至支座位置的弯矩包络图变化可以近似地认为二次抛物线，考虑到合力 R 对中心轴位置有两种可能（图7.76a，b），整个吊车梁弯矩包络图呈"鸡心形"，弯矩、剪力包络图如图7.76（c），（d）所示。

2) 需要对吊车梁进行疲劳承载能力验算

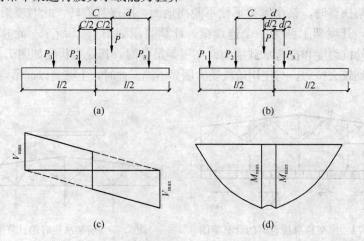

图 7.76 两台吊车竖向移动荷载作用下的吊车梁内力包络图

若厂房设计使用年限为 50 年，对于重级工作制吊车(A6～A8)其实际使用次数可达到
(4～6)×10⁶次，对于中级工作制吊车(A4～A5)也可能有 2×10⁶ 使用次数。显然，在这种高
频重复荷载作用下材料会因疲劳发生破坏，故对直接承受吊车的构件设计，除了计算静荷载
作用下性能外，还需进行疲劳承载能力验算。受弯构件疲劳承载能力验算，《混凝土结构设
计规范》采用允许应力设计方法，荷载采用标准值，吊车荷载乘以动力系数。当吊车梁跨度
不大于 12m 时，可采用一台吊车。另外，材料强度采用相应的疲劳设计强度值。在疲劳验
算时，应计算下列部位的混凝土应力和钢筋应力幅，并要求不大于规范的规定值。

① 正截面受压区边缘纤维的混凝土应力和纵向受拉钢筋的应力幅；

② 截面中和轴处混凝土的剪应力和箍筋的应力幅。

【注释】对于双筋截面中纵向受压钢筋可不进行疲劳验算。

正截面疲劳应力验算时，采用以下基本假定计算混凝土和钢筋应力：

① 截面应变符合平截面假定；

② 受压区混凝土正应力呈三角形分布；

③ 不考虑截面混凝土抗拉作用，拉力全部由钢筋承担；

④ 采用换算截面的材料力学公式计算应力。

3）吊车荷载需要乘以动力系数

吊车荷载具有冲击和振动特征，故把吊车荷载处理为静力作用时，需要乘以动力系数
予以放大，以反映吊车荷载动力特征。对轻、中级工作制的软钩吊车动力系数 μ 为 1.05，
对重级工作制软钩吊车、硬钩吊车和其他吊车其动力系数 μ 可取 1.1。

4）吊车梁是弯、剪、扭复合受力构件

前述吊车梁在吊车竖向荷载作用下是双向弯曲构件，实际上吊车竖向荷载并不作用在
吊车梁横截面弯曲中心，会产生扭矩。另外，水平吊车荷载作用
在轨道顶面，与横截面弯曲中心有较大偏心，产生较大的扭矩作
用（图 7.77）。因而，吊车梁是一个弯、剪、扭复合受力构件，
需按教材《上册》进行截面的弯、剪、扭共同作用下承载能力计
算。计算吊车产生的扭矩按两种情况考虑：

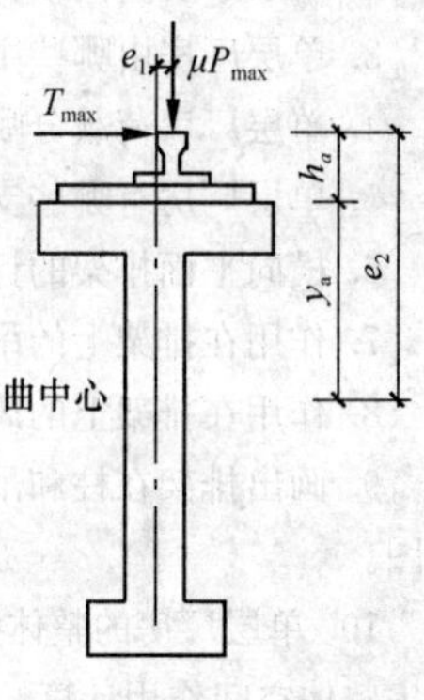

（1）静力计算

考虑两台吊车，按以下公式计算每个轮子产生的静力扭
矩 m_T

$$m_T = 0.7 \times (\mu P_{max} e_1 + T_{max} e_2) \qquad (7\text{-}20)$$

（2）疲劳验算

图 7.77　吊车梁扭矩计算

考虑一台吊车，且不考虑吊车横向水平荷载，即按以下公式
计算每个轮子产生的疲劳验算扭矩 m_T^F

$$m_T^F = 0.8 \mu P_{max} e_1 \qquad (7\text{-}21)$$

式中　e_1——吊车轨道对吊车梁横截面弯曲中心的偏心距，一般取 $e_1 = 20\text{mm}$；

e_2——吊车轨顶至吊车梁横截面弯曲中心的偏心距，一般取 $e_1 = h_a + y_a$；

h_a——吊车轨顶至吊车梁梁顶面的距离，一般取 $h_a = 200\text{mm}$；

y_a——吊车梁横截面弯曲中心至梁顶面的距离；

μ——动力系数。

【提示】由上述公式求得的是一个轮子产生的扭矩，多个轮子下的最大扭矩影响线与前面支座反力影响线相同，故总扭矩 $M_T = \sum m_T y_i$。另外，公式中 P_{max}，T_{max} 分别为吊车最大轮压和横向水平吊车荷载。

主 要 参 考 文 献

[1] 东南大学，同济大学，天津大学．混凝土结构与砌体结构设计(第五版)．北京：中国建筑工业出版社，2012.
[2] 罗福午，邓雪松．建筑结构(第2版)．武汉：武汉理工大学出版社，2012.
[3] 中华人民共和国国家标准．混凝土结构设计规范 GB 50010—2010．北京：中国建筑工业出版社，2011.
[4] 中华人民共和国国家标准．建筑抗震设计规范 GB 50011—2010．北京：中国建筑工业出版社，2010.
[5] 中华人民共和国国家标准．建筑结构荷载规范 GB 50009—2012．北京：中国建筑工业出版社，2012.
[6] 王祖华．混凝土结构设计．广州：华南理工大学出版社，2008.
[7] 周建民，李杰，周振毅．混凝土结构基本原理．北京：中国建筑工业出版社，2014.
[8] 顾祥林．建筑混凝土结构设计．上海：同济大学出版社，2011.
[9] 罗福午．主编．单层工业厂房结构设计．北京：清华大学出版社，1990.
[10] 余志武，袁锦根．混凝土结构与砌体结构设计(第三版)．北京：中国铁道出版社，2013.

思 考 题

1. 单层厂房建筑与多层厂房或民用建筑相比有何特点？

2. 单层厂房竖向结构体系、水平结构体系的构思有何特点？横梁的构思主要考虑哪些因素？

3. 单层厂房由哪些主要构件组成？各自作用是什么？

4. 单层厂房荷载分哪几类？竖向荷载、水平荷载按哪些途径传递的？

5. 单层厂房有哪些支撑？各自作用是什么？如何布置？

6. 横向平面排架的计算简图有什么基本假定？在哪些情况下这些假定是不适合的？

7. 作用在排架上的吊车竖向荷载 D_{max}，D_{min} 及吊车水平荷载 T_{max} 是如何计算的？

8. 作用在排架上的风荷载(柱顶以下和以上)是如何计算的？

9. 画出排架在柱和吊车梁自重、屋架自重、屋面活荷载、吊车荷载和风荷载等作用下各自的计算简图。

10. 单层厂房的整体空间作用含义是什么？整体空间作用程度与哪些因素有关？哪些厂房荷载需要考虑整体空间作用计算？

11. 排架内力分析的荷载组合原则是什么？要考虑哪几种荷载组合？荷载组合如何进行简化考虑？

12. 何为长牛腿、短牛腿？牛腿的计算简图如何取？牛腿有哪些构造要求？

13. 剪力分配法计算等高排架的基本原理是什么？单阶排架柱的抗侧刚度的物理意义是什么？

14. 厂房柱在设计时要考虑哪些问题？

15. 吊车梁受力有哪些特点？其设计方法与普通梁有何异同点？

16. 屋架荷载组合要考虑哪几种？其内力计算有何特点？

习 题

1. 某双跨等高单层厂房，每跨各设两台软钩桥式吊车，起重量30/5t，求边柱承受的吊车竖向最大荷载和水平最大荷载的标准值。吊车相关数据如下：

起重量(t)	厂房跨度(m)	最大轮压(kN)	小车重(kN)	吊车总重(kN)	轮距(mm)	吊车宽度(mm)
30/5	22.5	297	107.6	370	5000	6260

2. 已知某单跨单层厂房的柱距为 6m，基本风压 $w_0 = 0.45 \mathrm{kN/m^2}$，B 类场地，风压体型系数 μ_s 如图 7.78 所示。排架柱上柱截面惯性矩 $I_u = 2.13 \times 10^9 \mathrm{mm^4}$，下柱截面惯性矩 $I_L = 14.38 \times 10^9 \mathrm{mm^4}$。现要求：

1）画出风荷载（从左到右作用）作用下的排架计算简图；

2）用剪力分配法计算柱子的内力；

3）画出排架的弯矩图。

3. 某单跨单层厂房跨度为 24m，长度为 72 m，采用大型屋面板屋盖，两端设有山墙。厂房设置 2 台 20/5t 的软钩桥式吊车。已知：吊车竖向荷载 $D_{max} = 603.5 \mathrm{kN}$，$D_{min} = 179.3 \mathrm{kN}$，对下柱偏心距 $e = 0.35 \mathrm{m}$；$H_u = 3.9 \mathrm{m}$；$H = 13.1 \mathrm{m}$；$I_u = 2.13 \times 10^9 \mathrm{mm^4}$；$I_L = 14.38 \times 10^9 \mathrm{mm^4}$（图 7.79）。现要求：计算考虑厂房整体空间作用时排架柱的内力，并画出 M、N、V 图。

4. 图 7.80 所示牛腿，已知竖向力设计值 $F_v = 400 \mathrm{kN}$，水平力设计值 $F_h = 80 \mathrm{kN}$，采用 C30 混凝土和 HRB400 钢筋。现要求计算牛腿的水平纵向受力钢筋，并画配筋图。

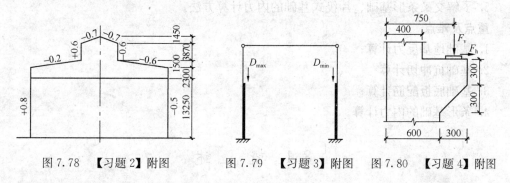

图 7.78 【习题 2】附图 　　图 7.79 【习题 3】附图 　　图 7.80 【习题 4】附图

第8章 钢筋混凝土基础设计

基础是房屋结构的重要组成部分，工程中最常用的是钢筋混凝土基础。本章介绍了钢筋混凝土基础的基本类型和适用范围、重点阐述了柱下独立基础、条形基础的设计流程和设计方法，并对交叉条形基础、片筏式基础的设计和构造要求等也作了简要介绍。

教学目标

1. 熟悉钢筋混凝土基础基本的类型、及各自特点和适用范围；
2. 理解基础设计的三种基本假定，重点掌握第一种假定；
3. 掌握柱下独立基础的设计方法和构造要求；
4. 理解柱下条形基础的内力计算方法；
5. 了解交叉条形基础、片筏式基础的内力计算方法。

重点及难点

1. 基础地基反力计算；
2. 基础抗冲切计算；
3. 基础底板配筋计算；
4. 条形基础的内力计算。

8.1 概　　述

前述，基础与屋盖一样也是任何房屋建筑不可分割的重要组成部分，它将由上部竖向结构柱或墙传来的荷载传递给地基，起了"承上启下"的关键作用。因而，基础设计实际上包括地基和基础两部分内容，前者要求地基应力和变形满足控制要求，后者要求基础本身截面尺寸和配筋要满足承载能力和使用极限状态要求。基础设计的好坏对房屋建筑安全性和使用性会产生重大影响，有时甚至起到关键作用。房屋建筑中钢筋混凝土基础主要有4 种类型：1）柱下独立基础（图 8.1 a）；2）条形基础（包括十字交叉条形基础）（图 8.1b、c）；3）平板片筏式基础（图 8.1d）；3）梁板片筏式基础（图 8.1e）；4）箱形基础（图 8.1f）。这些基础与地基接触深度一般不大，故有时也称其为浅基础。当地基承载能力或变形不能满足设计要求时，可采用桩基础将荷载传递到下面较深的持力层，由桩和承台（独立、梁、板形式）形成的基础也称为深基础。基础类型的选择既要根据房屋的地基条件，又要考虑材料价格、劳动力、以及结构和使用方面等要求。通常，在地基条件较好情况下，对于单层厂房和低层框架结构的柱子可以采用独立基础。柱下独立基础分为现浇和预制两种形式，工程上现浇的应用更广泛。条形基础的截面为倒 T 形，能把上部柱子或墙体承受的荷载较为均匀地传递到下面地基。当地基条件不是很好情况下，对于多层房屋结构一般采用条形基础。条形基础将上部柱子或墙体在一个方向上形成整体，提高了结构的平面刚度，减少了沿条形基础方向的不均匀沉降。若地基条件较差，且结构在两个方

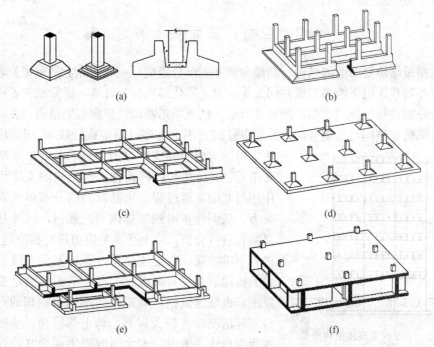

图 8.1 各种类型的钢筋混凝土浅基础

(a) 柱下独立基础；(b) 条形基础；(c) 十字交叉条形基础；(d) 平板片筏式基础；

(e) 梁板片筏式基础；(f) 箱形基础

向上受力比较接近时，可以考虑在纵向、横向同时布置条形基础，形成十字交叉条形基础。交叉条形基础不仅扩大了基础底面积，而且将上部结构的所有竖向构件柱或墙体形成整体，提高了结构的空间刚度，有效减少了结构的不均匀沉降。

当地基条件很差情况下，且结构层数较多或承受较大荷载作用时，采用十字交叉条形基础也无法满足要求。此时，可以设想同时扩大纵向、横向条形基础底面积，形成一块大平板，也即片筏式基础。显然，它与地基接触面积更大，对上部竖向构件构成更强的约束，基础与上部结构整体性更好，能更有效减少结构的不均匀沉降。

对于高层建筑结构来说，为了保证结构的侧向稳定性，基础需要有较大的埋深。无论从减少基础的覆土，还是提高建筑的有效使用空间角度，设置地下室是一种常用的工程做法。地下室形式的箱形基础是一种空间结构，其刚度要比平板大得多，对提高基础与结构整体性，减少不均匀沉降的作用更为显著。

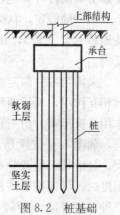

图 8.2 桩基础

当浅层地基的承载能力或变形能力无法满足要求时，需要采用桩基础（图 8.2）。柱基础有桩和承台两部分组成。按力传递方式，桩分为摩擦桩、端承桩两种；按施工方式又分为预制桩和钻孔灌注桩两种。承台形式可以参照浅基础进行选择。在桩基础设计时，若同时考虑承台下面地基承受作用的，这种桩基础也称为桩-筏共同作用基础。通常，为了简化基础设计，可以不考虑承台与地基的作用，即认为上部传来的荷载全部有桩基础承担。

8.2　基础计算的基本假定

前述建筑结构是由上部结构、基础和地基三部分组成，三者实际上是密切关联的一个整体，在外荷载作用下能够形成共同工作。为了简化结构分析计算，通常把三者作为独立结构单元分别进行计算。例如，图8.3所示一柱下条形基础的平面框架结构，在计算时可以先将上部框架结构与基础分离，并假定柱脚为不动支座（固定或铰接），用结构力学方法求得结构内力和支座反力。然后，取出基础结构独立单元进行分析，此时需把上部结构的支座反力反向作用与基础，通过假定地基反力的分布形式求得地基反力，从而计算得到基础内力。最后，以地基结构独立单元进行分析，由上述地基应力进行相应地基计算。读者不难发现，在上述简化计算地基反力时只考虑了力的传递，并没有考虑到三者之间需要满足变形协调要求，也就是说把三者都视为刚体来处理的，这显然与实际情况存在较大误差。将上部结构、基础和地基视为变形体，考虑三者之间变形协调的基础计算方法

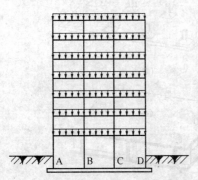

图8.3　平面框架整体结构模型

称为考虑共同作用分析计算方法，一般采用有限元分析，其计算量大，国内外目前还处于研究探索阶段。在实际计算时，有时忽略上部结构刚度的影响，或将上部结构刚度影响合并到基础刚度考虑，也即只考虑地基与基础共同作用问题，此时可以把基础看成放置在弹性地基上梁（板），采用所谓的弹性地基计算方法。

基础设计首要问题是如何求得与实际状态相符的地基应力分布，但这个问题与上部结构刚度、基础刚度，以及地基土的物理力学性质等众多因素相关，其分析非常复杂，目前尚无统一的精确计算方法，只能基于一下假定给出一些近似计算方法。基础设计关于地基应力分布和计算主要有以下三种假定：

第一种假定，认为地基应力为线性分布，由基础刚体静力平衡方程计算地基对基础产生的净反力；

第二种假定，认为地基应力与沉降呈正比，由基础静力平衡方程，并通过基础与地基变形协调条件计算地基对基础产生的净反力；

第三种假定，认为地基是半无限弹性体，基础是一个弹性地基上梁（板），由弹性理论计算地基对基础产生的净反力。

采用第一种假定的基础计算方法也就是不考虑地基与基础相互作用，而后两种假定都可归结为考虑地基与基础相互作用计算范畴。由三种假定计算得到的地基反力分布各不相同，如图8.4依次所示。一般来说，对于上部结构刚度较大，且地基、荷载分布比较均匀时，在设计的基础具有较大刚度时，可以按第一种假定进行基础计算。反之，可采用第二种，或者第三种假定计算可能更好地符合地基应力实际

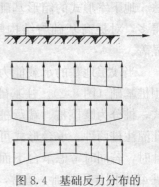

图8.4　基础反力分布的
三种假定

分布。

本教材只介绍按第一种假定的基础计算方法，即由刚体平衡求得地基净反力后，直接计算基础内力。柱下独立基础是单一构件，通过静力平衡方程即可计算各控制截面内力；柱下条形基础、片筏式基础是由基础梁（或板）与上部柱子组成的结构，其内力计算一般采用倒梁（楼盖）法，即把柱子视为支座，基地净反力作为荷载，把基础梁（板）作为倒置的多跨连续梁（板）来计算各控制截面的内力。

8.3 柱下独立基础

柱下独立基础按受力形式分为：轴心受压和偏心受压两种情况。从外形上看，柱下独立基础又称为柱下扩展基础，它有锥形和阶梯形两种，见图 8.5。柱下扩展基础设计的主要流程为：①确定基础底面尺寸；②确定基础高度和变阶处高度；③计算底板钢筋截面面积；④构造要求和绘制基础平面布置与配筋施工图。

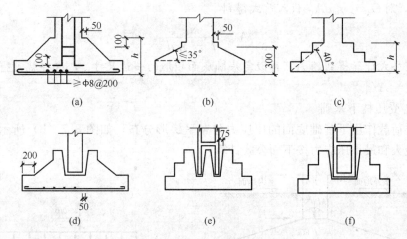

图 8.5　各种形式的柱下独立基础

（a）现浇锥形基础；（b）现浇锥形基础；（c）现浇阶形基础；（d）预制矩形截面柱阶形基础；
（e）预制双肢柱阶形基础；（f）预制双肢柱阶形单杯基础

8.3.1　确定基础底面尺寸

在地基土反力为线性分布时，按静力平衡条件就可求得地基土压应力。基础的底面尺寸由总的荷载作用下地基应力不超过《建筑地基基础设计规范》GB 50007—2011（以下简称《地基基础规范》）规定的地基承载能力条件确定。

1. 轴心受压独立基础

在轴心荷载作用下基础底面的压应力分布呈均匀分布，如图 8.6 所示。基础压应力计算公式为

$$p_k = \frac{N_{bk} + G_k}{A} \tag{8-1}$$

《地基基础规范》规定的轴心受压基础地基应力满足条件为：

$$p_k = \frac{N_{bk} + G_k}{A} \leqslant f_a \tag{8-2}$$

式中　N_{bk}——柱子传到基础顶面的，由荷
载效应标准组合得到的轴力
标准值；

G_k——基础及基础上方覆土的重力
标准值；

A——基础底面积；

f_a——考虑基础深度、宽度修正的
地基承载力特征值。

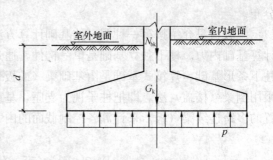

图8.6　轴心受压基础计算简图

【提示】按《地基基础规范》规定，当
基础宽度大于 0.5m 时，从载荷试验或其他原位测试、经验法等方法
确定的地基承载力特征值，尚应按下式修正：

$$f_a = f_{ak} + \eta_b \gamma (b - 3) + \eta_d \gamma_m (d - 0.5)$$

设基础埋置深度为 d，基础及基础上方覆土重力密度的平均值为 γ_m（可近似取 $\gamma_m = 20 \text{kN/m}^2$），则 $G_k = \gamma_m dA$，代入前式得到

$$A \geqslant \frac{N_k}{f_a - \gamma_m d} \tag{8-3}$$

由上述公式计算得到的 A，再假定基础底面矩形的一边尺寸 a，这样就可得到基础另一边尺寸 $b = A/a$。

2. 偏心受压柱下基础

在偏心荷载作用下基础底面的压应力分布呈梯形分布，如图 8.7（b）所示。基础底面边缘的最大和最小压应力按下面公式计算：

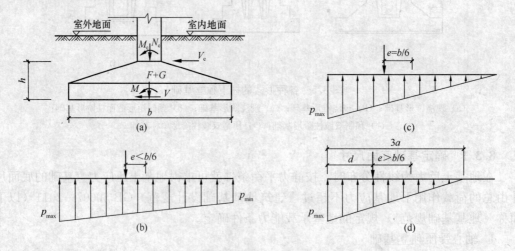

图8.7　偏心受压基础计算简图
（a）基础受力示意；（b）地基应力梯形分析；（c）地基应力三角形分析
（边缘应力为零）；（d）地基应力部分受压

$$p_{k,max} = \frac{N_{bk} + G_k}{A} + \frac{M_{bk}}{W}$$

$$p_{k,min} = \frac{N_{bk} + G_k}{A} - \frac{M_{bk}}{W} \tag{8-4}$$

式中 M_{bk}——作用于基础底面的弯矩标准组合值，$M_{bk} = M_k + N_{wk}e_w$；

N_{bk}——作用于基础底面的轴向力标准组合值，$N_{bk} = N_k + N_{wk}$；

N_{wk}——由基础梁传来的围护结构竖向荷载组合值；

e_w——基础梁中心线至基础底面中心的距离；

W——基础底面面积的抵抗矩，$W = \dfrac{ab^2}{6} = \dfrac{Ab}{6}$。

令 $e = \dfrac{M_{bk}}{N_{bk} + G}$，并代入前式得到

$$p_{k,max} = \frac{N_{bk} + G_k}{A}\left(1 + \frac{M_{bk}}{N_{bk} + G_k} \times \frac{A}{W}\right) = \frac{N_{bk} + G_k}{ab}\left(1 + \frac{6e}{b}\right) = p_{k,m}\left(1 + \frac{6e}{b}\right)$$

$$p_{k,min} = \frac{N_{bk} + G_k}{A}\left(1 - \frac{M_{bk}}{N_{bk} + G_k} \times \frac{A}{W}\right) = \frac{N_{bk} + G_k}{ab}\left(1 - \frac{6e}{b}\right) = p_{k,m}\left(1 - \frac{6e}{b}\right)$$

$$(8\text{-}5)$$

在设计偏心受压基础时，基础底面尺寸应该满足《地基基础规范》对地基土最大应力、最小应力和平均应力的控制条件。

1）地基土平均压应力 $p_{k,m}$ 不大于地基承载力 f_a

$$p_{k,m} = \frac{N_{bk} + G_k}{A} = \frac{p_{k,max} + p_{k,min}}{2} \leqslant f_a \qquad (8\text{-}6)$$

2）地基土最大压应力 $p_{k,max}$ 不大于 1.2 倍地基承载力 f_a

$$p_{k,max} \leqslant 1.2f_a \qquad (8\text{-}7)$$

【注释】①地基土最大压应力是局部范围，而且又是主要由活荷载产生的，故可以允许适当放大一些；②由前面公式可知，当 $e > \dfrac{b}{6}$ 时，$p_{k,min} < 0$，表示基础底面积一部分为拉应力，但基础与地基之间不可能受拉，这部分基础实际上是与地基脱开，因而 $p_{k,max}$ 需要按图 8.7（d）所示的压应力分布重新计算。由竖向力平衡条件得到

$$p_{k,max} = \frac{2(N_{bk} + G_k)}{3da}$$

$$d = \frac{b}{2} - e$$

确定偏心受压基础底面尺寸一般采用试算法，步骤如下：

① 按轴心受压基础式（8-3），计算基础底面积 A；

② 考虑偏心影响，将 A 增大 20%～40%，即基础底面积取 $(1.2 \sim 1.4)A$；

③ 按式（8-5）计算地基土的最大压应力 $p_{k,max}$、平均压应力 $p_{k,m}$；

④ 验算条件式（8-6）、式（8-7），若不符合则修改底面尺寸 a，b，直至符合要求为止。

8.3.2 独立基础高度的确定

研究表明，若基础高度不够，在柱传给基础底面产生的地基净反力作用下，基础可能产生冲切破坏。这种冲切破坏是沿柱边大致呈 45° 方向台锥截面发生的混凝土受拉破坏，如图 8.8（a）所示。所以基础高度除了满足必要的构造要求外，主要是要满足冲切面上混凝土不拉坏要求，也就是要使冲切面上混凝土的冲切力 F_l 不大于冲切面的抗冲切承载力。对于阶梯形柱下独立基础而言，变阶处 45° 方向冲切面也可能发生冲切破坏。因而，冲切

承载能力计算的控制截面为沿柱边或变阶处 45°扩展的台锥体四个面中的最不利一面，其形式为多边形（图 8.8b）。由此可见，基础高度是主要由在地基净反力作用下基础最不利冲切面上混凝土不开裂的条件确定的。

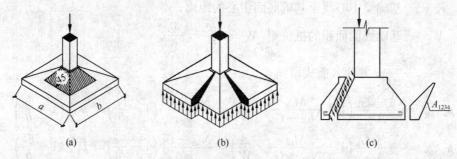

图 8.8　基础冲切破坏简图

1）地基净反应力计算公式

因基础自重及覆土重量直接与地基反力平衡，不会对基础产生作用力，故由基础实际承受的地基最大净反应力计算可以由公式扣除 G_k 得到，即

$$p_{s,max} = \frac{N_{bk}}{A} + \frac{M_{bk}}{W} \tag{8-8}$$

2）抗冲切承载能力计算公式

现取如图 8.8（c）所示的 45°方向台锥的最不利冲切面外侧部分为隔离体进行分析，并设冲切面上混凝土平均拉应力为 $\sigma_{ct,m}$，由隔离体力的竖向平衡得到

$$F_l = p_{s,max} A_l = \sigma_{ct,m} A_{1234} \cdot \sin45° = \sigma_{ct,m} A_2 \rightarrow \sigma_{ct,m} = \frac{F_l}{A_2}$$

《地基基础规范》给出的冲切面不发生破坏条件为：

$$\sigma_{ct,m} = \frac{F_l}{A_2} \leqslant 0.7\beta_{hP} f_t \rightarrow F_l \leqslant 0.7\beta_{hp} f_t A_2 \tag{8-9}$$

其中

$F_l = p_{s,max} A_1$ ——基础承受的最大冲切力设计值（kN）；

$p_{s,max}$ ——按荷载效应基本组合计算并考虑结构重要性系数的基础底面地基净反应力设计值；

β_{hp} ——受冲切承载能力截面高度影响系数，当 h 不大于 800mm 时，$\beta_{hp}=1.0$；当大于或等于 2000mm 时 $\beta_{hp}=0.9$，期间按线性内插取用；

f_t ——混凝土轴心抗拉强度设计值（kPa）；

A_1 ——冲切破坏锥体外侧基础与地基接触面积；

A_2 ——冲切破坏锥体最不利冲切面面积。

3）A_1、A_2 的计算

基础尺寸不同，冲切锥体可能在基础内，也可能在基础以外，如图 8.9、图 8.10 所示。上述两种情况的 A_1、A_2 计算公式如下：

（1）$b \geqslant b_t + 2h_0$（冲切锥体在基础内情况，见图 8.9）

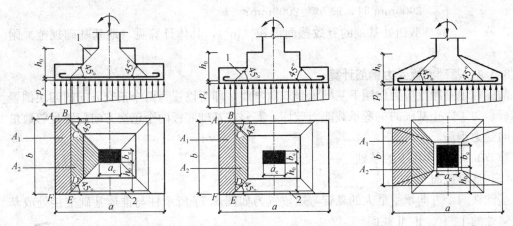

图 8.9　冲切破坏锥体在基础底面以内　　　图 8.10　冲切破坏锥体的底面在
b 方向落在基础底面以外

$$A_1 = \left(\frac{a}{2} - h_0 - \frac{a_t}{2}\right)b - \left(\frac{b}{2} - \frac{b_t}{2} - h_0\right)^2$$

$$A_2 = \frac{1}{2}(b_t + b_t + 2h_0)h_0 = (b_t + h_0)h_0 \tag{8-10}$$

（2）$b < b_t + 2h_0$（冲切破坏锥体底面有小部分落在基础底面以外情况，见图 8.10）

$$A_1 = \left(\frac{a}{2} - h_0 - \frac{a_t}{2}\right)\left(\frac{b}{2} + \frac{b}{2}\right) = \left(\frac{a}{2} - h_0 - \frac{a_t}{2}\right)b$$

$$A_2 = (b_t + h_0)h_0 - \left(h_0 + \frac{b_t}{2} - \frac{b}{2}\right)^2 \tag{8-11}$$

上式中 a_t 为冲切破坏锥体最不利面多边形的上边边长。当控制截面位置为柱与基础交接处时，a_t 等于柱截面宽度；当控制截面位置为阶梯形基础变阶处时，a_t 取上阶宽度。

b_t 为冲切破坏锥体有利面多边形的上边边长。当控制截面位置为柱与基础交接处时，b_t 等于柱截面长度；当控制截面位置为基础变阶处时，b_t 取上阶长度。h_0 为柱与基础交接处或基础变阶处的截面有效高度，取两个方向配筋的截面有效高度平均值。

在设计时一般先根据构造要求假定基础高度，然后用公式验算，若不满足，增大基础高度重新验算，直至符合要求。

【提示】当基础底面完全包含在冲切破坏锥体底面以内时，说明基础不承担冲切力，故不需要进行抗冲切计算。

8.3.3　柱与基础交接处截面抗剪验算

当基础底面短边尺寸小于或等于柱宽加两倍基础有效高度时，应按下列公式验算柱与基础交接处截面抗剪承载能力：

$$V_s \leqslant 0.7\beta_{hs}f_tA_0 \tag{8-12}$$

$$\beta_{hs} = (800/h_0)^{1/4} \tag{8-13}$$

式中　V_s ——相应作用的基本组合时，柱与基础交接处的剪力设计值（kN），由验算截面外侧部分与地基接触面积乘以平均净反力得到；

β_{hs} ——受剪承载能力截面高度影响系数，当 $h_0 < 800\text{mm}$ 时，取 $h_0 = 800\text{mm}$；当

$h_0 > 2000\text{mm}$ 时，取 $h_0 = 2000\text{mm}$；

A_0 ——验算截面处基础的有效截面面积（m²），具体计算见《地基基础规范》附录 U。

8.3.4 基础底板受力钢筋计算

前述在地基净反应力作用下基础承受双向弯曲，即可以视为两个正交方向的四块倒置悬臂板。为了防止基础的抗弯承载能力破坏，需要在基础底板两个正交方向配置足够数量的纵向受力钢筋。

1) 轴心荷载作用下的基础

（1）计算截面

基础在两个方向承受最大的悬臂弯矩位置为如图 8.11 所示柱与锥形基础交接处或基础变阶处的Ⅰ-Ⅰ、Ⅱ-Ⅱ截面。

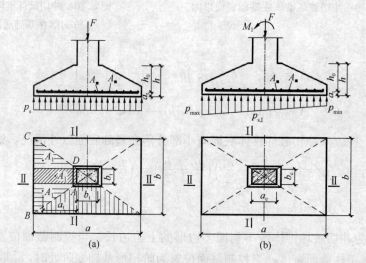

图 8.11　矩形基础底板计算简图

（2）计算弯矩

与Ⅰ-Ⅰ截面对应的基础底板为 $ABCD$ 梯形，由该梯形承受地基净反力在Ⅰ-Ⅰ截面形成的计算弯矩 $M_{1\text{-}1}$ 等于该梯形地基净反应力合力对Ⅰ-Ⅰ截面弯矩，即

$$M_{1\text{-}1} = \frac{1}{24} p_{\text{s}} (a - a_{\text{c}})^2 (2b + b_{\text{c}}) \tag{8-14}$$

同理，沿短边方向Ⅱ-Ⅱ截面的计算弯矩 $M_{2\text{-}2}$ 为

$$M_{2\text{-}2} = \frac{1}{24} p_{\text{s}} (b - b_{\text{c}})^2 (2a + a_{\text{c}}) \tag{8-15}$$

（3）纵向受拉钢筋计算

沿长边方向基础底板的受拉钢筋面积 A_{s1} 一般放在最底层，可直接按以下近似公式计算

$$A_{\text{s1}} = \frac{M_{1\text{-}1}}{0.9 f_{\text{y}} h_{01}} \tag{8-16}$$

式中，h_{01} 为截面 I-I 的有效高度，$h_{01} = h - a_s$，当基础下垫层有混凝土时，取 $a_s = 40\text{mm}$，无混凝土垫层时，取 $a_s = 70\text{mm}$。

沿短边方向的纵向受力钢筋要比沿长边方向的受力小，故一般放在沿长边方向钢筋上面，因而沿短边方向的纵向受力钢筋计算公式为

$$A_{s2} = \frac{M_{2-2}}{0.9 f_y (h_{01} - d_s)} \tag{8-17}$$

式中，d_s 为基础底板沿长边方向布置受拉钢筋的直径。

2）偏心受压基础

偏心受压基础的基底净反应力分布是不均匀的，如图 8.11（b）所示。弯曲破坏的截面位置不一定在柱与锥形基础交接处或变阶处的 I-I、II-II 截面，需要根据净反应力分布情况和基础高度变化来确定相应的计算截面，计算比较复杂。为了简化计算，可以假定计算截面仍然为 I-I、II-II 截面，采用轴心受压公式计算，只需在计算弯矩 M_{1-1}、M_{2-2} 时分别用 $(p_{s,\max} + p_{s,1})/2$，$(p_{s,\max} + p_{s,\min})/2$ 代替原公式得 p_s 即可。

【注释】对于有变阶的基础，除取柱与基础交接处为计算截面外，还要考虑变阶处为计算截面，最终底板纵向受力钢筋面积应该为两者计算值中的较大者。

8.3.5 构造要求

1. 一般要求

轴心受压基础的底面一般采用正方形，而偏心受压基础的底面一般为矩形，矩形长边与弯矩作用方向平行，长、短边的比值在 1.5~2.0，一般不超过 3.0。独立锥形基础的边缘高度不宜小于 300mm，阶形台阶基础的每阶高度宜为 300~500mm。

混凝土强度等级不宜小于 C20，基础下垫层一般为 C10 素混凝土，厚度为 100mm。垫层面积比基础面积大，每端伸出基础边 100mm。

基础底板受力钢筋宜采用 HRB400、HRB335 钢筋，其最小直径不宜小于 8mm，间距不宜大于 200mm。当基础底板边长大于或等于 2.5m 时，沿此方向钢筋长度可以减短 10%，但宜交错布置，见图 8.12。

对于现浇柱基础，基础中柱子插筋与柱的纵向受力钢筋相同，柱子插筋在基础埋置长度要满足不小于锚固长度要求，一般情况下，柱子插筋下端宜做成直钩放在基础底板钢筋上。若柱为轴心或小偏心受压，且基础高度不小于 1200mm，或者柱为大偏心受压，且基础高度不小于 1400mm，为了节省钢筋可以仅将四角的插筋伸至底板钢筋网片上，而其余插筋埋置深度只要满足锚固长度要求即可，如图 8.13 所示。

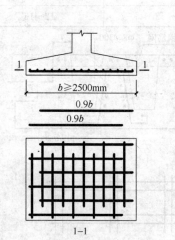

图 8.12 基础底板配筋示意

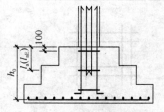

图 8.13 现浇柱基础插筋构造

2. 预制基础的杯口形式和柱插入深度

当预制柱的截面形式为矩形及工字形时，基础可采用单杯口形式；当为双肢柱时，可采用双杯口，也可为单杯口形式，杯口的构造如图 7.72 所示。

为了保证柱子与基础有足够嵌固，预制柱子插入基础深度 H_1 应满足表 7.11 的要求，同时还要符合柱纵向钢筋锚固长度和吊装时稳定性的要求，即应使满足 $h_1 \geqslant 0.05$ 倍柱长（指吊装时的柱长）。基础的杯底厚度 a_1 和杯壁厚度 t 可按表 8.1 选用。

基础的杯底厚度和杯壁厚度　　　　　　　　表 8.1

柱截面长边尺寸 h（mm）	杯底厚度 a_1（mm）	杯壁厚度 t（mm）
$h < 500$	$\geqslant 150$	$150 \sim 200$
$500 \leqslant h < 800$	$\geqslant 200$	$\geqslant 200$
$800 \leqslant h < 1000$	$\geqslant 200$	$\geqslant 300$
$1000 \leqslant h < 1500$	$\geqslant 250$	$\geqslant 350$
$1500 \leqslant h < 2000$	$\geqslant 300$	$\geqslant 400$

【注释】1. 双肢柱的杯底厚度值，可适当放大；2. 当有基础梁时，基础梁下的杯壁厚度，应满足其支承宽度要求；3. 柱子插入杯口部分的表面应凿毛，柱子与杯口之间的空隙，应用比基础混凝土强度等级高一级的细石混凝土充填密实，当达到混凝土强度设计值 70% 以上时，方能进行上部结构的吊装。

3. 基础杯口的配筋构造

当柱为轴心或小偏心受压且 $t/h_2 \geqslant 0.65$ 时，或大偏心受压且 $t/h_2 \geqslant 0.75$ 时，杯壁可以不配筋；当当柱为轴心或小偏心受压且 $0.5 \leqslant t/h_2 < 0.65$ 时，杯壁可按表 8.2 的要求进行配筋，钢筋放置于杯口顶部，每边两个，如图 8.14 所示。若不满足上述条件，需要按计算配筋。

当双杯口基础的中间隔板宽度小于 400mm 时，应在隔板内配置 $\Phi 12@200$ 的纵向钢筋和 $\Phi 8@300$ 的横向钢筋，如图 8.14 所示。

杯壁配筋直径　　　　　　　　表 8.2

柱截面长边尺寸（mm）	$h < 1000$	$1000 \leqslant h < 1500$	$1500 \leqslant h < 2000$
钢筋直径（mm）	$8 \sim 10$	$10 \sim 12$	$12 \sim 16$

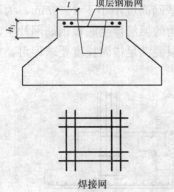
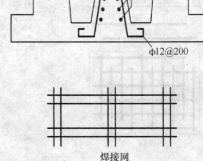

图 8.14　基础杯壁构造配筋

8.3.6　独立基础设计实例

【例题 8-1】如图所示的某单层厂房预制柱截面为 $400\text{mm}\times700\text{mm}$，采用柱下扩展基础，由柱传至基础顶面的荷载如下：$M=-400\text{kN}\cdot\text{m}$，$N=320\text{kN}$，$V=45\text{kN}$；$M_k=-310\text{kN}\cdot\text{m}$，$N_k=260\text{kN}$，$V_k=32\text{kN}$。由基础梁传至基础顶面的荷载如下：$N_w=280\text{kN}$，$N_{wk}=233\text{kN}$，离柱轴线偏心距 $e_w=575\text{mm}$。基础埋深标高为 -1.55m，基础高度按构造要求初步定为 $950\text{mm}(300+350+300)$，如图 8.15 所示。经修正后地基承载力特征值 $f_a=150\text{kN/m}^2$。现要求设计该混凝土独立基础，混凝土 C20，钢筋为 HRB400。

1）基底弯矩和轴向力计算

① 基底弯矩和轴向力的设计值

$$M_{bot}=-400+0.95\times45-280\times0.575$$
$$=-518\text{kN}\cdot\text{m}$$

$$N_{bot}=320+280=600\text{kN}$$

② 基底弯矩和轴向力的标准值

$$M_{bot,k}=-310+0.95\times32-233\times0.575$$
$$=-413.58\text{kN}\cdot\text{m}$$

$$N_{bot,k}=260+233=493\text{kN}$$

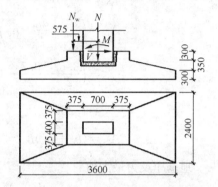

图 8.15　【例题 8-1】基础尺寸图

2）基底尺寸确定

先按轴力标准值估算，代入公式（8-3）得到

$$A\geqslant\frac{N_k}{f_a-\gamma_m d}=\frac{493}{150-20\times1.55}=4.14\text{m}^2$$

考虑偏心受压，其底面面积增加 50%，即 6.21m^2。初步选用基础底板尺寸 $a\times b=3.6\times2.4=8.64\text{m}^2$。

$$W=\frac{1}{6}ba^2=\frac{1}{6}\times2.4\times3.6^2=5.19\text{m}^3$$

$$G_k=\gamma_G abd=20\times2.4\times3.6\times1.55=267.84\text{kN}$$

$$p_{k,max}=\frac{N_{bk}+G_k}{A}+\frac{M_{bk}}{W}=\frac{493+267.84}{8.64}+\frac{413.58}{5.19}=88.06+79.69=167.75\text{MPa}$$

$$p_{k,min}=\frac{N_{bk}+G_k}{A}-\frac{M_{bk}}{W}=\frac{493+267.84}{8.64}-\frac{413.58}{5.19}=88.06-79.69=8.37\text{MPa}$$

验算相关条件：

$$p_{k,max}=167.75\text{MPa}<1.2f_a=180\text{MPa}$$

$$p_{k,min}=8.37\text{MPa}>0$$

$$\frac{p_{k,max}+p_{k,min}}{2}=88.06<f_a=150\text{MPa}$$

$$e=\frac{M_k}{N_{bot,k}+G_k}=\frac{413.58}{493+267.84}=0.54<\frac{b}{6}=0.6\text{m}$$

因而上述基础底面尺寸能满足地基承载能力的要求。

3）基础高度验算

前面已初步假定基础高度为 0.95m，取杯壁高度 $h_2 = 300\text{mm} < $ 壁厚度 $t = 375\text{mm}$，说明其冲切线落在冲切破坏角锥体外，所以需对柱边、台阶变化处等进行冲切验算。

① 验算柱边处冲切承载能力

$f_t = 1.10\text{N/mm}^2$，$a_c = 0.7\text{m}$，$b_c = 0.4\text{m}$，$h_0 = 0.95 - 0.04 = 0.91\text{m}$，$b = 2.4 > b_c + 2h_0 = 2.22\text{m}$

$$A_1 = \left(\frac{a}{2} - \frac{a_c}{2} - h_0\right)b - \left(\frac{b}{2} - \frac{b_c}{2} - h_0\right)^2$$

$$= \left(\frac{3.6}{2} - \frac{0.7}{2} - 0.91\right) \times 2.4 - \left(\frac{2.4}{2} - \frac{0.4}{2} - 0.91\right)^2$$

$$= 1.28\text{m}^2$$

$$A_2 = (b_c + h_0)h_0 = (0.4 + 0.91) \times 0.91 = 1.19\text{m}^2$$

地基净反力最大值

$$p_{s,\text{max}} = \frac{N_b}{A} + \frac{M_b}{W} = \frac{600}{8.64} + \frac{518}{5.19} = 169.25\text{kN/m}^2$$

$$F_1 = p_{s,\text{max}} \cdot A_1 - 169.25 \times 1.28 = 216.64$$

$$0.7\beta_c f_t A_2 = 0.7 \times 1 \times 1.10 \times 1.19 \times 10^3 = 916.30 > F_1$$

故抗冲满足要求！

② 验算台阶变化处冲切承载能力

由①可以知道，台阶变化处冲切承载能力一定满足要求。

故基础高度满足要求！

4）基础底板配筋

应按荷载设计值在地基产生的净反力，分别沿长边、短边两个方向进行配筋计算。

① 沿长边方向的配筋计算

由公式（8-8）知，

$$p_{s,\text{max}} = \frac{N_b}{A} + \frac{M_b}{W} = \frac{600}{8.64} + \frac{518}{5.19} = 169.25\text{kN/m}^2$$

$$p_{s,\text{min}} = \frac{N_b}{A} - \frac{M_b}{W} = \frac{600}{8.64} - \frac{518}{5.19} = -30.36\text{kN/m}^2$$

柱边截面处地基净反力为：

$$p_{s,1} = \frac{1.8 + 0.35}{3.6}(169.25 + 30.36) - 30.36 = 88.85\text{kN/m}^2$$

$$M_1 = \frac{1}{48}(b - h_c)^2(2L + b_c)(p_{s,\text{max}} + p_{s,1})$$

$$= \frac{1}{48}(3.6 - 0.7)^2(2 \times 2.4 + 0.4)(169.25 + 88.85)$$

$$= 235.15\text{kN} \cdot \text{m}$$

$$A_{\text{si}} = \frac{M_{\text{I}}}{0.9 f_{\text{y}} h_0} = \frac{235.15 \times 10^6}{0.9 \times 360 \times 910} = 797.55 \text{mm}^2$$

变阶处截面 I′-I′处：

$$p_{\text{s,I}'} = \frac{1.8 + 0.35 + 0.075 + 0.3}{3.6}(169.25 + 30.36) - 30.36 = 109.64 \text{kN/m}^2$$

$$M_{\text{I}}' = \frac{1}{48}(3.6 - 1.45)^2(2 \times 2.4 + 1.15)(169.25 + 109.64) = 159.80 \text{kN} \cdot \text{m}$$

$$A_{\text{si}} = \frac{M_{\text{I}}}{0.9 f_{\text{y}} h_0} = \frac{159.80 \times 10^6}{0.9 \times 360 \times 610} = 808.56 \text{mm}^2$$

故沿长边方向按截面 I′-I′配筋，选用 Φ 10@200，$A_{\text{s}} = 393 \times 2.4 = 943.2 \text{mm}^2$。

② 沿短边方向的配筋计算

柱边缘截面：

$$M_{\text{II}} = \frac{1}{48}(2.4 - 0.4)^2(2 \times 3.6 + 0.7)(169.25 - 30.36) = 91.44 \text{kN} \cdot \text{m}$$

$$A_{\text{sII}} = \frac{M_{\text{II}}}{0.9 f_{\text{y}}(h_0 - d)} = \frac{91.44 \times 10^6}{0.9 \times 360 \times (910 - 10)} = 313.58 \text{mm}^2$$

变阶截面：

$$M'_{\text{II}} = \frac{1}{48}(2.4 - 1.15)^2(2 \times 3.6 + 1.45)$$

$$(169.25 - 30.36)$$

$$= 39.11 \text{kN} \cdot \text{m}$$

$$A_{\text{sII}} = \frac{M'_{\text{II}}}{0.9 f_{\text{y}}(h_0 - d)} = \frac{39.11 \times 10^6}{0.9 \times 360 \times (610 - 10)}$$

$$= 201.18 \text{mm}^2$$

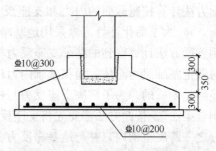

图 8.16　【例题 8-1】基础配筋图

故沿短边方向配筋按 I-I 截面确定，选用 Φ 10 @300，$A_{\text{s}} = 262 \times 3.6 = 943.2 \text{mm}^2$。基础配筋图如图 8.16 所示。

8.4　条　形　基　础

8.4.1　单向条形基础

图 8.17（a）所示单向条形基础由上部结构传来荷载产生的地基净力最大、最小值按以下公式计算：

$$p_{\text{max,j}} = \frac{\sum N}{BL} + \frac{6 \sum M}{BL^2}$$

$$p_{\text{min,j}} = \frac{\sum N}{BL} - \frac{6 \sum M}{BL^2}$$

$$(8\text{-}18)$$

式中　$\sum N$——各竖向荷载的总和（kN）；

　　　$\sum M$——各竖向荷载对基地形心偏心力矩的总和（kN·m）；

　　　B、L——分别为基础底面的宽度和长度（m）。

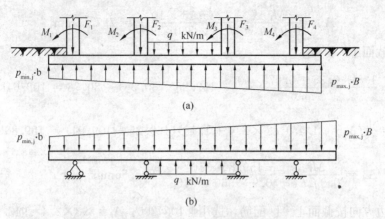

图 8.17 条形基础受力简图

(a) 地基反力分布；(b) 条形基础计算简图

条形基础的地基应力验算条件同独立基础，此时上述地基反力计算公式中 ΣN 的竖向荷载应包括基础自重及覆土重。但要注意在按倒置梁计算基础内力时要采用地基净反力，在 ΣN 中就不能包括基础自重及覆土重。

在已知地基净反力后，以柱子为铰支座，基底反力为荷载，按倒置的连续梁用结构力学方法计算控制截面的内力和支座反力，计算简图如图 8.17 (b) 所示。这里应该注意到，1）为了简化计算可以采用地基净反力平均值作为基础梁的反向作用均布荷载；2）按倒置梁方法计算得到的柱子支座反力与柱子轴力并不一定相等，其原因是在计算地基反力时假定基础梁为刚体，而在基础内力计算时又认为基础梁是可变形的弹性体，这两种假定显然是矛盾的。为了解决支座反力与柱子轴力不平衡问题，在工程设计中通常采用"调整倒置梁法"。按此方法需要先将支座反力与柱子轴力的差值均匀分配到相应支座两侧各三分之一跨度范围内，并与地基净反力叠加。然后按调整后的地基净反力分布再次计算倒置梁的支座反力和内力，若调整后仍不满足要求，可再次进行调整，直至达到满意为止。条形基础具体计算步骤可参考下面算例。

【注释】在实际工程设计中为了更加简化柱下条形基础内力计算，还可将基础梁视为刚体，由静力平衡条件直接计算得到基础梁的内力分布，该方法称为静定分析方法。静定分析方法与倒置梁方法计算得到的基础梁内力存在较大差别，为了安全可采用两者的计算内力图包络图作为设计内力依据。

【例题 8-2】单向条形基础梁内力计算算例

某 8 跨框架柱的条形基础计算简图如图 8.18 所示，表 8-3 为柱底截面内力设计值，现要求用倒梁法计算该条形基础梁的内力图。

B 轴柱内力设计值（1.35 恒＋0.7×1.4 活）**统计表**　　　　　表 8.3

框架轴编号	1，9	2，8	3，4，5，6，7
$M_k(kN \cdot m)$	202.1	216	199.1
$N_k(kN)$	2063.6	2946.4	3194.4
$V_k(kN)$	88.4	98.9	84.9

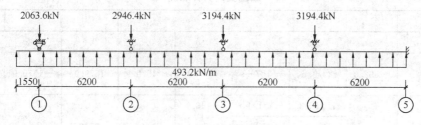

图 8.18　倒梁法计算简图

【解】根据《地基基础规范》规定，在比较均匀的地基上，上部结构刚度较好，荷载分布较均匀，条形基础梁的高度不小于1/6柱距时，地基反力可按直线分布，条形基础梁的内力可按倒置的连续梁计算，即倒梁法。计算过程如下：

$$\Sigma M = 202.1 \times 2 + 216 \times 2 + 199.1 \times 5 = 1831.7 \text{kN} \cdot \text{m}$$

$$\Sigma V = 88.4 \times 2 + 98.9 \times 2 + 84.9 \times 5 = 799.1 \text{kN}$$

$$\Sigma N = 2063.6 \times 2 + 2946.4 \times 2 + 3194.4 \times 5 = 25992 \text{kN}$$

$$q = \frac{\Sigma N}{L} = \frac{25992}{1.55 \times 2 + 6.2 \times 8} = 493.2 \text{kN/m}$$

因结构和荷载均对称，框架中段柱列受力相同，故可简化计算，取半边结构分析，如图8.19所示。

1）固端弯矩计算

$$M_{12} = -\frac{1}{2}ql^2 = -\frac{1}{2} \times 493.2 \times 1.55^2 = -592.5 \text{kN} \cdot \text{m},$$

$$M_{21} = \frac{1}{8}ql^2 - \frac{1}{2}M_{12} = \frac{1}{8} \times 493.2 \times 6.2^2 - 592.5 \div 2 = 2073.6 \text{kN} \cdot \text{m},$$

$$M_{23} = -M_{32} = M_{34} = -M_{43} = M_{45} = -M_{54} = \frac{1}{12}ql^2 = \frac{1}{12} \times 493.2 \times 6.2^2$$

$$= 1579.9 \text{kN} \cdot \text{m}$$

2）分配系数计算

$$S_{12} = \frac{3EI}{6.2}, \quad S_{23} = S_{34} = S_{45} = \frac{4EI}{6.2},$$

$$\mu_{21} = \frac{S_{12}}{S_{23} + S_{12}} = 0.43, \quad \mu_{23} = 0.57, \quad \mu_{32} = \mu_{34} = 0.5, \quad \mu_{43} = \mu_{45} = 0.5。$$

3）基础梁内力计算

按连续梁计算基础梁内力的过程如下表所示：

基础梁内力计算表　　　　　　　　　　　　　　　　　　　　　　　　表 8.4

支座	1	2		3		4		5
分配系数 μ		0.43	0.57	0.5	0.5	0.5	0.5	
固端弯矩 (kN·m)	−592.5	2073.6	−1579.9	1579.9	−1579.9	1579.9	−1579.9	1579.9
分配传递		−212.3	−281.4→	−140.7				
			35.2	←70.4	70.4→	35.2		
		−15.1	−20.1→	−10.1	−8.8	←−17.6	−17.6→	−8.8
			4.8	←9.5	9.5→	4.8		
		−2.1	−2.7→	−1.4	−1.2	←−2.4	−2.4→	−1.2
				1.3	1.3			
支座弯矩 (kN·m)	−592.5	1844.1	−1844.1	1508.9	−1508.7	1599.9	−1599.9	1569.9
跨中弯矩 (kN·m)		1151.4		693.4		815.5		785.1
支座剪力 (kN)	−763.5 1327.0	−1730.8	1583.0	−1474.9	1514.2	−1543.6	1533.8	−1524.1
支座反力 (kN)	2090.5	3313.8		2989.1		3077.4		3048.2

4）初始计算得出的内力图（图 8.19、图 8.20）

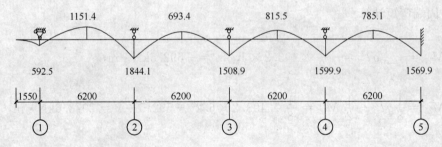

图 8.19　初始计算得出的弯矩图（单位：kN·m）

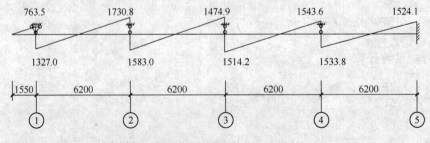

图 8.20　初始计算得出的剪力图（单位：kN）

5）第一次调整内力计算

计算所得到的支座反力与原柱所传来的竖向力相差最大值为 367.4kN，超过 5%，边榀相差的轴力值为 2090.5－2063.6＝26.9kN，第二榀相差的轴力值为 3313.8－2946.4＝367.4kN，标准榀相差的弯矩值分别为：2989.1－3194.4＝－205.3kN、3077.4－3194.4＝－117.0kN、3048.2－3194.4＝－146.2kN。

把该差值均布分布在相应柱的两侧各 1/3 跨内作为调整反力，按连续梁计算调整内力。

$$\Delta q_1 = 26.9 \div (1.55 + 6.2/3) = 7.4 \text{kN/m},$$

$$\Delta q_2 = 367.4 \div (6.2/3 + 6.2/3) = 88.9 \text{kN/m},$$

$$\Delta q_3 = -205.3 \div (6.2/3 + 6.2/3) = -49.7 \text{kN/m},$$

$$\Delta q_4 = -117.0 \div (6.2/3 + 6.2/3) = -28.3 \text{kN/m},$$

$$\Delta q_5 = -146.2 \div (6.2/3 + 6.2/3) = 35.4 \text{kN/m}.$$

调整荷载如图 8.21 所示。

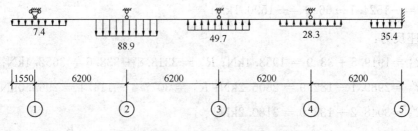

图 8.21　第一次内力调整示意图

利用弯矩分配法对调整荷载作用下基础梁内力计算如表 8.5 所示。

基础梁调整内力表　　表 8.5

支座	1	2		3		4		5
分配系数 μ		0.43	0.57	0.5	0.5	0.5	0.5	
固端弯矩 (kN·m)	－79.9	－80.1	－48.5	－16.6	74.6	54.9	1.4	－13.2
分配传递		←55.3	73.3→	36.7				
			←－23.7	←－47.4	－47.4→	－23.7		
		←10.2	13.5→	6.8		－8.2	←－16.3	－16.3→	－8.2
			0.4	←－0.7	0.7→	0.4		
		－0.2	－0.2→	－0.1		－0.1	－0.2	－0.2→	－0.1
				0.1	0.1			
支座弯矩 (kN·m)	－79.9	－14.8	14.8	－19.8	19.7	15.1	－15.1	－21.5
支座剪力 (kN)	－11.5	22.4	－172.8	165.8	84.8	－98.1	63.1	－51.3	－66.0
支座反力 (kN)	33.9		338.6		－182.9		－114.4	132.0

313

将两次计算结果叠加，得：

各支座弯矩：

$M'_1 = -592.5 - 79.9 = -672.4\text{kN} \cdot \text{m}$；$M'_2 = -1844.1 - 14.8 = -1858.9\text{kN} \cdot \text{m}$；

$M'_3 = -1508.7 - 19.8 = -1528.5\text{kN} \cdot \text{m}$；$M'_4 = -1599.9 + 15.1 = -1584.8\text{kN} \cdot \text{m}$；

$M'_5 = -1569.9 - 21.5 = -1591.4\text{kN} \cdot \text{m}$。

各支座剪力：

$V'_{1L} = -763.5 - 11.5 = -775.0\text{kN}$；$V'_{1R} = 1327.0 + 22.4 = 1349.4\text{kN}$；

$V'_{2L} = -1730.8 - 172.8 = -1903.6\text{kN}$；$V'_{2R} = 1583.0 - 165.8 = 1417.2\text{kN}$；

$V'_{3L} = -1474.9 + 84.8 = -1390.1\text{kN}$；$V'_{3R} = 1514.2 - 98.1 = 1416.1\text{kN}$；

$V'_{4L} = -1543.6 + 63.1 = -1480.5\text{kN}$；$V'_{4R} = 1533.8 - 51.3 = 1482.5\text{kN}$；

$V'_{5L} = -1524.1 - 66.0 = -1590.1\text{kN}$。

各支座反力：

$R'_1 = 1919.5 + 33.9 = 1953.4\text{kN}$；$R'_2 = 3313.8 + 338.6 = 3652.4\text{kN}$；

$R'_3 = 2989.1 - 182.9 = 2806.2\text{kN}$；$R'_4 = 3077.4 - 114.4 = 2963.0\text{kN}$；

$R'_5 = 3048.2 + 132.0 = 3180.2\text{kN}$。

计算所得的支座反力与原柱所传来的竖向力相差均不超过5%，满足要求，无需再调整。

6）最终内力图

根据规范规定，当按"倒梁法"进行计算时，此时边跨跨中弯矩及第一内支座的弯矩值宜乘以1.2的系数。得到最终的内力图如图8.22和图8.23所示。

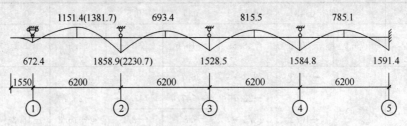

图8.22 最终弯矩图（单位：kN·m）

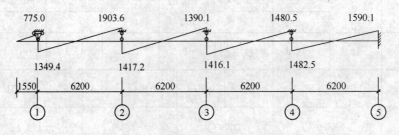

图8.23 最终剪力图（单位：kN）

8.4.2 柱下交叉条形基础

由第 4 章知道，柱下交叉条形基础是由柱下纵、横向正交的条形基础组成（图 8.24a），作用在交叉条形基础上的上部结构荷载一般为作用在交叉节点上的集中力和力矩。因而，该类型基础的计算主要重点在于解决节点荷载在纵横两个方向的分配，当节点荷载在纵横方向的分配已知时，即可分别按前面所述单向条形基础进行计算。

为简化计算可作以下假定，纵横条形基础的连接为铰接；一个方向条形基础的转角对另一个方向不产生内力；节点上两个方向弯矩分别由两个方向基础梁承担；节点荷载只传递给节点相交的基础梁。根据节点处纵横基础梁力平衡条件和变形协调条件可以推导得到以下节点荷载分配计算公式。

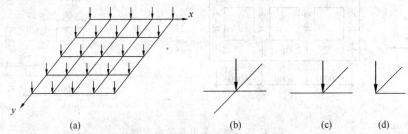

图 8.24 柱下交叉条形基础节点荷载分布

1. 中柱节点（图 8.24b）

在中柱节点 i 作用的集中作用力 F_i，其分配到纵横两个方法基础梁集中力 F_{ix} 和 F_{iy} 为

$$F_{ix} = \frac{B_x S_x}{B_x S_x + B_y S_y} \cdot F_i$$

$$F_{iy} = \frac{B_y S_y}{B_x S_x + B_y S_y} \cdot F_i \tag{8-19}$$

式中　B_x、B_y——分别为 x、y 方向基础梁的底面宽度（mm）；

S_x、S_y——分别为纵横向基础梁的特征长度，$S_x = \sqrt[4]{\dfrac{4EI_x}{kB_x}}$，$S_y = \sqrt[4]{\dfrac{4EI_y}{kB_y}}$，

其中　　k——地基系数（N/mm^2）；

I_x、I_y——分别为纵横向基础梁的截面惯性矩；

E——基础梁材料的弹性模量（N/mm^2）。

2. 边柱节点（图 8.24c）

$$F_{ix} = \frac{4B_x S_x}{4B_x S_x + B_y S_y} F_i$$

$$F_{iy} = \frac{B_y S_y}{4B_x S_x + B_y S_y} F_i \tag{8-20}$$

3. 角柱节点（图 8.24d）

$$F_{ix} = \frac{B_x S_x}{B_x S_x + B_y S_y} F_i$$

$$F_{iy} = \frac{B_y S_y}{B_x S_x + B_y S_y} F_i \tag{8-21}$$

【提示】荷载的分配与相交节点处基础梁根数和梁刚度相关，梁刚度愈大，所分配荷载愈大；边节点 x 方向基础梁要比 y 方向多，故相应分配荷载也要大。

【例题 8-3】交叉条形基础梁的节点荷载分配计算算例。

某框架结构基础平面如图 8.25 所示，柱荷载 $P_1＝1200kN$，$P_2＝2000kN$，$P_3＝2500kN$，$P_4＝3000kN$，x 轴向基础宽度 $B_x＝3m$，y 轴向基础宽度 $B_y＝2m$，持力土层的基床系数 $k＝5×10^4kN/m^3$，基础混凝土弹性模量 $E＝2.55×10^7kN/m^2$，试按简化法计算各节点的分配荷载。

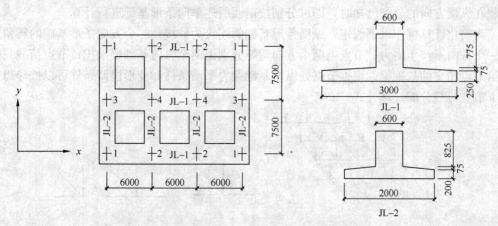

图 8.25 交叉条形基础布置图

【解】

(1) 计算 S_x 和 S_y

JL-1 基础：

$$B_x＝3m，I_x＝0.127m^4$$

$$S_x＝\sqrt[4]{\frac{4EI_x}{kB_x}}＝\sqrt[4]{\frac{4×2.55×10^7×0.127}{5×10^4×3}}＝3.05m$$

JL-2 基础：

$$B_y＝2m，I_y＝0.11m^4$$

$$S_y＝\sqrt[4]{\frac{4EI_y}{kB_y}}＝\sqrt[4]{\frac{4×2.55×10^7×0.11}{5×10^4×2}}＝3.26m$$

(2) 计算分配荷载

角柱节点 1：

$$R_{1x}＝P_1\frac{B_xS_x}{B_xS_x＋B_yS_y}＝1200×\frac{3×3.05}{3×3.05＋2×3.26}$$
$$＝701kN$$

$$P_{1y}＝P_1\frac{B_yS_y}{B_xS_x＋B_yS_y}＝1200×\frac{2×2.36}{3×3.05＋2×3.26}$$
$$＝499kN$$

边柱节点 2：

$$P_{2x}＝P_2\frac{4B_xS_x}{4B_xS_x＋B_yS_y}＝2000×\frac{4×3×3.05}{4×3×3.05＋2×3.26}$$
$$＝1697kN$$

$$P_{2y}＝P_2\frac{B_yS_y}{4B_xS_x＋B_yS_y}＝2000×\frac{2×2.36}{4×3×3.05＋2×3.26}$$
$$＝303kN$$

边柱节点 3：

$$P_{3x} = P_3 \frac{B_x S_x}{B_x S_x + 4B_y S_y} = 2500 \times \frac{3 \times 3.05}{3 \times 3.05 + 4 \times 2 \times 3.26}$$

$$= 650\text{kN}$$

$$P_{3y} = P_3 \frac{4B_y S_y}{B_x S_x + 4B_y S_y} = 2500 \times \frac{2 \times 2.36}{3 \times 3.05 + 4 \times 2 \times 3.26}$$

$$= 1850\text{kN}$$

内柱节点 4：

$$P_{4x} = P_4 \frac{B_x S_x}{B_x S_x + B_y S_y} = 3000 \times \frac{3 \times 3.05}{3 \times 3.05 + 2 \times 3.26}$$

$$= 1752\text{kN}$$

$$P_{4y} = P_4 \frac{B_y S_y}{B_x S_x + B_y S_y} = 3000 \times \frac{2 \times 2.36}{3 \times 3.05 + 2 \times 3.26}$$

$$= 1248\text{kN}$$

8.4.3 条形基础构造要求

条形基础的横截面一般为倒 T 形，基础梁高可取柱距的 1/8～1/4，翼板厚度 h_t 不应小于 200mm。当 $h_t \leqslant 250\text{mm}$ 时，翼板可做成等厚；当 $h_t > 250\text{mm}$ 时，翼板宜做成等坡度小于 1：3 的变截面。当柱荷载较大时，基础梁在柱附近处剪力会比较大，此时可以把基础梁在支座处加宽，使梁宽度要比柱尺寸大一些，并满足图的要求。条形基础的两端应伸出边跨跨度的 0.25～0.3 倍。

条形基础混凝土强度等级不应低于 C20；基础梁顶部和底部纵向受力钢筋除应满足计算要求外，底部通长钢筋不应少于底部受力钢筋总面积的 1/3。肋中受力钢筋直径不小于 8mm，间距 100～200mm。当翼板悬臂长度 $l_f > 75\text{mm}$ 时，翼板受力钢筋有一半可在离翼板（$0.5l_f \sim 20d$）处截断。箍筋直径不应小于 8mm。当肋宽度 $b \leqslant 350\text{mm}$ 时采用双肢箍；当肋宽度 $350\text{mm} < b \leqslant 800\text{mm}$ 时采用四肢箍；当肋宽度 $b > 800\text{mm}$ 时采用六肢箍。在梁中间 0.4 倍梁跨范围内，箍筋间距还可适当放大。箍筋应做成封闭式。当梁高大于 700mm 时，应在梁的侧面设置水平纵向构造钢筋。

8.5 片 筏 基 础

由第 3 章知道，当上部结构荷载较大，且地基土软弱不均匀时，为了满足地基承载能力或变形控制要求，前述两个正交方向的条形基础底面积需不断扩大，最终形成一块厚度较大的钢筋混凝土平板基础，即所谓的片筏式基础。与钢筋混凝土楼板一样，也可以设计为带肋的梁板式基础，便于减小基础底板的厚度。片筏式基础的内力设计步骤与条形基础相仿。

8.5.1 地基反力计算及验算

根据地基应力线性分布假定，由片筏式基础刚体平衡条件可求得地基土最大、最小应力为

$$p_{\max,j} = \frac{\sum N}{BL} + \frac{6\sum M_x}{BL^2} + \frac{6\sum M_y}{B^2 L}$$

$$p_{\min,j} = \frac{\sum N}{BL} - \frac{6\sum M_x}{BL^2} - \frac{6\sum M_y}{B^2 L} \tag{8-22}$$

式中 $\sum N$——各竖向荷载的总和（kN）；

$\sum M_x$——各竖向荷载对基底形心 X 方向偏心力矩的总和（kN·m）；

$\sum M_y$——各竖向荷载对基底形心 Y 方向偏心力矩的总和（kN·m）；

B、L——分别为片筏基础底面的宽度和长度（m）。

片筏式基础最大、最小地基应力满足条件同独立基础一样，此时上述地基反力计算公式中$\sum N$的竖向荷载应包括基础自重及覆土重。但要注意在下面按倒置楼盖计算片筏式基础内力时要采用地基净反力，在$\sum N$中就不能包括基础自重及覆土重。

为避免基础不产生过大的不均匀沉降，有利于基础的受力状态，在实际工程设计时经常通过调整基础底板的外挑尺寸，使基础底板形心与荷载合力作用位置重合或尽量接近，使基础尽量处于轴心受压的有利状态。当基础底板形心与荷载合力点不重合时，其任一主轴方向的偏心距宜满足以下要求：

$$e \leqslant 0.1W/A \tag{8-23}$$

式中 e——基础底面形心与上部重力荷载合力作用点在主轴方向的偏心距；

W——与偏心方向一致的基础底面抵抗矩（m³）；

A——基础底面的面积（m²）。

【注释】仿照前面独立基础公式可得到以下公式：

$p_{\substack{k\max \\ \min}} = p_{k,m}\left(1 \pm \dfrac{Ae}{W}\right)$，若 $e \leqslant 0.1W/A$，则 $p_{k\max} \leqslant 1.1 p_{k,m}$，$p_{k\min} \geqslant 0.9 p_{k,m}$

显然满足上述偏心距条件的地基应力分布还是比较均匀的。

8.5.2 片筏式基础设计

片筏式基础内力计算可将基础视为一个倒置楼盖，以柱子为支座，地基净反力为荷载，即可按钢筋混凝土楼盖平面结构进行内力计算和配筋设计。具体情况如下：

1）对于平板式的片筏基础，按倒置钢筋混凝土无梁楼盖进行计算和配筋；

2）对于带有两个方向等高度基础梁的片筏基础，按倒置钢筋混凝土井字梁楼盖进行计算和配筋；

3）对于带有两个方向不等高度基础梁的片筏基础，按倒置钢筋混凝土肋梁楼盖进行计算和配筋。

【注释】按"倒楼盖"计算片筏式基础内力时同样也会产生支座反力与柱轴力相差过大不合理情况，此时也需要按"条形基础"一样对内力计算作必要调整。

8.5.3 构造要求

由于片筏式基础底板承受较大的地基净反力作用，因而基础底板厚度除了要冲切承载能力、抗剪承载能力计算要求外，一般不宜小于400mm。对于梁板式片筏基础，其底板与最大双向板格的短边净跨之比不应小于1/14。

对于具有主次梁的片筏式基础，次梁刚度不宜比主梁刚度小得太多。当基础底板挑出时，基础梁也宜一起挑出至板边，并削去板角。

片筏式基础的底板钢筋构造要求与现浇楼盖相同，钢筋应为双层双向布置，且每层方向不少于Φ10@200，一般为Φ12@200或Φ14@200。另外，在基础板底底面四角应布置

45°斜向放射形 5φ12，便于防止开裂。

主 要 参 考 文 献

[1] 东南大学，同济大学，天津大学．混凝土结构与砌体结构设计(第五版)．北京：中国建筑工业出版社，2012.

[2] 罗福午，邓雪松．建筑结构(第 2 版)．武汉：武汉理工大学出版社，2012.

[3] 中华人民共和国国家标准．建筑地基基础设计规范 GB 50007—2011．北京：中国建筑工业出版社，2012.

[4] 王祖华．混凝土结构设计．广州：华南理工大学出版社，2008.

[5] 周建民，李杰，周振毅．混凝土结构基本原理．北京：中国建筑工业出版社，2014.

[6] 顾祥林．建筑混凝土结构设计．上海：同济大学出版社，2011

[7] 余志武，袁锦根．混凝土结构与砌体结构设计(第三版)．北京：中国铁道出版社，2013.

[8] 陈载斌等．钢筋混凝土建筑结构与特种结构手册．成都：四川科学技术出版社，1992.

[9] 袁聚云，李镜培，楼晓明．基础工程设计原理．上海：同济大学出版社，2007.

思 考 题

1. 房屋建筑工程中常用的钢筋混凝土基础有哪几种类型？各类基础有何特点和适用范围？

2. 简述基础设计主要内容和一般步骤。

3. 柱下独立基础底面尺寸、高度如何确定？

4. 基础计算有哪几种假定？有何差异？

5. 为何在计算基础底面尺寸时采用由包括基础自重的荷载效应标准组合值产生的地基反力，而在基础高度和配筋计算时又采用不包括基础自重的荷载效应基本组合产生的地基净反力？

6. 柱下独立基础抗冲切承载能力计算时，冲切荷载如何确定？

7. 如何计算柱下独立基础的底板钢筋？

8. 条形基础内力如何计算？交叉条形基础在节点处荷载如何分配？

9. 片筏式基础内力如何计算？

10. 独立基础、条形基础、片筏式基础的构造要求有哪些？

习 题

1. 某中柱柱下偏心受压单独基础，如图 8.26 所示，荷载效应基本组合时的内力设计值为：$N=$

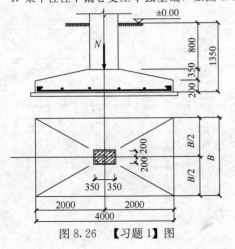

图 8.26 【习题 1】图

1500kN，$M=234$kN·m，$V=40$kN；荷载效应标准组合时的内力 $N_k=1200$kN，$M_k=79$kN·m，$V_k=32$kN。地下水在标高 -1.000 处，水重度 10kN/m³；基础及填土的平均重度 20kN/m³。地基承载力特征设计值（已修正）$f_a=123.5$kN/m²，基础混凝土强度等级为 C20（$f_t=1.1$N/mm²），垫层采用 C10。要求：

（1）已知基础底面长边尺寸为 4.0m，请按满足持力层地基承载力要求，求基础底面短边尺寸 $B=$？

（2）验算基础的高度是否满足要求？

（3）计算基础底板的配筋，并画出基础底板配筋图。

2. 某框架结构房屋的柱下条形基础设计，基础梁高 1000mm（图 8.27）。已知：

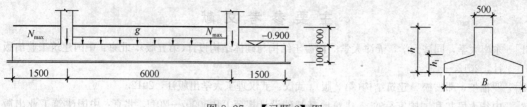

图 8.27 【习题 2】图

（1）上部每根柱传下的最大轴向力设计值 $N_{max}=1449$kN，标准值 $N_{max,k}=1185$kN；相应的弯矩（沿基础宽度 B 方向）设计值 $M_x=(M+Vh)=168.75$kN·m，标准值 $M_{x,k}=(M_k+V_kh)=135$kN·m；

（2）底层墙重设计值 $g=12$kN/m，墙重标准值 $g_k=10.0$kN/m（分布长度按 6m 计）；

（3）地下水位在基础顶面标高处（—1.0m），水重度 10kN/m³，基础及填土的平均重度 20kN/m³；

（4）修正后的基底的地基承载力特征值 $f_a=119$kN/m²。

要求：

（1）按满足持力层地基承载力要求，确定基础底面的最小宽度 $B_{min}=$？（提示：先按轴压基础定出 B，再按偏压基础验算）；

（2）确定作为基础底板承载力设计依据的地基净反力 p_{smax}（kN/m²）；

（3）确定作为基础梁承载力设计依据的地基净反力 q（kN/m）；

（4）计算基础梁的内力；

（5）计算基础梁、板的配筋。

第9章　建筑混凝土结构设计软件的应用

本章概述了目前建筑结构设计常用的商用软件。并以国内最为流行的 PKPM 系列软件为背景，基于工程实例，介绍了平面框架以及空间框架建模、计算和设计的过程。对 PK、PMCAD 和 SATWE 模块的应用做了较为详尽阐述，并对部分主要命令进行了操作演示。

教学目标

1. 基本了解工程界结构设计商用软件的应用现状；
2. 初步掌握平面框架以及空间框架建模、计算和设计的全过程。

重点难点

1. 计算结果的正确判断；
2. 设计参数的合理设置；
3. 结构概念设计的恰当运用。

9.1　概　　述

多层框架结构属于高次超静定体系，未知量较多，如手算则工作量大效率低，实际工程中都由计算软件来完成。目前国内常见的设计软件有中国建筑科学院的 PKPM 系列、TBSA 系列，盈建科软件的 YJK 系列，国外常用的设计软件有美国 CSI 公司开发的 ETABS、韩国浦项集团开发的 MIDAS、美国加州大学伯克利分校和美国 CSI 公司合作推出的 SAP2000 等；通用有限元软件有美国 ANSYS 公司推出的 ANSYS 系列，达索公司旗下 ABAQUS 公司推出的 ABAQUS 系列等等。国外优秀的设计分析软件大多没有或没有及时对国内的设计规范升级予以体现，所以常作为特殊工程、科研、教学使用。目前国内应用最广泛的设计软件主要是 PKPM 系列的 PK、PMCAD、SATWE 等，该程序是自主开发，并及时按国内最新的结构设计规范升级。因此本章以 PKPM 系列软件为背景进行工程软件应用的介绍。

9.2　混凝土杆系结构按平面模型分析设计软件

9.2.1　平面框架结构建模

1. PK 二维设计主界面及区域划分

双击桌面 PKPM 快捷图标启动 PKPM，主界面如图 9.1 所示。在对话框左上角的专业模块列表中选择【结构】选项，在左侧列表中选择【PK 二维设计】。

每做一项工程，应建立该项工程专用的工作文件夹，文件夹名称任意，但不能超过256 个英文字符或 128 个中文字符，也不能使用特殊字符。

设置当前工作目录操作如下：单击【改变目录】→屏幕弹出（选择工作目录）对话

图 9.1　PKPM 主界面

框，在（工程路径）项输入本工程文件夹→单击【确认】→单击【应用】，进入（PK 结构计算交互式数据输入），界面见图 9.2，屏幕弹出选择框。使用者根据实际情况选择（新建工程文件）、（打开已有工程文件）、（打开旧版数据文件）之一，至此进入 PK 二维设计主界面。

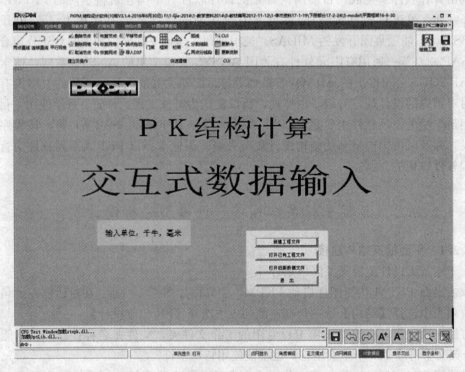

图 9.2　PK 结构计算交互式数据输入主界面

图 9.2 显示屏幕划分为：上部的条带主菜单区、快捷命令按钮区；下部的快捷工具条按钮区、图形状态提示区、命令提示区；中部的图形显示区。

上部的主菜单区包含了建模、计算、结果查看所有命令，是最主要的操作菜单，本章实例将按此菜单顺序依次演示。

上部的快捷命令按钮区，主要包含了绘施工图和模型的快速存储功能。

下部的快捷工具条按钮区，主要包含了保存模型、撤销（Undo）、重做（Redo）、字符放大、字符缩小、充满显示、窗口放大、恢复显示等功能。

下部的图形状态提示区，包含了图形工作状态管理的一些快捷按钮，有点网显示、角度捕捉、正交模式、点网捕捉、对象捕捉、显示叉丝、显示坐标等功能，可以在交互过程中点击按钮，直接进行各种状态的切换。

下部的命令提示区，可输入一些数据、选择和命令，如果用户熟悉命令名，可以在【命令：】的提示下直接敲入一个命令而不必使用菜单，例如，当用户程序运行时没有菜单显示，可敲【QUIT】退出程序。

2. 基本概念

1）轴线、节点和网格

① 轴线为柱、梁的平面定位线，一般是与柱、梁等长的线段；②节点为轴线的交点、起止点；③网格为轴线相交形成的线段，用于布置梁、柱。

2）纯键盘坐标输入方式

① 输入绝对坐标：！x，y；②输入相对坐标：x，y；③输入相对极坐标，即偏移距离和角度：$d<\theta$；④确定输入的点或坐标：【Enter】。

3）选择方式

当布置构件等时，程序提供了四种选择方式①按节点布置；②按轴线布置；③窗口选择布置；④框选布置。通过【Tab】键可在四种方式间切换。

4）程序应用流程

设计过程主要分为四阶段，即前处理阶段、计算分析阶段、后处理调整阶段和绘图阶段。前处理阶段主要完成输入结构几何模型、荷载、支座约束等。计算分析阶段需先设置结构计算参数（结构类型、地震计算参数、材料强度、荷载分项和组合系数等），然后检查结构模型和荷载输入的正确性，最后进入计算模块做内力计算、荷载组合及配筋。后处理阶段主要查阅结构内力、变形、配筋等是否满足规范要求，是否安全、合理、经济。如不满足上述要求，或加大或减小构件截面，重返前面两个阶段修改计算，直至达到预期的设计目标。绘图阶段即为完成结构施工图绘制，绘图方式有框架整体画法、梁柱分开画法、列表表示画法。

3. 实例操作

【例题 9-1】两跨三层框架如图 9.3 所示，跨度层高、节点编号见图。柱子截面尺寸 500mm×500mm、400mm×400mm；梁截面尺寸 250mm×500mm、250mm×700mm。梁、柱混凝土强度等级均为 C30，主筋均为 HRB400，箍筋均为 HPB300。建筑物安全等级为二级，结构合理使用年限为 50 年，丙类建筑。抗震设防烈度为 7 度（0.1g），设计地震分组为第二组，建筑场地类别为上海，特征周期 0.9s，抗震等级为三级。

1）轴线网格

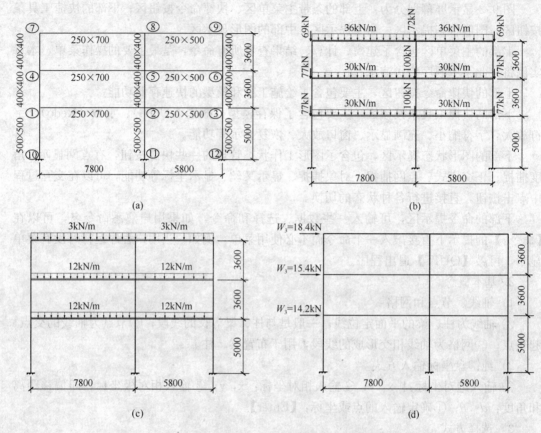

(a)

(b)

(c)

(d)

图 9.3　【例题 9-1】图

(a) 框架立面；(b) 恒载作用；(c) 活载作用；(d) 左风荷载作用

　　首先画出梁柱网格线。以左下角 10 号节点为坐标（0，0），以【两点直线】命令画出柱子的三条网格线 10-7、11-8、12-9，以【平行网格】命令画出梁的三条网格线 7-9、4-6、1-3。操作约定：如果未做说明，单击均指单击鼠标左键。

　　（1）单击【两点直线】（图 9.4）→屏幕提示（输入第一点）→输入＜! 0，0＞→屏幕提示（输入下一点）→输入＜12200＜90＞→回车。完成网格线 10-7。

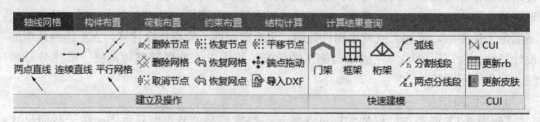

图 9.4　两点直线和平行网格命令

　　（2）单击【两点直线】→屏幕提示（输入第一点）→输入＜! 7800，0＞→屏幕提示（输入下一点）→输入＜0，12200＞→回车。完成网格线 11－8。类似可以完成网格线 12－9 的输入。

　　（3）单击【平行网格】（图 9.4）→屏幕提示（输入第一点）→将捕捉靶移到 7 号节

点，自动捕捉 7 号点，单击→屏幕提示（输入下一点）→将捕捉靶移到 9 号节点，自动捕捉 9 号点，单击→屏幕提示（输入复制间距，（次数）累计距离＝0.0 按【Esc】取消复制），输入＜－3600，2＞，→按【Esc】键退出平行复制，→按【Esc】键退出平行网格命令。最终屏幕显示如图 9.5 所示。

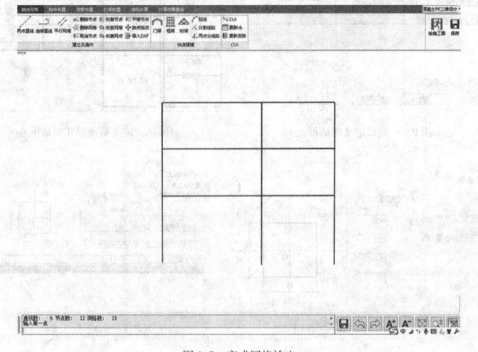

图 9.5　完成网格输入

2）构件布置

首先定义柱子截面，然后在节点处布置柱子，布置柱子时可以输入偏心。

（1）单击【截面定义】（图 9.6）→弹出 "PK-STS 截面定义" 对话框见图 9.7，→单击【增加】按钮→弹出 "选择要定义的柱截面形式" 对话框见图 9.8→单击（矩形），→弹出 "截面参数" 对话框见图 9.9→输入＜宽度 B＝500，高度 H＝500＞→单击【确认】按钮，弹出 "PK-STS 截面定义" 对话框如图 9.10 所示→单击【确认】按钮，退出柱子截面定义命令。类似地可以完成截面 400×400 柱子的定义。

图 9.6　柱截面定义命令

（2）单击【柱布置】→ 弹出 "PK－STS 截面定义" 对话框，→单击（矩形截面 B *
H＝500 * 500mm）→ 单击【确认】按钮→ 屏幕提示（请输入柱对轴线的偏心）（毫米，左偏为正）（0）和截面的布置方式（0 度）→单击（左键）→屏幕提示（直接布置：请用

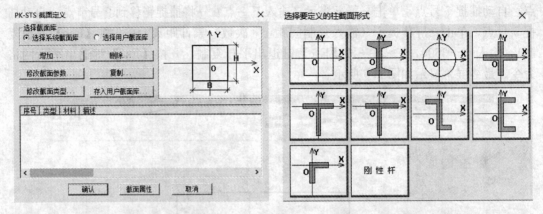

图 9.7　截面定义对话框　　　　　　　　图 9.8　定义截面形式对话框

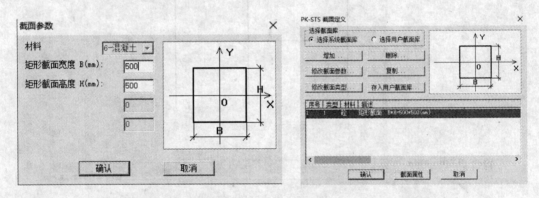

图 9.9　截面参数对话框　　　　　　　　　图 9.10　柱截面定义 1

光标选择目标（Tab）转换方式）→单击光标选择（11—2 网格线），完成柱子布置，此时柱子居中网格→单击（右键），仍在柱布置命令状态→ 单击【确认】按钮→ 屏幕提示（请输入柱对轴线的偏心（毫米，左偏为正）（0）和截面的布置方式（0 度））→输入（—50），→屏幕提示（直接布置：请用光标选择目标（Tab）转换方式），→单击光标选择（10—1 网格线），完成柱子布置，此时柱子向右偏网格 50mm。类似地可以完成其他柱子的布置。

　　（3）单击【截面定义】（图 9.11）→弹出"PK-STS 截面定义"对话框→单击【增加】按钮→弹出"选择要定义的梁截面形式"对话框→单击（矩形）→弹出"截面参数"对话框→输入<宽度 B=250，高度 H=700>→单击【确认】按钮，完成 250×700 的梁截面定义→ 单击【增加】按钮，类似地可以完成截面 250×500 的梁截面定义。

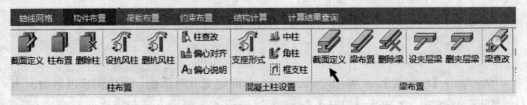

图 9.11　梁截面定义命令

(4) 单击【梁布置】→弹出"PK-STS 截面定义"对话框→单击（矩形截面 B＊H＝250＊700mm）→单击【确认】按钮→屏幕提示［请输入梁截面的布置方式（0，90，180，270，度）］→单击（左键）→屏幕提示［直接布置：请用光标选择目标（Tab）转换方式］→单击光标选择（1－2、4－5、7－8 网格线），完成梁布置→单击（右键）→弹出"PK-STS 截面定义"对话框，仍在梁布置命令状态→单击［矩形截面 B＊H＝250＊500（mm）］→单击【确认】按钮→屏幕提示［请输入梁截面的布置方式（0，90，180，270，度）］，→单击（左键）→屏幕提示［直接布置：请用光标选择目标（Tab）转换方式］→单击光标选择（2－3、5－6、8-9 网格线）→单击【取消】按钮，完成梁布置。最终屏幕显示如图 9.12 所示。

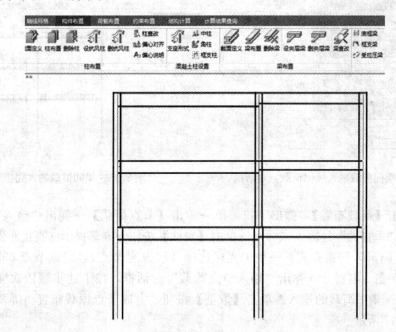

图 9.12　框架柱梁输入完成

3) 荷载布置

依次输入恒载、活载和风荷载，其中风荷载分左右风两种。荷载形式分为节点荷载、柱间荷载、梁间荷载。

(1) 单击【荷载布置】→弹出下拉菜单→单击【梁间荷载】→弹出"梁间荷载输入（恒荷载）"对话框，选择第二个按钮即线荷载，在荷载数据输入中填写<30>→单击【确认】按钮→屏幕提示（直接布置：请用光标选择目标（Tab）转换方式）→单击光标选择（1－2、2－3、4－5、5－6 网格线），完成梁上 30kN/m 线荷载的布置→单击（右键）→弹出"梁间荷载输入（恒荷载）"对话框，在荷载数据输入中填写<36>→单击【确认】按钮→屏幕提示（直接布置：请用光标选择目标（Tab）转换方式）→单击光标选择（7－8、8-9 网格线），完成梁上 36kN/m 线荷载的布置→单击（右键），单击【取消】按钮，完成梁间恒载布置。屏幕显示如图 9.13～图 9.15 所示。

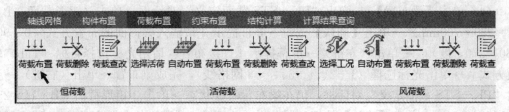

图 9.13 恒载输入

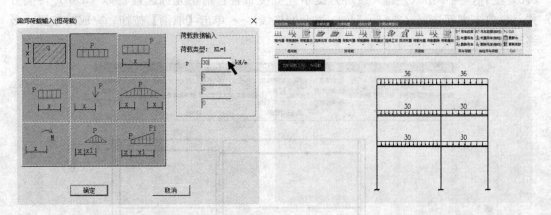

图 9.14 梁间荷载输入（恒荷载）对话框   图 9.15 梁间恒载输入完毕

（2）单击【荷载布置】，弹出下拉菜单→单击【节点荷载】→弹出"输入节点荷载"对话框→在"垂直力"处输入＜69＞→单击【确认】按钮→屏幕提示（直接布置：请用光标选择目标（Tab）转换方式）→单击光标选择（7、9 号节点），完成节点 69kN 集中荷载的布置→单击（右键）→弹出"输入节点荷载"对话框，按上述步骤依次完成 72kN、77kN、100kN 集中荷载的输入。单击【取消】按钮，完成节点恒载布置。屏幕显示如图9.16、图 9.17 所示。

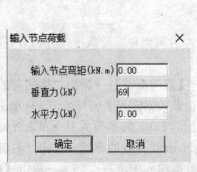

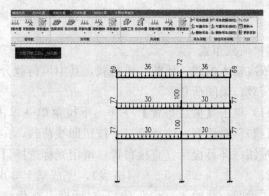

图 9.16 输入节点荷载对话框   图 9.17 节点恒载输入完毕

（3）活载输入同恒荷载输入相同，不再赘述。

（4）单击【选择工况】→弹出"选择风荷载工况"对话框，点取＜左风，工况 1＞→单击【确认】按钮→单击【风荷载布置】，弹出下拉菜单→单击【节点荷载】→弹出"节点风荷载输入"对话框→在"水平风荷载"处输入<14.2>→单击【确定】按钮→屏幕提示（直接布置：请用光标选择目标（Tab）转换方式）→单击光标选择（1号节点），完成节点 14.2kN 水平风荷载的输入→单击（右键）→弹出"节点风荷载输入"对话框，按上述步骤依次完成 15.4kN、18.4kN 风荷载的输入。单击【取消】按钮，完成风荷载布置。屏幕显示如图 9.18～图 9.20 所示。

图 9.18　风荷载输入

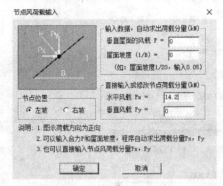

图 9.19　节点风荷载输入对话框

图 9.20　节点左风荷载输入完毕

同理可以输入节点右风荷载，注意输入右风荷载是要加负号如−14.2kN、−15.4kN、−18.4kN。

4）约束布置

主要功能是布置梁铰、柱铰；修改支座约束；添加地震作用时的重力荷载等，菜单内容见图 9.21，读者可自行练习。

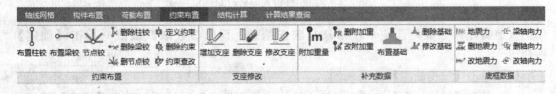

图 9.21　约束布置菜单

5）结构计算

在结构计算前必须进行参数输入，参数主要包括 5 个选项卡：结构类型参数、总信息参数、地震计算参数、荷载分项及组合系数、活荷载不利布置。构件修改菜单功能主要是修改抗震等级和构件强度等级。计算简图菜单功能是对已输入的结构构件和各种荷载进行检查复核。

（1）单击【参数输入】见图 9.22→弹出"PK 参数输入与修改对话框"（图 9.23）→

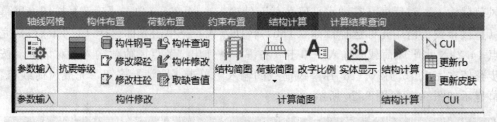

图 9.22 结构计算菜单

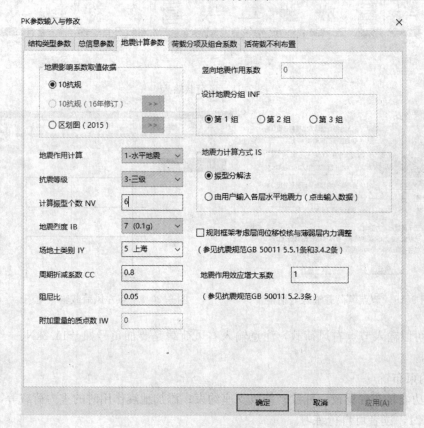

图 9.23 PK 参数输入与修改对话框

单击（地震计算参数）选项卡，部分参数按题意，其他参数取默认值→单击【确定】按钮。

（2）单击【结构简图】见图 9.24。

（3）单击【结构计算】→弹出"输入计算结果文件名"对话框→单击【确定】按钮，取默认文件名，程序自动完成计算。

6）计算结果查询

主要查询配筋包络图、结构文件中超配筋信息、标准内力和结构位移等，见图 9.25。

（1）单击【应力与配筋】→屏幕显示配筋包络图。

（2）单击【结果文件】→弹出"结果文件"下拉菜单→选择（超限信息文件）→屏幕显示超限信息文件。

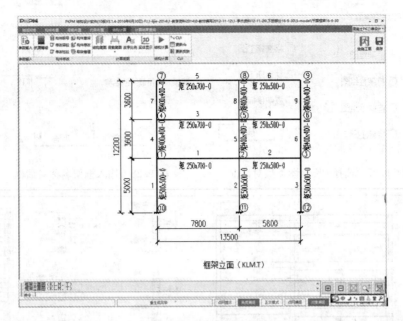

图 9.24　结构计算简图

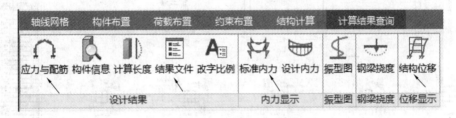

图 9.25　计算结果查询菜单

（3）单击【标准内力】→弹出"标准内力图"下拉菜单→选择（恒载弯矩图）→屏幕
显示恒载弯矩图。类似地可以得到恒载剪力图、恒载轴力图。

（4）单击【结构位移】→弹出"结构位移图"下拉菜单→选择（左地震位移图）→屏
幕显示左地震作用下的节点位移图。

7）绘施工图

单击【绘施工图】如图 9.26 所示→弹出"选择 PK 绘图类型"下拉菜单如图 9.27 所
示，→选择（框架绘图），单击【确定】按钮→弹出"输入框架名称"对话框→输入
（KJ1），单击【确定】按钮，如图 9.28 所示。屏幕显示框架整体配筋施工图如图 9.29
所示。

图 9.26　绘施工图菜单

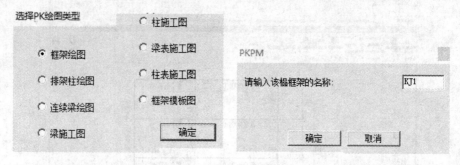

图 9.27　选择 PK 绘图类型对话框　　　　图 9.28　输入框架名称对话框

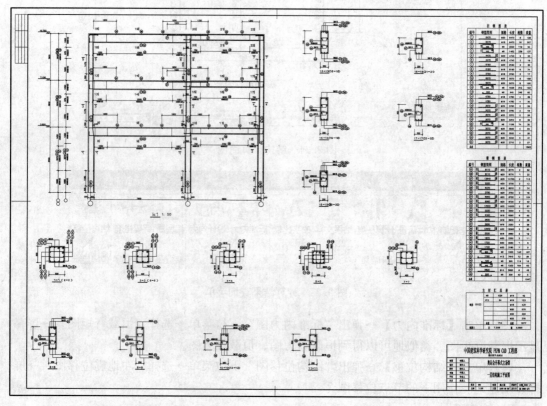

图 9.29　框架整体配筋施工图

9.3　混凝土框架结构按三维空间模型分析设计软件

9.3.1　空间结构建模概述

框架三维空间建模、计算和设计需通过 PMCAD 模块和 SATWE 模块实现。

PMCAD 模块采用人机交互方式，逐层地布置各层平面柱、梁、斜撑、楼板结构；输入楼面恒、活荷载，柱、梁上集中、分布荷载，节点荷载；定义基本的材料强度和计算参数；再输入层高组装楼层就建立起一套描述建筑物整体结构的数据。PMCAD 具有较强的荷载统计和传导计算功能，故它为其他分析设计模块提供必要的数据接口，在整个系统中起到承前启后的重要作用。

SATWE（Space Analysis of Tall-Buildings with Wall-Element）模块是多、高层建筑设计的空间结构有限元分析软件。该模块可自动读取 PMCAD 的建模数据、荷载数据，并自动转换成 SATWE 所需的几何数据和荷载数据格式；空间杆单元可以模拟常规的柱、梁，还可模拟铰接梁、支撑等；可以计算的梁、柱及支撑的截面类型和形状类型包括混凝土结构的矩形和圆形截面，常用异型 L、T、十、Z 形截面；钢结构的工形截面、箱形截面和型钢截面，格构柱截面；型钢混凝土组合截面及钢管混凝土截面；自定义任意多边形异型截面等。可考虑多塔、错层、转换层及楼板局部开大洞口等结构。可用于多层结构、工业厂房以及体育场馆等各种复杂结构。可考虑梁、柱的偏心和刚域影响。具有剪力墙墙元和弹性楼板单元自动划分功能。具有较完善的数据检查和图形检查功能。可模拟施工加载过程，并可以考虑梁上的活荷载不利布置作用。能考虑偶然偏心的影响，进行双向水平地震作用下的扭转地震作用效应计算；可按振型分解反应谱方法计算竖向地震作用；对于复杂体型的高层结构，可采用振型分解反应谱法进行耦联抗震分析和动力弹性时程分析。对于高层结构可考虑 P-Δ 效应。对于配筋砌体结构和复杂砌体结构，可进行空间有限元分析和抗震验算；可考虑上部结构与地下室的联合工作，上部结构与地下室可同时进行分析与设计。具有地下室人防设计功能。计算完成后，可接力施工图设计软件绘制梁、柱、剪力墙施工图；接力钢结构设计软件 STS 绘钢结构施工图。可为基础设计软件 JCCAD、BOX 提供底层柱、墙内力作为其组合设计荷载的依据，大大简化各类基础设计中数据准备工作。

① PKPM 主界面

双击桌面 PKPM 快捷图标，或者使用桌面"多版本 PKPM"工具启动 PKPM 主界面，如图 9.1 所示。在对话框右上角的专业模块列表中选择"结构建模"选项。点击主界面左侧的"SATWE 核心的集成设计"。

② 工作子目录

设计任一项工程，应建立该项工程专用的工作子目录。为了设置当前工作目录，请按菜单上的"改变目录"，此时屏幕上出现"选择工作目录"对话框，设计者可选择已指定的文件夹。

③ 工程数据及其保存

一个工程的数据结构，包括用户交互输入的模型数据、定义的各类参数和软件运算后得到的结果，都以文件方式保存在工程目录下。对于已有的工程数据，把各类文件拷出再拷入另一机器的工作子目录，就可在另一机器上恢复原有工程的数据结构。位于 PKPM 主界面左下角处（图 9.1 中左下角"保存图标"）的"文件存取管理"程序提供了备份工程数据的功能。

9.3.2 空间框架结构建模

1. PMCAD 主界面及主要建模步骤

1) PMCAD 主界面

PMCAD 主界面如图 9.30 所示，屏幕划分为：上侧的条带菜单区、模块切换及楼层显示管理区、快捷命令按钮区；下侧的命令提示区、快捷工具条按钮区、图形状态提示区；中部的图形显示区。条带菜单为软件的专业功能，主要包含文件存储、图形显示、轴线网点生成、构件布置编辑、荷载输入、楼层组装、工具设置等功能。

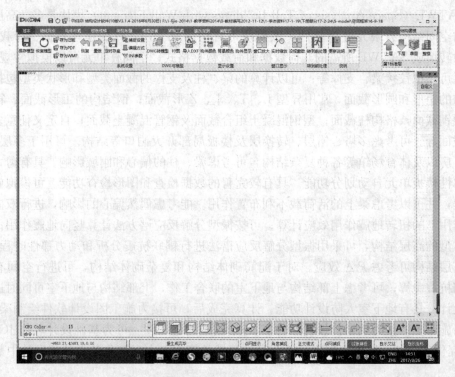

图 9.30　PMCAD 主界面

2) 主要建模步骤

（1）输入各结构标准层平面的轴线网格；

（2）输入柱、梁、墙、洞口、斜柱支撑、次梁、层间梁、圈梁（砌体结构）的截面数据，并把这些构件布置在平面网格和节点上；

（3）各结构层主要设计参数，如楼板厚度、混凝土强度等级等；

（4）生成房间和现浇板信息，布置预制板、楼板开洞、悬挑板、楼板错层等楼面信息；

（5）输入作用在梁、墙、柱和节点上的恒、活荷载；

（6）定义各标准层上的楼面恒、活均布面荷载，并对各房间的荷载进行修改；

（7）根据结构标准层和各层层高，楼层组装出整幢建筑；

（8）输入设计参数、材料信息、风荷信息和抗震信息等；

（9）楼面荷载传导计算，生成各梁与墙及各梁之间的力；

（10）结构自重计算及恒活荷载向底层基础的传导计算；

（11）对上一步所建模型进行检查，发现错误并提示用户。

【注释】①结构标准层定义为柱、墙、主梁、斜杆、墙洞、板洞、次梁、楼梯等布置均相同的楼层；结构标准层所包含的范围指本层楼板、本层楼板面内洞、本层梁（标高可不同）、本层楼板下柱（柱底标高可不同）、本层楼板下墙、本层楼板下墙洞、本层楼板下斜杆（可跃层）。②房间为由主梁和墙围成的闭合区域，是输入楼面上次梁、预制板、洞口、导荷载、画图的基本单元。

2. 实例操作

本节以多层框架结构设计为例介绍 PMCAD、SATWA 软件的应用。

【例题 9-2】多层钢筋混凝土框架结构利用 PMCAD、SATWA 软件进行设计。

1）设计资料

（1）工程概况

上海某公司办公楼，三层现浇钢筋混凝土框架结构，不等跨跨度分别为 6m、8m，现浇钢筋混凝土板式楼梯。底层层高 4.5m，二、三层层高 3.6m，女儿墙高 1.5m。柱下钢筋混凝土条基础，基础埋深 1.0m，室内外高差 0.3m。

本工程建筑物安全等级为二级，结构合理使用年限为 50 年，丙类建筑。抗震设防烈度为 7 度（0.1g），设计地震分组为第二组，建筑场地类别为 IV 类，特征周期 0.9s，框架结构抗震等级为三级。场区无液化土层分布。场地稳定，无不良地质作用，属抗震一般地段，场区地下水、土对混凝土及混凝土中钢筋不具腐蚀性。

（2）荷载取值

① 恒载标准值

混凝土结构自重：25kN/m³；吊顶：0.3kN/m²；填充墙：外墙、楼梯间填充墙及内部设备用房分隔墙采用 240 厚混凝土空心砌块，双面粉刷加墙重为 4.10kN/m²；其他内隔墙为加气混凝土轻质隔墙 200 厚，双面粉刷加墙重为 2.14kN/m²；玻璃幕墙：1.2kN/m²。

② 活荷载标准值

办公室、实验室、更衣室：2.0kN/m²；公共卫生间、公共走廊、楼梯、门厅：2.5kN/m²；通信机房、网络中心：6.0kN/m²；屋面活载：0.5kN/m²；基本雪压（重现期 50 年）0.20kN/m²；基本风压（重现期 50 年）0.55kN/m²，地面粗糙度为 B 类。

（3）材料强度

混凝土：基础 C25 混凝土，其余结构用 C30 混凝土。

钢筋：HPB300（$f_y = 270$N/mm²）和 HRB400（$f_y = 360$N/mm²）。

（4）建筑图纸

建筑平面图、立面图、剖面图如图 9.31～图 9.35 所示。

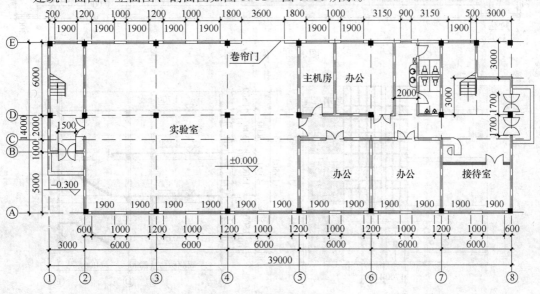

图 9.31　底层建筑平面图

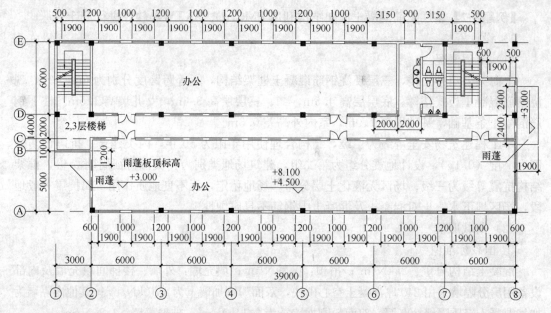

图 9.32 二至三层建筑平面图

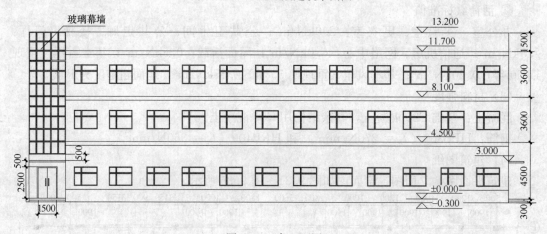

图 9.33 南立面图

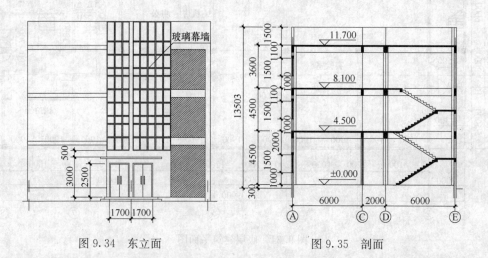

图 9.34 东立面   图 9.35 剖面

2）模型输入

先按教材所述方法进行方案构思，形成结构平面布置图和结构模型，然后建立本工程文件夹 spaceframe，在 PKPM 主界面图 9.1 中单击【改变目录】→弹出"选择工作目录"选择框，选择 spaceframe 文件夹→单击【确定】按钮→单击【应用】按钮→弹出"请输入 pm 工程"对话框，输入（frame）→单击【确定】按钮。进入 PMCAD 主界面。

（1）轴线网点

①【平行直线】

说明：在框架梁和次梁位置处画轴线，并将此轴线按指定间距复制。

操作：在条带菜单区单击【轴线网点】→单击【平行直线】，命令提示区显示（输入第一点）→在命令提示区输入（！0，0），屏幕提示（输入下一点）→在命令提示区输入（0，14000），屏幕上绘出一条垂直红色轴线，即②号轴线，提示区显示（输入复制间距，（次数）累计距离＝0.0 按［Esc］取消复制）→在命令提示区输入（6000，6），屏幕上绘出七条相间 6000 距离的垂直红色轴线，提示区显示（输入复制间距，（次数）累计距离＝36000.0 按［Esc］取消复制）→在键盘上输入 Esc 键，此时退出平行复制状态，仍在平行直线命令状态，提示区显示（输入第一点）→将光标捕捉靶移到第一根轴线的最下点，单击左键，提示区显示（输入下一点），→将光标捕捉靶移到第七根轴线的最下点，单击左键，屏幕上绘出一条水平红色轴线，提示区显示（输入复制间距，（次数）累计距离＝0.0 按［Esc］取消复制）→在命令提示区输入（6000），屏幕上绘出第二条水平红色轴线，提示区显示（输入复制间距，（次数）累计距离＝6000.0 按［Esc］取消复制）→在命令提示区输入（2000），屏幕上绘出第三条水平红色轴线，提示区显示（输入复制间距，（次数）累计距离＝8000.0 按［Esc］取消复制）→在命令提示区输入（6000），屏幕上绘出第四条水平红色轴线，提示区显示（输入复制间距，（次数）累计距离＝14000.0 按［Esc］取消复制）→输入 Esc 键，退出平行复制状态→输入 Esc 键，退出平行直线状态。屏幕显示如图 9.36 所示。用【直线】和【平行直线】命令完成的最终轴线布置如图 9.37 所示。

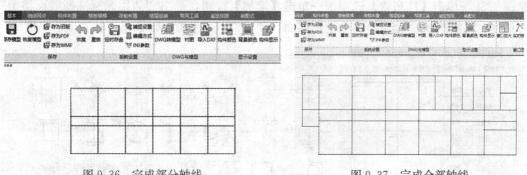

图 9.36　完成部分轴线　　　　　　　　　　图 9.37　完成全部轴线

【注释】①平面上键盘坐标输入方式有三种：（1）绝对直角坐标输入（！X，Y）；（2）相对直角坐标输入（X，Y）；（3）相对极坐标输入（d＜θ）。②轴线相交处生成节点（白色），两节点之间的一段轴线称为网格线。③以 2 轴和 A 轴的交点为坐标（0，0）点。

②【正交轴网】

说明：正交轴网的数据参数定义：通过定义开间（x 轴）和定义进深（y 轴）形成正交网

格，定义开间是输入横向从左到右连续各跨跨度，定义进深是输入竖向从下到上各跨跨度。

操作：读者自习。

【注释】还可灵活使用【复制】、【延伸】、【拷贝】、【镜像】、【F4】（角度捕捉）等命令方便绘制轴线。

③【轴线命名】

说明：是在网点生成之后为轴线命名的菜单。在此输入的轴线名将在施工图中使用。在输入轴线中，凡在同一条直线上的线段不论其是否贯通都视为同一轴线，在执行本菜单时可以一一点取每根网格，为其所在的轴线命名。对于平行的直轴线可以在按一次【Tab】键后进行成批命名，这时程序要求点取起始轴线，去除不希望命名的轴线，然后输入一个字母或数字，程序自动顺序地为轴线编号。轴线命名完成后，用【F5】刷新屏幕。

操作：在条带菜单区单击【轴线网点】→单击【轴线命名】→命令提示区显示（轴线名输入：请用光标选择轴线（［Tab］成批输入）→选择①号轴线，提示区显示（轴线选中，输入轴线名（ ）→在命令提示区输入（1），屏幕上显示出①号轴线，同时提示区显示（轴线名输入：请用光标选择轴线（［Tab］成批输入））→敲击【Tab】键，提示区显示（移动光标点取起始轴线）→用光标选取②号轴线，提示区显示（移光标去掉不标的轴线（［Esc］没有）→用光标选择非框架梁上的轴线，提示区显示（输入起始轴线名（ ）→在命令提示区输入（2），提示区显示（移动光标点取起始轴线），同时屏幕上显示②号至⑧号轴线→敲击［Esc］键，提示区显示（轴线名输入：请用光标选择轴线（［Tab］成批输入）→敲击【Esc】键，退出【轴线命名】状态。

（2）构件布置

①【柱】

说明：柱布置在节点上，每节点上只能布置一根柱。

操作：在条带菜单区单击【构件布置】→单击【柱】，屏幕弹出"构件布置"对话框，见图9.38→单击【柱布置】选项卡→单击【增加】按钮，弹出"请用光标选择截面类型"对话框，见图9.39→单击第1项矩形截面，弹出"截面参数"对话框，柱宽度、高度均

图9.38 "构件布置"对话框

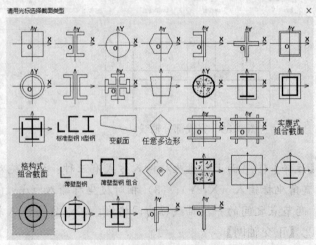

图9.39 "选择截面类型"对话框

338

填 500mm，单击【确定】按钮，类似地可输入 400mm×400mm 的矩形柱，→单击【布置】按钮，命令提示区显示（光标方式：用光标选择目标（［Tab］转换方式，［Esc］返回），点取 D 轴线相关节点，布置 500mm×500mm 的柱子→提示区显示（光标方式：用光标选择目标（［Tab］转换方式，［Esc］返回）→敲击［Esc］键，退出【布置】状态→在下方构件列表中选择 400mm×400mm 的柱，单击【布置】按钮，命令提示区显示（光标方式：用光标选择目标（［Tab］转换方式，［Esc］返回），点取 A、E 轴线相关节点，布置 400mm×400mm 的柱子→提示区显示（光标方式：用光标选择目标（［Tab］转换方式，［Esc］返回）→敲击［Esc］键，退出【布置】状态。

【注释】①柱相对于节点可以有偏心和转角。柱宽度方向与 x 轴的夹角称为转角，逆时针为正。②沿柱宽方向的偏心称为沿轴偏心，右偏为正；沿柱高方向的偏心称为偏轴偏心，以向上为正。③柱沿轴线布置时，柱的宽度方向自动取 x 轴的方向，柱的高度方向自动取 y 轴的方向。

②【主梁】

说明：主梁布置在网格上，两节点之间的一段网格上可以布置多道梁，但每根梁标高不应重合。在 PMCAD 软件中，凡是在网格线上输入的梁均称为主梁，其有别于工程中的主次梁概念。

操作：在条带菜单区单击【构件布置】→单击【主梁】，屏幕弹出"构件布置"对话框，见图 9.38→在【梁布置】选项卡下，单击【增加】按钮，弹出"请用光标选择截面类型"对话框→单击第 1 项矩形截面，弹出"截面参数"对话框，输入梁宽 250mm，梁高 700mm，单击【确定】按钮，重复输入其他梁截面尺寸 250mm×500mm、250mm×350mm、200mm×400mm、200mm×300mm→在构件列表中选择 250mm×700mm 截面，单击【布置】按钮，命令提示区显示（光标方式：用光标选择目标（［Tab］转换方式，［Esc］返回），在②至⑧轴 8m 跨度上布置此梁→单击鼠标【右键】或【Esc】键，退出布置命令状态，类似地将 250mm×500mm 布置在 6m 跨度上，250mm×350mm 布置在 3m 跨度上，①轴的悬挑梁截面为 250mm×500mm，200mm×400mm 布置在纵向 6m 跨，200mm×300mm 布置在 200mm×400mm 梁之间。梁布置完成后平面显示如图 9.40 所示。

【注释】设梁或墙的偏心时，一般输入偏心的绝对值，布置梁墙时，光标偏向网格的哪一边，梁墙就也偏向那一边。

③【墙】

说明：墙布置在网格上，两节点之间的一段网格上仅能布置一道墙，当网格上布置墙时，可在网格上布置洞口（注意和楼板洞口区别），两个节点之间只能布置一个洞口。

操作：读者自习。

【注释】PMCAD 中墙特指钢筋混凝土剪力墙和砌体结构中承重墙，框架填充墙不属于此，仅作为梁间线荷载。

④【门窗】

说明：布置洞口时，输入洞口左下节点距网格左节点距离和与层底面的距离。除此之外，还有中点定位方式，右端定位方式和随意定位方式，在提示输入洞口距左（下）点距离时，若键入大于 0 的数，则为左端定位，若键入 0，则该洞口在该网格线上居中布置，若键入一个小于 0 的负数（如－D，单位：mm），程序将该洞口布置在距该网格右端为 D

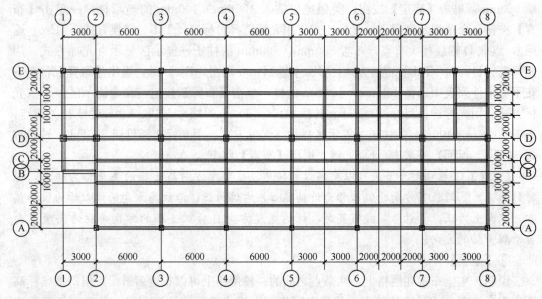

图 9.40　柱梁布置完成

的位置上。如需洞口紧贴左或右节点布置，可输入 1 或 −1（再输窗台高），如第一个数输入一大于 0 小于 1 的小数，则洞口左端位置可由光标直接点取确定。

操作：读者自习。

【注释】框架填充墙上的门窗洞不属于此。

⑤【斜撑】

说明：斜杆支撑有两种布置方式，按节点布置和按网格布置。斜杆在本层布置时，其两端点的高度可以任意，即可越层布置，也可水平布置，用输标高的方法来实现。

操作：读者自习。

⑥【次梁】

说明：次梁布置时是选取它首、尾两端相交的主梁或墙构件，连续次梁的首、尾两端可以跨越若干跨一次布置，布置次梁不需要网格线。在主梁不超过允许数量（800）限制时，建议以主梁方式输入。

操作：读者自习。

⑦【构件删除】

说明：构件删除功能操作路径为"构件布置"＞"编辑"＞"构件删除"，屏幕弹出"构件删除"对话框。在对话框中选中某类构件（可一次选择多类构件），然后直接选取所需删除的构件，即可完成删除操作。菜单在右下的快捷菜单栏也可找到。

操作：读者自习。

⑧【本层信息】

说明：本层信息是每个结构标准层必须做的操作，输入和确认的结构信息包括板厚及保护层厚度、混凝土强度等级、钢筋强度等级、砌体强度等级、本标准层层高。通常将本标准层占多数的上述结构信息在此一并输入，少量不同的结构信息到后续菜单中修改以减少输入工作量。如这里的板厚、混凝土强度等级等参数均为本标准层统一值，通过【修改板厚】和【材料】命令可以进行详细的修改。【本标准层层高】仅用来【定向观察】某一轴线立面时做立面高度的参考值，各层层高的数据应在【楼层组装】菜单中输入。操作路径为"构件布置"＞"材料强度"＞"本层信息"，屏幕弹出本"标准层信息"对话框。

操作：读者自习。

⑨【偏心对齐】

说明：提供了梁、柱、墙相关的对齐操作，常用来处理建筑外轮廓的平齐问题。可使用通用对齐或单独对齐的命令。单独的命令按梁、柱、墙分类共有 12 项，分别是"柱上下齐，柱与柱齐，柱与墙齐，柱与梁齐"；"梁上下齐，梁与梁齐，梁与柱齐，梁与墙齐"；"墙上下齐，墙与墙齐，墙与柱齐，墙与梁齐"。

举例如下：①"柱上下齐"：当上下层柱的尺寸不一样时，可按上层柱对下层柱某一边对齐（或中心对齐）的要求自动算出上层柱的偏心并按该偏心对柱的布置自动修正。此时如打开"层间编辑"菜单可使从上到下各标准层的某些柱都与第一层柱的某边对齐。因此用户布置柱时可先省去偏心的输入，在各层布置完后再用本菜单修正各层柱偏心。②梁与柱齐：可使某一标准层平面上梁与该层柱的某一边自动对齐，按轴线或窗口方式选择某一列梁时可使这些梁全部自动与柱对齐，这样在布置梁时不必输入偏心，省去人工计算偏心的过程。

操作路径为"构件布置"＞"偏心对齐"＞，屏幕弹出"偏心对齐下拉菜单"。

操作：读者自习。

⑩ 其他常用命令

【层间编辑】

可将操作在多个或全部标准层上同时进行。例如：需在第 1～20 标准层上的同一位置加一根梁，则可先通过层间编辑菜单定义编辑 1～20 层，然后只需在某一层布置梁，增加该梁的操作自动在第 1～20 层做出，免除了逐层操作产生的误差。类似操作包括画轴线、布置构件、删除构件、移动删除网点、修改偏心等。

【层间复制】

可把当前一个标准层上的部分内容拷贝到其他标准层上，要拷贝的原层（包含拷贝内容的层）一定要为在当前屏幕上显示的层。

【构件布置方式】

构件布置方式有四种：①直接布置方式，在选择了标准构件，并输入了偏心值后程序首先进入该方式，凡是被捕捉靶套住的网格或节点，在按【Enter】后即被插入该构件，若该处已有构件，将被当前值替换，用户可随时用【F5】键刷新屏幕，观察布置结果。②沿轴线布置方式，在出现了【直接布置】的提示和捕捉靶后按一次【Tab】键，程序转换为【沿轴线布置】方式，此时，被捕捉靶套住的轴线上的所有节点或网格将被插入该构件。③按窗口布置方式，在出现了【沿轴线布置】的提示和捕捉靶后按一次【Tab】键，程序转换为【按窗口布置】方式，此时用户用光标在图中截取一窗口，窗口内的所有网格或节点上将被插入该构件。④按围栏布置方式，用光标点取多个点围成一个任意形状的围栏，将围栏内所有节点与网格上插入构件。按【Tab】键，可使程序在这四种方式间依次转换。退出构件布置的操作：点取构件布置对话框的【退出】，或鼠标停靠在构件布置对话框时点取鼠标右键，或按【Esc】键。

（3）楼板楼梯

①【楼板生成】

说明：运行此命令可自动生成本标准层结构布置后的各房间楼板，板厚默认取【本层信息】菜单中设置的板厚值，通过"修改板厚"命令可进行修改。生成楼板后，如果修改【本层信息】中的板厚，没有进行过"修改板厚"命令调整过的房间的板厚将自动改为新的板厚。

操作：读者自习。

【注释】①板厚不仅用于计算板配筋，而且还用于计算板自重。

②【修改板厚】

说明：运行此命令后，程序会在每块楼板上标出其当前的板厚，并弹出"修改板厚"对话框，输入板厚度（mm）后在图形上选中需要修改的房间楼板即可。

操作：读者自习。

【注释】若建模时不需在该房间布置楼板，却要保留该房间楼面、恒活荷载时，可将该房间板厚设置为零。

③【全房间洞】

说明：将指定房间全部设置为开洞。相当于该房间无楼板，也无楼面恒活荷载。

操作：在条带菜单区单击【楼板楼梯】→单击【全房间洞】，命令提示区显示（光标方式：用光标选择目标（［Tab］转换方式，［Esc］返回））→将光标移至右上角房间，单击【鼠标左键】，整个房间楼板被开洞。

④【板洞布置】

说明：板洞布置时需要先新建"楼板洞口截面（形状）"，再将定义好的板洞布置到楼板上。洞口形状有矩形、圆形和自定义多边形。洞口布置的要点如下：①首先选择参照的房间，当鼠标光标落在参照房间内时，图形上将加粗标识出该房间布置洞口的基准点和基准边，将鼠标靠近围成房间的某个节点，则基准点将挪动到该点上。②矩形洞口插入点为左下角点，圆形洞口插入点为圆心，自定义多边形的插入点在画多边形后人工指定。③洞口的沿轴偏心指洞口插入点距离基准点沿基准边方向的偏移值；偏轴偏心则指洞口插入点距离基准点沿基准边法线方向的偏移值；轴转角指洞口绕其插入点沿基准边正方向逆时针旋转的角度。

操作：读者自习。

⑤【布悬挑板】

说明：可在平面外围的梁或墙上设置现浇悬臂板。程序自动按该梁或墙所在房间取板厚值。板宽如输0，则自动取网格长，即悬挑范围为用户点取的某梁或墙全长。挑出宽度与该梁或墙等宽。悬挑板的类型有矩形悬挑板和自定义多边形悬挑板。其布置网格线的一侧必须已经存在楼板，此时悬挑板挑出方向将自动定为网格的另一侧。对于在定义中指定了宽度的悬挑板，可以在此输入相对于网格线两端的定位距离。可以指定悬挑板顶部相对于楼面的高差。一道网格只能布置一块悬挑板。

操作：在条带菜单区单击【楼板楼梯】→单击【布悬挑板】，屏幕弹出"悬挑板截面列表"对话框→单击【新建】，屏幕弹出"输入第1标准悬挑参数"对话框→在"外挑长度"空格中填入"1500"，单击【确定】→在"悬挑板截面列表"对话框中点取新建的悬挑板，单击【布置】，屏幕弹出"第1悬挑 0 * 1500"对话框，要求确定"定位距离和顶部标高"，采用默认值，命令提示区显示（光标方式：用光标选择目标（［Tab］转换方式，［Esc］返回））→将光标移至左下①至②之间的 B 轴上，单击鼠标【左键】将悬挑板布上→单击鼠标【右键】→单击【退出】按钮。

⑥【布置楼梯】

说明：考虑到楼梯的梯板等具有斜撑的受力状态，对结构的整体刚度有较明显的影响，建议在结构计算中予以适当考虑。在 PMCAD 的模型中可在矩形房间输入 2 跑或 3 跑、4 跑楼梯。程序可自动将楼梯转化成折梁或折板。此后在接力 SATWE 程序时，无须更换目录，在计算参数中直接选择是否计算楼梯即可。

操作：在条带菜单区单击【楼板楼梯】→单击【布置楼梯】，命令提示区显示（选择楼梯间：请按鼠标左键选择房间，按鼠标右键或者［Esc］键退出选择），将光标移至左上角楼梯所在的矩形房间，该房间边界将加亮→单击【左键】确认，屏幕弹出"请选择楼梯布置类型"对话框→单击"第一排 2 跑楼梯"，屏幕弹出"平行 2 跑楼梯－智能设计对话框＜当前层高 5000＞"对话框，如图 9.41 所示，输入"起始高度为 500"、"踏步总数为 26"、"踏步宽度为 260"、"梯梁高为 350"，其他采用默认值→单击【确定】，重复布置右上位置楼梯。

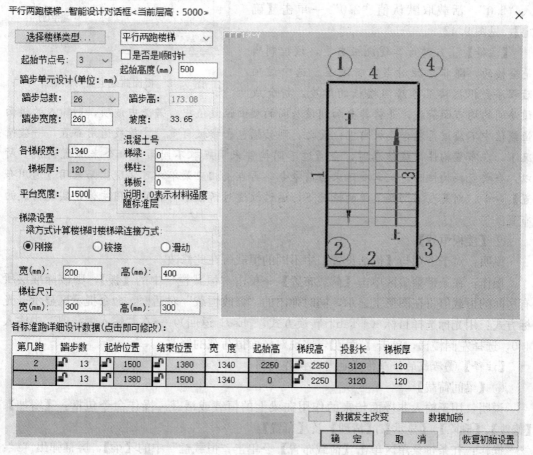

图 9.41 平行两跑楼梯-智能设计对话框

【注释】①布置楼梯时最好在本层信息中输入楼层组装时使用的真实高度，这样程序能自动计算出合理的踏步高度与数量，便于建模。楼梯计算所需的数据（如梯梁、梯柱等的几何位置）是在楼层组装之后形成的。②各楼梯参数含义如下：踏步总数：输入楼梯的总踏步数。踏步高、宽：定义踏步尺寸。坡度：当修改踏步参数时，程序根据层高自动调整楼梯坡度，并显示计算结果。起始节点号：用来修改楼梯布置方向，可根据预览图中显示的房间角点编号调整。是否是顺时针：确定楼梯走向。各梯段宽：设置梯板宽度。平台宽度：设置平台宽度。平板厚：设置平台板厚度。梯梁尺寸：设置梯梁的宽高尺寸。梯柱尺寸：设置梯柱的宽高尺寸。混凝土号：设置梯梁、梯柱、梯板的混凝土强度。各标准跑详细设计数据：设置各梯跑定义与布置参数。

(4) 荷载布置

① 【恒活设置】

说明：用于设置当前标准层的楼面恒、活荷载的统一值及全楼相关荷载处理的方式。

操作：在条带菜单区单击【荷载布置】→单击【恒活设置】，屏幕弹出"楼面荷载定义"对话框，勾选"自动计算现浇板自重"，恒载输入"2.0"，活载取默认值"2.0"→单击【确定】，见图 9.42。

【注释】①自动计算现浇板自重，该控制项是全楼的，即非单独对当前标准层。选中该项后程序会根据楼层各房间楼板的厚度，折合成

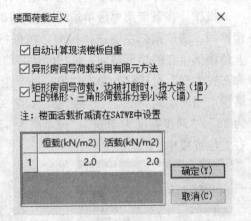

图 9.42　楼面荷载定义对话框

该房间的均布面荷载，并将其叠加到该房间的楼面恒载值中。若选中该项，则输入的楼面恒载值中不应该再包含楼板自重；反之，则必须包含楼板自重。②荷载通用布置，一般情况下，在布置构件荷载信息时，会通过不同构件采用点取不同菜单命令来布置荷载。所以，当要变换构件时，就需要结束当前命令，再点击相应菜单才可实现。而采用【通用布置】命令，则是在不切换菜单的情况下，通过改变对话框中荷载的使用主体，实现荷载的布置。

② 【楼板恒载】

说明：对于个别与【恒活设置】中不同的恒载可在此修改。

操作：在条带菜单区单击【荷载布置】→单击"恒载栏"中的【板】，则该标准层所有房间的恒载值将在图形上显示，同时弹出的"修改恒载"对话框，命令提示区显示（光标方式：用光标选择目标（［Tab］转换方式，［Esc］返回））→在"输入恒载值"中输入4.0，选择左侧楼梯，单击【确定】，实现对楼面恒荷载的修改。

【注释】①活载的修改方式也与此操作相同。

③ 【梁间荷载】

说明：用于输入非楼面传来的作用在梁上的恒载或活载。操作命令包括：【增加】、【修改】、【删除】、【显示】、【清理】及【布置】。

操作：在条带菜单区单击【荷载布置】→单击"恒载栏"中的【梁】，屏幕弹出"梁：恒载布置"对话框→单击【增加】，屏幕弹出"添加：梁荷载"对话框见图 9.43，在"选

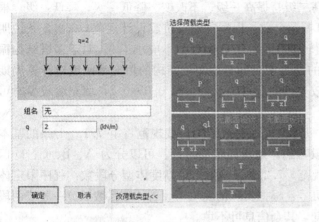

图 9.43　添加梁荷载对话框

择荷载类型"中点击第 1 项满跨均布荷载，荷载数值输入 12kN/m→单击【确定】→在荷载列表中选取 $q=12kN/m$，单击【布置】，命令提示区显示（光标方式：用光标选择目标（[Tab] 转换方式，[Esc] 返回）），将光标移到⑤号轴线，点取相应轴线布置该线荷载。

【注释】①输入了梁荷载后，如果再作修改节点信息（删除节点、清理网点、形成网点、绘节点等）的操作，由于和相关节点相连的杆件的荷载将作等效替换（合并或拆分），所以务必核对一下相关的荷载信息。②在每个杆件上可加载多个荷载。如果删除了杆件，则杆件上的荷载也会自动删除掉。③对于一道网格上布置了标高不同的多道梁的情况（即有层间梁存在时），在单线图形上无法直观的区分，因此在对该部位上的梁布置荷载时，程序将会在屏幕界面的命令行部分提示所选的梁顶标高，用户可用鼠标右键进行切换，找到需要的目标，即可完成布置。④【柱间荷载】、【节点荷载】布置与梁类似。

（5）楼层组装

①【设计参数】

说明：在"设计参数"对话框中，共有 5 页选项卡供用户设置，其内容是结构分析所需的建筑物总体信息、材料信息、地震信息、风荷载信息以及钢筋信息，对话框见图 9.44 所示。其要点如下：

结构体系：框架结构、框剪结构、框筒结构、筒中筒结构、剪力墙结构、砌体结构、底框结构、配筋砌体、板柱剪力墙、异形柱框架、异形柱框剪、部分框支剪力墙结构、单层钢结构厂房、多层钢结构厂房、钢框架结构。结构主材：钢筋混凝土、钢和混凝土、有填充墙钢结构、无填充墙钢结构、砌体。结构重要性系数：可选择 1.1、1.0、0.9。地下室层数：进行 SATWE 计算时，会对地震作用、风荷载作用、地下人防等因素有影响。程序结合地下室层数和层底标高判断楼层是否为地下室，例如此处设置为 4，则层

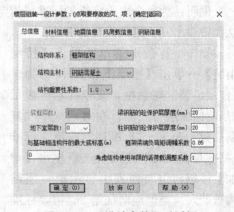

图 9.44　"设计参数"对话框

底标高最低的 4 层判断为地下室。与基础相连构件的最大底标高：该标高是程序自动生成基础支座信息的控制参数。当在【楼层组装】对话框中选中了左下角"生成与基础相连的墙柱支座信息"，并按"确定"按钮退出该对话框时，程序会自动根据此参数将各标准层上底标高低于此参数的构件所在的节点设置为支座。框架梁端负弯矩调幅系数：取值范围是 0.7~1.0，一般取 0.85。

抗震构造措施的抗震等级：提高二级、提高一级、不改变、降低一级、降低二级。根据新版《高规》3.9.7 条调整。计算振型个数：根据《建筑抗震设计规范》5.2.2 条说明确定。振型数应至少取 3。当考虑扭转耦联计算时，振型数不应小于 9。对于多塔结构振型数应大于 12。周期折减系数：目的是为了充分考虑框架结构的填充墙刚度对计算周期的影响。对于框架结构，若填充墙较多，周期折减系数可取 0.6～0.7，填充墙较少时可取 0.7～0.8。

修正后的基本风压（kN/m²）：只考虑了《建筑结构荷载规范》第 7.1.1-1 条的基本风压，地形条件的修正系数 η 程序没考虑。地面粗糙度类别：可以分为 A、B、C、D 四类，分类标准根据《建筑结构荷载规范》7.2.1 条确定。沿高度体型分段数：程序限定体型系数可分三段取值。各段最高层层号：根据实际情况填写。若体型系数只分一段或两段时，则仅需填写前一段或两段的信息，其余信息可不填。

操作：读者自习。

② 【添加标准层】

说明：用于将已有标准层的全部或一部分复制成新的标准层。完成一个标准层平面布置后，新标准层应在旧标准层基础上输入，以保证上下节点网格的对应，在此基础上修改。添加新标准层操作路径：①楼层组装>加标准层；②在楼层显示管理区，单击【标准层列表下拉按钮】>添加新标准层。

操作：在条带菜单区单击【楼层组装】→单击【加标准层】，屏幕弹出"选择/添加标准层"对话框，同时命令提示区显示（标准层数：1 当前标准层号：1 请选择修改，按〔Esc〕键返回）→勾选"全部复制"，单击【确定】，程序生成第 2 标准层，在楼层显示管理区标准层列表中出现第 2 标准层。同理可以生成第 3 标准层作为屋面标准层再予修改，注意屋面没有楼梯孔洞，屋面恒载加大，活载减小，女儿墙有线荷载等。

③ 【楼层组装】

说明：为每个输入完成的标准层指定层高、层底标高后布置到建筑整体的某一部位，从而搭建出完整建筑模型的功能。

操作：在条带菜单区单击【楼层组装】→单击【楼层组装】，屏幕弹出"楼层组装"对话框，命令提示区显示（当前标准层号：3），在对话框中"复制层数"选 1、"标准层"选第 1 标准层、"层高 mm"填入 5000→单击【增加】按钮，组装列表中显示出一层结构被装入，类似地增加第 2、第 3 标准层，最终结果见图 9.45。

【注释】点击【整楼模型】可得到三层的整个模型。

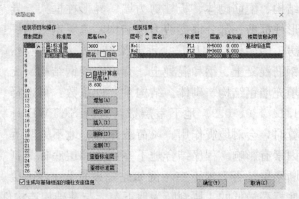

图 9.45　"楼层组装"对话框

（6）模型保存并退出

说明：模型完成后要保存并退出 PMCAD。在建模过程中也要随时保存文件，防止因程序的意外中断而丢失已输入的数据。命令路径（1）【基本】＞【保存模型】；（2）快捷命令按钮区【保存】；（3）快捷命令按钮区【PKPM】＞【保存模型】；（4）快捷命令按钮区【PKPM】＞【退出】＞【存盘退出】；（5）模块切换命令按钮【SATWE分析设计】＞【存盘退出】＞【确定】。

操作：模块切换命令按钮【SATWE分析设计】，→【存盘退出】，→【确定】。程序进入SATWE模块。

9.3.3 框架内力计算及配筋

1. SATWE主界面

程序进入SATWE模块后的主界面如图9.46所示。其界面的上侧为典型的条带菜单，主要包括"设计模型前处理"、"分析模型及计算"、"计算结果"等几个主要标签。界面的左上侧为停靠对话框，更加方便地实现人图交互功能。界面的中间区域为图形窗口，用来显示图形以及进行人图交互。界面的左下角为当前的命令行，允许用户通过输入命令的方式实现特定的功能。界面的右下角为常用图标区域，该区域主要提供一些常用的功能。

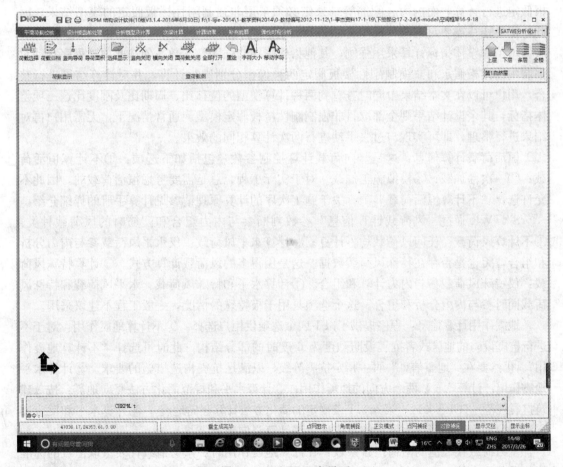

图 9.46 SATWE 主界面

2. 计算和配筋

1）设计模型前处理

"分析与设计参数补充定义"中的参数信息是SATWE计算分析所必需的信息。新建工程必须执行此项菜单，确认参数正确后方可进行下一步的操作，此后如参数不再改动，则可略过此项菜单。

【参数定义】

说明：点取"参数定义"菜单后，屏幕弹出【分析与设计参数补充定义】参数页切换菜单，共十三页，分别为：总信息、计算控制参数、风荷载信息、地震信息、活荷信息、调整信息、设计信息、配筋信息、荷载组合、地下室信息、砌体结构、广东规程和性能设计。

在第一次启动 SATWE 主菜单时，程序自动将所有参数赋初值。其中，对于 PMCAD 设计参数中已有的参数，程序读取 PMCAD 信息作为初值，其他的参数则取多数工程中常用值作为初值，并将其写到工程目录下名为 SAT_DEF_NEW.PM 的文件中。此后每次执行"参数定义"时，SATWE 将自动读取 SAT_DEF_NEW.PM 的信息，并在退出菜单时保存用户修改的内容。对于 PMCAD 和 SATWE 共有的参数，程序是自动联动的，任一处修改，则两处同时改变。

设计过程中，对于楼层位移比、周期比、刚度比等整体指标通常需要采用强制刚性楼板假定进行计算，而内力、配筋等结果则必须采用非强制刚性楼板假定的模型结果，因此，用户往往需要对这两种模型分别进行计算，为提高设计效率，减少用户操作，V3.1 版新增了"整体指标计算采用强刚，其他指标采用非强刚"参数。勾选此项，程序自动对强制刚性楼板假定和非强制刚性楼板假定两种模型分别进行计算，并对计算结果进行整合，用户可以在文本结果中同时查看到两种计算模型的位移比、周期比及刚度比这三项整体指标，其余设计结果则全部取自非强制刚性楼板假定模型。通常情况下，无需用户再对结果进行整理，即可实现与过去手动进行两次计算相同的效果。

恒活荷载计算信息：这是竖向荷载计算控制参数，包括如下选项：①不计算恒活荷载；②一次性加载；③模拟施工加载。对于实际工程，总是需要考虑恒活荷载的，因此不允许选择"不计算恒活荷载"项。关于施工次序的计算原理请参见计算手册的详细介绍。

SATWE 通过"风荷载计算信息"参数判断参与内力组合和配筋时的风荷载种类：①不计算风荷载：任何风荷载均不计算；②计算水平风荷载：仅水平风荷载参与内力分析和组合，无论是否存在特殊风荷载数据。这是用得多的风荷载计算方式。③计算特殊风荷载：仅特殊风荷载参与内力计算和组合。④计算水平和特殊风荷载：水平风荷载和特殊风荷载同时参与内力分析和组合。这个选项只用于极特殊的情况，一般工程不建议采用。

地震作用计算信息：程序提供了以下四个选项供用户选择：①不计算地震作用：对于不进行抗震设防的地区或者抗震设防烈度为 6 度时的部分结构，此时可选择"不计算地震作用"。仍然要在"地震信息"页中指定抗震等级，以满足抗震构造措施的要求。②计算水平地震作用：计算 X、Y 两个方向的地震作用；③计算水平和规范简化方法竖向地震：按《建筑抗震规范》(GB 50011) 第 5.3.1 条规定的简化方法计算竖向地震；④计算水平和反应谱方法竖向地震：按竖向振型分解反应谱方法计算竖向地震。

重力荷载代表值的活荷组合系数：在计算地震作用时，重力荷载代表值取恒载的标准值与活载组合值之和，对于不同的可变荷载，其组合值系数可能不同，用户可在此处修改。程序缺省值为 0.5。

周期折减系数：周期折减的目的是为了充分考虑框架结构和框架-剪力墙结构的填充墙刚度对计算周期的影响。对于框架结构，若填充墙较多，周期折减系数可取 0.6～0.7，填充墙较少时可取 0.7～0.8；对于框架-剪力墙结构，可取 0.7～0.8，纯剪力墙结构的周期可不折减。

结构的阻尼比（%）：程序默认钢材为 0.02，混凝土为 0.05，用户如果采用新的阻尼比计算方法，只需要选择"按材料区分"，并对不同材料指定阻尼比。

操作：点取【设计模型前处理】，→单击【参数定义】，屏幕弹出"分析与设计参数补充定义"对话框，见图 9.47，根据实际工程修改相应参数，→单击【确定】。

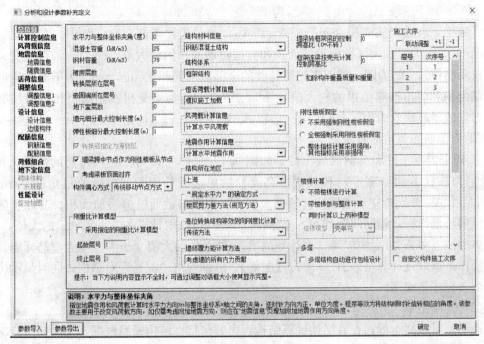

图 9.47　分析与设计参数补充定义

2）分析模型及计算

【生成数据】

说明："生成 SATWE 数据文件及数据检查"是 SATWE 前处理的核心功能，程序将 PMCAD 模型数据和前处理补充定义的信息转换成适合有限元分析的数据格式。新建工程必须执行此项菜单，正确生成 SATWE 数据并且数据检查无错误提示后，方可进行下一步的计算分析。此外，只要在 PMCAD 中修改了模型数据或在 SATWE 前处理中修改了参数、特殊构件等相关信息，都必须重新执行"生成 SATWE 数据文件及数据检查"，才能使修改生效。也可跳过此项，直接执行"生成数据＋全部计算"。

操作：点取【分析模型及计算】→单击【生成数据】，见图 9.48，屏幕弹出"提示警

图 9.48　生成数据

告"对话框→单击【是】，屏幕弹出"信息输出"对话框→单击【确定】。

图 9.49 梁和柱配筋结果表示方法

3）计算结果

（1）配筋信息

说明：

① 钢筋混凝土梁

如图 9-49 所示，A_{su1}、A_{su2}、A_{su3} 为梁上部左端、跨中、右端配筋面积（cm^2）。A_{sd1}、A_{sd2}、A_{sd3} 为梁下部左端、跨中、右端配筋面积（cm^2）。A_{sv} 为梁加密区抗剪箍筋面积和剪扭箍筋面积的较大值（cm^2）。若存在交叉斜筋（对角暗撑），A_{sv} 为同一截面内箍筋各肢的全部截面面积（cm^2）。A_{sv0} 为梁非加密区抗剪箍筋面积和剪扭箍筋面积的较大值（cm^2）。A_{st}、A_{st1} 为梁受扭纵筋面积和抗扭箍筋沿周边布置的单肢箍的面积（cm^2）；若 A_{st} 和 A_{st1} 都为零，则不输出 [VT] A_{st}-A_{sv1} 这一项。G、VT 为箍筋和剪扭配筋标志。

② 矩形混凝土柱和型钢混凝土柱，如图 9.49 所示，A_{sc} 为柱一根角筋的面积。A_{sx}、A_{sy} 分别为该柱 b 边（宽度）和 h 边（高度）的单边配筋面积，包括两根角筋（cm^2）。A_{svj}、A_{sv}、A_{sv0} 分别为柱节点域抗剪箍筋面积、加密区斜截面抗剪箍筋面积、非加密区斜截面抗剪箍筋面积，箍筋间距均在 S_c 范围内。其中：A_{svj} 取计算的 A_{svjx} 和 A_{svjy} 的大值，A_{sv} 取计算的 A_{svx} 和 A_{svy} 的大值，A_{sv0} 取计算的 A_{svx0} 和 A_{svy0} 的大值（cm^2）。G 为箍筋标志。

操作：点取【计算结果】，→单击【配筋】，屏幕弹出"配筋"对话框，同时显示出梁和柱配筋标注平面图。

（2）文本结果

说明：可以文本形式查看结构计算结构，内容包括：结构模型概况、工况和组合、质量信息、立面规则性、抗震分析及调整、结构体系指标及二道防线调整、变形验算、舒适度验算、抗倾覆和稳定、超筋超限信息。

操作：点取【计算结果】→单击【文本查看】，屏幕弹出"文本目录"对话框，同时显示所选择的相关计算结果。

4）设计调整

一次计算通常会存在承载力、挠度、裂缝宽度、轴压比、周期比、层间位移角、层间位移、层间刚度比等不满足规范要求的情况，需要设计者根据结构计算内力、构件配筋结果等来修改构件截面甚至改变结构布置等，以达到安全经济的设计目标。

5）整体性能指标检验

在文本计算结果中可以查获如下整体性指标：周期比、刚度比、位移比、剪重比、轴压比、层间抗剪承载力比等。

至此完成了框架结构的计算。在此基础上，进入梁柱施工图模块可完成框架柱、梁和楼板的施工图绘制，相关内容可参见有关用户手册。

主 要 参 考 文 献

[1] 朱玉华. 土木工程软件应用. 上海：同济大学出版社，2006.
[2] 王祖华. 混凝土结构设计. 广州：华南理工大学出版社，2008.

[3] 中华人民共和国国家标准 . 混凝土结构设计规范 GB 50010—2010. 北京：中国建筑工业出版社，2011.

[4] 中华人民共和国国家标准 . 建筑抗震设计规范 GB 50011—2010. 北京：中国建筑工业出版社，2010.

[5] 中华人民共和国国家标准 . 建筑结构荷载规范 GB 50009—2012. 北京：中国建筑工业出版社，2012.

[6] 徐有邻 . 混凝土结构设计原理及修订规范的应用 . 北京：清华大学出版社，2012.

思 考 题

1. PMCAD 中确定空间一点的输入方法有几种？

2. 房间是如何定义的？有何作用？

3. PMCAD 中主梁和次梁是如何规定的？

4. 结构标准层如何定义？

5. 周期折减系数如何取值？

6. 整体性能指标包括哪些？

习 题

1. 某平面框架尺寸和荷载如图 9.50、图 9.51 所示，梁、柱混凝土强度等级均为 C30，主筋均为 HRB400，箍筋均为 HPB300。建筑物安全等级为二级，结构合理使用年限为 50 年，丙类建筑。抗震设防烈度为 7 度(0.1g)，设计地震分组为第二组，建筑场地类别为上海，特征周期 0.9s，抗震等级为三级。试用 PK 完成框架设计并绘制框架整体配筋图。

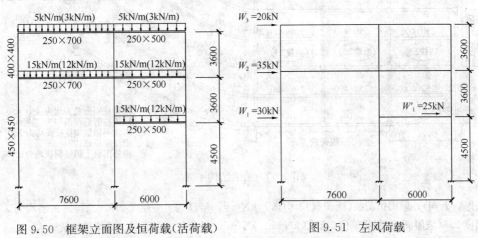

图 9.50　框架立面图及恒荷载(活荷载)　　　　图 9.51　左风荷载

2. 某三层框架平面图及结构透视图如图 9.52～图 9.55 所示，梁柱截面尺寸，恒、活荷载数值及各层层高如下。要求：

(1)用 PMCAD 模块建立整个结构模型，用 SATEWE 模块计算；

(2)写出第一至第三周期：$T_1 = $ _____ ，$T_2 = $ _____ ，$T_3 = $ _____ ；

(3)写出 Y 方向地震作用下的 Y 方向最大层间位移角：_____；

(4)写出第一结构标准层③轴×B 轴处柱子配筋结果的含义。

矩形框架柱为 450×450mm·mm；(圆弧)框架梁、次梁分别为(250×700)250×600、200×500mm·mm；柱间支撑 ZC(钢管)180×12mm·mm(外径×壁厚)。二至四层恒荷载(活荷载)1.5(2.0)kN/m²(自动

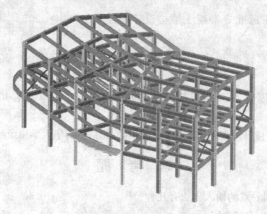

图 9.52　透视图

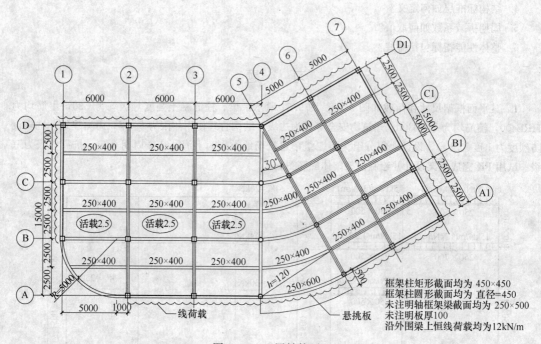

框架柱矩形截面均为 450×450
框架柱圆形截面均为 直径=450
未注明轴框架梁截面均为 250×500
未注明板厚100
沿外围梁上恒线荷载均为12kN/m

图 9.53　二层结构平面

计算板厚，下同)；屋面恒荷载(活荷载)3.0(0.7)kN/m²。层高为：一层 4.5m，二层、三层均为 3.6m，起坡高度 2.5(坡屋面)。荷载单位：kN、kN/m、kN/m²。线荷载见图说明。梁均按主梁输入。

　　参数设定：抗震设防烈度7度、场地类别上海、设计分组第二组、抗震等级三级、计算振型个数6；基本风压 0.55kN/m²，风载体型系数1.3，地面粗糙度类别C；结构所在地区上海；周期折减系数0.8。自动计算板厚。混凝土强度等级为C30，柱、梁纵筋、板钢筋均为 HRB400。其他未注明参数均采用默认值。注：(1)坡屋顶用"上节点高"命令，路径：【轴线网点】>【上节点高】。

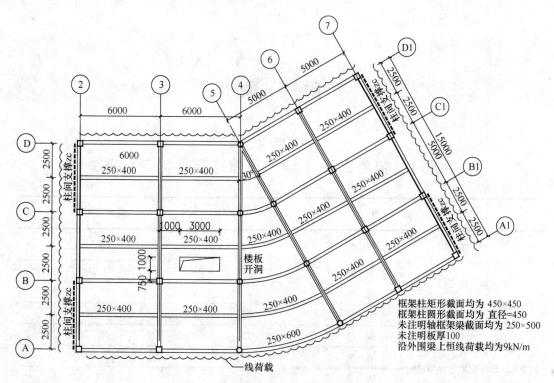

图 9.54 三层结构平面

图中标注:
框架柱矩形截面均为 450×450
框架柱圆形截面均为 直径=450
未注明轴框架梁截面均为 250×500
未注明板厚100
沿外围梁上恒线荷载均为9kN/m

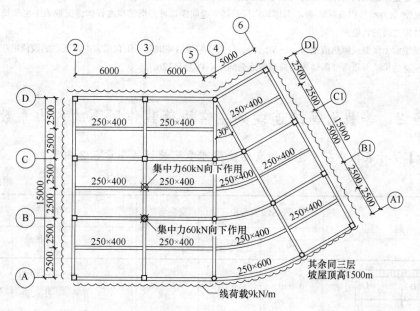

集中力60kN向下作用

其余同三层
坡屋顶高1500m

线荷载9kN/m

图 9.55 屋顶结构平面

附　　录

附表 1　钢筋混凝土结构伸缩缝最大间距(m)

结　构　类　别		室内或土中	露　天
排　架　结　构	装　配　式	100	70
框　架　结　构	装　配　式	75	50
	现　浇　式	55	35
剪　力　墙　结　构	装　配　式	65	40
	现　浇　式	45	30
挡土墙、地下室墙壁等类结构	装　配　式	40	30
	现　浇　式	30	20

注：① 装配整体式结构的伸缩缝间距，可根据结构的具体情况取表中装配式结构与现浇式结构之间的数值；
② 框架-剪力墙结构或框架-核心筒结构房屋的伸缩缝间距，可根据结构的具体情况取表中框架结构与剪力墙结构之间的数值；
③ 当屋面无保温或隔热措施时，框架结构、剪力墙结构的伸缩缝间距宜按表中露天栏的数值取用；
④ 现浇挑梁、雨罩等外露结构的局部伸缩缝间距不宜大于 12m。

附表 2　等截面等跨连续梁在常用荷载作用下的内力系数表

【提示】关于表格中符号意义和表格使用可参见教材第 5 章 5.2 内容。

两　跨　梁　　　　　　　　　　　　　　　　　　附表 2.1

荷　载　图	跨内最大弯矩		支座弯矩	剪　力		
	M_1	M_2	M_B	V_A	V_{Bl} V_{Br}	V_c
	0.070	0.070	−0.125	0.375	−0.625 0.625	−0.375
	0.096	−0.025	−0.063	0.437	−0.563 0.063	0.063
	0.048	0.048	−0.078	0.172	−0.328 0.328	−0.172

荷 载 图	跨内最大弯矩		支座弯矩	剪 力		
	M_1	M_2	M_B	V_A	V_{Bl} / V_{Br}	V_c
	0.064	—	−0.039	0.211	−0.289 0.039	0.039
	0.156	0.156	−0.188	0.312	−0.688 0.688	−0.312
	0.203	−0.047	−0.094	0.406	−0.594 0.094	0.094
	0.222	0.222	−0.333	0.667	−1.333 1.333	−0.667
	0.278	−0.056	−0.167	0.833	−1.167 0.167	0.167

三 跨 梁

附表 2.2

荷 载 图	跨中最大弯矩		支座弯矩		剪 力			
	M_1	M_2	M_B	M_C	V_A	V_{Bl} / V_{Br}	V_{Cl} / V_{Cr}	V_D
	0.080	0.025	−0.100	−0.100	0.400	−0.600 0.500	−0.500 0.600	−0.400
	0.101	−0.050	−0.050	−0.050	0.450	−0.550 0	0 0.550	−0.450
	−0.025	0.075	−0.050	−0.050	−0.050	−0.050 0.500	−0.500 0.050	0.05
	0.073	0.054	−0.117	−0.033	0.383	−0.617 0.583	−0.417 0.033	0.033
	0.094	—	−0.067	0.017	0.433	−0.567 0.083	0.083 −0.017	−0.017

荷 载 图	跨中最大弯矩		支座弯矩		剪 力			
	M_1	M_2	M_B	M_C	V_A	V_{Bl} / V_{Br}	V_{Cl} / V_{Cr}	V_D
	0.054	0.021	−0.063	−0.063	0.188	−0.313 0.250	−0.250 0.313	−0.188
	0.068	−0.031	−0.031	−0.031	0.219	−0.281 0	0 0.281	−0.219
	—	0.052	−0.031	−0.031	−0.031	−0.031 0.250	−0.250 0.031	0.031
	0.050	0.038	−0.073	−0.021	0.177	−0.323 0.302	−0.198 0.021	0.021
	0.175	0.100	−0.150	−0.150	0.350	−0.650 0.500	−0.500 0.650	−0.350
	0.213	—	−0.075	−0.075	0.425	−0.575 0	0 0.575	−0.425
	—	0.175	−0.075	−0.075	−0.075	−0.075 0.500	−0.500 0.075	0.075
	0.162	0.137	−0.175	−0.050	0.325	−0.675 0.625	−0.375 0.050	0.050
	0.244	0.067	−0.267	−0.267	0.733	−1.267 1.000	−1.000 1.267	−0.733
	0.289	−0.133	−0.133	−0.133	0.866	−1.134 0	0 1.134	−0.866
	—	0.200	−0.1333	−0.133	−0.133	−0.133 1.00	−1.000 0.133	0.133
	0.229	0.170	−0.311	−0.089	0.689	−1.311 1.222	−0.778 0.089	0.089

四 跨 梁

荷载图	跨中最大弯矩				支座弯矩			剪力				
	M_1	M_2	M_3	M_4	M_B	M_C	M_D	V_A	V_{Bl} / V_{Br}	V_{Cl} / V_{Cr}	V_{Dl} / V_{Dr}	V_E
A B C D E	0.077	0.036	0.036	0.077	−0.107	−0.071	−0.107	0.393	−0.607 / 0.536	−0.464 / 0.464	−0.536 / 0.607	−0.393
M_1 M_2 M_3 M_4	0.100	—	0.081	—	−0.054	−0.036	−0.054	0.446	−0.554 / 0.018	0.018 / 0.482	−0.518 / 0.054	0.054
	0.072	0.061	—	0.098	−0.121	−0.018	−0.058	0.380	−0.620 / 0.603	−0.397 / −0.040	−0.040 / 0.558	−0.442
	—	0.056	0.056	—	−0.036	−0.107	−0.036	−0.036	−0.036 / 0.429	−0.571 / 0.571	−0.429 / 0.036	0.036
	0.052	0.028	0.028	0.052	−0.067	−0.045	−0.067	0.183	−0.317 / 0.272	−0.228 / 0.228	−0.272 / 0.317	−0.183
	0.067	—	0.055	—	−0.034	−0.022	−0.034	0.217	−0.284 / 0.011	0.011 / 0.239	−0.261 / 0.034	0.034
	0.049	0.042	—	0.066	−0.075	−0.011	−0.036	0.175	−0.325 / 0.314	−0.186 / −0.025	−0.025 / 0.286	−0.214
	—	0.040	0.040	—	−0.022	−0.067	−0.022	−0.022	−0.022 / 0.205	−0.295 / 0.295	−0.205 / 0.022	0.022

荷载图	跨中最大弯矩				支座弯矩			剪　力				
	M_1	M_2	M_3	M_4	M_B	M_C	M_D	V_A	V_{Bl} / V_{Br}	V_{Cl} / V_{Cr}	V_{Dl} / V_{Dr}	V_E
$F\ F\ F$	0.169	0.116	0.116	0.169	−0.161	−0.107	−0.161	0.339	−0.661 / 0.554	−0.446 / 0.446	−0.554 / 0.661	−0.339
$F\ \ F$	0.210	—	0.183	—	−0.080	−0.054	−0.080	0.420	−0.580 / 0.027	0.027 / 0.473	−0.527 / 0.080	0.080
$F\ F\ \ F$	0.159	0.146	—	0.206	−0.181	−0.027	−0.087	0.319	−0.681 / 0.654	−0.346 / −0.060	−0.060 / 0.587	−0.413
$F\ \ F$	—	0.142	0.142	—	−0.054	−0.161	−0.054	−0.054	−0.054 / 0.393	−0.607 / 0.607	−0.393 / 0.054	0.054
$FF\ FF\ FF$	0.238	0.111	0.111	0.238	−0.286	−0.191	−0.286	0.714	1.286 / 1.095	−0.905 / 0.905	−1.095 / 1.285	−0.714
$FF\ \ FF$	0.286	—	0.222	—	−0.143	−0.095	−0.143	0.857	−1.143 / 0.048	0.048 / 0.952	−1.048 / 0.143	0.143
$FF\ FF\ \ FF$	0.226	0.194	—	0.282	−0.321	−0.048	−0.155	0.679	−1.321 / 1.274	−0.726 / −0.107	−0.107 / 1.155	−0.845
$FF\ \ FF$	—	0.175	0.175	—	−0.095	−0.286	−0.095	−0.095	−0.095 / 0.810	−1.190 / 1.190	−0.810 / 0.095	0.095

五 跨 梁

荷载图	跨内最大弯矩			支座弯矩				剪　力					
	M_1	M_2	M_3	M_B	M_C	M_D	M_E	V_A	V_{Bl} / V_{Br}	V_{Cl} / V_{Cr}	V_{Dl} / V_{Dr}	V_{El} / V_{Er}	V_F
	0.078	0.033	0.046	−0.105	−0.079	−0.079	−0.105	0.394	−0.606 / 0.526	−0.474 / 0.500	−0.500 / 0.474	−0.526 / 0.606	−0.394
	0.100	—	0.085	−0.053	−0.040	−0.040	−0.053	0.447	−0.553 / 0.013	0.01 / 0.500	−0.500 / −0.013	−0.013 / 0.553	−0.447
	—	0.079	—	−0.053	−0.040	−0.040	−0.053	−0.053	−0.053 / 0.053	−0.487 / 0	0 / 0.487	−0.513 / 0.053	0.053
	0.073	②0.059 / 0.078	0.064	−0.119	−0.022	−0.044	−0.051	0.380	−0.620 / 0.598	−0.402 / −0.023	−0.023 / 0.493	−0.507 / 0.052	0.052
	① — / 0.098	0.055	—	−0.035	−0.111	−0.20	−0.057	−0.035	−0.035 / 0.424	−0.576 / 0.591	−0.409 / −0.037	−0.037 / 0.557	−0.443
	0.094	—	—	−0.067	0.018	−0.005	0.001	0.433	−0.567 / 0.085	0.085 / −0.023	−0.023 / 0.006	0.006 / −0.001	−0.001
	—	0.074	—	−0.049	−0.054	0.014	−0.004	−0.049	−0.049 / 0.495	−0.505 / 0.068	0.068 / −0.018	−0.018 / 0.004	0.004
	—	—	0.072	0.013	−0.053	−0.053	0.013	0.013	0.013 / −0.066	−0.066 / 0.500	−0.500 / 0.066	0.066 / −0.013	−0.013

① 分子及分母分别为 M_1 及 M_5 的弯矩系数；
② 分子及分母分别为 M_2 及 M_4 的弯矩系数。

荷载图	跨内最大弯矩			支座弯矩				剪　力					
	M_1	M_2	M_3	M_B	M_C	M_D	M_E	V_A	$\frac{V_{Bl}}{V_{Br}}$	$\frac{V_{Cl}}{V_{Cr}}$	$\frac{V_{Dl}}{V_{Dr}}$	$\frac{V_{El}}{V_{Er}}$	V_F
	0.053	0.026	0.034	−0.066	−0.049	−0.049	−0.066	0.184	$\frac{-0.316}{0.266}$	$\frac{-0.234}{0.250}$	$\frac{-0.250}{0.234}$	$\frac{-0.266}{0.316}$	−0.184
	0.067	—	0.059	−0.033	−0.025	−0.025	−0.033	0.217	$\frac{-0.283}{0.008}$	$\frac{0.008}{0.250}$	$\frac{-0.250}{-0.008}$	$\frac{-0.008}{0.283}$	−0.217
	—	0.055	—	−0.033	−0.025	−0.025	−0.033	−0.033	$\frac{-0.033}{0.258}$	$\frac{-0.242}{0}$	$\frac{0}{0.242}$	$\frac{-0.258}{0.033}$	0.033
	$\frac{①—}{0.066}$ 0.049	$\frac{②0.041}{0.053}$	—	−0.075	−0.014	−0.028	−0.032	0.175	$\frac{-0.325}{0.311}$	$\frac{-0.189}{-0.014}$	$\frac{-0.014}{0.246}$	$\frac{-0.255}{0.032}$	−0.214
	0.063	0.039	0.044	−0.022	−0.070	−0.013	−0.036	−0.022	$\frac{-0.022}{0.202}$	$\frac{-0.298}{0.307}$	$\frac{-0.193}{-0.023}$	$\frac{-0.023}{0.286}$	−0.214
	—	—	—	−0.042	0.011	−0.003	0.001	0.208	$\frac{-0.292}{0.053}$	$\frac{0.053}{-0.014}$	$\frac{-0.014}{0.004}$	$\frac{0.004}{-0.001}$	−0.001
	—	0.051	—	−0.031	−0.034	0.009	−0.002	−0.031	$\frac{-0.031}{0.247}$	$\frac{-0.253}{0.043}$	$\frac{0.043}{-0.011}$	$\frac{0.011}{0.002}$	0.002
	—	—	0.050	0.008	−0.033	−0.033	0.008	0.008	$\frac{0.008}{-0.041}$	$\frac{-0.041}{0.250}$	$\frac{-0.250}{0.041}$	$\frac{0.041}{-0.008}$	−0.008

荷载图	跨内最大弯矩			支座弯矩				剪　力					
	M_1	M_2	M_3	M_B	M_C	M_D	M_E	V_A	V_{Bl} / V_{Br}	V_{Cl} / V_{Cr}	V_{Dl} / V_{Dr}	V_{El} / V_{Er}	V_F
(荷载图)	0.171	0.112	0.132	−0.158	−0.118	−0.118	−0.158	0.342	−0.658 / 0.540	−0.460 / 0.500	−0.500 / 0.460	−0.540 / 0.658	−0.342
(荷载图)	0.211	—	0.191	−0.079	−0.059	−0.059	−0.079	0.421	−0.579 / 0.020	0.020 / 0.500	−0.500 / −0.020	−0.020 / 0.579	−0.421
(荷载图)	—	0.181	—	−0.079	−0.059	−0.059	−0.079	−0.079	−0.079 / 0.520	−0.480 /	0 / 0.480	−0.520 / 0.079	0.079
(荷载图)	0.160	②0.144 / 0.178	0.151	−0.179	−0.032	−0.066	−0.077	0.321	−0.679 / 0.647	−0.353 / −0.034	−0.034 / 0.489	−0.511 / 0.077	0.077
(荷载图)	①— / 0.207	0.140	—	−0.052	−0.167	−0.031	−0.086	−0.052	−0.052 / 0.385	−0.615 / 0.637	−0.363 / −0.056	−0.056 / 0.586	−0.414
(荷载图)	0.200	—	—	−0.100	0.027	−0.007	0.002	0.400	−0.600 / 0.127	0.127 / −0.034	−0.034 / 0.009	0.009 / −0.002	−0.002
(荷载图)	—	0.173	—	−0.073	−0.081	0.022	−0.005	−0.073	−0.073 / 0.493	−0.507 / 0.102	0.102 / −0.027	−0.027 / 0.005	0.005
(荷载图)	—	—	0.171	0.020	−0.079	−0.079	0.020	0.020	0.020 / −0.099	−0.099 / 0.500	−0.500 / 0.099	0.099 / −0.020	−0.020

① 分子及分母分别为 M_1 及 M_5 的弯矩系数;
② 分子及分母分别为 M_2 及 M_4 的弯矩系数。

荷载图	跨内最大弯矩			支座弯矩				剪　力					
	M_1	M_2	M_3	M_B	M_C	M_D	M_E	V_A	V_{Bl} / V_{Br}	V_{Cl} / V_{Cr}	V_{Dl} / V_{Dr}	V_{El} / V_{Er}	V_F
	0.240	0.100	0.122	−0.281	−0.211	−0.211	−0.281①	0.719	−1.281 / 1.070	−0.930 / 1.00	−1.000 / 0.930	−1.070 / 1.281	−0.719
	0.287	—	0.228	−0.140	−0.105	−0.105	−0.140	0.860	−1.140 / 0.035	0.035 / 1.000	−1.000 / −0.035	−0.035 / 1.140	−0.860
	—	0.216	—	−0.140	−0.105	−0.105	−0.140	−0.140	−0.140 / 1.035	−0.965 / 0	0.000 / 0.965	−1.035 / 0.140	0.140
	0.227	②0.189 / 0.209	—	−0.319	−0.057	−0.118	−0.137	0.681	−1.319 / 1.262	−0.738 / −0.061	−0.061 / 0.981	−1.019 / 0.137	0.137
	① / 0.282	0.172	0.198	−0.093	−0.297	−0.054	−0.153	−0.093	−0.093 / 0.796	−1.204 / 1.243	−0.757 / −0.099	−0.099 / 1.153	−0.847
	0.274	—	—	−0.179	0.048	−0.013	0.003	0.821	−1.179 / 0.227	0.227 / −0.061	−0.061 / 0.016	0.016 / −0.003	−0.003
	—	0.198	—	−0.131	−0.144	0.038	−0.010	−0.131	−0.131 / 0.987	−1.013 / 0.182	0.182 / −0.048	−0.045 / 0.010	0.010
	—	—	0.193	0.035	−0.140	−0.140	0.035	0.035	0.030 / −0.175	−0.175 / 1.000	−1.000 / 0.175	0.175 / −0.035	−0.035

① 分子及分母分别为 M_1 及 M_3 的弯矩系数；

② 分子及分母分别为 M_2 及 M_4 的弯矩系数。

附表3 双向板弯矩、挠度计算系数表

【提示】关于表格中符号意义和表格使用可参见教材第5章5.3内容。

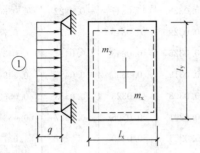

挠度＝表中系数$\times\dfrac{ql^4}{B_c}$；

$v=0$,弯矩＝表中系数$\times ql^2$。

式中l取用l_x和l_y中的较小者。

l_x/l_y	f	m_x	m_y	l_x/l_y	f	m_x	m_y
0.50	0.01013	0.0965	0.0174	0.80	0.00603	0.0561	0.0334
0.55	0.00940	0.0892	0.0210	0.85	0.00547	0.0506	0.0348
0.60	0.00867	0.0820	0.0242	0.90	0.00496	0.0456	0.0358
0.65	0.00796	0.0750	0.0271	0.95	0.00449	0.0410	0.0364
0.70	0.00727	0.0683	0.0296	1.00	0.00406	0.0368	0.0368
0.75	0.00663	0.0620	0.0317				

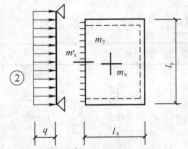

挠度＝表中系数$\times\dfrac{ql^4}{B_c}$；

$v=0$,弯矩＝表中系数$\times ql^2$。

式中l取用l_x和l_y中的较小者。

l_x/l_y	l_y/l_x	f	f_{max}	m_x	m_{xmax}	m_y	m_{ymax}	m'_x
0.50		0.00488	0.00504	0.0583	0.066	0.0060	0.0063	−0.1212
0.55		0.00471	0.00492	0.0563	0.0618	0.0084	0.0087	−0.1187
0.60		0.00453	0.00472	0.0539	0.0589	0.0104	0.0111	−0.1158
0.65		0.00432	0.00448	0.0513	0.0559	0.0126	0.0133	−0.1124
0.70		0.00410	0.00422	0.0485	0.0529	0.0148	0.0154	−0.1087
0.75		0.00388	0.00399	0.0457	0.0496	0.0168	0.0174	−0.1048
0.80		0.00385	0.00376	0.0428	0.0463	0.0187	0.0193	−0.1007
0.85		0.00343	0.00352	0.0400	0.0431	0.0204	0.0211	−0.0965
0.90		0.00321	0.00329	0.0372	0.0400	0.0219	0.0226	−0.0922

l_x/l_y	l_y/l_x	f	f_{max}	m_x	m_{xmax}	m_y	m_{ymax}	m'_x
0.95		0.00299	0.00306	0.0345	0.0369	0.0232	0.0239	−0.0880
1.00	1.00	0.00279	0.00285	0.0319	0.0340	0.0243	0.0249	−0.0839
	0.95	0.00316	0.00324	0.0324	0.0345	0.0280	0.0287	−0.0882
	0.90	0.00360	0.00368	0.0328	0.0347	0.0322	0.0330	−0.0926
	0.85	0.00409	0.00417	0.0329	0.0345	0.0370	0.0378	−0.0970
	0.80	0.00464	0.00473	0.0326	0.0343	0.0424	0.0433	−0.1014
	0.75	0.00526	0.00536	0.0319	0.0335	0.0485	0.0494	−0.1056
	0.70	0.00595	0.00605	0.0308	0.0323	0.0553	0.0562	−0.1096
	0.65	0.00670	0.00680	0.0291	0.0306	0.0627	0.0637	−0.1133
	0.60	0.00752	0.00762	0.0263	0.0289	0.0707	0.0717	−0.1166
	0.55	0.00838	0.00848	0.0239	0.0271	0.0792	0.0801	−0.1193
	0.50	0.00927	0.00935	0.0205	0.0249	0.0880	0.0888	−0.1215

两对边简支、两边固定双向板 附表 3.3

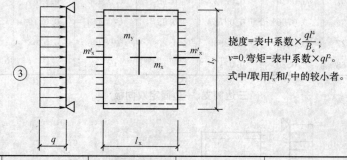

挠度＝表中系数$\times\dfrac{ql^4}{B_c}$；

$v=0$, 弯矩＝表中系数$\times ql^2$。

式中 l 取用 l_x 和 l_y 中的较小者。

l_x/l_y	l_y/l_x	a_r	m_x	m_y	m'_x
0.50		0.00261	0.0416	0.0017	−0.0843
0.55		0.00259	0.0410	0.0028	−0.0840
0.60		0.00255	0.0402	0.0042	−0.0834
0.65		0.00250	0.0392	0.0057	−0.0826
0.70		0.00243	0.0379	0.0072	−0.0814
0.75		0.00236	0.0366	0.0088	−0.0799
0.80		0.00228	0.0351	0.0103	−0.0782
0.85		0.00220	0.0335	0.0118	−0.0763
0.90		0.00211	0.0319	0.0133	−0.0743
0.95		0.00201	0.0302	0.0146	−0.0721
1.00	1.00	0.00192	0.0285	0.0158	−0.0698
	0.95	0.00223	0.0296	0.0189	−0.0746
	0.90	0.00260	0.0306	0.0224	−0.0797
	0.85	0.00303	0.0314	0.0266	−0.0850

l_x/l_y	l_y/l_x	a_τ	m_x	m_y	m'_x
	0.80	0.00354	0.0319	0.0316	−0.0904
	0.75	0.00413	0.0321	0.0374	−0.0959
	0.70	0.00482	0.0318	0.0441	−0.1013
	0.65	0.00560	0.0308	0.0518	−0.1066
	0.60	0.00647	0.0292	0.0604	−0.1114
	0.55	0.00743	0.0267	0.0698	−0.1156
	0.50	0.00844	0.0234	0.0789	−0.1191

四边固定双向板　　　　　　　　　　　　　　　　　附表 3.4

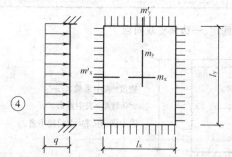

挠度=表中系数×$\dfrac{ql^4}{B_c}$;

$v=0$,弯矩=表中系数×ql^2。

式中l取用l_x和l_y中的较小者。

l_x/l_y	a_f	m_x	m_y	m'_x	m'_y
0.50	0.00253	0.0400	0.0038	−0.0829	−0.0570
0.55	0.00246	0.0385	0.0056	−0.0814	−0.0571
0.60	0.00236	0.0367	0.0076	−0.0793	−0.0571
0.65	0.00224	0.0345	0.0095	−0.0766	−0.0571
0.70	0.00211	0.0321	0.0113	−0.0735	−0.0569
0.75	0.00197	0.0296	0.0130	−0.0701	−0.0565
0.80	0.00182	0.0271	0.0144	−0.0664	−0.0559
0.85	0.00168	0.0246	0.0156	−0.0626	−0.051
0.90	0.00153	0.0221	0.0165	−0.0588	−0.0541
0.95	0.00140	0.0198	0.0172	−0.0550	−0.0528
1.00	0.00127	0.0176	0.0176	−0.0513	−0.0513

两邻边固定、两邻边简支双向板　　　　　　　　　　附表 3.5

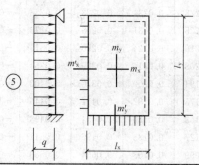

挠度=表中系数×$\dfrac{ql^4}{B_c}$;

$v=0$,弯矩=表中系数×ql^2。

式中l取用l_x和l_y中的较小者。

l_x/l_y	f	f_{max}	m_x	m_{xmax}	m_y	m_{ymax}	m'_x	m'_y
0.50	0.00468	0.00471	0.0559	0.0562	0.0079	0.0135	−0.1179	−0.0786
0.55	0.00445	0.00454	0.0529	0.0530	0.0104	0.0153	−0.1140	−0.0785
0.60	0.00419	0.00429	0.0496	0.0498	0.0129	0.0169	−0.1095	−0.0782
0.65	0.00391	0.00399	0.0461	0.0465	0.0151	0.0183	−0.1045	−0.0777
0.70	0.00363	0.00368	0.0426	0.0432	0.0172	0.0195	−0.0992	−0.0770
0.75	0.00335	0.00340	0.0390	0.0396	0.0189	0.0206	−0.0938	−0.0760
0.80	0.00308	0.00313	0.0356	0.0361	0.0204	0.0218	−0.0883	−0.0748
0.85	0.00281	0.00286	0.0322	0.0328	0.0215	0.0229	−0.0829	−0.0733
0.90	0.00256	0.00261	0.0291	0.0297	0.0224	0.0238	−0.0776	−0.0716
0.95	0.00232	0.00237	0.0261	0.0267	0.0230	0.0244	−0.0726	−0.0698
1.00	0.00210	0.00215	0.0234	0.0240	0.0234	0.0249	−0.0677	−0.0677

三边固定、一边简支双向板

附表 3.6

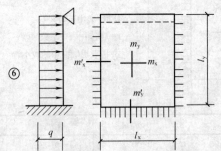

挠度 = 表中系数 $\times \dfrac{ql^4}{B_c}$；

$v=0$，弯矩 = 表中系数 $\times ql^2$。

式中 l 取用 l_x 和 l_y 中的较小者。

l_x/l_y	l_y/l_x	f	f_{max}	m_x	m_{xmax}	m_y	m_{ymax}	m'_x	m'_y
0.50		0.00257	0.00258	0.0408	0.0409	0.0028	0.0089	−0.0836	−0.0569
0.55		0.00252	0.00255	0.0398	0.0399	0.0042	0.0093	−0.0827	−0.0570
0.60		0.00245	0.00249	0.0384	0.0386	0.0059	0.0105	−0.0814	−0.0571
0.65		0.00237	0.00240	0.0368	0.0371	0.0076	0.0116	−0.0796	−0.0572
0.70		0.00227	0.00229	0.0350	0.0354	0.0093	0.0127	−0.0774	−0.0572
0.75		0.00216	0.00219	0.0331	0.0335	0.0109	0.0137	−0.0750	−0.0572
0.80		0.00205	0.00208	0.0310	0.0314	0.0124	0.0147	−0.0722	−0.0570
0.85		0.00193	0.00196	0.0289	0.0293	0.0138	0.0155	−0.0693	−0.0567
0.90		0.00181	0.00184	0.0268	0.0273	0.0159	0.0163	−0.0663	−0.0563
0.95		0.00169	0.00172	0.0247	0.0252	0.0160	0.0172	−0.0631	−0.0558
1.00	1.00	0.00157	0.00160	0.0227	0.0231	0.0168	0.0180	−0.0600	−0.0550
	0.95	0.00178	0.00182	0.0229	0.0234	0.0194	0.0207	−0.0629	−0.0599
	0.90	0.00201	0.00206	0.0228	0.0234	0.0223	0.0238	−0.0656	−0.0653
	0.85	0.00227	0.00233	0.0225	0.0231	0.0255	0.0273	−0.0683	−0.0711
	0.80	0.00256	0.00262	0.0219	0.0224	0.0290	0.0311	−0.0707	−0.0772
	0.75	0.00286	0.00294	0.0208	0.0214	0.0329	0.0354	−0.0729	−0.0837
	0.70	0.00319	0.00327	0.0194	0.0200	0.0370	0.0400	−0.0748	−0.0903
	0.65	0.00352	0.00365	0.0175	0.0182	0.0412	0.0446	−0.0762	−0.0970
	0.60	0.00386	0.00403	0.0153	0.0160	0.0454	0.0493	−0.0773	−0.1033
	0.55	0.00419	0.00437	0.0127	0.0133	0.0496	0.0541	−0.0780	−0.1093
	0.50	0.00449	0.00463	0.0099	0.0103	0.0534	0.0588	−0.0784	−0.1146

附表4 井字梁内力计算系数表

【提示】关于表格中符号意义和表格使用可参见教材第5章5.7内容。

井字梁内力计算系数表（1）　　　　　　　　　　　附表 4.1

梁格布置	$\dfrac{b}{a}$	A 梁		B 梁	
		M	V	M	V
	0.6	0.480	0.730	0.020	0.270
	0.8	0.455	0.705	0.045	0.295
	1.0	0.420	0.670	0.080	0.330
	1.2	0.370	0.620	0.130	0.380
	1.4	0.325	0.575	0.175	0.425
	1.6	0.275	0.525	0.225	0.575

井字梁内力计算系数表（2）　　　　　　　　　　　附表 4.2

梁格布置	$\dfrac{b}{a}$	A 梁		B 梁	
		M	V	M	V
	0.6	0.410	0.660	0.090	0.340
	0.8	0.330	0.580	0.170	0.420
	1.0	0.250	0.500	0.250	0.500
	1.2	0.185	0.435	0.315	0.565
	1.4	0.135	0.385	0.365	0.615
	1.6	0.100	0.350	0.400	0.650
	0.6	0.820	1.070	0.180	0.430
	0.8	0.660	0.910	0.340	0.590
	1.0	0.500	0.750	0.500	0.750
	1.2	0.370	0.620	0.630	0.880
	1.4	0.270	0.520	0.730	0.980
	1.6	0.200	0.450	0.800	1.050

井字梁内力计算系数表（3）　　　　　　　　　　　附表 4.3

梁格布置	$\dfrac{b}{a}$	A_1 梁		A_2 梁		B_1 梁		B_2 梁	
		M	V	M	V	M	V	M	V
	0.6	1.410	1.330	1.970	1.730	0.260	0.505	0.360	0.600
	0.8	1.110	1.115	1.580	1.460	0.540	0.710	0.770	0.890
	1.0	0.830	0.915	1.170	1.170	0.830	0.915	1.170	1.170
	1.2	0.590	0.745	0.840	0.940	1.060	1.080	1.510	1.410
	1.4	0.420	0.620	0.600	0.770	1.240	1.210	1.740	1.570
	1.6	0.300	0.535	0.420	0.640	1.370	1.300	1.910	1.690

梁格布置	$\dfrac{b}{a}$	A_1 梁		A_2 梁		B_1 梁		B_2 梁	
		M	V	M	V	M	V	M	V
	0.6	1.800	1.500	2.850	2.160	0.360	0.580	0.570	0.760
	0.8	1.420	1.260	2.290	1.820	0.700	0.800	1.150	1.120
	1.0	1.060	1.030	1.720	1.470	1.060	1.030	1.720	1.470
	1.2	0.760	0.840	1.250	1.180	1.360	1.220	2.190	1.760
	1.4	0.550	0.700	0.890	0.960	1.590	1.370	2.540	1.970
	1.6	0.390	0.600	0.620	0.790	1.770	1.480	2.800	2.130

井字梁内力计算系数表(4)　　　　　附表 4.4

梁格布置	$\dfrac{b}{a}$	A_1 梁		A_2 梁		B 梁	
		M	V	M	V	M	V
	0.6	0.460	0.710	0.545	0.795	0.035	0.285
	0.8	0.435	0.685	0.555	0.805	0.075	0.325
	1.0	0.415	0.665	0.550	0.800	0.120	0.370
	1.2	0.395	0.645	0.530	0.780	0.180	0.430
	1.4	0.370	0.620	0.505	0.755	0.255	0.505
	1.6	0.345	0.595	0.475	0.725	0.360	0.610

井字梁内力计算系数表(5)　　　　　附表 4.5

梁格布置	$\dfrac{b}{a}$	A_1 梁		A_2 梁		B 梁	
		M	V	M	V	M	V
	0.6	0.455	0.705	0.530	0.780	0.030	0.280
	0.8	0.425	0.675	0.535	0.785	0.080	0.330
	1.0	0.400	0.650	0.540	0.790	0.120	0.370
	1.2	0.375	0.625	0.540	0.790	0.170	0.420
	1.4	0.360	0.610	0.530	0.780	0.220	0.470
	1.6	0.340	0.590	0.520	0.770	0.280	0.530
	0.6	0.820	1.070	1.090	1.340	0.135	0.385
	0.8	0.750	1.000	1.020	1.270	0.240	0.490
	1.0	0.660	0.910	0.910	1.160	0.430	0.635
	1.2	0.550	0.800	0.780	1.030	0.670	0.810
	1.4	0.460	0.710	0.640	0.890	0.900	0.970
	1.6	0.370	0.620	0.520	0.770	1.110	1.120
	0.6	0.790	1.040	1.080	1.330	0.130	0.380
	0.8	0.720	0.970	1.070	1.320	0.210	0.460
	1.0	0.660	0.910	1.020	1.270	0.320	0.570
	1.2	0.600	0.850	0.950	1.200	0.500	0.700
	1.4	0.540	0.790	0.860	1.110	0.740	0.850
	1.6	0.480	0.730	0.760	1.010	1.000	1.010

附表5 框架柱反弯点高度系数计算表

【提示】关于表格中符号意义和表格使用可参见教材第 6 章 6.2.3 内容。

均布水平荷载作用下框架柱标准反弯点高度比 y_0　　　　　　附表 5.1

m	n \ $\overline{K}$	0.1	0.2	0.3	0.4	0.5	0.6	0.7	0.8	0.9	1.0	2.0	3.0	4.0	5.0
1	1	0.80	0.75	0.70	0.65	0.65	0.60	0.60	0.60	0.60	0.55	0.55	0.55	0.55	0.55
2	2	0.45	0.40	0.35	0.35	0.35	0.35	0.40	0.40	0.40	0.40	0.45	0.45	0.45	0.45
	1	0.95	0.80	0.75	0.70	0.65	0.65	0.65	0.60	0.60	0.60	0.55	0.55	0.55	0.50
3	3	0.15	0.20	0.20	0.25	0.30	0.30	0.30	0.35	0.35	0.35	0.40	0.45	0.45	0.45
	2	0.56	0.50	0.45	0.45	0.45	0.45	0.45	0.45	0.45	0.45	0.50	0.50	0.50	0.50
	1	1.00	0.85	0.80	0.75	0.70	0.70	0.65	0.65	0.65	0.60	0.55	0.55	0.55	0.55
4	4	−0.05	0.05	0.15	0.20	0.25	0.30	0.30	0.35	0.35	0.35	0.40	0.45	0.45	0.45
	3	0.25	0.30	0.30	0.35	0.35	0.40	0.40	0.40	0.40	0.45	0.45	0.50	0.50	0.50
	2	0.65	0.55	0.50	0.50	0.45	0.45	0.45	0.45	0.45	0.45	0.50	0.50	0.50	0.50
	1	1.10	0.90	0.80	0.75	0.70	0.70	0.65	0.65	0.65	0.60	0.55	0.55	0.55	0.55
5	5	−0.20	0.00	0.15	0.20	0.25	0.30	0.30	0.30	0.35	0.35	0.40	0.45	0.45	0.45
	4	0.10	0.20	0.25	0.30	0.35	0.35	0.40	0.40	0.40	0.40	0.45	0.45	0.50	0.50
	3	0.40	0.40	0.40	0.40	0.40	0.45	0.45	0.45	0.45	0.45	0.50	0.50	0.50	0.50
	2	0.65	0.55	0.50	0.50	0.50	0.50	0.50	0.50	0.50	0.50	0.50	0.50	0.50	0.50
	1	1.20	0.95	0.80	0.75	0.75	0.70	0.70	0.65	0.65	0.65	0.55	0.55	0.55	0.55
6	6	−0.30	0.00	0.10	0.20	0.25	0.25	0.30	0.30	0.35	0.35	0.40	0.45	0.45	0.45
	5	0.00	0.20	0.25	0.30	0.35	0.35	0.40	0.40	0.40	0.40	0.45	0.45	0.50	0.50
	4	0.20	0.30	0.35	0.35	0.40	0.40	0.40	0.45	0.45	0.45	0.45	0.50	0.50	0.50
	3	0.40	0.40	0.40	0.45	0.45	0.45	0.45	0.45	0.45	0.45	0.50	0.50	0.50	0.50
	2	0.70	0.60	0.55	0.50	0.50	0.50	0.50	0.50	0.50	0.50	0.50	0.50	0.50	0.50
	1	1.20	0.95	0.85	0.80	0.75	0.70	0.70	0.65	0.65	0.65	0.55	0.55	0.55	0.55
7	7	−0.35	−0.05	0.10	0.20	0.20	0.25	0.30	0.30	0.35	0.35	0.40	0.45	0.45	0.45
	6	−0.10	0.15	0.25	0.30	0.35	0.35	0.35	0.40	0.40	0.40	0.45	0.45	0.50	0.50
	5	0.10	0.25	0.30	0.35	0.40	0.40	0.40	0.45	0.45	0.45	0.45	0.50	0.50	0.50
	4	0.30	0.35	0.40	0.40	0.40	0.45	0.45	0.45	0.45	0.45	0.50	0.50	0.50	0.50
	3	0.50	0.45	0.45	0.45	0.45	0.45	0.45	0.45	0.45	0.45	0.50	0.50	0.50	0.50
	2	0.75	0.60	0.55	0.50	0.50	0.50	0.50	0.50	0.50	0.50	0.50	0.50	0.50	0.50
	1	1.20	0.95	0.85	0.80	0.75	0.70	0.70	0.65	0.65	0.65	0.55	0.55	0.55	0.55

m	n＼$\overline{K}$	0.1	0.2	0.3	0.4	0.5	0.6	0.7	0.8	0.9	1.0	2.0	3.0	4.0	5.0
8	8	−0.35	−0.15	0.10	0.15	0.25	0.25	0.30	0.30	0.35	0.35	0.40	0.45	0.45	0.45
	7	−0.10	0.15	0.25	0.30	0.35	0.35	0.40	0.40	0.40	0.40	0.45	0.50	0.50	0.50
	6	0.05	0.25	0.30	0.35	0.40	0.40	0.40	0.45	0.45	0.45	0.45	0.50	0.50	0.50
	5	0.30	0.30	0.35	0.40	0.40	0.45	0.45	0.45	0.45	0.45	0.50	0.50	0.50	0.50
	4	0.35	0.40	0.40	0.45	0.45	0.45	0.45	0.45	0.45	0.45	0.50	0.50	0.50	0.50
	3	0.50	0.45	0.45	0.45	0.45	0.45	0.45	0.50	0.50	0.50	0.50	0.50	0.50	0.50
	2	0.75	0.60	0.55	0.55	0.50	0.50	0.50	0.50	0.50	0.50	0.50	0.50	0.50	0.50
	1	1.20	1.00	0.85	0.80	0.75	0.70	0.70	0.65	0.65	0.65	0.55	0.55	0.55	0.55
9	9	−0.40	−0.05	0.10	0.20	0.25	0.25	0.30	0.30	0.35	0.35	0.45	0.45	0.45	0.45
	8	−0.15	0.15	0.25	0.30	0.35	0.35	0.35	0.40	0.40	0.40	0.45	0.45	0.50	0.50
	7	0.05	0.25	0.30	0.35	0.40	0.40	0.40	0.45	0.45	0.45	0.45	0.50	0.50	0.50
	6	0.15	0.30	0.35	0.40	0.40	0.45	0.45	0.45	0.45	0.45	0.50	0.50	0.50	0.50
	5	0.25	0.35	0.40	0.40	0.45	0.45	0.45	0.45	0.45	0.45	0.50	0.50	0.50	0.50
	4	0.40	0.40	0.40	0.45	0.45	0.45	0.45	0.45	0.45	0.45	0.50	0.50	0.50	0.50
	3	0.55	0.45	0.45	0.45	0.45	0.45	0.45	0.50	0.50	0.50	0.50	0.50	0.50	0.50
	2	0.80	0.65	0.55	0.55	0.50	0.50	0.50	0.50	0.50	0.50	0.50	0.50	0.50	0.50
	1	1.20	1.00	0.85	0.80	0.75	0.70	0.70	0.65	0.65	0.65	0.55	0.55	0.55	0.55
10	10	−0.40	−0.05	0.10	0.20	0.25	0.30	0.30	0.30	0.35	0.35	0.40	0.45	0.45	0.45
	9	−0.15	0.15	0.25	0.30	0.35	0.35	0.40	0.40	0.40	0.40	0.45	0.45	0.50	0.50
	8	0.00	0.25	0.30	0.35	0.40	0.40	0.40	0.45	0.45	0.45	0.45	0.50	0.50	0.50
	7	0.10	0.30	0.35	0.45	0.40	0.45	0.45	0.45	0.45	0.45	0.50	0.50	0.50	0.50
	6	0.20	0.35	0.40	0.40	0.45	0.45	0.45	0.45	0.45	0.45	0.50	0.50	0.50	0.50
	5	0.30	0.40	0.40	0.45	0.45	0.45	0.45	0.45	0.45	0.50	0.50	0.50	0.50	0.50
	4	0.40	0.40	0.45	0.45	0.45	0.45	0.45	0.45	0.45	0.50	0.50	0.50	0.50	0.50
	3	0.55	0.50	0.45	0.45	0.45	0.50	0.50	0.50	0.50	0.50	0.50	0.50	0.50	0.50
	2	0.80	0.65	0.55	0.55	0.55	0.50	0.50	0.50	0.50	0.50	0.50	0.50	0.50	0.50
	1	1.30	1.00	0.85	0.80	0.75	0.70	0.70	0.65	0.65	0.65	0.60	0.55	0.55	0.55
11	11	−0.40	0.05	0.10	0.20	0.25	0.30	0.30	0.30	0.35	0.35	0.40	0.45	0.45	0.45
	10	−0.15	0.15	0.25	0.30	0.35	0.35	0.40	0.40	0.40	0.40	0.45	0.45	0.50	0.50
	9	0.00	0.25	0.30	0.35	0.40	0.40	0.40	0.45	0.45	0.45	0.45	0.50	0.50	0.50
	8	0.10	0.30	0.35	0.40	0.40	0.45	0.45	0.45	0.45	0.45	0.50	0.50	0.50	0.50
	7	0.20	0.35	0.40	0.45	0.45	0.45	0.45	0.45	0.45	0.45	0.50	0.50	0.50	0.50
	6	0.25	0.35	0.40	0.45	0.45	0.45	0.45	0.45	0.45	0.45	0.50	0.50	0.50	0.50
	5	0.35	0.40	0.40	0.45	0.45	0.45	0.45	0.45	0.45	0.50	0.50	0.50	0.50	0.50
	4	0.40	0.45	0.45	0.45	0.45	0.45	0.45	0.50	0.50	0.50	0.50	0.50	0.50	0.50
	3	0.55	0.50	0.50	0.50	0.50	0.50	0.50	0.50	0.50	0.50	0.50	0.50	0.50	0.50
	2	0.80	0.65	0.60	0.55	0.55	0.50	0.50	0.50	0.50	0.50	0.50	0.50	0.50	0.50
	1	1.30	1.00	0.85	0.80	0.75	0.70	0.70	0.65	0.65	0.65	0.60	0.55	0.55	0.55

m	n＼$\overline{K}$	0.1	0.2	0.3	0.4	0.5	0.6	0.7	0.8	0.9	1.0	2.0	3.0	4.0	5.0
12层以上	自上1	−0.40	−0.05	0.10	0.20	0.25	0.30	0.30	0.30	0.35	0.35	0.40	0.45	0.45	0.45
	2	−0.15	0.15	0.25	0.30	0.35	0.35	0.40	0.40	0.40	0.40	0.45	0.45	0.50	0.50
	3	0.00	0.25	0.30	0.35	0.40	0.40	0.40	0.45	0.45	0.45	0.50	0.50	0.50	0.50
	4	0.10	0.30	0.35	0.40	0.40	0.45	0.45	0.45	0.45	0.45	0.50	0.50	0.50	0.50
	5	0.20	0.35	0.40	0.40	0.45	0.45	0.45	0.45	0.45	0.45	0.50	0.50	0.50	0.50
	6	0.25	0.35	0.40	0.45	0.45	0.45	0.45	0.45	0.45	0.45	0.50	0.50	0.50	0.50
	7	0.30	0.40	0.40	0.45	0.45	0.45	0.45	0.45	0.50	0.50	0.50	0.50	0.50	0.50
	8	0.35	0.40	0.45	0.45	0.45	0.45	0.45	0.50	0.50	0.50	0.50	0.50	0.50	0.50
	中间	0.40	0.40	0.45	0.45	0.45	0.45	0.50	0.50	0.50	0.50	0.50	0.50	0.50	0.50
	4	0.45	0.45	0.45	0.45	0.50	0.50	0.50	0.50	0.50	0.50	0.50	0.50	0.50	0.50
	3	0.60	0.50	0.50	0.50	0.50	0.50	0.50	0.50	0.50	0.50	0.50	0.50	0.50	0.50
	2	0.80	0.65	0.60	0.55	0.55	0.50	0.50	0.50	0.50	0.50	0.50	0.50	0.50	0.50
	自下1	1.30	1.00	0.85	0.80	0.75	0.70	0.70	0.65	0.65	0.65	0.55	0.55	0.55	0.55

倒三角形荷载作用下框架柱标准反弯点高度比 y_0　　　　附表 5.2

m	n＼$\overline{K}$	0.1	0.2	0.3	0.4	0.5	0.6	0.7	0.8	0.9	1.0	2.0	3.0	4.0	5.0
1	1	0.80	0.75	0.70	0.65	0.65	0.60	0.60	0.60	0.60	0.55	0.55	0.55	0.55	0.55
2	2	0.50	0.45	0.40	0.40	0.40	0.40	0.40	0.40	0.40	0.45	0.45	0.45	0.45	0.50
	1	1.00	0.85	0.75	0.70	0.70	0.65	0.65	0.65	0.60	0.60	0.55	0.55	0.55	0.55
3	3	0.25	0.25	0.25	0.30	0.30	0.35	0.35	0.35	0.40	0.40	0.45	0.45	0.45	0.50
	2	0.60	0.50	0.50	0.50	0.50	0.45	0.45	0.45	0.45	0.45	0.50	0.50	0.50	0.50
	1	1.15	0.90	0.80	0.75	0.75	0.70	0.70	0.65	0.65	0.65	0.60	0.55	0.55	0.55
4	4	0.10	0.15	0.20	0.25	0.30	0.30	0.35	0.35	0.35	0.40	0.45	0.45	0.45	0.45
	3	0.35	0.35	0.40	0.40	0.40	0.40	0.40	0.45	0.45	0.45	0.50	0.50	0.50	0.50
	2	0.70	0.60	0.55	0.50	0.50	0.50	0.50	0.50	0.50	0.50	0.50	0.50	0.50	0.50
	1	1.20	0.95	0.85	0.80	0.75	0.70	0.70	0.70	0.65	0.65	0.55	0.55	0.55	0.50
5	5	−0.05	0.10	0.20	0.25	0.30	0.30	0.35	0.35	0.35	0.35	0.40	0.45	0.45	0.45
	4	0.20	0.25	0.35	0.35	0.40	0.40	0.40	0.40	0.40	0.45	0.45	0.50	0.50	0.50
	3	0.45	0.40	0.45	0.45	0.45	0.45	0.45	0.45	0.45	0.45	0.50	0.50	0.50	0.50
	2	0.75	0.60	0.55	0.55	0.50	0.50	0.50	0.50	0.50	0.50	0.50	0.50	0.50	0.50
	1	1.30	1.00	0.85	0.80	0.75	0.70	0.70	0.65	0.65	0.65	0.65	0.55	0.55	0.55
6	6	−0.15	0.05	0.15	0.20	0.25	0.30	0.30	0.35	0.35	0.35	0.40	0.45	0.45	0.45
	5	0.10	0.25	0.30	0.35	0.35	0.40	0.40	0.40	0.45	0.45	0.45	0.50	0.50	0.50
	4	0.30	0.35	0.40	0.40	0.45	0.45	0.45	0.45	0.45	0.45	0.50	0.50	0.50	0.50
	3	0.50	0.45	0.45	0.45	0.45	0.45	0.45	0.45	0.45	0.50	0.50	0.50	0.50	0.50
	2	0.80	0.65	0.55	0.55	0.55	0.50	0.50	0.50	0.50	0.50	0.50	0.50	0.50	0.50
	1	1.30	1.00	0.85	0.80	0.75	0.70	0.70	0.65	0.65	0.65	0.60	0.55	0.55	0.55

m	n	$\overline{K}$ 0.1	0.2	0.3	0.4	0.5	0.6	0.7	0.8	0.9	1.0	2.0	3.0	4.0	5.0
7	7	−0.20	0.05	0.15	0.20	0.25	0.30	0.30	0.35	0.35	0.35	0.45	0.45	0.45	0.45
	6	0.05	0.20	0.30	0.35	0.35	0.40	0.40	0.40	0.40	0.45	0.45	0.50	0.50	0.50
	5	0.20	0.30	0.35	0.40	0.40	0.45	0.45	0.45	0.45	0.45	0.50	0.50	0.50	0.50
	4	0.35	0.40	0.40	0.45	0.45	0.45	0.45	0.45	0.45	0.45	0.50	0.50	0.50	0.50
	3	0.55	0.50	0.50	0.50	0.50	0.50	0.50	0.50	0.50	0.50	0.50	0.50	0.50	0.50
	2	0.80	0.65	0.60	0.55	0.55	0.55	0.50	0.50	0.50	0.50	0.50	0.50	0.55	0.50
	1	1.30	1.00	0.90	0.80	0.75	0.70	0.70	0.70	0.65	0.65	0.60	0.55	0.55	0.55
8	8	−0.20	0.05	0.15	0.20	0.25	0.30	0.30	0.35	0.35	0.35	0.45	0.45	0.45	0.45
	7	0.00	0.20	0.30	0.35	0.35	0.40	0.40	0.40	0.40	0.45	0.45	0.50	0.50	0.50
	6	0.15	0.30	0.35	0.40	0.40	0.45	0.45	0.45	0.45	0.45	0.50	0.50	0.50	0.50
	5	0.30	0.45	0.40	0.45	0.45	0.45	0.45	0.45	0.45	0.45	0.50	0.50	0.50	0.50
	4	0.40	0.45	0.45	0.45	0.45	0.45	0.45	0.50	0.50	0.50	0.50	0.50	0.50	0.50
	3	0.60	0.50	0.50	0.50	0.50	0.50	0.50	0.50	0.50	0.50	0.50	0.50	0.50	0.50
	2	0.85	0.65	0.60	0.55	0.55	0.50	0.50	0.50	0.50	0.50	0.50	0.50	0.50	0.50
	1	1.30	1.00	0.90	0.80	0.75	0.70	0.70	0.70	0.65	0.65	0.60	0.55	0.55	0.55
9	9	−0.25	0.00	0.15	0.20	0.25	0.30	0.30	0.35	0.35	0.40	0.45	0.45	0.45	0.45
	8	0.00	0.20	0.30	0.35	0.35	0.40	0.40	0.40	0.40	0.40	0.45	0.45	0.50	0.50
	7	0.15	0.30	0.35	0.40	0.40	0.45	0.45	0.45	0.45	0.45	0.50	0.50	0.50	0.50
	6	0.25	0.35	0.40	0.40	0.45	0.45	0.45	0.45	0.45	0.50	0.50	0.50	0.50	0.50
	5	0.35	0.40	0.45	0.45	0.45	0.45	0.45	0.45	0.50	0.50	0.50	0.50	0.50	0.50
	4	0.45	0.45	0.45	0.45	0.45	0.50	0.50	0.50	0.50	0.50	0.50	0.50	0.50	0.50
	3	0.65	0.50	0.50	0.50	0.50	0.50	0.50	0.50	0.50	0.50	0.50	0.50	0.50	0.50
	2	0.80	0.65	0.60	0.55	0.55	0.55	0.55	0.50	0.50	0.50	0.50	0.50	0.50	0.50
	1	1.35	1.00	1.00	0.80	0.75	0.75	0.70	0.70	0.65	0.65	0.60	0.55	0.55	0.55
10	10	−0.25	0.00	0.15	0.20	0.25	0.30	0.30	0.35	0.35	0.40	0.45	0.45	0.45	0.45
	9	−0.05	0.20	0.30	0.35	0.35	0.40	0.40	0.40	0.40	0.45	0.45	0.50	0.50	0.50
	8	0.10	0.30	0.35	0.40	0.40	0.40	0.45	0.45	0.45	0.45	0.50	0.50	0.50	0.50
	7	0.20	0.35	0.40	0.40	0.45	0.45	0.45	0.45	0.45	0.50	0.50	0.50	0.50	0.50
	6	0.30	0.40	0.40	0.45	0.45	0.45	0.45	0.45	0.45	0.50	0.50	0.50	0.50	0.50
	5	0.40	0.45	0.45	0.45	0.45	0.45	0.45	0.50	0.50	0.50	0.50	0.50	0.50	0.50
	4	0.50	0.45	0.45	0.45	0.50	0.50	0.50	0.50	0.50	0.50	0.50	0.50	0.50	0.50
	3	0.60	0.55	0.50	0.50	0.50	0.50	0.50	0.50	0.50	0.50	0.50	0.50	0.50	0.50
	2	0.85	0.65	0.60	0.55	0.55	0.55	0.55	0.50	0.50	0.50	0.50	0.50	0.50	0.50
	1	1.35	1.00	0.90	0.80	0.75	0.75	0.70	0.70	0.65	0.65	0.60	0.55	0.55	0.55

m	n＼$\overline{K}$	0.1	0.2	0.3	0.4	0.5	0.6	0.7	0.8	0.9	1.0	2.0	3.0	4.0	5.0
11	11	−0.25	0.00	0.15	0.20	0.25	0.30	0.30	0.30	0.35	0.35	0.45	0.45	0.45	0.45
	10	−0.05	0.20	0.25	0.30	0.35	0.40	0.40	0.40	0.40	0.45	0.45	0.50	0.50	0.50
	9	0.10	0.30	0.35	0.40	0.40	0.40	0.45	0.45	0.45	0.45	0.50	0.50	0.50	0.50
	8	0.20	0.35	0.40	0.40	0.45	0.45	0.45	0.45	0.45	0.45	0.50	0.50	0.50	0.50
	7	0.25	0.40	0.40	0.45	0.45	0.45	0.45	0.45	0.45	0.50	0.50	0.50	0.50	0.50
	6	0.35	0.40	0.45	0.45	0.45	0.45	0.45	0.50	0.50	0.50	0.50	0.50	0.50	0.50
	5	0.40	0.45	0.45	0.45	0.45	0.50	0.50	0.50	0.50	0.50	0.50	0.50	0.50	0.50
	4	0.50	0.50	0.50	0.50	0.50	0.50	0.50	0.50	0.50	0.50	0.50	0.50	0.50	0.50
	3	0.65	0.55	0.50	0.50	0.50	0.50	0.50	0.50	0.50	0.50	0.50	0.50	0.50	0.50
	2	0.85	0.65	0.60	0.55	0.55	0.55	0.55	0.50	0.50	0.50	0.50	0.50	0.50	0.50
	1	1.35	1.00	0.90	0.80	0.75	0.75	0.70	0.70	0.65	0.65	0.60	0.55	0.55	0.55
12层以上	自上1	−0.30	0.00	0.15	0.20	0.25	0.30	0.30	0.30	0.35	0.35	0.40	0.45	0.45	0.45
	2	−0.10	0.20	0.25	0.30	0.35	0.40	0.40	0.40	0.40	0.40	0.45	0.45	0.45	0.50
	3	0.05	0.25	0.35	0.40	0.40	0.45	0.45	0.45	0.45	0.45	0.50	0.50	0.50	0.50
	4	0.15	0.30	0.40	0.40	0.45	0.45	0.45	0.45	0.45	0.45	0.50	0.50	0.50	0.50
	5	0.25	0.35	0.50	0.45	0.45	0.45	0.45	0.45	0.45	0.50	0.50	0.50	0.50	0.50
	6	0.30	0.40	0.45	0.45	0.45	0.45	0.50	0.50	0.50	0.50	0.50	0.50	0.50	0.50
	7	0.35	0.40	0.55	0.45	0.45	0.45	0.50	0.50	0.50	0.50	0.50	0.50	0.50	0.50
	8	0.35	0.45	0.55	0.45	0.50	0.50	0.50	0.50	0.50	0.50	0.50	0.50	0.50	0.50
	中间	0.45	0.45	0.55	0.45	0.50	0.50	0.50	0.50	0.50	0.50	0.50	0.50	0.50	0.50
	4	0.55	0.50	0.50	0.50	0.50	0.50	0.50	0.50	0.50	0.50	0.50	0.50	0.50	0.50
	3	0.65	0.55	0.50	0.50	0.50	0.50	0.50	0.50	0.50	0.50	0.50	0.50	0.50	0.50
	2	0.70	0.70	0.60	0.55	0.55	0.55	0.55	0.50	0.50	0.50	0.50	0.50	0.50	0.55
	自下1	1.35	1.05	0.90	0.80	0.75	0.70	0.70	0.70	0.65	0.65	0.60	0.55	0.55	0.55

上、下层梁相对刚度对标准反弯点高度影响系数 y_1　　　　表 5.3

a_1＼$\overline{K}$	0.1	0.2	0.3	0.4	0.5	0.6	0.7	0.8	0.9	1.0	2.0	3.0	4.0	5.0
0.4	0.55	0.40	0.30	0.25	0.20	0.20	0.20	0.15	0.15	0.15	0.05	0.05	0.05	0.05
0.5	0.45	0.30	0.20	0.20	0.15	0.15	0.15	0.10	0.10	0.10	0.05	0.05	0.05	0.05
0.6	0.30	0.20	0.15	0.15	0.10	0.10	0.10	0.10	0.05	0.05	0.05	0.05	0	0
0.7	0.20	0.15	0.10	0.10	0.10	0.10	0.05	0.05	0.05	0.05	0.05	0	0	0
0.8	0.15	0.10	0.05	0.05	0.05	0.05	0.05	0.05	0.05	0	0	0	0	0
0.9	0.05	0.05	0.05	0.05	0	0	0	0	0	0	0	0	0	0

上、下层层高不同对标准反弯点高度影响系数 y_2 和 y_3　　　　附表5.4

a_2 / a_3	$\overline{K}$ 0.1	0.2	0.3	0.4	0.5	0.6	0.7	0.8	0.9	1.0	2.0	3.0	4.0	5.0
2.0 / —	0.25	0.15	0.15	0.10	0.10	0.10	0.10	0.10	0.05	0.05	0.05	0.05	0	0
1.8 / —	0.20	0.15	0.10	0.10	0.10	0.05	0.05	0.05	0.05	0.05	0.05	0	0	0
1.6 / 0.4	0.15	0.10	0.10	0.05	0.05	0.05	0.05	0.05	0.05	0.05	0	0	0	0
1.4 / 0.6	0.10	0.05	0.05	0.05	0.05	0.05	0.05	0.05	0.05	0.05	0	0	0	0
1.2 / 0.8	0.005	0.05	0.05	0	0	0	0	0	0	0	0	0	0	0
1.0 / 1.0	0	0	0	0	0	0	0	0	0	0	0	0	0	0
0.8 / 1.2	−0.05	−0.05	−0.05	0	0	0	0	0	0	0	0	0	0	0
0.6 / 1.4	−0.10	−0.05	−0.05	−0.05	−0.05	−0.05	−0.05	−0.05	−0.05	0	0	0	0	0
0.4 / 1.6	−0.15	−0.05	−0.05	−0.05	−0.05	−0.05	−0.05	−0.05	−0.05	−0.05	0	0	0	0
— / 1.8	−0.20	−0.15	−0.1	−0.10	−0.10	−0.05	−0.05	−0.05	−0.05	−0.05	−0.05	0	0	0
/ 2.0	−0.25	−0.15	−0.15	−0.10	−0.10	−0.10	−0.10	−0.10	−0.05	−0.05	−0.05	−0.05	0	0

附表6　单阶柱柱顶反力与水平位移系数表

【提示】关于表格中符号意义和表格使用可参见教材第7章7.5.5内容。

柱顶单位集中荷载作用下 β_T 系数　　　　附表6.1

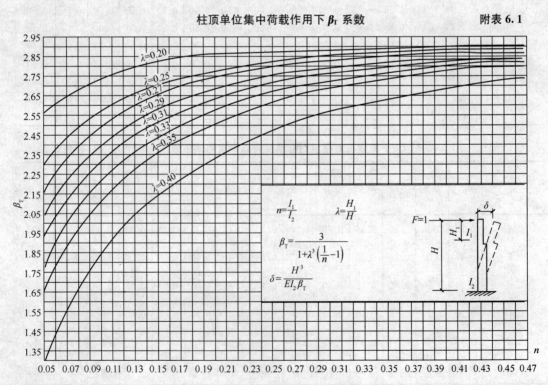

$$n=\frac{I_1}{I_2} \qquad \lambda=\frac{H_1}{H}$$

$$\beta_\mathrm{T}=\frac{3}{1+\lambda^3\left(\frac{1}{n}-1\right)}$$

$$\delta=\frac{H^3}{EI_2\beta_\mathrm{T}}$$

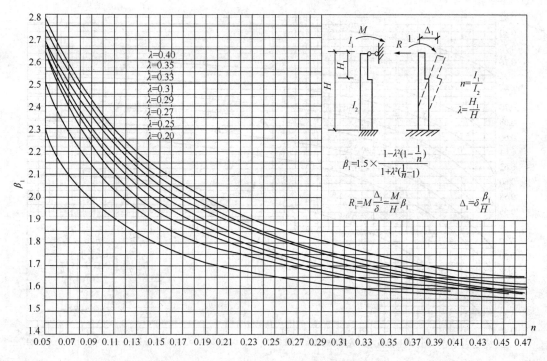

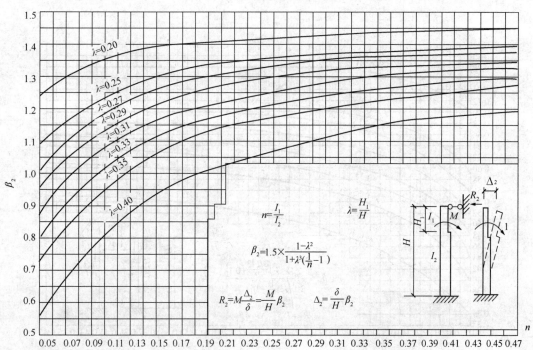

水平集中力在上柱($y＝0.6H_1$)时 β_3 系数 附表 6.4

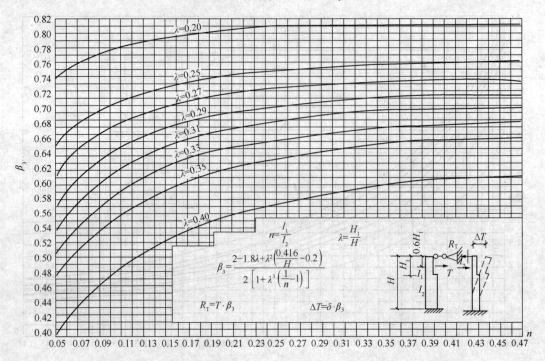

集中力在上柱($y＝0.7H_1$)时 β_4 系数 附表 6.5

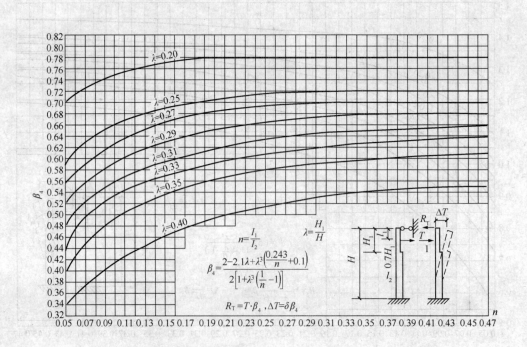

集中力在上柱($y=0.8H_1$)时 β_5 系数 附表6.6

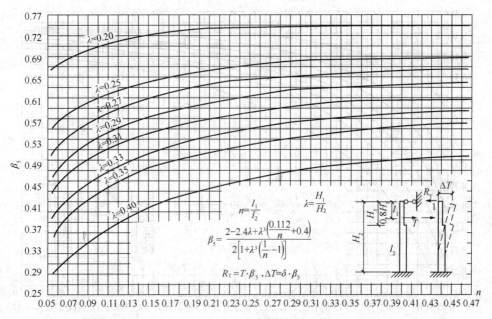

$$n=\frac{I_1}{I_2} \qquad \lambda=\frac{H_1}{H_2}$$

$$\beta_5=\frac{2-2.4\lambda+\lambda^3\left(\dfrac{0.112}{n}+0.4\right)}{2\left[1+\lambda^3\left(\dfrac{1}{n}-1\right)\right]}$$

$$R_T=T\cdot\beta_5 \;,\; \Delta T=\delta\cdot\beta_5$$

水平均布荷载满布上柱时 β_7 系数 附表6.7

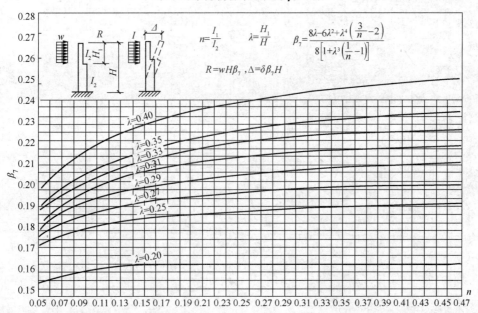

$$n=\frac{I_1}{I_2} \qquad \lambda=\frac{H_1}{H} \qquad \beta_7=\frac{8\lambda-6\lambda^2+\lambda^4\left(\dfrac{3}{n}-2\right)}{8\left[1+\lambda^3\left(\dfrac{1}{n}-1\right)\right]}$$

$$R=wH\beta_7 \;,\; \Delta=\delta\beta_7 H$$

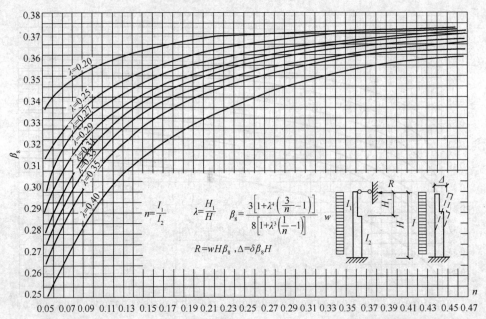

$$n=\frac{I_1}{I_2} \qquad \lambda=\frac{H_1}{H} \qquad \beta_8=\frac{3\left[1+\lambda^4\left(\dfrac{3}{n}-1\right)\right]}{8\left[1+\lambda^3\left(\dfrac{1}{n}-1\right)\right]}$$

$$R=wH\beta_8 \ , \Delta=\delta\beta_8 H$$